国家示范性高职院校建设项目成果
高等职业教育“工学结合”课程改革教材
高 等 学 校 “ 十 二 五 ” 规 划 教 材

锅炉与锅炉房设备施工

主　编　汤延庆　孙迪辉
副主编　宋焕军　张贵栋　金　锐
主　审　孙　波　宋永军

哈爾濱工業大學出版社

内容提要

本书是以项目或任务为载体,按照真实工程项目的“工作过程”为导向编写的。全书共有四个学习项目,九个学习任务。主要内容包括:施工图识读;施工图识读实训;锅炉基础验收及放线;锅炉钢架与平台安装;锅筒、集箱及受热面管束安装;辅助受热面安装;本体管道及附件安装;锅炉炉排安装;燃烧室砌筑;锅炉本体水压试验;锅炉炉型及台数选择;燃料供应系统安装;除灰渣系统安装;燃料与燃烧计算;风烟系统安装;水处理系统选择;水泵安装;蒸汽锅炉房汽、水系统;热水锅炉热力系统;汽水管道设计;保温工程;防腐工程;锅炉试运行;锅炉的验收与交工;锅炉房工艺设计;工艺设计实训。

本书主要为建筑类高职高专学校供热通风与空调工程技术专业、建筑设备工程技术专业、通风空调与制冷技术专业、建筑水电技术专业的教学用书,也可作为从事本专业工作的工程技术人员掌握专业知识的自学与培训用书。

图书在版编目(CIP)数据

锅炉与锅炉房设备施工/汤延庆,孙迪辉主编. —哈尔滨:哈尔滨工业大学出版社,2011.7

ISBN 978-7-5603-3332-8

Ⅰ.①锅… Ⅱ.①汤… ②孙… Ⅲ.①锅炉②锅炉房-设备 Ⅳ.①TK22

中国版本图书馆 CIP 数据核字(2011)第 134924 号

策划编辑 贾学斌
责任编辑 张 瑞
封面设计 刘长友
出版发行 哈尔滨工业大学出版社
社 址 哈尔滨市南岗区复华四道街 10 号 邮编 150006
传 真 0451-86414749
网 址 http://hitpress.hit.edu.cn
印 刷 黑龙江省委党校印刷厂
开 本 787mm×1092mm 1/16 印张 20.25 字数 505 千字
版 次 2011 年 7 月第 1 版 2011 年 7 月第 1 次印刷
书 号 ISBN 978-7-5603-3332-8
定 价 38.00 元

前　言

“锅炉与锅炉房设备施工”课程是供热通风与空调工程技术专业、建筑设备工程技术专业、通风空调与制冷技术专业、建筑水电技术专业的一门核心专业课程。为了适应市场经济条件下工程建设工作的需要，满足高等职业技术教育教学和工程技术人员的需求，真正做到校企结合、理论与实践深度融合。编者在总结多年的教学与工程实践的基础上，根据教育部高等职业教育、建筑类高职技术应用型人才需求和教学培养、培训指导方案的指导思想编写了此本以“工作过程系统化”为导向的工学结合型教材。

本教材摒弃了传统学科体系的教材模式，构建了以项目或任务为载体、工作过程系统化为导向的工学结合型教材。为了突出高等职业教育的特色，专业知识以必须、够用为度，教材所述内容贴近工程实际的需要，尽量做到理论联系实际。本教材符合专业教育标准和专业培养方案的要求，书中介绍的新设备、新工艺、新材料、新技术力求能适应和满足锅炉房工程设计、施工的需求，具有一定的先进性。编写中遵循实用、全面、简明的原则，力求做到图文并茂，论述通俗易懂，内容符合专业需要，语言精练、准确、通畅，便于学习。所用名词、符号和计量单位符合现行国家和行业标准规定。

全书共有四个学习项目，九个学习任务。学习项目一“锅炉本体安装”，包括两个学习任务:学习任务一 锅炉房工艺安装工程施工图识读；学习任务二 锅炉本体安装。学习项目二“辅助系统安装”，包括五个学习任务:学习任务三 燃料供应、除灰渣系统安装；学习任务四 风烟系统安装；学习任务五 水处理系统安装；学习任务六 汽、水系统安装；学习任务七 保温与防腐。学习项目三“锅炉试运行”包括学习任务八 锅炉的试运行、验收与交工。学习项目四“锅炉房工艺设计”包括学习任务九锅炉工艺设计及其实训。

本教材由黑龙江建筑职业技术学院汤延庆、东北石油大学孙迪辉任主编，哈尔滨物业供热集团香坊物业供热有限公司宋焕军、黑龙江建筑职业技术学院张贵栋、黑龙江省林业设计院金锐任副主编，由黑龙江江省安装公司孙波、黑龙江建筑职业技术学院宋永军主审。全书由黑龙江建筑职业技术学院汤延庆统稿。

编写分工:学习任务一由黑龙江建筑职业技术学院倪珅编写；学习任务二由黑龙江建筑职业技术学院汤延庆编写；学习任务三～学习任务六由东北石油大学孙迪辉编写；学习任务七由哈尔滨物业供热集团香坊物业供热有限公司宋焕军编写；学习项目三由黑龙江建筑职业技术学院张贵栋、哈尔滨物业供热集团香坊物业供热有限公司宋焕军共同编写；学习项目四由黑龙江省林业设计院金锐、郑福珍共同编写。

由于编者水平有限，难免存在疏漏与不妥之处，敬请广大读者批评指正。

编　者

2011.6

目　录

学习项目一　锅炉本体安装

学习任务一　锅炉房工艺安装工程施工图识读……1
单元一　施工图识读……1
单元二　施工图识读实训……8
学习任务二　锅炉本体安装……14
单元一　锅炉基础验收及放线……16
单元二　锅炉钢架与平台安装……18
单元三　锅筒、集箱及受热面管束安装……27
单元四　辅助受热面安装……52
单元五　本体管道及附件安装……61
单元六　锅炉炉排安装……79
单元七　燃烧室砌筑……96
单元八　锅炉本体水压试验……127
单元九　锅炉炉型及台数选择……130

学习项目二　辅助系统安装

学习任务三　燃料供应、除灰渣系统安装……135
单元一　燃料供应系统安装……135
单元二　除灰渣系统安装……157
学习任务四　风烟系统安装……163
单元一　燃料与燃烧计算……163
单元二　风烟系统安装……177
学习任务五　水处理系统安装……210
单元一　水处理系统选择……210
单元二　水泵安装……235
学习任务六　汽、水系统安装……243
单元一　蒸汽锅炉房汽、水系统……243
单元二　热水锅炉热力系统……251
单元三　汽水管道设计……254
学习任务七　保温与防腐……255
单元一　保温工程……255
单元二　防腐工程……261

学习项目三　锅炉试运行

学习任务八　锅炉的试运行、验收与交工 …… 266
单元一　锅炉试运行 …… 266
单元二　锅炉的验收与交工 …… 285

学习项目四　锅炉房工艺设计

学习任务九　锅炉房工艺设计及其实训 …… 297
单元一　锅炉房工艺设计 …… 297
单元二　工艺设计实训 …… 313
参考文献 …… 316

学习项目一　锅炉本体安装

学习任务一　锅炉房工艺安装工程施工图识读

【教学目标】通过项目教学活动,培养学生具备识读施工图的能力,能熟练识读锅炉房工艺安装工程施工图。培养学生良好的自我学习能力、实践动手能力,以及善于沟通和合作的专业素养。

【知识目标】

1. 掌握施工图的分类方法;
2. 掌握识读施工图的方法;
3. 掌握锅炉房热力系统的组成;
4. 掌握锅炉的主要性能指标;
5. 掌握锅炉的型号表述。

【主要学习内容】

单元一　施工图识读

施工图是工程中用来表达和交流技术思想的重要工具,设计人员通过它表达设计意图,施工人员依据它进行预制和施工,所以人们往往把施工图称为工程的语言。而熟悉图纸、核对资料则是施工准备的一项重要工作。

施工图怎样分类?它由哪些图纸所组成?一套施工图纸应该用什么方法,分哪些步骤去了解和看懂它?其中的某一张图纸应该用什么方法去弄懂它?要解决这些问题,仅掌握投影原理是不够的,必须还要掌握正确的识图方法和必要的施工图基本知识。

1.1.1　施工图的分类

1.1.1.1　按专业分类

管道施工图按专业可分为化工工艺管道施工图、采暖通风管道施工图、动力管道施工图、给水排水管道施工图和自控仪表管道施工图等。每一个专业又可分为许多具体的工程施工图或具体的专业施工图。如给水排水工程施工图可分为给水管道施工图、排水管道施工图和卫生工程施工图;采暖通风施工图可分为采暖、通风、空气调节和制冷管道施工图;动力管道施工图可分为煤气管道、空压管道、乙炔管道和热力管道等具体的专业管道施工图。

1.1.1.2　按图形和作用分类

按图形及其作用,管道施工图可分为基本图和详图两大部分。基本图包括图纸目录、施工图说明、设备材料表、流程图、平面图、轴测图和立(剖)面图;详图包括节点图、大样图和标准图。

1. 图纸目录

对于数量众多的施工图纸,设计人员按照一定的图名和顺序归纳编排成图纸目录以便查阅。通过图纸目录我们可以了解参加设计和建设的单位,工程名称、地点、编号及图纸的名称。

2. 施工图说明

凡在图纸上无法表示出来而又要施工人员必须掌握的技术和质量方面的要求,一般用文字形式加以说明。它的内容一般包括工程的主要技术参数,施工和验收要求以及注意事项等。

3. 设备、材料表

设备、材料表指该项工程所需的各种设备和各类管道、管件、阀门以及防腐、保温材料的名称、规格、型号、数量的明细表。

以上三点是文字说明,没有线条和图形,但它是施工图纸必不可少的一个组成部分,是对线条、图形的补充和说明。

4. 流程图

流程图是对一个生产系统或一个装置的整个工艺变化过程的表示。通过它可以对设备的序号、建(构)筑物的名称及整个系统的控制点(温度、压力、流量及分析的测点)有全面的了解。同时,对管道的规格、编号、输送的介质、流向以及主要控制阀门等也有确切的了解。

5. 平面图

平面图是施工图最基本的一种图形,主要表示建(构)筑物和设备的平面分布、定位尺寸、管线的走向、排列和各部分的长度尺寸,以及每根管子的管径等具体数据。通过平面图,施工人员对工程会有大致的了解。

6. 轴测图

轴测图是一种立体图,能在一个图面上同时反映出管线的空间走向、实际位置、坡度、坡向和标高等,这些优点能弥补平、立面图的不足,是管道施工图中的重要图纸之一。轴测图有时能替代立面图或剖面图。例如,室内给排水或室内采暖工程图纸主要由平面图和轴测图组成,一般情况下,设计人员不再单独绘制立面图或剖面图。

7. 立面图和剖面图

立面图和剖面图是施工图中最常见的图纸之一,主要表示建(构)筑物和设备的立面分布,管线垂直方向上的排列和走向,以及管线的编号、管径和标高等数据。

8. 节点图

节点图能清楚地表示某一部分管道的详细结构及尺寸,是对平面图及其他施工图所不能反映清楚的某点图纸的放大。节点用代号来表示它的所在部位,例如"A 节点",那就要在平面图上找到用"A"所表示的部位。

9. 大样图

大样图是表示一组设备的配管或一组管配件组合安装的一种详图。大样图的特点是用双线图表示,对物体有真实感,并对组装体各部位的详细尺寸作标记。

10. 标准图

标准图是一种具有通用性质的图纸,一般由国家或有关部门出版标准图集,作为国家标准或部门标准的一部分予以颁发。标准图中有管道、设备或部件的具体图形和详细尺寸,但是它一般不作为单独进行施工的图纸,而只作为某些施工图的一个组成部分。

识读一套施工图纸,首先看图纸目录,其次是施工图说明和设备材料表,然后是流程图、平面图、立(剖)面图及轴测图的识读。

1.1.2　施工图的识读

锅炉房管道施工图包括管道流程图、平面图、剖面图。有的设计单位不绘制剖面图,而绘制管道系统轴测图。

1.1.2.1　管道流程图的识读

管道流程图又称汽水流程图或热力系统图,主要表明管路系统的作用和汽水的流程,同时反映设备之间的关系。识读时要掌握的主要内容和注意事项如下:

(1)查明锅炉房的主要设备。流程图一般能将锅炉房的主要设备以方块图或形状示意图表现出来。

(2)了解各设备之间的关系。锅炉设备之间的关系是通过连接管路来实现的。识读时可先从锅炉本体看起,锅炉顶部的蒸汽主管通常接到分汽缸或直接送往用汽地点。锅炉的给水及软化处理系统是较复杂的,识读时找出交换器、软水箱之间的管路,根据交换器的作用原理和正常工作的运行步骤,分析各条管路和阀门的作用。此外,锅炉房还有凝结水箱、凝结水泵、除氧器、除氧水箱、连续排污膨胀器等设备,识读时宜细心地找出各设备之间的连接管路,通过对除氧系统和排污系统的组成情况分析各设备之间的关系。

(3)管道流程图的管道通常都标注管径和管路代号,通过图例可以知道管路代号的含义,从而有助于了解管路系统流程和作用。

(4)流程图所表示的汽水流程是示意性的,图中表示的各设备之间的关系,可供管道安装时查对管路流程之用。另外阀门方向也要根据流程图安装。管路的具体走向、位置、标高等则需查阅平、剖面图或系统轴测图来确定。

1.1.2.2　平面图的识读

锅炉房管道平面图主要表示锅炉、辅助设备和管道的平面布置、定位尺寸以及设备与管道之间的关系。识读时要掌握的主要内容和注意事项如下:

(1)查明锅炉房设备的平面位置和数量。通过各个设备的中心线至建筑物的距离,确定设备的定位尺寸,了解设备接管的具体位置和方向。设备较多,图面较复杂时,识读可参考设备平面布置图,对设备逐一弄清楚。

锅炉本体都布置在锅炉间内,水处理设备及给水箱、给水泵等一般单独布置在水处理间或水泵间内。如果是大型锅炉房,换热器设备多布置在第一层或第二层,给水箱、反洗水箱则多布置在第三层。设备的中心间距应不小于700 mm,以便于安装和检修。

(2)了解蒸汽主管及锅炉房内自用蒸汽管的布置、管径及阀门位置。查明分汽缸的安装位置,蒸汽管进出分汽缸的位置和方向,以及分汽缸上疏水装置设置情况。蒸汽管道的疏水装置也要弄清楚。

(3)查明锅炉水处理系统、给水系统、除氧系统、排污系统及放气泄水等管道的平面布置,了解管路的走向、阀门设置及管道标高等。

(4)根据省煤器的平面位置,查明省煤器的接管情况。省煤器进出口均应设安全阀,出口最高点应设放气阀,最低处设放水阀,排水管排至排污井、下水道。当省煤器无烟气旁路时,出口应有接到给水箱的循环水管,以确保省煤器的安全运行。在识读时必须把放气阀、放水阀、安全阀及其连接管路弄清楚，查明平面位置、管径、标高以及与其他设备之间的关系。

1.1.2.3　剖面图的识读

剖面图是设计人员根据需要有选择地绘制，表示设备及其接管的立面布置。识读时要掌握的主要内容和注意事项如下：

(1)查明锅炉及辅助设备的立面布置及标高，了解有关设备接口的位置和方向。

(2)了解管路的立面布置，查明管路标高、坡度、坡向、管径、阀门设置。特别是泵类在管路上的止回阀、闸阀、截止阀等，识读时更要给予注意。同时各设备上的安全阀、压力表、温度计、调节阀、液位计等也都能在剖面图上反映出来，识读时要搞清各种阀门和仪表的类型、型号、连接方法及相对位置。

1.1.2.4　系统轴测图的识读

锅炉房管道系统轴测图多用正等测画法，对于水处理系统也有用斜等测或斜二测画法的。识读时要掌握的主要内容和注意事项如下：

(1)识读时根据不同的系统(如蒸汽系统、水处理系统等)分别进行识读。对于每一个系统按照汽水流程进行识读，就是需要把系统轴测图和管道流程图对照起来识读。

(2)查明各系统管路的走向、标高、坡度、阀门及仪表设置情况。

1.1.2.5　详图的识读

锅炉房管道系统的详图主要是节点详图、标准图和非标设备(如水箱)及其接管详图。

由于管道图的种类比较多，图和图之间既有紧密地联系又有不同的区别，当一张图纸不能完全反映问题时，应迅速而准确地找到其他相应图纸，对照起来识读。

1.1.3　锅炉基本知识

1.1.3.1　锅炉的分类及锅炉房设备的组成

对于工业锅炉，按输出工质不同，可分为蒸汽锅炉、热水锅炉和导热油锅炉；按燃料和能源不同，可分为燃煤锅炉、燃气锅炉、燃油锅炉和余热锅炉；燃煤锅炉按燃烧方式不同，又可以分为层燃炉、悬燃炉、沸腾炉和流化床炉；按锅炉本体结构不同，可分为锅壳锅炉和水管锅炉；按锅筒放置方式不同，可分为立式锅炉和卧式锅炉；按其出厂形式不同，又可分为整装(快装)锅炉、组装锅炉和散装锅炉。

锅炉房设备包括锅炉本体及其辅助设备两部分。以下就以SHL型锅炉为例，简要介绍锅炉本体及锅炉房设备的组成，如图1.1所示。

1.锅炉本体

锅炉本体主要是由“锅”与“炉”两大部分组成。“锅”是指容纳锅水和蒸汽的受压部件，包括锅筒(又称汽包)、对流管束、水冷壁、集箱(联箱)、蒸汽过热器、省煤器和管道组成的封闭汽水系统，其任务是吸收燃料燃烧释放出的热能，将水加热成为规定温度和压力的热水或蒸汽。

“炉”是指锅炉中使燃料进行燃烧产生高温烟气的场所，包括煤斗、炉排、炉膛、除渣板、送风装置等组成的燃烧设备。其任务是使燃料不断良好地燃烧，放出热量。“锅”与“炉”一个吸热，一个放热，是密切联系着的一个整体设备。

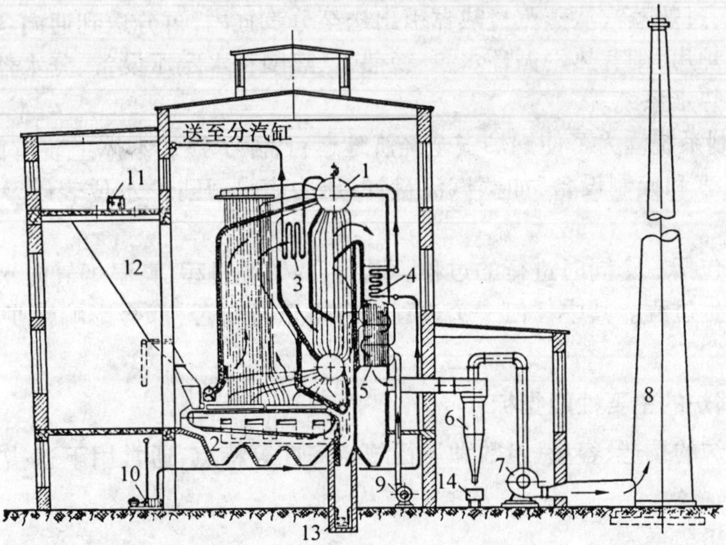

图 1.1　锅炉房设备简图

1—锅筒;2—炉排;3—蒸汽过热器;4—省煤器;5—空气预热器;6—除尘器;7—引风机;8—烟囱;9—送风机;10—给水泵;11—皮带输送机;12—贮煤斗;13—刮板除渣机;14—灰车

此外,为了保证锅炉正常工作,安全运行,必须设置一些附件和仪表,如安全阀、压力表、水位表、温度计、水位警报器、排污阀、吹灰器等,还有构成锅炉围护结构的炉墙,以及支撑结构的钢架等。

2. 锅炉辅助设备

锅炉辅助设备是保证锅炉安全、经济和连续运行必不可少的组成部分,主要包括运煤除灰、通风、水汽等设备以及一些控制装置。它们分别组成锅炉房的运煤除灰系统、通风系统、水汽系统和仪表控制系统。

(1)运煤除灰系统。其作用是连续供给锅炉燃烧所需的燃料,及时排走灰渣。在图 1.1 所示的锅炉房中,煤由煤场运来,经碎煤机破碎后,用皮带输送机 11 送入锅炉前部的贮煤斗 12,再经其下部的溜煤管落入炉前煤斗中,依靠自重煤落到炉排上;煤燃尽后生成的灰渣则由灰渣斗落到刮板除渣机 13 中,由除渣机将灰渣输送到室外灰渣场。

(2)通风系统。其作用是供给锅炉燃料燃烧所需要的空气,排走燃料燃烧所产生的烟气。空气经送风机 9 提高压力后,先送入空气预热器 5,预热后的热风经风道送到炉排 2 下的风室中,热风穿过炉排缝隙进入燃烧层参与燃烧。

燃烧产生的高温烟气在引风机 7 和烟囱 8 的抽吸作用下,以一定的流速依次流过炉膛和各部分烟道,烟气在流动过程中不断将热量传递给各个受热面,而使本身温度逐渐降低。

为了除掉烟气中携带的飞灰,以减轻对引风机的磨损和对大气环境的污染,在引风机前装设除尘器 6,烟气经除尘器净化后,通过引风机 7 提高压力后,经烟囱 8 排入大气。除尘器收集下来的飞灰,可由灰车 14 送走。

(3)水汽系统。其作用是不断向锅炉供给符合质量要求的水,将蒸汽或热水分别送到各个热用户。为了保证锅炉要求的给水质量,通常要设水处理设备(包括软化、除氧),经过处理的水进入水箱,再由给水泵 10 加压后送入省煤器 4,提高水温后进入锅炉;水在锅内循环,受热汽化产生蒸汽，过热蒸汽从蒸汽过热器引出送至分汽缸内，再分送到通向各用户的管道。

对于热水锅炉房，则有热网循环水泵、换热器、热网补水定压设备、分水器、集水器、管道及附件等组成的供热水系统。

(4)仪表控制系统。为了使锅炉安全经济地运行，除了锅炉本体上装有的仪表外，锅炉房内还装设各种仪表和控制设备，如蒸汽流量计、压力表、风压计、水位表以及各种自动控制设备。

锅炉的工作包括三个同时进行的过程，即燃料的燃烧过程、高温烟气向水或蒸汽的传热过程以及蒸汽的产生过程。其中任何一个过程进行得正常与否，都会影响锅炉运行的安全性和经济性。

1.1.3.2　锅炉的主要性能指标

为了表明锅炉的构造、容量、参数和运行的经济性等特点，通常用下述指标来表示锅炉的基本特性。

1. 蒸发量或热功率

蒸汽锅炉每小时生产的额定蒸汽量称为蒸发量，常用符号 D 来表示，单位是 t/h。蒸汽锅炉用额定蒸发量表明其容量的大小，即在设计参数和保证一定效率下锅炉的最大连续蒸发量，也称锅炉的额定出力或铭牌蒸发量。工业锅炉的蒸发量一般为 0.1～65 t/h。

对于热水锅炉则用额定热功率来表明其容量的大小，常用符号 Q 表示，单位是 MW。

热功率(供热量)与蒸发量之间的关系为

$$Q = 0.000\,278D(h_q - h_{gs})\ (\mathrm{MW}) \tag{1.1}$$

式中　D——锅炉的蒸发量，t/h；

h_q，h_{gs}——分别为蒸汽和给水的焓，kJ/kg。

对于热水锅炉

$$Q = 0.000\,278G(h_{cs} - h_{js})\ (\mathrm{MW}) \tag{1.2}$$

式中　G——热水锅炉每小时供出的水量，t/h；

h_{cs}，h_{js}——锅炉供水、回水的焓，kJ/kg。

2. 压力和温度

蒸汽锅炉出汽口处的蒸汽额定压力或热水锅炉出水口处热水的额定压力称为锅炉的额定工作压力，又称最高工作压力，常用符号 P 表示，单位是 MPa。

对于生产饱和蒸汽的锅炉，只需标明蒸汽压力。对于生产过热蒸汽的锅炉，必须标明蒸汽过热器出口处的蒸汽温度，即过热蒸汽温度，常用符号 t 表示，单位是℃。

对于热水锅炉则有额定出口热水温度和额定的进口回水温度之分。

与额定热功率、额定热水温度及额定回水温度相对应的通过热水锅炉的水流量称为额定循环水量，常用符号 G 表示，单位是 t/h。

3. 受热面蒸发率和受热面发热率

锅炉受热面是指锅内的汽水等介质与烟气进行热交换的受压部件的传热面积，一般用烟气侧的金属表面积来计算受热面积，并用符号 H 表示，单位为 m^2。

每平方米受热面每小时所产生的蒸汽量，称为锅炉受热面蒸发率，用符号 D/H 表示，单位是 kg/(m^2·h)。同一台锅炉内，各处受热面所处的烟气温度不同，其受热面蒸发率也各不相同，例如炉内辐射受热面的蒸发率可能达到 80 kg/($m^2 \cdot h$)左右，对流受热面的蒸发率只有 20 ~ 30 kg/($m^2 \cdot h$)，对整台锅炉来讲，这个指标反映的只是蒸发率的一个平均值。

由于各种型号锅炉生产蒸汽的压力和温度各不相同，为了便于统计和比较，就引入了“标准蒸汽”的概念，取其焓值为 2 676 kJ/kg，把锅炉的实际蒸发量 D 换算成标准蒸汽蒸发量 D_{bz}

$$D_{bz} = \frac{D(h_q - h_{gs})}{2\ 676} \times 10^3 (kJ/kg) \tag{1.3}$$

则标准蒸发率以 $\frac{D_{bz}}{H}$ 表示。

热水锅炉每小时每平方米受热面所产生的热量称为受热面的发热率，用符号 Q/H 表示，单位是 kJ /($m^2 \cdot h$)。

锅炉受热面蒸发率或发热率是反映锅炉工作强度的指标，其数值越大，表示传热效果越好，锅炉所耗金属量越少。

一般工业锅炉的 $D/H <$ 40 kg/($m^2 \cdot h$)；热水锅炉的 $Q/H <$ 83 700 kJ/($m^2 \cdot h$)。

4. 锅炉热效率

锅炉热效率是指锅炉有效利用热量与单位时间内锅炉的输入热量的百分比，也称为锅炉效率，用符号 η 表示，它是表明锅炉热经济性的指标，一般工业燃煤锅炉热效率在 60% ~ 82% 左右。

有时为了概略衡量蒸汽锅炉的热经济性，还常用煤水比或煤汽比来表示，即锅炉在单位时间内的耗煤量和该段时间内产汽量之比。煤水比的大小与锅炉形式、煤质及运行管理质量等因素有关。工业锅炉的煤水比一般为 1∶6 ~ 1∶7.5。

5. 锅炉的金属耗率及耗电率

金属耗率是指相应于锅炉每吨蒸发量所耗用的金属材料的质量，也称钢水比。工业锅炉这一指标为 2 ~ 6 t/t。

耗电率为生产 1 t 蒸汽锅炉房耗用电的度数(kW · h)/t，一般为 10 (kW · h)/t。

1.1.3.3　锅炉的规格与型号

每台锅炉都用一个规定型号来表示，我国工业锅炉产品型号由三部分组成，各部分之间用短横线相连，表示方法如图 1.2 所示。

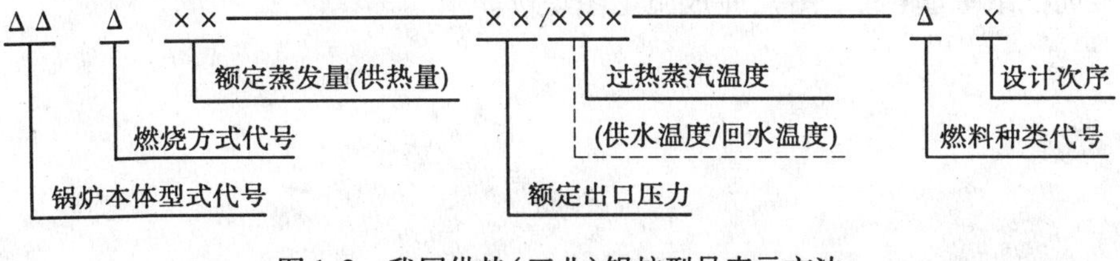

图 1.2　我国供热(工业)锅炉型号表示方法

型号的第一部分分为三段：第一段用两个汉语拼音字母表示锅炉本体型式，形式代号见表 1.1；第二段用一个汉语拼音字母表示锅炉的燃烧方式(废热锅炉无燃烧方式代号)，燃烧方式代号见表 1.2；第三段用阿拉伯数字表示蒸汽锅炉的额定蒸发量(t/h)或热水锅炉的额定热功率(MW)，废热锅炉则以受热面(m^2)表示。

型号的第二部分表示介质参数，共分两段，中间用斜线分开。第一段用阿拉伯数字表示额定蒸汽压力或允许工作压力(MPa)；第二段用阿拉伯数字表示过热蒸汽温度或热水锅炉的出水温度/进水温度。对生产饱和蒸汽的锅炉，则无斜线和第二段。

型号的第三部分表示燃料种类，以汉语拼音字母表示燃料种类，同时以罗马数字代表燃料分类与其并列，见表1.3。如同时使用几种燃料，主要燃料代号放在前面。

表1.1　锅炉本体型式代号

火管锅炉		水管锅炉	
本体型式	代号	本体型式	代号
立式水管	LS	单锅筒立式	DL
		单锅筒纵置式	DZ
立式火管	LH	单锅筒横置式	DH
		双锅筒纵置式	SZ
卧式内燃	WN	双锅筒横置式	SH
		纵横锅筒式	ZH

表1.2　燃烧方式代号

燃烧方式	代号	燃烧方式	代号
固定炉排	G	往复推饲炉排	W
活动手摇炉排	H	下饲式炉排	X
链条炉排	L	沸腾炉	F
抛煤机	P	半沸腾炉	B
倒转炉排加抛煤机	D	室燃炉	S
振动炉排	Z	旋风炉	X

表1.3　燃烧种类代号

燃料品种	代号	燃料品种	代号
无烟煤	W	油	Y
贫煤	P	气	Q
烟煤	A	木材	M
劣质烟煤	L	甘蔗渣	G
褐煤	H	煤矸石	S

例如，型号为SHL10-1.25/350-AⅡ型的锅炉，表示为双锅筒横置式锅炉，采用链条炉排，蒸发量为10 t/h。额定工作压力为1.25 MPa，出口过热蒸汽温度为350 ℃，燃用二类烟煤。

又如型号为DZW1.4-0.7/95/70-AⅡ型的锅炉，表示为单锅筒纵置式，往复推动炉排炉，额定热功率为1.4 MW，允许工作压力为0.7 MPa，出水温度为95 ℃，进水温度为70 ℃，燃用Ⅱ类烟煤的热水锅炉。

单元二　施工图识读实训

结合实训图纸一套（见下图），完成施工图识读。

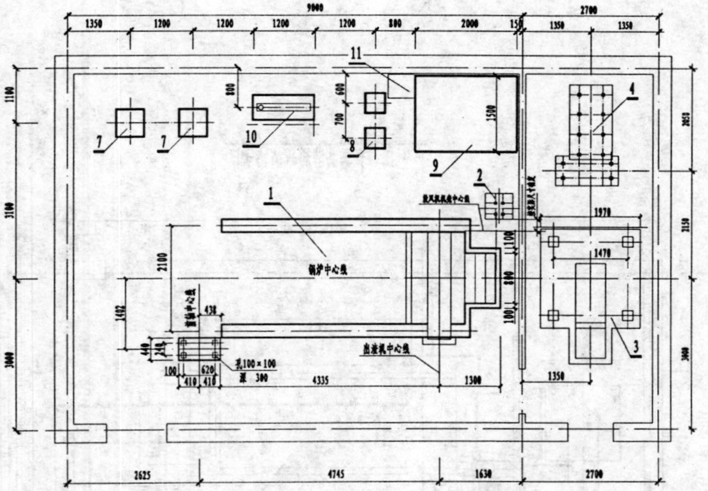

白毛锅炉房设备平面布置图　1:50

设计说明

1. 锅炉本体、鼓引风机、除尘器安装，应按厂家的安装图及用说明施工；
2. 全自动软水器安装，应按生产厂家的安装使用说明书要求安装和调试；
3. 水泵底部可设橡胶减震器，风机进、出口可设柔性软接头；
4. 供热管道安装后，刷红防锈漆两道、用δ=40mm岩棉毡保温、玻璃丝布保护，保护层外刷灰调合漆两道，排污管埋地时、刷环氧煤沥青漆两道；
5. 烟风道用δ=4mm、Q235钢板制作，外表面刷黑酚醛烟囱漆两道；
6. 设室内地坪为±0.00m，管道标高以m计、其它以mm计；
7. 其他未见事宜，均按国家标准和施工验收规范的规定施工。

序号	名称	型号	规格	单位	数量	备注
11	集水坑		500×500×500	个	1	
10	全自动软水器	TJST-2750B	Q=5-6T/h	套	1	单头单罐
9	软化水箱	SMC-8	2000×1500×2000	个	1	玻璃钢制作
8	补水泵	KQL40/150-1.5/2	Q=4.1m³/h H=29mH₂O N=1.5kW	台	2	
7	循环水泵	KQL125/315-15/4	Q=120m³/h H=30.5mH₂O N=15kW	台	2	
6	垂直上煤机	CGS-4	电机功率：N=1.1kW	台	1	
5	螺旋除渣机	LXC-4-A	电机功率：N=1.1kW	台	1	
4	引风机	SGT-4T	L=16572m³/h H=2450Pa N=22kW	台	1	电机Y180L-4
3	除尘器	SLDJ(湿式)脱硫除尘器	4t/h	个	1	
2	鼓风机	4-72-12No.4A	L=6457m³/h H=1606Pa N=5.5kW	台	1	电机Y132S1-2
1	热水锅炉	DZL2.8-0.7-95/70-AII	减速机功率：N=1.5kW	台	1	

白毛锅炉房设备明细表

注册工程设计师	注册建筑师	单位名称	黑龙江建筑职业技术学院设计院			建设单位	哈尔滨物业供热集团香坊物业供热有限公司				
		技术负责人		设计总负责人		工程名称	香坊区集中供热改扩建工程				
		审定		项目设计负责人		图名	锅炉房设备平面布置图				
		审核		专业设计负责人							
签字 16	签字	校对		设计制图		工程编号	08RV-05	图号	GGS-01	日期	2008.7

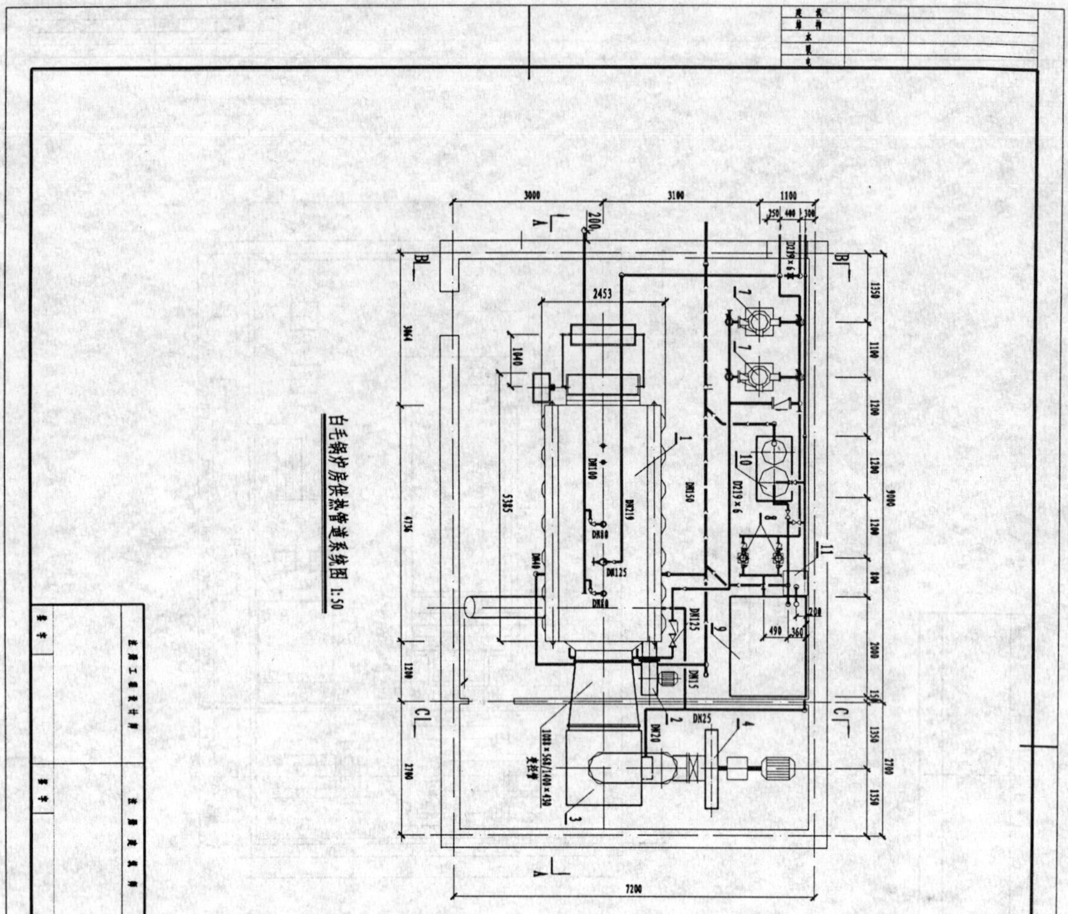
白毛锅炉房供热管道系统图 1:50
白毛锅炉房设备明细表
锅炉房管道平面布置图

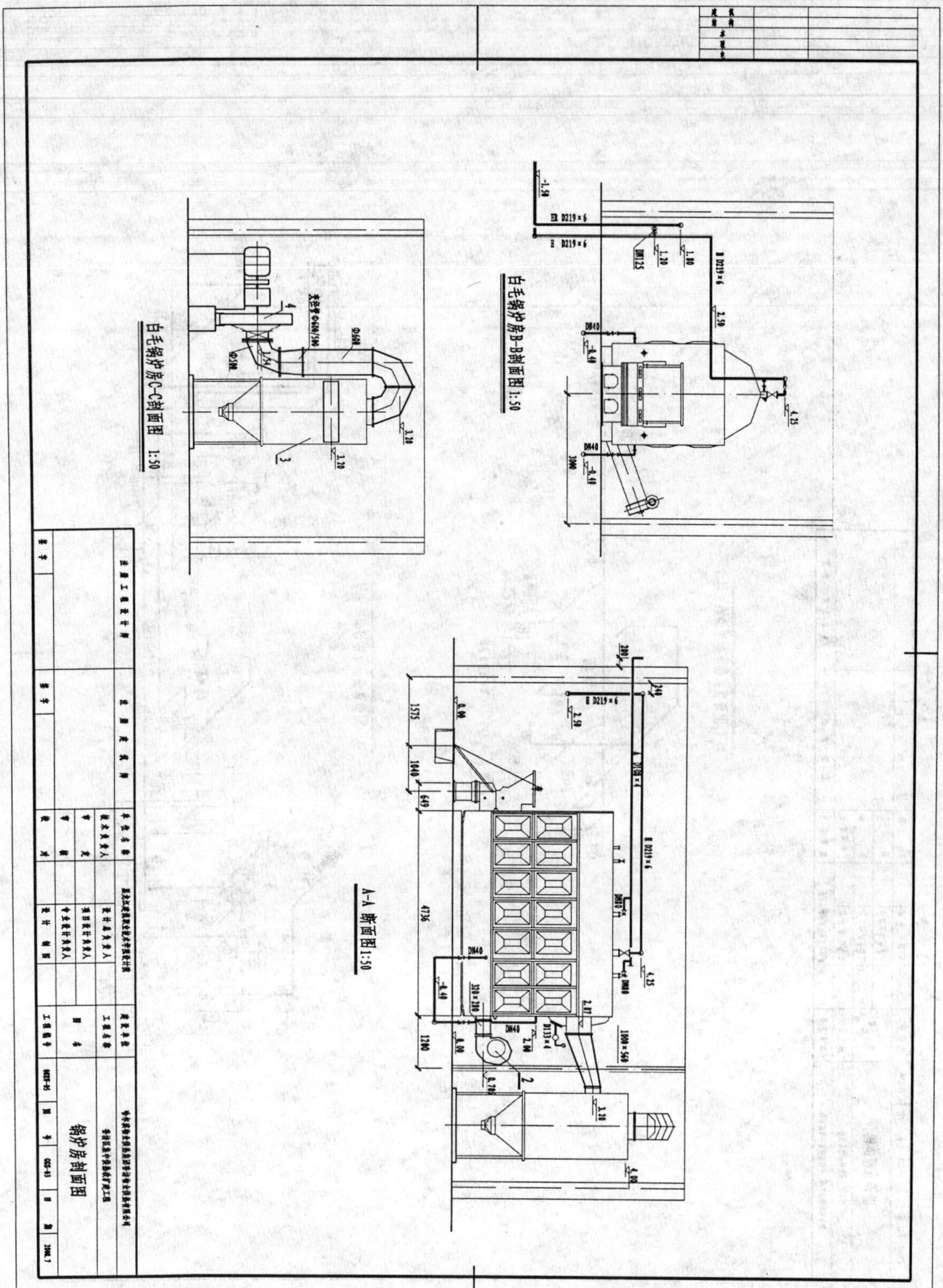
白毛锅炉房C-C剖面图 1:50
白毛锅炉房B-B剖面图 1:50
A-A 断面图 1:50
锅炉房剖面图

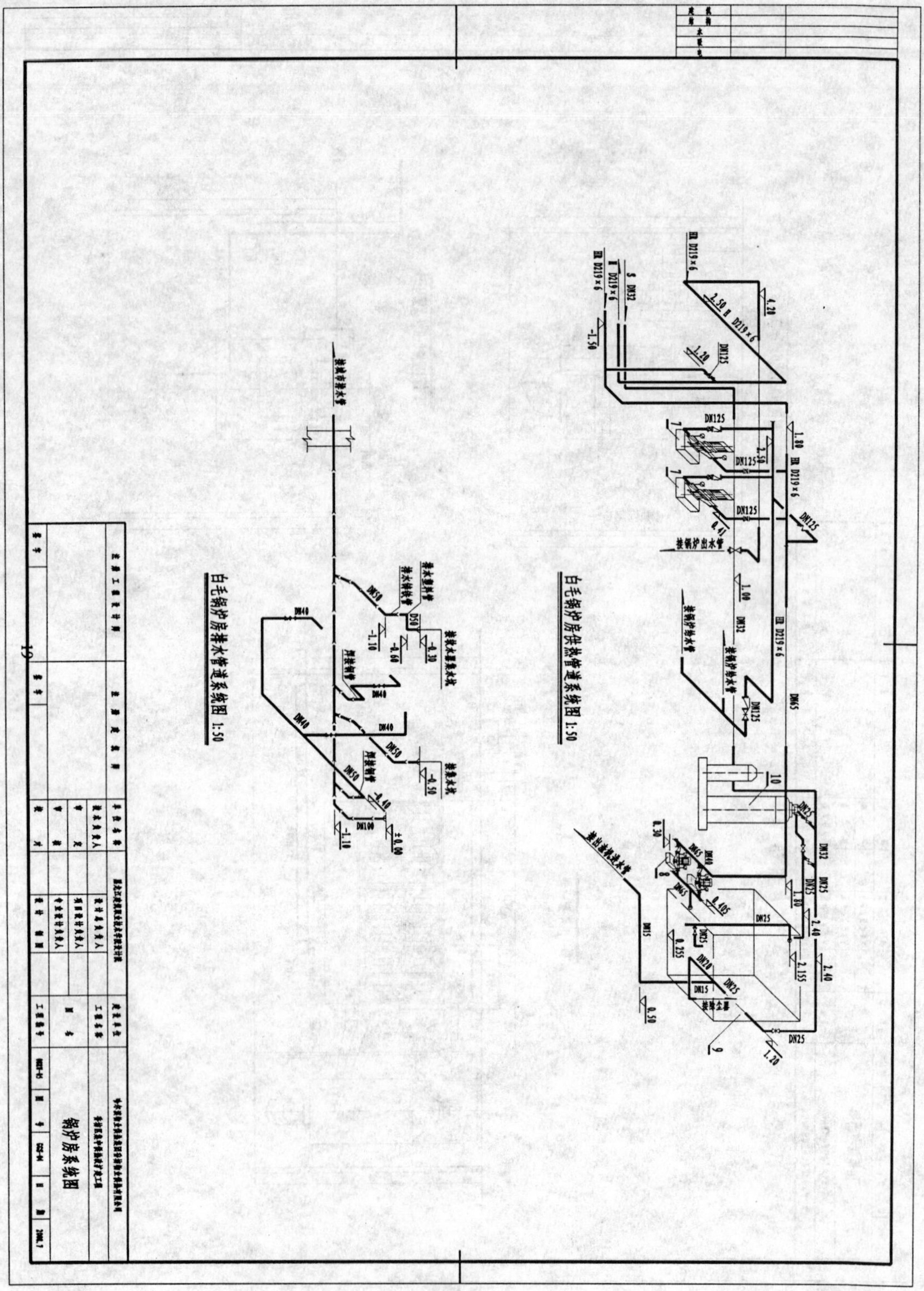
白毛锅炉房排水管道系统图 1:50
白毛锅炉房供热管道系统图 1:50
锅炉房系统图

思考题与习题

1. 说明锅炉房设备的组成。

2. 举例说明工业锅炉型号各部分的含义。

3. 任务：结合图纸及制图标准，掌握常用图例、管线等表示方法等。

4. 任务：结合成套图纸，识读施工图。

学习任务二　锅炉本体安装

【教学目标】通过项目教学活动,培养学生具有锅炉钢架与平台安装施工组织基本能力;具有锅筒、集箱及受热面管束安装施工组织基本能力;具有辅助受热面安装施工组织基本能力;具有本体附件安装施工组织基本能力;具有典型炉排安装施工组织能力;能选择锅炉施工安装机具,确定施工用料。培养学生良好的职业道德、自我学习能力、实践动手能力和分析、解决、处理实际问题的方法能力,以及诚实、善于沟通和合作的专业素养。

【知识目标】

1. 掌握锅筒及其内部装置、水冷壁、对流管束的作用及构造特点;
2. 掌握辅助受热面的作用及构造特点;
3. 掌握安全附件(压力表、安全阀、水位表及水位报警器等)的作用和设置要求;
4. 掌握锅炉钢架的作用和构造;
5. 掌握常用炉排的结构特点、安装程序、方法及技术要求;
6. 掌握锅炉炉膛、炉墙的作用及结构特点;
7. 掌握锅炉炉墙与炉膛的砌筑方法、技术要求和施工用料;
8. 掌握锅炉水压试验的目的、程序及质量验收标准。

【主要学习内容】

工业锅炉,尤其是现场组装的工业锅炉,其安装质量是锅炉产品质量的重要环节,对锅炉能否安全运行,有着极其重要的影响。要求安装单位认真执行相关的规程、规范和技术标准,确保锅炉质量形成的每一个过程都在受控状态下进行。

工业锅炉的安装:整装锅炉的安装过程简单,但目前的工业锅炉现场组装多些,而主要程序是相通的。

1. 安装前的准备工作

检查锅炉技术资料的完整性、准确性,并进行登记归档;编制施工的技术文件;办理锅炉安装开工报告;清点到场的设备部件,对缺损件进行登记,填写主要零部件的质量检查记录;进行现场用地、用水、用电、用气准备和检查与临建搭设;组织施工机具进场等。

2. 锅炉基础验收与划线

安装人员会同建设单位、施工监理、土建人员对锅炉基础进行检查验收,并填写基础验收记录;按图纸坐标划出锅炉纵横向中心线、标高基准点和各基础的坐标中心位置。

3. 钢架及平台的安装

检查钢架平台的数量及外形尺寸,填写记录,对超标量应进行调整、校正,并将校正后的实际尺寸填入记录表;配置基础垫铁;散装钢架组装成片,检查合格后吊装就位,并进行找正、固定,焊接钢横梁,实测焊后几何尺寸,填写钢架安装记录;锅炉基础二次灌浆;钢平台托架安装。

4. 锅炉本体受热面安装

锅筒与集箱的质量复查,尤其是胀接管孔的质量应重点检查、测量,并填写记录;受热面管束的质量检查、测量,并填写记录;受热面管束的校样、退火和管端处理;锅筒支座及锅筒的安装及固定,并做好记录;集箱的吊装就位找正、固定,并做好记录;严格控制胀管误差,并做好记录;胀管前后,对每根管子都应做通球试验,并做记录等。

5. 水冷壁管排的组装

水冷壁管的分片组焊与找正，组焊前后的通球试验，并做好记录；下降管的安装到位。

6. 过热器的安装

过热器蛇形管的校正与通球试验，并做记录；过热器联箱的安装就位、找正、固定记录；蛇形管、管卡、吊架的合金钢件的材质光谱分析及检验报告；蛇形管的组焊及几何尺寸测量记录，吊装就位、找正、固定，填写过热器安装记录。

7. 省煤器的安装

钢管式省煤器的安装与过热器很相似，肋片式省煤器的安装要注意肋片管端法兰面的平行，垫片和螺栓应涂石墨粉，进行水压试验，做好省煤器安装记录和水压试验记录。

8. 锅筒内部装置的安装

锅筒内部装置的安装应在锅炉本体水压试验合格后进行。

清点内部装置的数量，一一点焊牢固，防止出现汽水通道，保证汽水分离效果，并按图留出膨胀间隙；填写好锅筒内向下管的通球记录和锅筒封闭记录。

9. 锅炉燃烧装置的安装

工业锅炉燃烧装置形式多样，现以链条炉排的安装为例。

链条炉排组装前对所有组件的清点检查，尤其是对链条和链板的节距及厚度的检测要做记录；对炉钢架前后轴及链轮的装配偏差要有检测记录；下部导轨和墙板座的安装，要以锅炉中心线为准，找正墙板和梁的位置，留出膨胀间隙；做好支架及侧密封的安装、前后轴的安装、炉链的安装、炉条安装；调整前后轴，检查炉链的松紧，调整合适后作炉排的冷态试运转，并做好记录。

10. 汽水管道、阀门及热工仪表的安装

锅炉范围内汽水管道、阀门及热工仪表的安装，认真做好检验、试验、安装记录。

11. 锅体本体水压试验

要有建设单位代表、监理工程师参加，邀请特种设备安全监察部门参加，并在总体水压试验报告上签字。

12. 严密性试验

筑炉与保温施工及风道、烟道的严密性试验，做好记录。

13. 附属设备安装

附属设备安装，除做好安装记录外，应进行单机试运转，并合格。

14. 烘炉、煮炉

做好烘、煮炉方案，制订升温曲线，并做好控制，保证效果。

15. 锅炉的试运行

锅炉试运行是对锅炉的设计、制造、安装质量的大检查，要严密组织，并执行成套的规章制度和操作程序；试运行应有当地特种设备安全监察机构代表、监理、建设单位代表及其他有关方面的代表参加；试运行合格后，应及时办理签证。

单元一　锅炉基础验收及放线

2.1.1　锅炉基础验收

锅炉在安装之前要对锅炉基础进行全面验收，即由建设单位、土建单位和安装单位一起对土建施工单位提供的锅炉基础资料进行复核和验收。

(1)外观检查。检查基础是否有蜂窝、空洞、露筋和裂纹等现象。

(2)基础的几何尺寸是否符合图纸要求。这项检验应放线检查，根据土建施工单位提供的锅炉基础纵、横中心线，地脚螺栓孔，预埋件位置和辅助设备位置，复检其正确性。有误时，则应调整过来。

(3)地脚螺栓孔和预埋件的验收。要求地脚螺栓孔内无模板，几何尺寸符合图纸和规范要求。预埋件还需进行锤击检查，若有空洞、松动现象，土建施工单位应予以及时处理。

(4)相对标高检验，并将运转层上 1.0 m 标高标识在厂房柱子上，便于以后安装过程中作标高的参照点。

(5)基础混凝土强度资料的查验。由土建施工单位提供的基础混凝土强度检测结果是否满足规定的要求；报告填写单位必须是有资质的检测单位。必要时在现场进行混凝土基础强度抽样检测。

锅炉及其辅助设备基础的允许偏差见表 2.1。如果能满足规定要求，则须填写《基础检查记录》。各方代表签字后，该基础就正式移交安装单位进行锅炉施工。SHL35-16-P 型锅炉基础画线、测量示意图见图 2.1。

表 2.1　锅炉及其辅助设备基础的允许偏差

项　目		允许偏差/mm
纵、横轴线的坐标位置		±20
不同平面的标高(包括柱子基础面上的预埋钢板)		0 -20
平面的水平度(包括柱子基础面上的预埋钢板和地坪上需安装锅炉的位置)		每米 5
		全长 10
外形尺寸	平面外形尺寸	±20
	凸台上平面外形尺寸	0 -20
	凹穴尺寸	+20 0
预留地脚螺栓孔	中心位置	±10
	深度	±20 0
	孔壁垂直度(每米)	10
预留地脚螺栓	顶端标高	±20 0
	中心距(在根部和顶部两处测量)	±2

注：摘自《工业锅炉安装工程施工及验收规范》(GB 50273—1998)。

2.1.2　基础放线

基础放线步骤如下：

(1)首先复查土建单位画出的锅炉基础纵向中心线与锅炉房相对位置的基准线偏差是否小于±20 mm。

(2)以土建单位提供的锅炉纵向中心线为基准，复查其横向中心线是否垂直。然后用直尺测量锅炉基础的柱脚基础、传动装置基础、墙板预埋件、挡渣梁、混凝土风道预埋件以及炉排基础的内空等轮廓中心是否满足安装要求。如果不能满足要求，则需要根据影响最大的项目，并兼顾其他项目来调整中心线，用墨线另外画锅炉基础纵、横向中心线 $A\text{-}A'$ 和 $B\text{-}B'$（图 2.2）。一般情况下以前柱中心线为基础横向中心线。

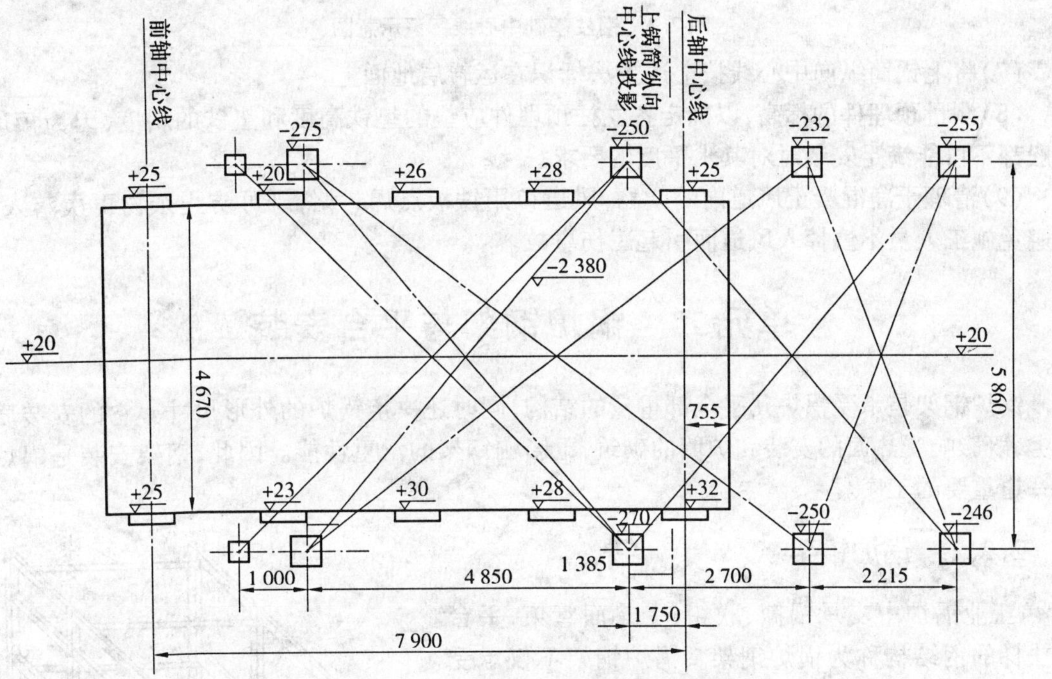

图 2.1　SHL35-16-P 型锅炉基础画线、测量示意图

(3)检查 $A\text{-}A'$ 和 $B\text{-}B'$ 是否垂直可用直角三角形法，即直边比直边比斜边等于 3∶4∶5。也可用等腰三角形法，如图 2.2 所示。取 $OC = OD$，并以 C、D 为圆心，以大于 OC 的长度为半径画弧交于 E 点。如果 E 点位于中心线上，就表示 $A\text{-}A'$ 和 $B\text{-}B'$ 是垂直的。

(4)以新画的纵、横中心线为基准，分别画出其他辅助中心，并用对角线测量法予以确认。注意：每根辅助中心线必须以纵、横中心线为基准，而不要用以辅助中心线为基准，以避免测量过程中的累积误差。

(5)标识纵、横基准中心线。标识方法：用冲击钻在基准中心线两端各打一孔，塞入一根与孔深一致、孔径相同的钢筋头，然后用样冲在钢筋头上冲出与基准中心线重合的两个眼，并用

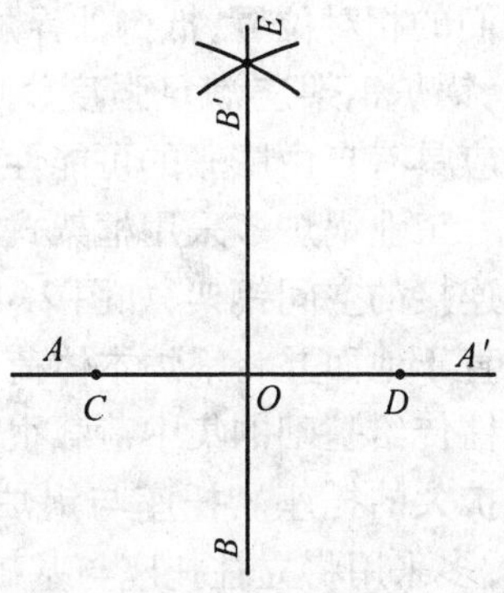

图 2.2　等腰三角形法校验基准线中心线的垂直度

红铅油涂点。

(6)画出钢柱底板在基础预埋板上的轮廓线，在轮廓线外边用红铅油标识该基础的纵、横中心线，并在预埋件表面或侧面冲眼做永久性标识，如图2.3所示。

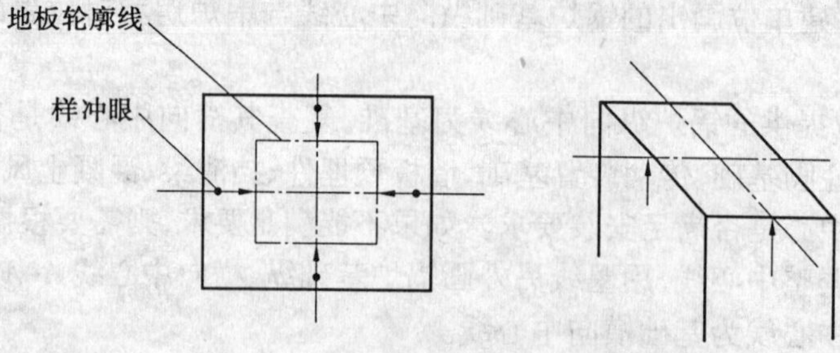

图2.3　钢柱基础中心线标识示意图

(7)将上锅筒纵向中心线按上述方法标识在运转层地面上。

(8)测量预埋件的标高，以确定各立柱预埋件应垫的垫铁高度和垫铁的斜度，因为预埋件一般都不可能满足安装时对其水平度的要求。

(9)清理干净混凝土风道内的杂物，风道口用铁板点焊封堵，既可防止杂物再次落入，也可避免施工人员不慎掉入风道而引起工伤事故。

单元二　锅炉钢架与平台安装

锅炉钢架是承受锅炉几乎全部重量的结构，同时还决定锅炉的外形尺寸。它的安装质量优劣，既影响受热面的安装和炉墙的砌筑，也影响钢架的承重性能。因此，钢架安装是锅炉安装一道重要的工序。

2.2.1　锅炉钢架

工业锅炉中支承锅筒、联箱、受热面管束、平台及扶梯的钢结构称为锅炉钢架。锅炉钢架不仅承受锅炉本体的载荷，同时使锅炉本体各部件固定并维持它们的相对位置，抵御外界加给锅炉的其他负荷。因此，锅炉钢架应满足强度、刚度、稳定性条件的要求，并应具有自由膨胀的可能性。

工业锅炉多采用框架式构造，它一般为梁与柱刚性连接的空间钢架，如图2.4所示。钢架中的主柱是垂直于地面并将锅炉本体荷载传给基础的承重构件。立柱传给基础的集中荷载很大，通常在立柱下面有面积扩大的托座。托座与锅炉的钢筋混凝土基础的连接，多采用将立柱托座与基础预埋钢板焊在一起。横梁是水平放置的承重构件，横梁承受汽水系统和烟风系统的载荷并传给立柱。

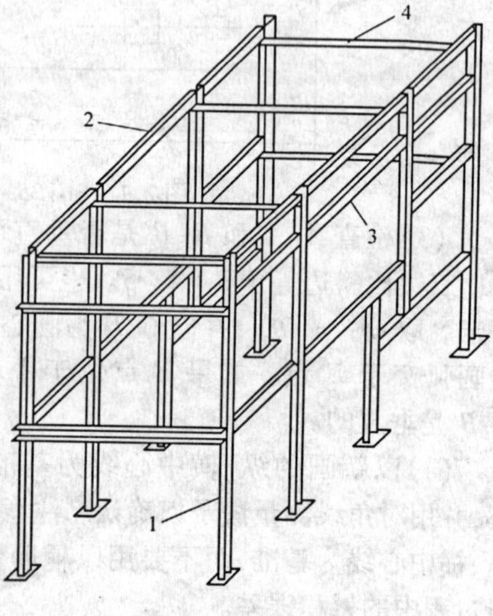

图2.4　锅炉钢架

1—立柱；2—横梁；3—辅助梁；4—支撑杆

其他辅助梁和支承杆件除保证钢架自身的整体性和稳定性外,还可维持炉墙的稳定性和固定锅炉平台、扶梯等。

锅炉钢架应避免受到高温作用(一般小于150 ℃),从而消除构件的热应力。承重的立柱和横梁必须布置在炉墙和烟道的外面。对于必须布置在烟道炉道内的构件,除了采取必要的绝热、冷却措施外,还应在结构上采取使其能自由膨胀的措施。

2.2.2 组装前的检查与校正

钢架都是单件或成捆出厂的,在运输、装卸过程中不可避免地会形成不同程度的变形。钢柱的运输变形主要是弯曲,扭曲变形是制造时的变形。平台的运输变形是弯曲变形和平台面板的不平与破损。因此,锅炉钢架部件安装都要进行检查和校正。检查与校正工作应在地面上进行,便于施工操作。

对于钢柱、承重梁等主要构件的检查项目主要是它们的长度和直线度,其允许偏差应符合表2.2的规定。

当构件直线度超差时,则需要校正。校正工作是在现场钢架组装平台上进行。一边检查,一边校正,一边组装为宜。

表2.2 钢架的允许偏差

项目		允许偏差/mm
柱子的长度/m	≤8	0 -4
	>8	+2 -6
梁的长度/m	≤1	0 -4
	1~3	0 -6
	3~5	0 -8
	>5	0 -10
柱子、梁的直线度		长度的1/1 000,且不大于10

注:摘自《工业锅炉安装工程施工及验收规范》(GB 50273—1998)。

现场对钢柱直线度的检查方法:在钢柱相邻两侧面中心线上,每端各焊接一根短角钢。以角钢为依据托拉粉线,使粉线位置距两端钢柱侧面的距离相等,然后用直尺每间隔1 m测量粉线至柱侧面的距离,就得出立柱在该侧面上的直线度,如图2.5所示。被测量的侧面应垂直于地面。这样的测量就可避免钢柱自重对直线度的影响。用同样方法可测得另一侧面的直线度。

现场钢柱直线度校正的方法有冷校法和热校法。冷校法就是用千斤顶在校直架上进行校正,一般只能对横截面周长小于800 mm的构件有较好效果。它的优点是钢柱校正后的金相组织没有变化,承重能力没有降低。其缺点是劳动强度大,耗工多,对比较粗的构件,校直架要很大。否则,作用在构件上的两个力的作用点距离过近,不易产生变形。热校法就是利用氧-乙炔火焰或喷灯对构件进行局部加热,加热部分就相对伸长,而未伸长部分对伸长部分有压力,故伸长部分伸长的长度比在没有压力作用下的要短。当加热部分恢复常温后,因其长度比加热前短一些,产生巨大拉力,从而使构件发生变形。加热温度 700 ℃左右,不可超过 800 ℃。否则,易造成构件加热处的金相组织发生变化。加热长度一般是 400 ~ 500 mm 加热部位是弯曲部位弧顶处,如图 2.6 所示。变形长度较长时,可分段校直。变形较大时,加热完毕后立即用冷水降温,变形较小时,则不必浇水或少浇水。加热校正法的优点是操作简便,效果显著。其缺点是加热部位金相组织发生变化。

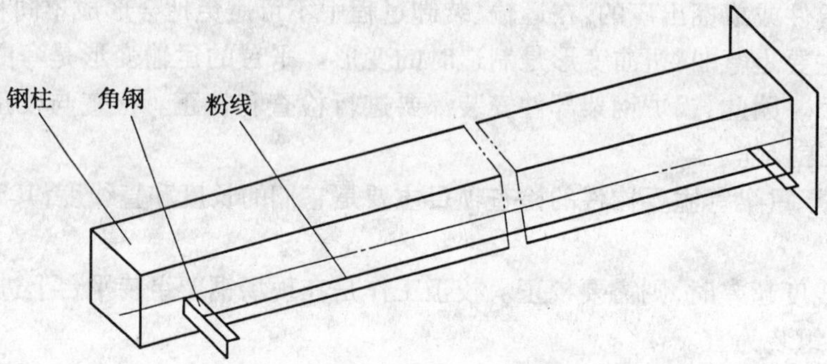

图 2.5　钢柱直线度测量示意图

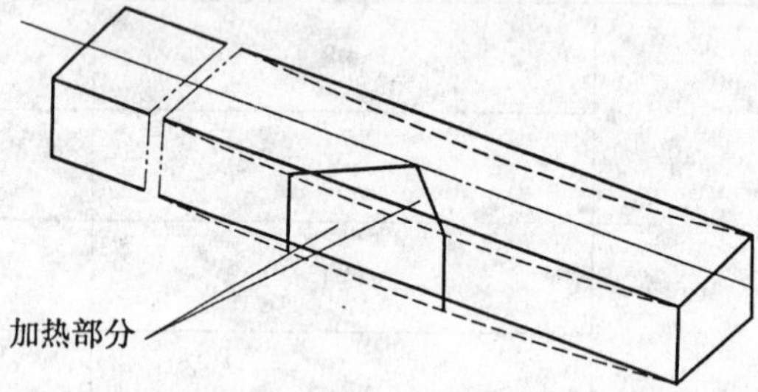

图 2.6　钢柱热校示意图

2.2.3　钢架的组合与安装

钢架部分是由柱、梁、支架、平台等部件组成。只要现场吊装能力和施工环境允许,就要尽可能多地将这些部件组成一组一组的组合件进行安装,以减少高空作业工作量。否则,就要根据安全施工的原则,确定组合件的最大组合重量以及必须在地面组合的构件,这样就有一些构件要到高空组合,从而增加高空作业量,降低了劳动生产率,增加了不安全因素。因此,现场的吊装能力尽可能满足除上锅筒之外的最大吊重要求。组合钢架时,通常是沿锅炉纵向中线垂直的同名钢柱(如 $Z_{1左}$ 和 $Z_{1右}$,通称 1 号柱)为一组进行组合。对于有些型号的锅炉,它的钢柱不像链条炉那样沿纵向中心线对称布置,这时的钢架组合原则就需要根据实际调整,有垂直纵向中心线的,有平行于纵向中心线的,也有单根的。只要场地允许,钢架应全部在地面组合完毕,一组一组地吊装、就位、找正安装柱顶横梁和平台,类似流水作业。这样施工场地转移次数少,安装工效高。

钢架在地面组合的具体施工步骤如下。

2.2.3.1　搭设钢架组合平台

钢架组合平台,通常是搭设在运转层上。但现场的机械化吊装能力足够,厂房也没封顶,最好在厂房外地面上搭设。组合平台搭设如图 2.7 所示,它要符合下列要求:

(1)要有足够的强度和稳定性,钢支撑部分采用点焊连接。

(2)各支撑工字钢标高要相同,可采用水平仪测量,每组合一组钢架后在组合另一组之前要重新测量各点标高。

(3)各支撑点的距离要适当,一般间距 3 m 左右。钢柱接头位置要尽量避开支撑点,以方便焊接施工。

(4)点支撑高度要方便焊接施工和焊接质量检验。

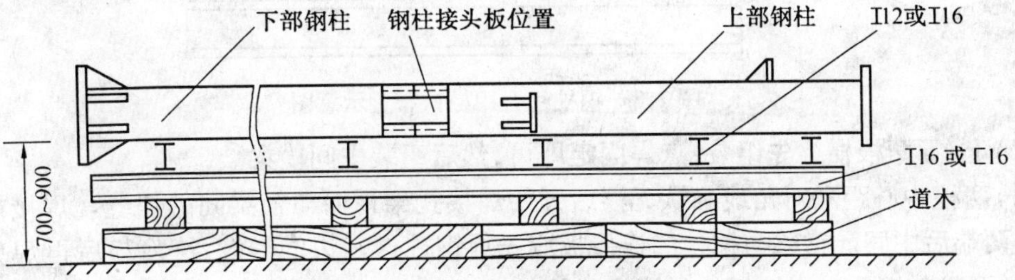

图 2.7　组合平台搭设示意图

2.2.3.2　钢柱组对

钢柱组对质量对钢柱直线度、横梁支脚标高有直接影响,因此,要重视钢柱组对施工,它可以按下述步骤进行:

(1)将要对接的钢柱按钢柱组合图纸的要求搁在支承架上,使接头靠紧摆直。

(2)以柱顶第一个托架为基准向下测量各托架标高及至柱脚板底面的距离,以确定接头处应去掉的长度。确定的原则是:各横梁的标高不能是正偏差。即使将钢柱接长一些,也要避免这种现象。柱子长一点可以通过降低柱脚垫铁高度克服,个别托架标高的负偏差可用加垫薄钢板来提高其标高。而正偏差就须将托架割下,打磨要焊接的部位,然后再按要求焊好。这样做的缺点是显而易见的,托架割下和重焊时因受热变形会影响柱的直线度,还费工费时。

(3)割去钢柱接头处多余的长度,打磨好焊缝的坡口,焊上焊缝衬板。

(4)分别画出对接钢柱上、下两部分的四个侧面的中心线。将上侧面的两根中心线对直,并拉粉线检查两中心线的重合度。然后,用钢板直尺靠在接头处一端柱侧面中心线处,钢板尺与另一端柱侧面的距离即为两部分钢柱相对扭曲度。调整钢柱上、下两部分,使四个侧面的中心线都对齐。

(5)复查钢柱顶部托架至柱脚板底面的距离,并调整至满足要求为止。使各侧中心线满足全长直线度要求后,用挡铁将上、下部钢柱挡牢,钢柱接头焊缝需点焊牢固。

(6)由两名合格焊工对称焊接接头连接板。

(7)复查钢柱的直线度,必要时加以校正。

(8)以柱顶托架上平台为基准,确定钢柱 1 m 标高线以及至柱顶 1 m 标高线。上、下 1 m 标高线在柱四个侧面上都要画。上、下标高线之间的距离最好以 100 mm 为单位。标高线两端、标高线与柱侧面中心线交点处均要用样冲冲眼,标高线两端的两个冲眼尽可能靠边,当横梁、平台安装以后,也不会影响在冲眼处检验、测量的取值。冲眼涂红铅油标识。上、下两处标高线就是安装其他构件的基准。注意:1 m 标高线并不表示它距柱脚板底面距离就是 1 m。

2.2.3.3　**每组钢架的组合**

钢架组合的步骤如下:

(1)将组对、校正好的两钢柱放在支架上,将钢柱各支撑点处的标高、两柱中心距和对角线调整好。为防止横梁安装时钢柱发生位移,全长上用与支撑架点焊的挡铁挡牢,如图 2.8 所示。

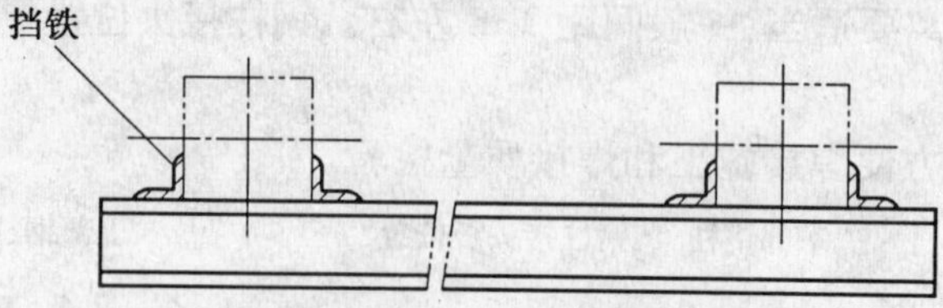

图 2.8　钢柱组合用挡铁布置示意图

(2)上、下两根横梁先组装,点焊固定即可,然后组装中间横梁。

(3)两柱中心距和对角线确认无误后开始焊接托架顶面与横梁间的焊缝。焊接横梁的顺序是先两端后中间。横梁与钢柱的连接板应先焊钢柱这一边的焊缝,待冷却后再焊另一道焊缝,这样可避免钢柱与连接板的对接焊缝的收缩对钢柱直线度产生影响,如图 2.9 所示。一根横梁的两端不宜同时进行焊接,应在一端焊缝冷却后,再焊另一端。

(4)根据 1 m 标高线确定各平台托架横梁下平面的标高。在吊装能力允许时,应将平台托架全部安装好。当吊装能力不足时,除顶部平台托架要预先安装好之外,其余的则应在平台托架横梁下平台点焊一个角钢头,能方便以后平台托架安装时的定位与支撑,如图 2.10 所示。

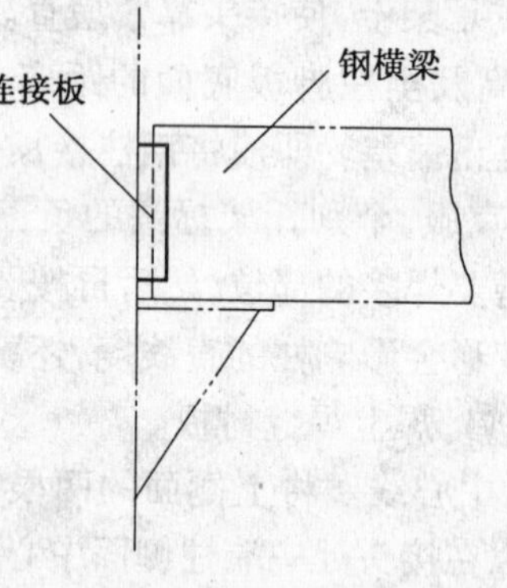

图 2.9　钢柱与横梁连接示意图

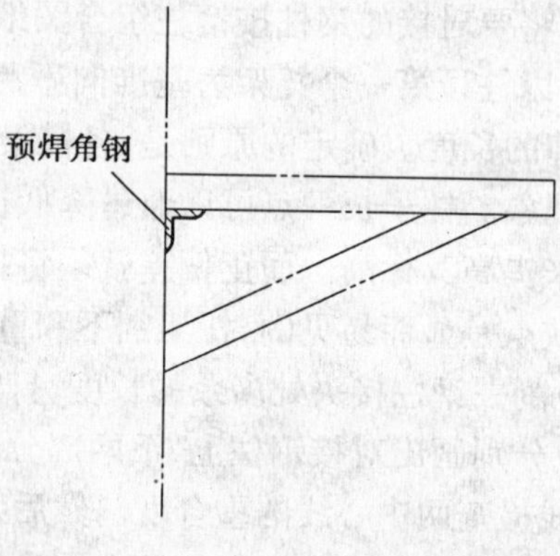

图 2.10　平台托架临时支撑位置示意图

(5)在柱脚板上平面画钢柱就位所需的纵横中心线,用样冲在线上靠近柱脚板边缘冲眼,涂上红铅油予以标识。因为钢柱扭曲度的存在,就位所用的钢柱纵、横中心线不能用柱脚板的中心线来替代,具体画法如下:

首先测量钢柱各侧面距柱脚板边缘的距离是否相同。若相同,可在柱脚板底面画对角线找出其形心。若不同,则应将钢柱横截面投影到柱脚板底面上,并找出投影面的形心。然后,在柱脚板底面画出两钢柱横截面形心的连线,并画出各钢柱的经过形心且垂直于形心连线的直线,这两条相互垂直的线即是就位所用的纵横中心线。最后,将这两条线投影到柱脚板上平面上进行标识即可，如图 2.11 所示。A 柱是钢柱横截面形心与柱脚板形心重合时的画法，A′柱则是钢柱横截面形心与柱脚板形心不重合时的画法。

(6)复核两柱间间距和对角线长度是否变化，从中得出焊接变形的变化趋势。

(7)测量 1 m 标高线至柱脚板底面的长度，并做记录。这些数据就是钢柱基础垫铁高度调整的依据，钢架组合测量如图 2.12 所示。

(8)每根钢柱顶面相邻两中心线处各焊接一根带 U 形缺口的 30 mm×3 mm 的扁钢，缺口中心线距钢柱侧面距离 $a=150$ mm 左右，最好以 10 mm 为计量单位。缺口是用普通钢锯锯出来的，如图 2.13 所示。

注意：①最后吊装的钢架最先组合，最先吊装的钢架最后组合；②组合前要注意哪些横梁对后续安装会造成不利影响，这些横梁就不要在地面上组合。

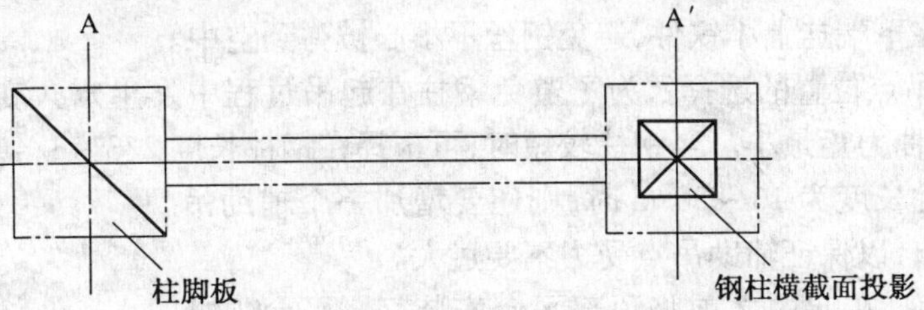

图 2.11　钢架组合后钢柱中心画线示意图

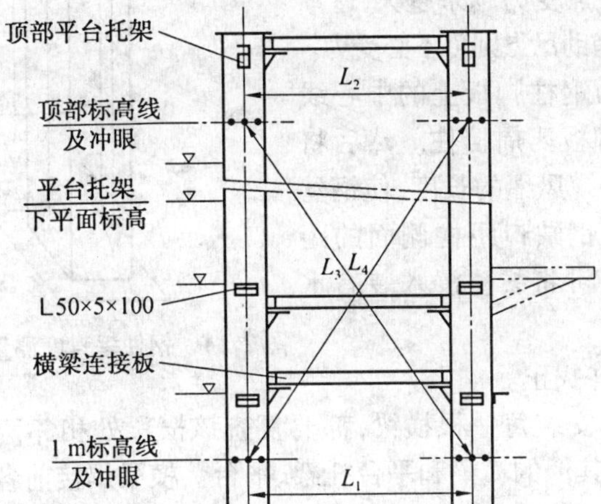

图 2.12　钢架组合、测量示意图

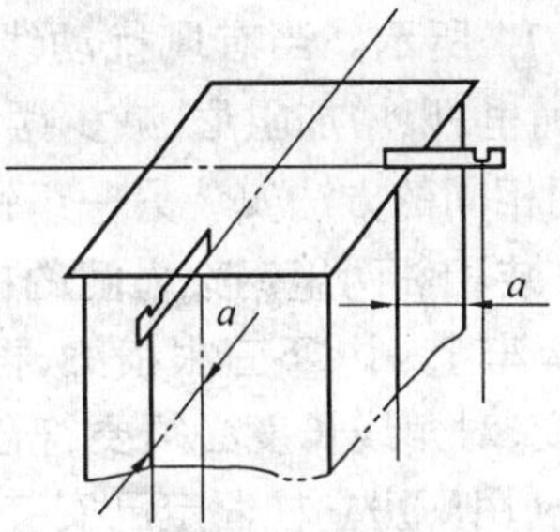

图 2.13　柱顶测量用扁钢安装示意图

2.2.3.4　基础垫铁安装

锅炉的几乎全部重量由垫铁来承担，必须仔细安装垫铁。

(1)根据钢柱 1 m 标高线至钢柱脚板底平面的长度，确定各基础预埋锚板上垫铁的总高度。

(2)将根据各预埋锚板倾斜度加工好的垫铁对应安装好。用水准仪测量各垫铁表面的标高。

(3)根据(1)、(2)的数据选配每组其他垫铁，并用水平尺检查、调整每组垫铁的水平度。

(4)当各组垫铁的标高、水平度满足要求之后，将垫铁与锚板点焊牢固。每组垫铁不应超过三块，故现场要多备几种规格的垫铁。垫铁总高度以 30～50 mm 为宜。垫铁应尽量布置在钢柱脚板立筋的位置上。画好垫铁布置图,记录好各组垫铁的标高。

2.2.3.5　钢架的吊装就位、找正及固定

钢架吊装方式分为单根钢柱吊装和组合钢架吊装。一般情况下,当施工现场场地狭小或现场吊装能力不足时,多采用单根安装,然后再安装横梁、平台等构件。这种安装方式在工作效率、安全性上都不好,大多数情况下,采用组合钢架吊装。

安装步骤如下:

(1)把轻便钢制梯子固定钢柱没有托架的一面,也有用索制软梯的,便于钢架就位后施工人员由此爬上柱顶施工。

(2)每根钢柱顶部栓两根直径12~15 mm的钢丝绳做缆风绳。

(3)将直径0.5~0.7 mm的细钢丝拴在钢柱顶部测量的扁钢缺口内,每根钢丝长度与钢柱长度相当,并在下端挂上小铁件,避免钢丝不小心被弹到空中。

(4)钢柱上吊点位置的选择。为了避免钢柱在起吊过程中发生永久变形,就要使起吊时钢架所受到的弯曲力矩最小。当钢柱较短时,可选择在钢柱长度2/3~3/4且靠近顶部的横梁处做吊点,当钢柱长度为16~20 m时,则还要增加一个辅助吊点,手拉葫芦调节,以保证辅助吊点受力不要过大。

(5)条件允许,在起吊之前将顶部平台安装好。平台焊接时,电焊地线要拴在平台上,防止电焊电流烧坏钢丝绳。

(6)随着钢架起吊高度的增加,辅助吊点受力越来越大,逐渐松开手拉葫芦;当钢架柱脚完全离地之后,辅助吊点则可不必受力。

(7)每吊装、就位一组钢架,首先让两钢柱脚板上的中心线与柱脚基础中心线重合,并用挡铁在柱脚板四周挡住。然后将重2.0 kg以上的线坠拴在钢丝上,调整各缆风绳的长度,使钢丝距下部柱侧面的距离等于顶部测量用扁钢缺口距柱侧面的距离,如图2.14所示。当有风扰动线坠时,可将线坠浸入装有水或机油的桶里,以增加阻尼,减少摆动。

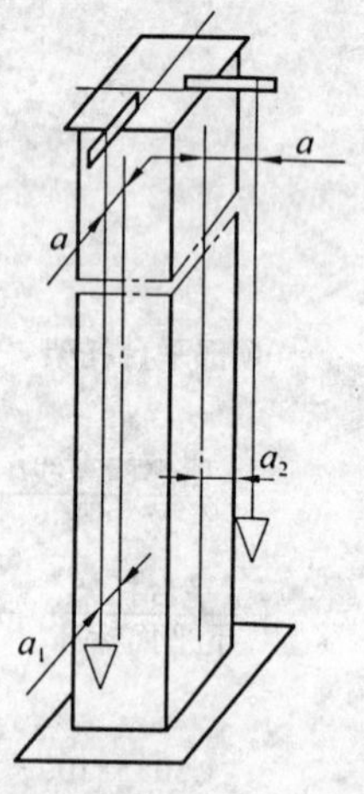

图2.14　钢柱垂直度测量示意图

(8)用相同的方法安装另一组钢架,并找正。

(9)安装相邻两组钢架之间的横梁。安装每一根横梁,都要复查该横梁处相邻两柱的中心距。先焊牢上、中、下三根横梁,再安装其他的横梁和平台托架、平台。横梁焊接前各钢柱标高和垂直度、对角线长度必须要符合要求。

(10)利用厂房立柱固定已安装好的两组钢架的顶部,如图2.15所示。

(11)按(1)~(10)的步骤一组一组地安装其斜钢架。安装承重梁前,必须先复查其托架的标高的一致性。缆风绳可暂不拆除,锅筒安装时还起作用。

(12)安装好余下的平台。平台、平台托架要按交工的要求焊好,可避免设备人身事故发生。

(13)焊好全部横梁。焊接过程中,要经常检查钢架的几何尺寸。

(14)对钢架安装质量进行检测。检测项目主要有:上、下标高线处各柱间水平对角线和垂直对角线,各柱垂直度、承重梁水平度、任意两柱间的中心距、1 m标高线间的标高误差,如图2.16所示,其允许偏差应满足表2.3中的规定。填写《钢架安装记录》和画出钢架安装质量检测示意图。

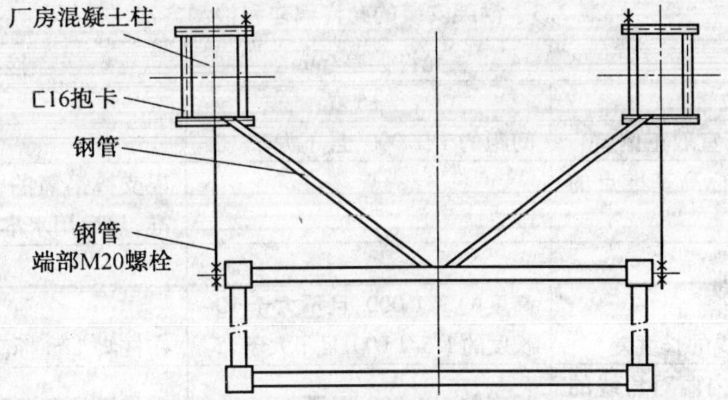

图 2.15　钢架临时固定示意图

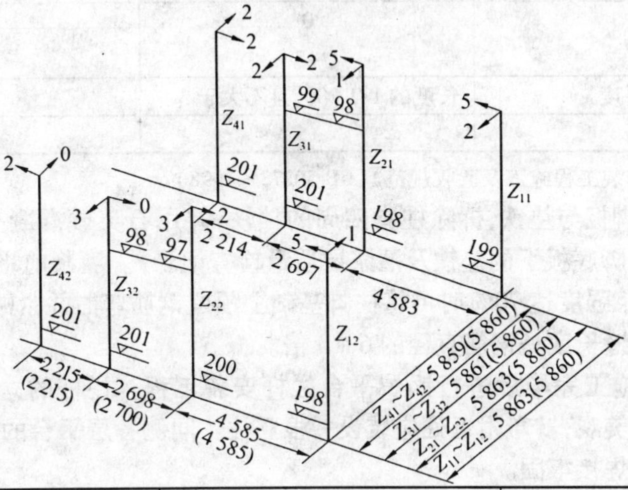

水平对角线	1 m 标高处	10 m 标高处
Z_{11} ~ Z_{22}	7 444	7 442
Z_{12} ~ Z_{21}	7 441	7 440
Z_{11} ~ Z_{32}	9 346	9 343
Z_{12} ~ Z_{31}	9 350	9 344
Z_{11} ~ Z_{42}	11 164	11 160
Z_{12} ~ Z_{41}	11 162	11 159
Z_{21} ~ Z_{32}	6 540	6 544
Z_{22} ~ Z_{31}	6 542	6 547
Z_{21} ~ Z_{42}	7 654	7 643
Z_{22} ~ Z_{41}	7 647	7 649
Z_{31} ~ Z_{42}	6 262	6 259
Z_{32} ~ Z_{41}	6 264	6 269

汽包梁标高

左:9 075(9 074)

右:9 074(9 074)

图 2.16　锅炉钢架安装质量检验示意图(注:括号内为设计值)

表 2.3　钢架安装的允许偏差和检测方法

项目	允许偏差/mm	检测方法
各柱子位置	±5	—
任意两柱子间距离(宜取正偏差)	间距的 1/1 000,且不大于 10	—
柱子 1 m 标高线与标高基准点的高度差	±2	以支撑锅筒的任一根柱子作为基准,然后用水准仪测量其他柱子
各柱子间标高差	3	—
柱子的垂直度	高度的 1/1 000,且不大于 10	—
各柱子相应两对角线的长度差	长度的 1.5/1 000,且不大于 15	在柱脚 1 m 标高和柱头处测量
两柱子间在垂直面内两对角线的长度差	长度的 1/1 000,且不大于 10	在柱子的两端测量
支撑锅筒的梁的标高	0 -5	—
支撑锅筒的梁的水平度	长度的 1/1 000,且不大于 3	—
其他梁的标高	±5	—

注:摘自《工业锅炉安装工程施工及验收规范》(GB 50273—1998)。

(15)焊牢钢柱脚板与垫铁,拆除柱脚四周的挡铁,并用石英砂混凝土对柱脚进行二次灌浆。填写好《钢架柱脚底板下的垫铁及灌浆层质量检查记录》。灌浆前将基础平面冲洗干净。

(16)待二次灌浆强度达 70% 时可将柱脚基础上预留钢筋弯曲并紧贴在钢柱上,用电焊将钢筋与钢柱焊牢,焊缝长度是钢筋直径的 6~8 倍。

(17)锅炉砌筑施工完毕后进行锅炉平台栏杆安装工程。栏杆的立柱要垂直,间距要均匀,转弯处弯头加工美观,转弯附近处应装设一根立柱。同侧各层平台的栏杆立柱处于同一垂直线上。栏杆、立柱焊接牢固。

(18)钢柱水平面对角线测量方法如图 2.17 所示,对角线 $Z_{21} \sim Z_{12} = (L_1 + L_2)/2$。

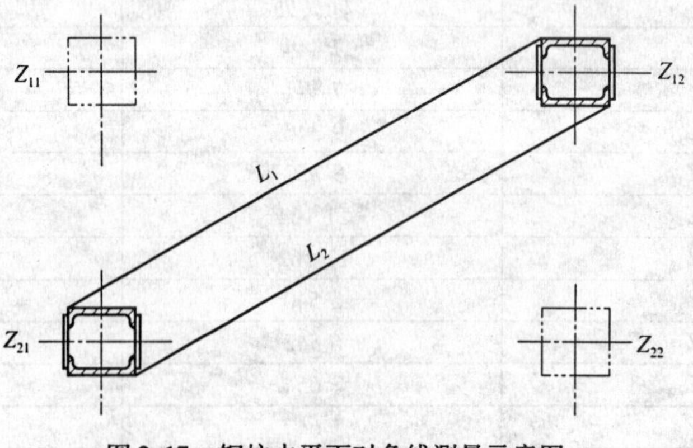

图 2.17　钢柱水平面对角线测量示意图

(19)钢柱组合的对接焊缝与角焊缝横向收缩的近似值见表 2.4,钢柱组合时应考虑焊缝收缩对组合质量的影响。

表 2.4　焊缝横向收缩变形近似值

<table>
<tr><th rowspan="3">接头形式</th><th colspan="6">板厚/mm</th></tr>
<tr><th>3 ~ 4</th><th>4 ~ 8</th><th>8 ~ 12</th><th>12 ~ 16</th><th>16 ~ 20</th><th>20 ~ 24</th></tr>
<tr><th colspan="6">收缩量/mm</th></tr>
<tr><td>V 形坡口对接</td><td>0.7 ~ 1.3</td><td>1.3 ~ 1.4</td><td>1.4 ~ 1.8</td><td>1.8 ~ 2.1</td><td>2.1 ~ 2.6</td><td>2.6 ~ 3.1</td></tr>
<tr><td>X 形坡口对接</td><td>—</td><td>—</td><td>—</td><td>1.6 ~ 1.9</td><td>1.9 ~ 2.4</td><td>2.4 ~ 2.8</td></tr>
<tr><td>单面坡口角焊缝</td><td colspan="3">0.8</td><td>0.7</td><td>0.6</td><td>0.4</td></tr>
<tr><td>无坡口单面角焊缝</td><td colspan="3">0.9</td><td>0.8</td><td>0.7</td><td>0.4</td></tr>
</table>

2.2.3.6　控制钢架焊接变形的措施

(1)同一根横梁在点焊牢固后,不宜两端同时施焊,应在一端焊缝冷却后再焊另一端。

(2)两柱间有多根横梁时,不宜按由上至下或由下而上的顺序焊接,应在各横梁点焊牢固后,首先焊最上一根、其次焊最下一根、再焊中间的横梁,其余的横梁也应一上一下跳焊。

(3)根据焊缝的具体情况,可由两名焊工进行对称焊接,长焊缝应分段退焊。

(4)地面组对钢架时,若一根横梁两端同时施焊,则应留有焊缝收缩余量,角焊缝一般留 1 ~ 2 mm,对接焊缝留 2 ~ 3 mm。

(5)沿横梁纵向中心线收缩量小的焊缝宜先焊,其他收缩量大的焊缝后焊。

(6)主柱两侧的横梁对称时,靠主柱两侧一端的焊缝宜进行对称施焊,另一端后焊。

(7)钢架组对焊接过程中,对焊接变形应严加监控,若变形超标,必要时,可采取相应的反变形措施。

单元三　锅筒、集箱及受热面管束安装

2.3.1　锅筒及其内部装置

2.3.1.1　锅筒的作用和构造

锅筒又叫汽包,是锅炉中最重要的受压元件,其作用为:

(1)连接上升管和下降管组成自然循环回路,接受省煤器来的给水同时向蒸汽过热器输送饱和蒸汽,是加热、蒸发与过热三个过程的连接管。

(2)锅筒中储存有一定量的饱和水,锅炉短时间的供水中断,不会立即发生锅炉事故,增加了锅炉运行的安全性。锅水具有一定的蓄热能力,即在气压增高时吸收热量,在气压降低时放出热量,在外界负荷变化较大时,起到缓冲气压变化速度的作用,利于负荷变化时的运行调节,增加了锅炉运行的稳定性。

(3)锅筒中装有各种内部装置,可以进行蒸汽净化从而获得品质良好的蒸汽。

锅筒是由钢板焊制而成的圆筒形容器,由筒体和封头两部分组成,根据容量和参数不同工业锅炉筒体长度约 2 ~ 7 m,锅筒直径为 0.8 ~ 1.6 m,壁厚约为 12 ~ 46 mm。锅筒两端的封头是用钢板冲压而成并焊在圆筒体上。

为了安装和检修锅筒内部装置,在封头上开有椭圆形人孔,人孔盖板是用螺栓从汽包内侧向外侧拉紧的。

锅筒由上升管与下降管连接起来组成自然循环回路。图 2.18 为一般蒸汽锅炉上锅筒的内部装置。

上锅筒内汇集了循环回路中的汽水混合物，常设有汽水分离装置、给水分配管，有的锅炉还设有连续排污管和加药管；下锅筒内则有排放水渣的定期排污装置。在蒸汽锅炉上锅筒的外壁上，还焊有连接主汽管、副汽管的法兰短管和连接水位计、压力表、安全阀等附件的法兰短管。

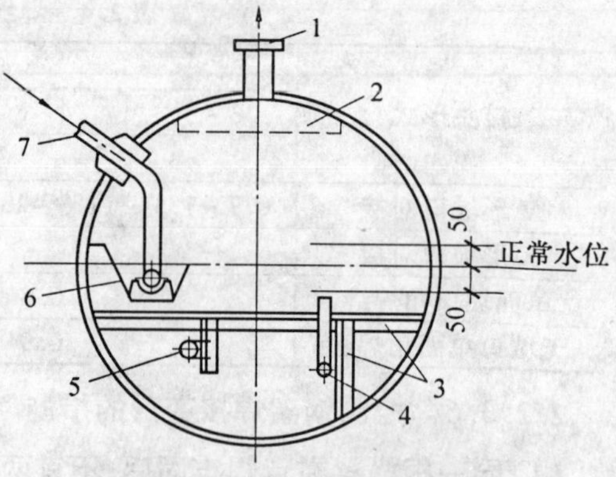

图 2.18　上锅筒内部装置示意图

1—蒸汽出口；2—顶部孔板；3—支架；4—排污管
5—加药管；6—给水槽；7—给水管

2.3.1.2　**汽水分离装置**

锅炉给水一般均含有少量杂质，随着锅水的不断蒸发和浓缩，锅水的杂质含量会越来越高，锅水含盐浓度增大。由受热面各上升管进入上锅筒的具有很高动能的汽水混合物将冲击水面和汽包内部装置，引起锅水飞溅。这些质量很小的水珠很容易被蒸汽带走；由于锅水中含有被浓缩了的盐分，所以带水的蒸汽品质恶化了。品质恶化的蒸汽会在蒸汽过热器或换热设备及阀门内结成盐垢，不仅影响设备的传热效果，而且影响设备的安全运行。因此，对于较大容量的锅炉，需要在上锅筒内装设汽水分离装置。

汽水分离装置有多种形式，工业锅炉常用的汽水分离装置有进口挡板、水下孔板、均汽孔板、集汽管和蜗壳式分离器。

1. 进口挡板

在汽水混合物由蒸汽空间引入上锅筒的情况下，上锅筒内部设置进口挡板，又称导向挡板，设置在汽水引入管口处，作用为减弱汽水混合物的动能，使汽水初步分离。如图 2.19 所示，挡板由 3 ~ 4 mm 厚的钢板制成。为防止汽水混合物垂直冲击挡板，挡板与汽水流向所成的夹角应小于 45°；为防止挡板流下的水膜再次被吹破而形成水滴被蒸汽带走，挡板与引入口距离应大于引入管管径的 2 倍；挡板下边缘与锅筒正常水位的距离不应小于 150 mm。

2. 水下孔板

在上锅筒水面以下设置开有许多小孔的钢板，称为水下孔板，如图 2.20 所示。水下孔板应用于汽水混合物自水空间引入上锅筒的锅炉，气流上升通过孔板受到一定阻力，减缓汽流上

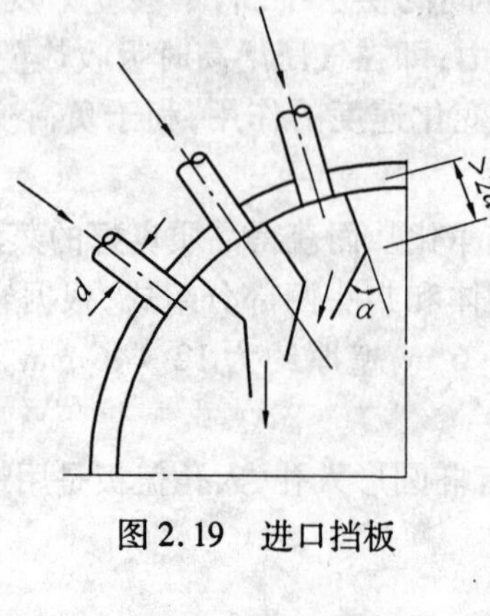

图 2.19　进口挡板

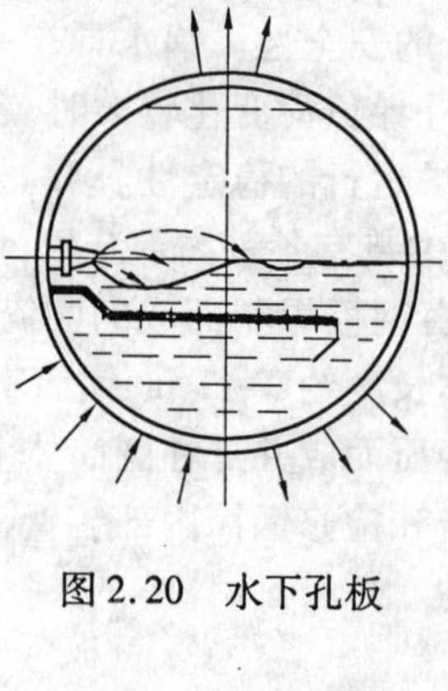

图 2.20　水下孔板

升速度,使蒸汽在较大面积上由小孔均匀流出,使锅筒内水面较为平稳,减少蒸汽带水量。水下孔板由 3 ~ 4 mm 的平孔板组成,板上均匀开有 8 ~ 12 mm 直径的小孔,每块孔板的尺寸以能通过锅筒的人孔为限。水下孔板一般水平安装于锅筒最低水位下 80 mm 处,为避免蒸汽被带入下降管中,孔板离锅筒底部距离应大于 300 ~ 350 mm。

3. 均汽孔板

均汽孔板布置在锅筒顶部蒸汽引出管前,利用孔板阻力,使蒸汽沿锅筒长度、宽度均匀上升,防止局部蒸汽流速过高,有效分离汽水,减少蒸汽带水量,如图 2.21 所示。孔板一般由 3 ~ 4 mm厚的钢板制成,板上均匀开有直径为 8 ~ 12 mm 的小孔,孔间距不宜大于 50 mm。通过孔的蒸汽流速一般为 10 ~ 22 m/s。孔板布置长度不小于上锅筒长度的 2/3,且尽量布置在上锅筒的高处,以增加有效分离空间。

4. 集汽管

在上锅筒的顶部沿锅筒纵长方向布置一无缝钢管,利用进入集汽管前后蒸汽流速和流向的变化,而使水滴分离下来。

集汽管有两种,在该管侧面开一条连续的等腰梯形缝,称为缝隙式集汽管;在管上半部均匀开有 8 ~ 12 mm 的小孔,称为抽汽孔集汽管,如图 2.22 所示。集汽管装置构造简单,分离效果较差,常用于蒸汽品质要求不高的小型锅炉。

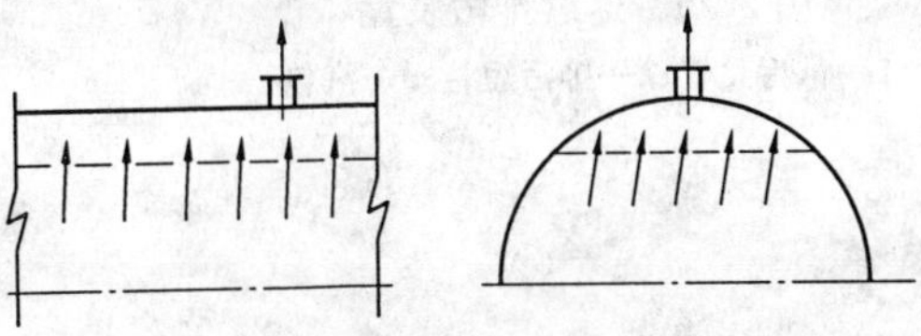

图 2.21　均汽孔板

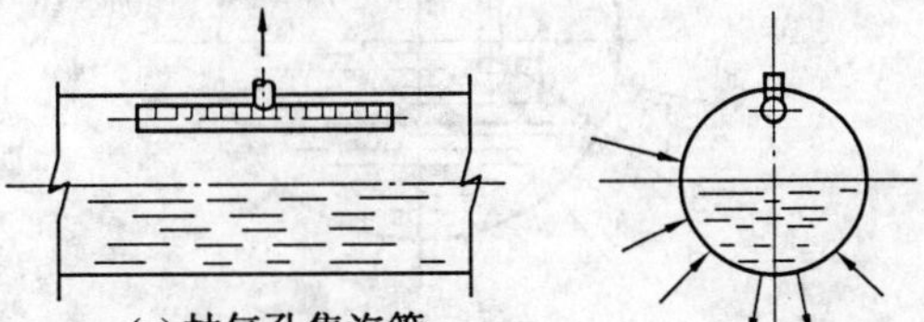

(a) 抽气孔集汽管

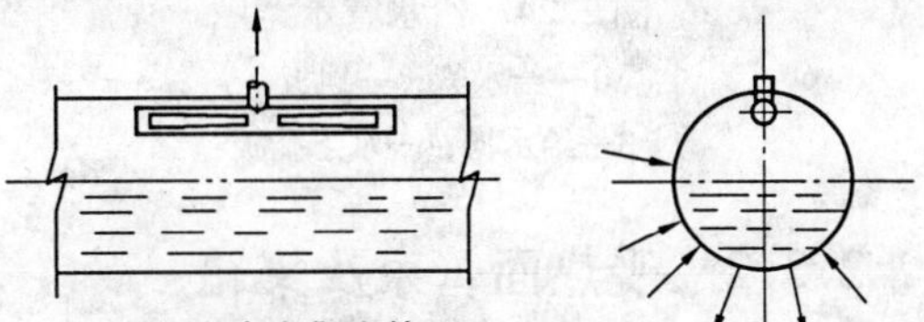

(b) 缝隙式集汽管

图 2.22　集汽管

5. 蜗壳式分离器

蜗壳式分离器是利用离心分离原理的装置,如图 2.23 所示。蒸汽由分离器上部切向进入蜗壳后,经小孔折入内装的集汽管,再由集汽管汇集到蒸汽引出管引出;由于蒸汽切向进入的离心作用,使水滴黏附于壁面流入疏水管中排入水空间。蜗壳式分离器的总长度不小于上锅筒直段长的 2/3,由于蒸汽在蜗壳内多次转弯,受惯性力和离心力的作用,分离效果好。用于蒸发量较小、蒸汽品质要求较高的锅炉。

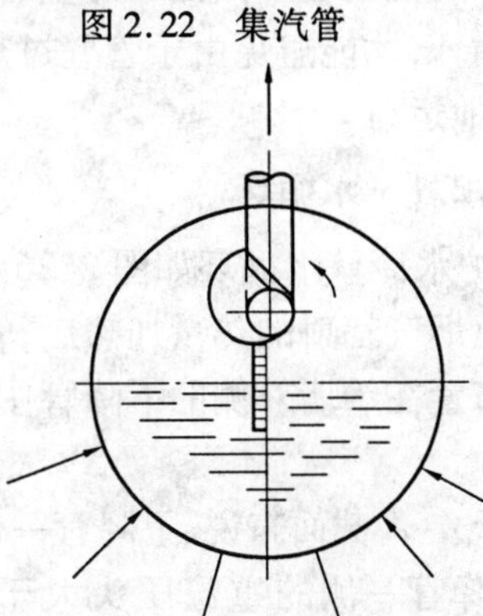

图 2.23　蜗壳式分离器

2.3.1.3　上锅筒给水装置

给水管的作用是将锅炉给水沿锅筒长度均匀分配,避免过于集中破坏正常的水循环,同时为避免给水直接冲击锅筒壁,造成温差应力,给水管设在给水槽中,如图 2.24 所示。

给水管的位置略低于锅筒最低水位,其上开有直径 8 ~ 12 mm 的小孔,孔间距 100 ~ 200 mm。

给水均匀引入蒸发面附近,可使蒸发面锅水含盐量降低,从而减少蒸汽带水的含盐量。

2.3.1.4　连续排污装置

连续排污管是为排走含盐浓度较高的锅水,防止锅水起沫,造成锅水的汽水共腾。通常在蒸发面附近沿上锅筒纵轴方向安装一根连续排污管。在排污管上装设许多上部开有锥形缝的短管,缝的下端比最低水位低 40 mm,以保证水位波动时排污不会中断,其结构如图 2.25 所示。

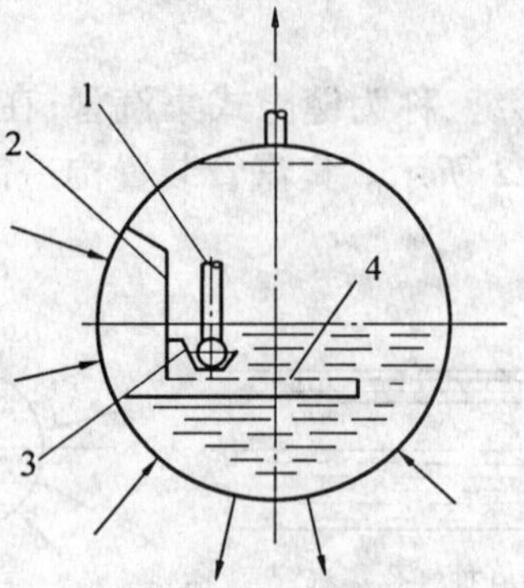

图 2.24　给水管示意图

1—给水管;2—挡板;

3—给水槽;4—水下孔板

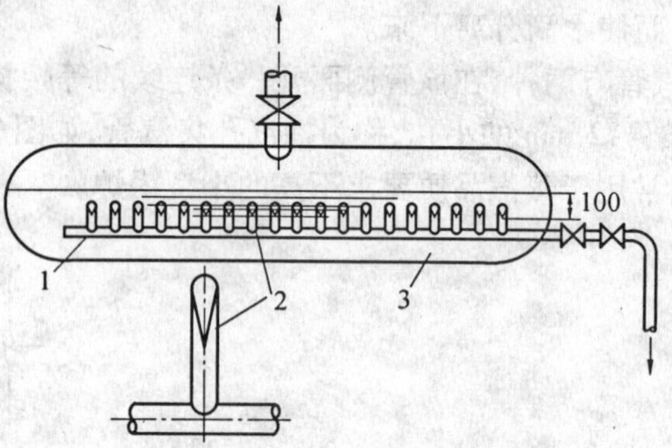

图 2.25　连续排污装置

1—排污总管;2—排污短管;3—汽包

2.3.2　受热面管束及集箱

锅炉的主要受热面是水冷壁管和对流管束,均处在高温条件下工作,必须使受热面中有可靠的水循环,才能避免由于管壁过热而降低管子金属的强度,防止锅炉爆管事故,保证锅炉安全、可靠地运行。

2.3.2.1　水循环

锅炉水冷壁水循环如图 2.26 所示,由于锅筒、下降管、布置在炉膛内的水冷壁管受到火焰和高温烟气辐射的热量加热后,管内水的温度迅速升高,一部分水汽化,在管内形成汽水混合物。布置在炉墙外侧的下降管中的水,由于不受热,它的密度 ρ_s 就大于汽水混合物的密度 ρ_{qs} 。

对于 A–A 截面来说,下降管一侧的重位压头为 $\rho_s gH$,水冷壁管一侧的重位压头为 $\rho_{qs} gH$ 。显然,下降管一侧的重位压头大于水冷壁一侧的重位压头,二者之差称为流动压头, $\Delta p = gH(\rho_s - \rho_{qs})$ 。在流动压头的作用下,水由下降管向水冷壁管(上升管)不断地循环流动,这种现象称为自然循环。蒸汽锅炉中普遍采用自然水循环。当利用水泵的压力来完成锅水循环时,如某些热水锅炉和大型蒸汽锅炉(直流锅炉),称为强制循环。

在工业锅炉中，通常将整个锅炉的水循环分成几个独立的循环回路，每个回路都有各自独立的上升管、下降管和联箱。只有锅筒为各循环回路共有。

在改造锅炉时如受热面管束布置不合理，或者运行不当，都会使水循环发生故障，影响锅炉运行的安全性和可靠性。常见的水循环故障有以下几种情况：

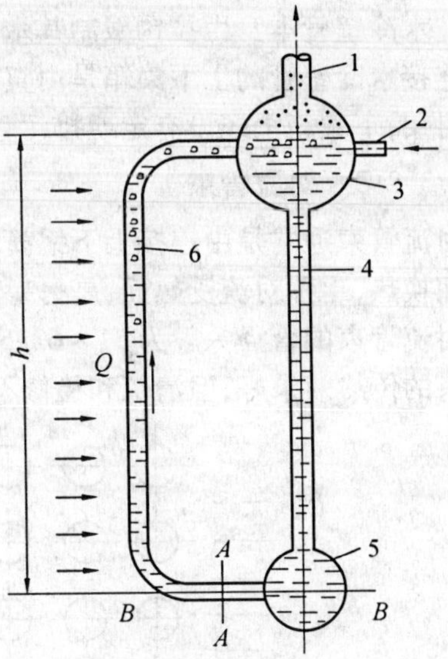

图 2.26　蒸汽锅炉水冷壁水循环

1—蒸汽出口；2—给水管；3—汽包；4—下降管；5—联箱；6—上升管

(1)汽水停滞。在一排并联的水冷壁管中，如有几根水冷壁管表面结渣或炉膛内烟气偏向流动，使这几根水冷壁管受热量减小，则水循环的压力差相应地减少，使水循环缓慢，甚至发生汽水循环停滞的现象。

(2)汽水分层。在水管锅炉中，如果受热管水平放置或微倾斜放置，流速很低时，则由于此时汽与水的密度不同，蒸汽偏于管子的上部流动，水在下部流动，形成汽水分层。水冷壁管径越大，出现汽水分层的可能性越大，管子上半部就可能过热被烧坏。为此，炉膛顶部的水冷壁管，其倾角应大于15°。

(3)下降管带汽。下降管带汽的原因，可能是下降管入口和蒸发面距离太近，当水急速流入下降管时产生漩涡把水面上的蒸汽卷进下降管；也可能是水冷壁出口和下降管入口的距离太近，使一部分蒸汽未升到水面就被吸入下降管中。

在运行时应注意以上问题。

2.3.2.2　水冷壁管

水冷壁管布置在炉膛四周壁面上，作用是吸收高温烟气的辐射热量，是锅炉主要受热面之一，同时减少熔渣和高温烟气对炉墙的损坏，保护炉墙。

水冷壁管管子下端与下集箱相连，下集箱通过下降管与锅筒的水空间相连；管上端可直接与锅筒连接，或接到上集箱经导汽管与锅筒连接，从而构成水冷壁的水循环系统。

水冷壁管通常采用外径为51～76 mm，壁厚3.5～6.0 mm的10号或20号的无缝钢管。有光管和鳍片管两种，在工业锅炉中一般采用光管水冷壁。对于快装锅炉，为减轻炉墙质量，常采用鳍片管组成膜式水冷壁，如图2.27所示，这对炉墙的保护更加彻底，使炉墙温度大大降低，炉墙质量和厚度也减少很多。

水冷壁管一般都是上部固定，下部能自由膨胀。水冷壁管的上集箱固定在支架上，有的水冷壁管的上部与上锅筒相连接，下集箱由水冷壁悬

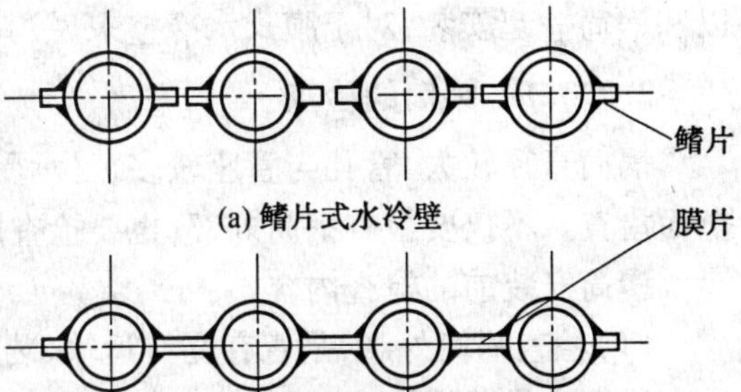

(a) 鳍片式水冷壁

(b) 膜片式水冷壁

图 2.27　鳍片式、膜式水冷壁结构图

吊着。水冷壁管本身由拉钩限制其水平方向移动,而保证它能上下滑动。

连接水冷壁管的上下集箱是由直径较大的无缝钢管制成的,集箱两端设有手孔,以便清除水垢时用,下集箱上还设有定期排污管,以便排出锅炉水中沉积的水渣和锅炉放空时用。

2.3.2.3　对流管束

对流管束通常是由连接上下锅筒间的管束构成,全部对流管束都布置在烟道中,受烟气的冲刷而换热,也称对流受热面,是另一种主要受热面,连接方式有胀接和焊接两种。

对流管束的管径一般为51～63.5 mm,排列方式有错排和顺排两种,如图2.28所示。错列管束的传热效果好,但清灰和检修不如顺排管束方便。

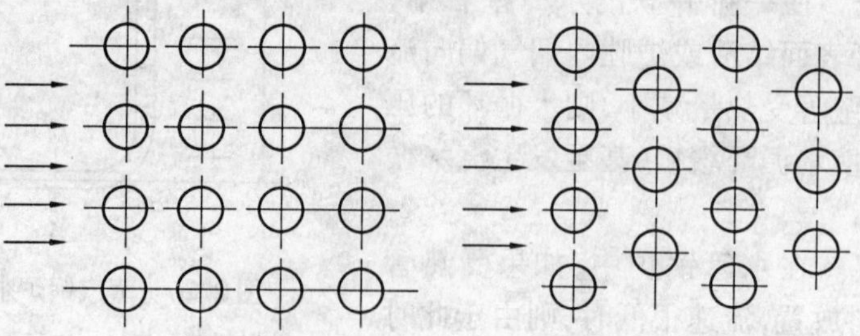

(a) 顺排　　(b) 错排

图2.28　对流管束的排列方式

对流管束的传热效果主要取决于烟气的流速。提高烟气的流速,可使传热增强,节省受热面,但其阻力和运行费用增大;烟气流速小,容易使受热面积灰,影响传热。一般对于燃煤水管锅炉,烟气流速在10 m/s左右,油、气锅炉可高些;对于蜗壳锅炉,燃煤时,一般取用15～20 m/s,燃油、燃气锅炉为20～30 m/s。

对流管束都吸收热量,没有单独不受热的下降管,但是水循环是存在的。按烟气流动方向,烟气先经过的管束受热较强,管内水向上流动,成为上升管,烟气后经过的管束,受热较弱,管内水向下流动,成为下降管,形成水循环。在实际运行中,锅炉烟气温度和流速随锅炉负荷而变化,因此整个对流管束的上升与下降管束没有固定分界线。

2.3.3　锅筒和集箱的安装

钢架安装完毕并检验合格后,可以进行锅筒和集箱安装。对光管水冷壁锅炉来说,集箱可以和锅筒一起安装,对于膜式水冷壁来说,其集箱一般是在地面上与水冷壁组合在一起安装。

2.3.3.1　锅筒的检查

锅筒直径较大,管孔与管座较多,且承受高温和高压。因此,安装之前必须对其质量进行全面检查。不仅要检查锅筒外部,也要检查内部。

锅筒安装前的检查内容:

(1)检查锅筒外观,是否存在有运输、装卸过程中的损坏,特别是检查管孔边缘是否损坏,小直径管座是否损坏或断裂。

(2)检查各焊缝是否有裂纹、夹渣、弧坑、气孔和咬边等缺陷,锅筒焊缝内部质量也在检查之列。

(3)个别管孔内环向或螺旋形刻痕深度不应大于0.5 mm,宽度不应大于1 mm,刻痕至管孔边缘的距离不应小于4 mm。管孔不得有纵向刻痕。如存在问题，则由建设单位和制造厂联系解决。

(4)对每个管孔进行清洗、除锈、抛光，编号时，测量管孔内径、圆度和圆柱度。圆柱度的检查方法为：测量管孔上边缘直径和下边缘直径的差。胀接管孔径与允许偏差见表2.5。按编号做好管孔测量记录。然后给管孔涂上机油或凡士林，并用薄纸盖住管孔来防尘。

表2.5　胀接管孔径与允许偏差(mm)

<table>
<tr><td colspan="2">管子公称直径</td><td>32</td><td>38</td><td>42</td><td>51</td><td>57</td><td>60</td><td>63.5</td><td>70</td><td>76</td><td>83</td><td>89</td><td>102</td></tr>
<tr><td colspan="2">管孔直径</td><td>32.3</td><td>38.3</td><td>42.3</td><td>51.3</td><td>57.5</td><td>60.5</td><td>64.0</td><td>70.5</td><td>76.5</td><td>83.6</td><td>89.6</td><td>102.7</td></tr>
<tr><td rowspan="3">管孔允许偏差</td><td>直径</td><td colspan="3">+0.34
0</td><td colspan="6">+0.40
0</td><td colspan="3">+0.46</td></tr>
<tr><td>圆度</td><td colspan="3">0.14</td><td colspan="6">0.15</td><td colspan="3">0.19</td></tr>
<tr><td>圆柱度</td><td colspan="3">0.14</td><td colspan="6">0.15</td><td colspan="3">0.19</td></tr>
</table>

注：摘自《工业锅炉安装工程施工及验收规范》(GB 50273—1998)。

(5)锅筒全长弯曲度在锅筒筒体长度为5～7 m时，不应大于7 mm；长度为7～10 m时，不应大于10 mm。

(6)确定锅筒两水平中心线的标记位置的正确性。确定的方法如下(图2.29)：

①画出距水平中心线较远某一排管孔的中心线A_1-A_2。

②画出在筒体两端靠近封头的环形焊缝处的垂直于A_1-A_2的两个圆周线，并测量出其周长L_1和L_2的数值。检查锅筒筒体周长是否与制造厂提供的筒体外表面展开宽度L相同。若不同，应计算其比值L_1/L。

③取展开图中管孔A_1-A_2中心线至水平中心线距离数值d，则d与L_1/L的乘积就是管孔A_1-A_2中心线至锅筒水平中心线的距离d_1。

(4)在圆周线L_1上靠水平中心线的方向取点B_1，使B_1点至A_1—A_2的弧长最短，且等于d_1。

(5)如果$L_1=L_2$，重复步骤②、③即可在另一圆周线上取得对应的B_2点。

(6)分别以B_1、B_2点为起点，沿圆周线量取周长的一半，分别得到C_1、C_2点，那C_1-C_2、B_1-B_2就是锅筒的两条水平中心线。

为了保证C_1和C_2点位置的正确性，取点时，既要测量BDC的弧长，也要测量BFC的弧长，并使它们相等。

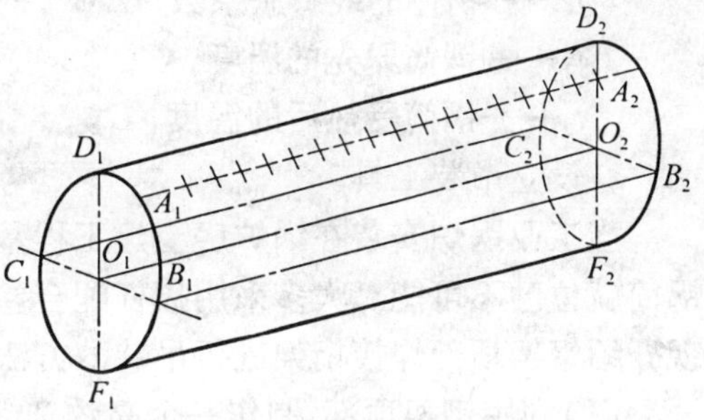

图2.29　确定锅筒水平中心线方法示意图

(7)如果$L_1\neq L_2$，可重复②～④的步骤，得到另一端水平中心线上的点B_2和C_2。

(8)将锅筒垫平，用胶管水平仪测量B_1、B_2和C_1、C_2这四个点的标高差是否在允许范围内。偏差过大，表明锅筒扭曲。

2.3.3.2　**集箱的检查**

集箱安装前应做如下检查：

(1)检查集箱内是否有杂物并清扫干净。尤其要注意集箱内的“钻孔底片”和小铁块。

(2)仔细检查集箱接管座角焊缝的质量，不得有裂纹、气孔、弧坑和咬边等现象。

(3)检查管接头是否碰坏,管接头的壁厚和直径是否符合图纸要求,管接头位置,尤其两端管接头位置是否超差。

2.3.3.3　锅筒与集箱的安装

锅筒是锅炉本体中单件重量最重的部件,也是锅炉的关键部件。在运输、吊装过程中要特别注意,避免对锅筒造成损害。

1. 安装锅筒支座

(1)将锅筒在木排上沿圆周方向转动至锅筒排汽管座垂直朝下的状态,用木楔限制锅筒滚动。

(2)画出锅筒支座在锅筒上准确接触的位置。

(3)将锅筒支座放在锅筒上相应的位置,检查支座与锅筒接触面间隙是否符合要求。否则,就要对支座接触面进行修整,使之满足规定要求——局部间隙不大于 2 mm。

(4)检查支座圆弧最低点至底板底面的高度应符合图纸要求,或高或低都应根据锅筒支撑梁的标高采取措施处理,从而保证锅筒中心标高不超差。

(5)清洗活动支座,并在活动支座滚柱上涂上用石墨粉调和的润滑脂。按图纸要求正确装配支座,安装支座,并保证其标高的一致性,且不使锅筒中心标高超差。

(6)不要把支座底板与锅筒横梁焊死。应用挡铁或压板限制它们活动。活动支座应按其膨胀方向预留支座的膨胀间隙。当图纸未标明预留支座的膨胀间隙时,应按下列公式计算膨胀量

$$\Delta l = \alpha l_0(t_2 - t_1)\,(\text{mm}) \tag{2.1}$$

式中　Δl——锅筒受热后的伸长长度,mm;

l_0——锅筒两支座间的距离,mm;

α——物体的线膨胀系数,1/℃,钢的线膨胀系数 $\alpha = 10.5\times10^{-6}$/℃;

t_1——锅筒原先的温度,℃;

t_2——锅筒受热后的温度,℃。

2. 设立吊装工具

当工业锅炉安装在锅炉房土建工程基本完工之后进行时,厂房已经封闭,采用机械化吊装锅筒就位已不可能。大多采用拔杆配合卷扬机吊装或在钢架顶部焊接桁架配用卷扬机吊装。现介绍钢架顶部焊接桁架进行吊装的方法,如图 2.30 所示。

(1)利用钢架顶部,制作一个高约 2.5 m 的桁架,其主吊点位置应靠近中间一些,辅助吊点应靠边上一点。桁架应用槽钢焊成方梁制作。

(2)在桁架主吊点钢柱底部焊一斜撑,以避免横梁受力过大。斜撑尽量不与钢架钢柱、横梁直接焊接,如图 2.31 所示,在钢柱侧面焊一块钢板,再将斜撑与钢板、桁架立柱焊接。$\overset{8}{\longrightarrow}\!\triangleright$ 表示焊缝。

无论是采用人字架还是采用桁架做吊装工具,均以设在锅炉顶部为宜。尤其是钢架高度较高时,更能显示它的优越性。

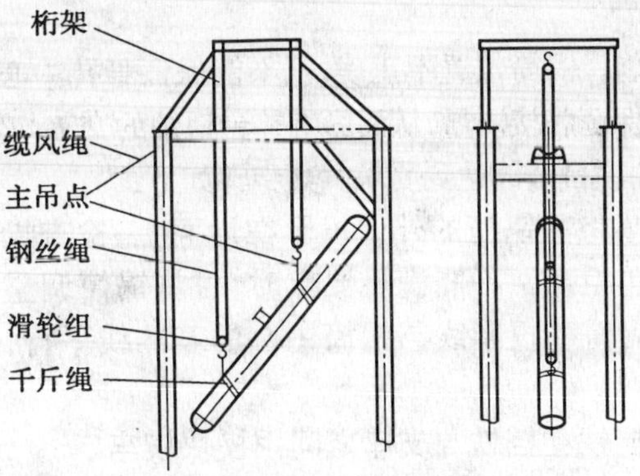

图2.30　锅筒吊装示意图

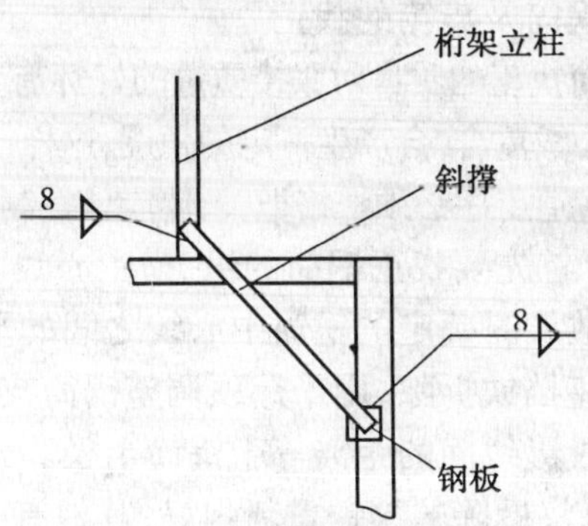

图2.31　斜撑安装示意图

3.锅筒的安装

锅筒吊装时,要注意以下问题:

(1)锅筒由存放地点运输到吊装位置,应放在木排上运输。

(2)禁止将钢丝绳直接拴在管座上或管孔内。

(3)不得把撬棍插入管座或管孔内进行撬动作业。

(4)卷扬机钢丝绳应没有损伤,千斤绳(绳扣)、绳夹、卡环应采用新的。

(5)锅筒捆绑要牢固,钢丝绳与锅筒接触处垫上厚10 mm的木板。绳头搭接处,至少要用4 t的绳卡。

(6)起吊工作由专人指挥。起吊过程中,现场应停止一切发出声响的工作,吊装工作区禁止非操作人员进入。吊点下非安全范围内严禁站人。

(7)锅筒起吊离地后,应停止起吊进行全面安全检查,查看卷扬机锚坑、钢丝绳、滑车、缆风绳、千斤绳和桁架是否有异常现象。

(8)为了避免锅筒支座在锅筒就位过程中擦伤锅筒,应在锅筒支座上垫厚度大于10 mm的胶板。起吊过程应缓慢、平稳上升,避免锅筒碰撞钢架。

(9)卷扬机的制动闸要可靠。

利用主、辅吊点,可以将锅筒位置调整到符合要求为止。就位过程中,主吊点一端的锅筒先超过锅筒支座的高度。这时,主吊点停止提升,辅助吊点继续提升,锅筒姿态逐渐由倾斜转向水平。若锅筒没有达到水平之前,锅筒支承梁就已限制了它的继续上升。那么,让主吊点落下,把锅筒放在支座上。将锅筒上主吊点的千斤绳往锅筒中间位置移动一些。主吊点重新提升后,辅助吊点那一端的锅筒就不会碰锅筒支撑梁了。当它底部高度超过锅炉支座后,主吊点可以落下。将主吊点千斤绳往锅筒端部移动一定的距离。当主吊点重新提升后,辅助吊点那一端锅筒就可以落在锅筒支座上了。这时,只需交替移动主、辅吊点千斤绳的位置,就能使锅筒安放在预期的位置上。调整锅筒位置的过程中,锅筒自始至终是在支座上滑动,故此,在就位之前,锅筒支座上要垫厚胶皮垫。

下锅筒可直接利用钢架吊装、就位。

利用桁架吊装上锅筒,虽然消耗钢材多,但其稳定性、可靠性比人字架的要好。桁架的部分横梁、立柱可利用钢炉钢架预先未安装的钢梁。桁架拆除后,要将钢架上焊缝位置打磨平整。

4. 锅筒及集箱的找正

锅筒找正的质量对胀接质量的好坏有直接影响。锅筒位置不正确，就不能保证管孔中心线与管子中心线重合，会产生一定的角度，这样，就很难保证胀接质量，从而影响整台锅炉的交工与使用。所以这一道工序必须严格把关，使应该控制、检查的项目全部达到要求。其步骤如下：

(1)首先要找正锅筒的纵、横中心线。用线坠将上锅筒的外壁投影在地面上，检查投影线与基础放线时确定的锅筒中心线之间的平行度和距离。不能满足要求时，可将锅筒调整方向上的支座挡铁拆除，用千斤顶调整锅筒支座，使锅筒壁投影线与锅筒中心的基准线平行，且基准线与投影线间的距离等于锅筒半径。

(2)将拆除的挡铁重新焊好，其他有间隙的挡铁在挡铁与支座之间用楔块楔牢。

(3)将锅筒长度中心投影在地面上，测量、调整其与锅炉基础纵向中心线的距离不大于5 mm。

(4)参照图2.32，调整锅筒沿圆周方向转动，使锅筒全长的横向水平不大于1 mm，即B_1与C_1或B_2与C_2各点之间标高差不大于1 mm。

(5)用胶管水平仪测量锅筒的纵向水平度，并在低的那一端锅筒支座上垫上相应厚度薄钢板或高压石棉板，使锅筒在全长上的纵向水平度不超过2 mm。

(6)复检锅筒中心的标高是否满足规定要求。

(7)上锅筒找正以后，要将锅筒用临时支架加以固定，如图2.32所示，使其在对流管束胀接时，承受胀接过程中管子变形力较大的情况下，既不能沿圆周方向转动又不能沿锅筒纵向移动。这项工作无论是对胀管锅炉，还是对焊管锅炉来说，都是极为重要的工作，否则，整个锅炉前受热面的胀接或焊接就很难保证质量完成。

(8)将锅筒支座与锅筒支撑梁焊接好。锅筒支座的挡铁在对流管束胀接完毕之后拆除。

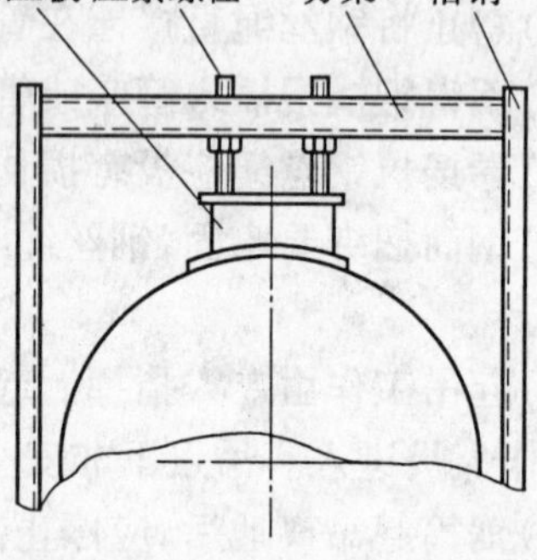

图2.32　锅筒临时固定支架

(9)下锅筒的找正。首先，将下锅筒提升至其设计位置稍高处。做一组临时支架，使其顶平面标高等于下锅筒中心设计标高减去下锅筒半径。轻轻将下锅筒放在支架上，用楔块挡住锅筒可能产生的滚动；其次，以上锅筒为基准(不要以其他基准线为基准)，调整上、下锅筒中心线之间的投影距离(即水平距离)和平行度；然后，将铁制楔块与临时支架点焊牢固。调整上、下锅筒之间横向中心线的距离。最后，调整下锅筒与上锅筒的垂直方向的距离和下锅筒的水平度。

记录好上、下锅筒找正时最终的测量数据。

(10)各集箱找正。工业锅炉的集箱一般分为横置集箱和纵置集箱两种。除安放钢架顶部的集箱有支撑座之外，其余都要用临时支架予以支撑，集箱的找正方法与下锅筒的相同。使用的基准应该是锅筒的标高和纵、横向中心线。因锅筒外壁横向中心线在地面上的两个投影点距离太近，一般只有0.9～1.0 m。若拉粉线将它延长，就要出现较大的偏差。因此，需要将基础纵向中心线平移到锅筒横向中心的投影点处，此线就可视为是锅筒横向中心线。锅筒中心的标高也应用胶管水平仪和钢盘尺转移到某一根钢柱的上、下两个地方，这两处标高与锅筒标高差最好以100 mm为单位。上、下集箱标高基准就是这两个地方的标高。对于横置集箱来说，锅筒纵向中心线是它与集箱纵向中心线之间平行度和水平距离的基准，而平移后的基础纵向中心线则是集箱横向中心线的基准；对于纵置集箱来说，因为钢架立柱垂直度有偏差，为了保证炉墙顺利砌筑,钢架立柱中心线是集箱纵向中心的测量基准,锅筒纵向中心线则是其与集箱横向中心线间距离的基准。将各集箱的水平度以及相对于基准的平行度、高差和中心位置测量数据记录好,并画锅筒、集箱间的距离测量示意图2.33。集箱底座螺栓孔要留有膨胀间隙,锅筒、集箱安装的允许偏差见表2.6的规定。某工程锅筒安装质量见图2.34 。

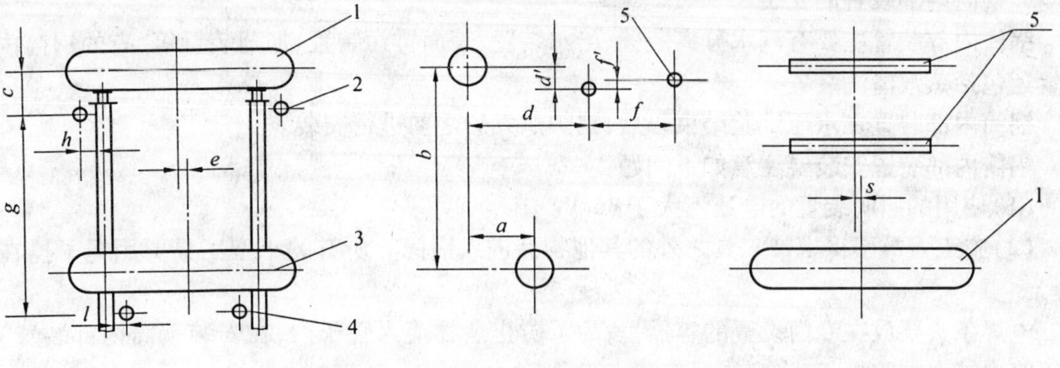

图2.33　锅筒、集箱间的距离测量示意图

1—上锅筒;2—水冷壁上集箱;3—下锅筒;4—水冷壁下集箱;5—过热器集箱

表2.6　锅筒、集箱安装的允许偏差

项目	允许偏差/mm	项目	允许偏差/mm
上锅筒的标高	±5	上锅筒与上集箱的轴心线距离(*c*)	±3
锅筒纵、横向中心线与安装基准线的水平方向距离	±5	上锅筒与过热器集箱的距离(*d*,*d'*)、过热器集箱间的距离(*f*,*f'*)	±3
锅筒、集箱全长的纵向水平度	2	上、下集箱间的距离(*g*)、集箱与相邻立柱中心距离(*h* 、*l*)	±3
锅筒全长的横向水平度	1	上、下锅筒横向中心线相对偏移(*e*)	2
上、下锅筒之间水平方向距离(*a*) 和垂直方向距离(*b*)	±3	锅筒横向中心线与过热器集箱横向中心线相对偏移	3

注:摘自《 工业锅炉安装工程施工及验收规范》(GB 50273—1998) 。

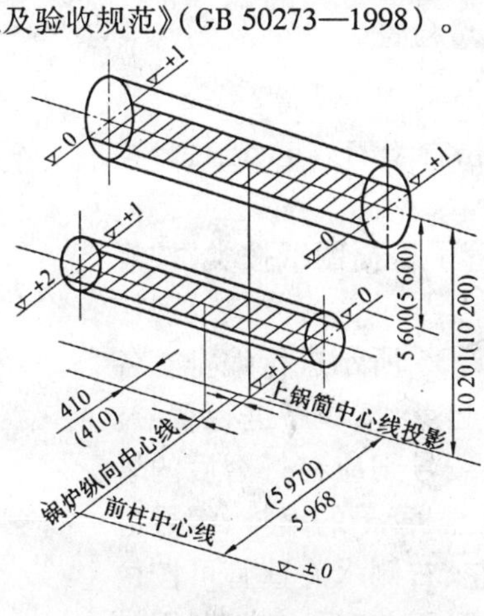

图2.34　锅筒安装质量图

注:括号内数值为设计值

集箱找正后，应用型钢制作的临时支架进行固定，临时支架要有足够的强度与稳定性。临时支架要与钢架之间焊接牢固。角钢制成的楔铁要点焊牢固。

在锅筒与集箱安装过程中，严禁在它们的表面上引弧和焊接。

《锅筒安装记录》，业主方代表应会签。

5. 锅筒内部装置的安装

锅筒内部装置主要有汽水分离装置、给水装置、表面排污装置、加药装置等，有的锅筒内部装置还包括蒸汽清洗装置。

锅筒内部装置在水压试验结束以后，锅炉烘煮炉之前进行安装。

锅筒内部装置安装要注意如下问题：

(1) 使用的照明装置的电压不大于 36 V。

(2) 施工人员不得携带工具之外的其他物品进入锅筒。所有的小型工具要用绳子拴在腰间。

电焊条头要放在专门设置的容器里；为了防止杂物落入管子内，在安装锅筒内部装置时，在锅筒内铺上橡胶板；工作完毕后应清点工具。

(3) 电焊不得在锅筒壁上引弧或施焊。电焊不使用时应放在锅筒外面。

(4) 蒸汽、给水等所有连接隔板应严密不漏，各处焊缝应按图纸要求焊接，焊缝无漏焊和裂纹，是保证蒸汽品质的有效途径之一。

(5) 所有法兰结合面严密，其连接件应有止退装置；连接件安装后应点焊，以防松动或脱落。

(6) 锅筒内部装置的零、部件不得短少。

锅炉内部装置安装完工之后，应通知建设单位或监理人员进行检查，合格后，填写《锅筒封闭记录》，并会签。

2.3.4 受热面管束安装

受热面管束安装指水冷壁管和对流管束安装。受热面管束在锅炉制造厂按规格机械成形，但在运输和存放过程难免变形和损坏，在安装之前要进行清点、检查、放样和调校。

2.3.4.1 管子的清点与质量检查

1. 管子的清点

清点的目的是检查各种规格管子的数量，进行分类与编号。

分类：水冷壁管、对流管的管子根据图纸按类、按规格清点、存放。

编号：对于对流管束，按图 2.35 所示进行编排。各排管束应以锅筒一端的管子为起点，按顺序进行编号。对流管束的编排在清点时进行，编号则应在打磨后的管端与管孔选配工作完成之后进行。管子的编排、编号应与锅筒管孔的排号一致。对于左、右侧水冷壁管可按由炉前向炉后的顺序编排、编号。对于前、后水冷壁，因其一端要与锅筒胀接，其正式编号也要等选配之后进行。

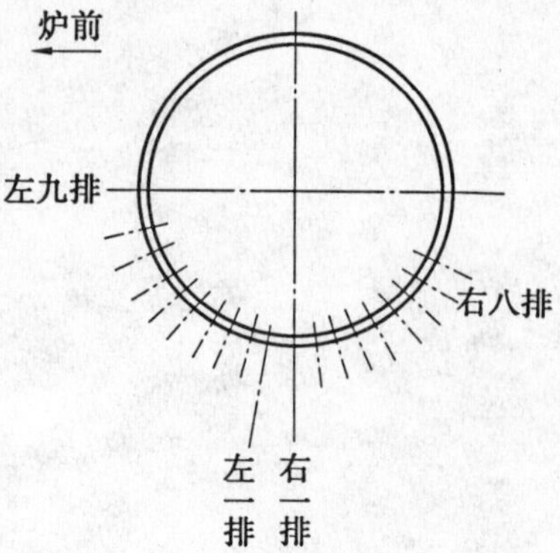

图 2.35 对流管束编排示意图

为了排号醒目,编号的标记应采用白色的油漆。

2. 管子的质量检查

由于受热面管束在锅炉系统中的重要性,安装之前要对制造厂供货的管子进行逐根检查。管子应符合下列要求:

(1)管子外表面不能有重皮、裂纹、压扁、严重锈蚀等缺陷。如果管子外表面有刻痕、麻点等缺陷时,其缺陷深度不超过管子公称壁厚的10%。

(2)弯曲管的平面度超过表2.7规定的要撤出另放,以便在放样前予以校正。

(3)受热面管的外径和壁厚的允许偏差要符合表2.8的规定。

表2.7　弯曲管平面度允许偏差

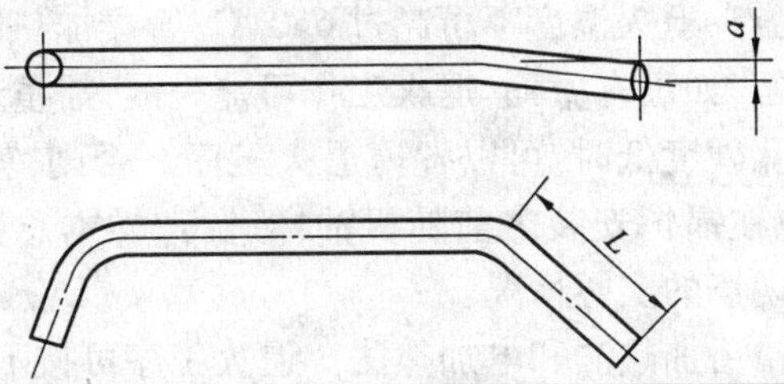

L/mm	≤500	>500~1000	>1 000~1 500	>1 500
a/mm	≤3	≤4	≤5	≤6

表2.8　受热面管的外径和壁厚的允许偏差(mm)

钢管种类	钢管尺寸		精确度	
			普通级	高级
热轧管	外径	<57	±1.0% (最小值为±0.5)	±0.75% (最小值为±0.3)
		57~159	±1.0%	±0.75%
	壁厚	3.5~20	+15% -10%	±10%

2.3.4.2　对流管束的胀接

工业锅炉的对流管束及前、后水冷壁管与锅筒的连接一般采用胀接法进行安装。

胀接是利用金属的弹性变形和塑性变形的物理性质,通过胀管器的外力作用,将管子胀在另一个物体上,实现两个物体的连接并达到承压和密封的目的。多用于工作压力小于2.5 MPa的工业锅炉的受热面管束安装。

1. 管子的放样

受热面管束除质量检查之外,还要进行放样检查。放样通常是在牢固的钢制平台上进行。先在地面上铺方木与型钢支架,并用水平仪找平。然后在其上铺10~12 mm钢板,拼成比受热面胀接部分的侧视面积稍大一些的平台,平台的平面度误差不超过5 mm,并用电焊将各钢板点焊牢固,即可开始放样。

(1)将上锅筒、下锅筒的横截面按实测的直径放线,它们之间的垂直距离和水平距离采用安装后的实测距离。上、下锅筒放样应有内、外壁表面轮廓线,锅筒的水平、垂直中心线,各排管孔的中心线和投影线。采用计算法时只能用一个测量基准,是上锅筒横截面垂直中心线的最下点和下锅筒横截面垂直中心线的最上点。避免测量基准变换造成累计误差,使管孔偏离正确位置与实物不符。

(2)按图对各种规格的管子进行放样。管子放样主要有弯曲半径、弯曲角度。放样先放管子中心线,后画管子外表面轮廓线。

(3)在管子外表面轮廓线弯曲位置两侧焊上若干个30 mm×3 mm的长度约30 mm的角钢头,直段可以少焊或不焊。这些角钢头的外表面就构成管子放样的样板,其误差不应超过1 mm。

2. 管子的退火

管端退火是为提高管子的塑性,防止胀接时管端产生裂纹。

管端退火就是将胀接管管端加热至600~650 ℃,经过保温、缓慢冷却等过程,使管端的金相组织发生变化,使管端硬度降低,塑性增加。

退火时,要注意以下几点:退火温度不可超过650 ℃;管端加热的时间要足够;管端冷却要缓慢;保温用石棉灰要干燥。如没有做到,退火工作可能失败,需重新退火。

当管端硬度比锅筒管孔硬度低时,可以省掉退火工序。否则,就要对管端进行退火处理。管端和管孔的硬度测量,应在锅炉安装之前随机抽样进行,样本总数不低于10%。这样施工作业指导书的编制更符合现场的实际情况。

退火加热方法多采用铅浴加热法和电加热法。退火工序可按下列步骤进行:

(1)应退火管端的另一端必须用木塞或黄泥团塞紧,或用牛皮纸糊死,使得管内热空气不致外逸,外部冷空气不能进入,减小管端降温的速率。

(2)制作一只1 000 mm×800 mm×600 mm(长×宽×高)的石棉灰贮槽,用砖头支起来。随时在贮槽底部烧火,炒干石棉灰中的水分。保温石棉灰厚度应有600 mm。

(3)热电偶温度指示仪的感温探头应安放在加热装置的中央位置,能够反映炉温的真实情况。整套仪表在使用前必须经过校核,确保反映温度数据的准确性。

(4)在退火炉和石棉灰贮槽安放地点要搭设多层脚手架,便于管子的放置。退火炉和保温石棉灰贮槽之间的距离在4 m之内为宜。

(5)采用铅浴加热法时,还要制作一个铅锅,铅锅长、宽、高分别为400 mm、300 mm、250 mm,钢板厚16 mm。把铅锅放在焦炭炉或煤炉上,接上鼓风机,点火加热铅锅。锅内铅液液面高度以200 mm为宜。把感温探头插入铅锅内,当铅液达650 ℃时,插入退火的管子。此时铅液温度会有降低,只要不低于600 ℃,不必开鼓风机加温。为了保持铅液在退火过程中的温度,可在铅液表面撒上一层煤渣。注意不要把水溅入铅锅。加热10~15 min左右,取出管子,迅速插入保温石棉灰中进行保温。

在退火过程中,应有专人监视热电藕温度指示仪,防止超温所造成管端金相组织变化。

铅浴加热法对管端加热均匀,设备简单,操作方便,退火质量可靠。但铅蒸汽大,对施工人员身体有伤害,用铅量大。

(6)由于上述不足之处,现多采用红外线电加热法。红外线电加热炉是一个圆柱形装置,圆柱侧面开有矩形口,两端有支架支承,装置可以绕圆柱中心转动。炉内壁有耐火保温材料,耐火保温材料表面敷设红外线电加热装置,感温探头底座焊在炉体上。感温探头与热电藕温度测量控制仪相连接。当炉内温度超过允许值时,加热装置会自动断电;当温度低于允许值时,会自动接通加热装置的电源。其退火温度的变化幅度一般都在620~650 ℃之间。

电加热法退火的自动化程度高,退火效果也好,但电加热板易损坏。

管子退火后,要抽查管端硬度是否小于管孔硬度。若大于管孔硬度,需采取措施处理。备用管和试胀管应一同退火。

退火工序一般在管子的校正、打磨之前进行。退火后,要填写《管端退火记录》。

3. 管子的放样与管端打磨

管子的放样是把某一规格的管子放进样板中。如果能自然地放进,说明管外形合格;否则,就不合格,须进行冷调或热调。对管子的直线度、弯曲角度误差不大的情况,可用木锤进行冷调;对于弯曲半径、弯曲角度误差较大和弯曲管平面度超差、弯曲起点位置超差的管子要进行热调。热调是利用氧-乙炔焰进行局部加热整形,直至管子能自然地放入样板内,并且用力按管身的各个部位,管端处没有翘头现象即为合格。尤其要注意管子的放样,力争误差最小,当弯管的角度较小时,变形的补偿能力差,放样不准确,易造成胀管不严,严重时,水压试验会产生泄漏。然后还要做下列工作:

(1)测量管端伸出锅筒管孔的长度,伸出长度应符合表2.9的规定。多余的部分应锯掉;短于规定数值时,应该从弯头以远800 mm处进行换管。换管的管子一定要用锅炉厂带来的备用管,这样才能保证管子同材质,同规格。换管的管端应是经过退火处理的。

表2.9　管端伸出管孔的长度(mm)

管子公称外径		32~63.5	70~102
伸出长度	正常	9	10
	最大	11	12
	最小	7	8

注:摘自《工业锅炉安装工程施工及验收规范》(GB 50273—1998)。

(2)仔细检查每根管子裂纹、重皮、锈蚀、凹坑等缺陷。当缺陷严重时,应进行有缺陷管段的换管工作。换管时,管子的焊接要按受热面管束焊接工艺指导书进行。凡属换管的部件应填入《设备缺损件修复记录》。

(3)因胀接管端有氧化皮、锈蚀斑点、刻痕等污物和缺陷,胀接之前要将其彻底清除,以保证胀接质量。当管端外径椭圆度较大时,应用旧胀管器将其整圆,或用外径44.0 mm、锥度1/50的管撑将管端撑圆。

管端打磨现多采用手提式电动打磨机,施工效率高,质量好,劳动强度低。管端打磨长度一般控制在70.0 mm左右,磨削厚度不大于0.1 mm。管端内部污物会对胀接造成损害,还会损伤胀接器。因此,要用电动内圆磨头对管端内壁进行清理,清理深度约为150 mm。内壁打磨只需把污物清除掉即可,不必很光亮。

(4)用角尺测量管子端面的倾斜度,其倾斜度不应超过直径的2%。超差时,可用角向磨光机或锉刀进行修整。

(5)对每一根经过上述过程后合格的管子进行通球试验,其目的是检验管子弯曲部位的椭圆度、管子对焊处内部成型质量、管内有无小动物的窝、棉纺、棉布等一类的杂物。对于试验球不能通过的管子,可在球被卡住的部位进行加热,重新通球。若能通过,仍视为合格。否则,就是不合格,应该更换该段管子。通球用的试验球应是钢制的,最好是在市面上买滚球轴承的滚子做试验球。每次通球后,试验球应放置在一个固定的地方。发现遗失,必须找回。否则,应怀疑卡在管内。通球直径应符合表2.10的规定。做好通球试验记录。

表 2.10 通球试验的球径(mm)

管子外径 / 弯曲半径	$D_1 \geqslant 60$	$32<D_1<60$	$D_1 \leqslant 32$
$R \geqslant 3.5D_1$	$0.85D_0$	$0.80D_0$	$0.70D_0$
$2.5D_1<R<3.5D_1$	$0.85D_0$	$0.80D_0$	$0.70D_0$
$1.8D_1<R<2.5D_1$	$0.75D_0$	$0.75D_0$	$0.70D_0$

注:D_0—管子内经;D_1—管子外径;R—弯曲半径。

(6)每根管子通球后,用酒精或丙酮清洗管端。然后用校验合格的外径千分表测量管端胀接部位的公称直径。取相互垂直的两个方向的管端直径数据,按管子的编排以及临时编号做好测量记录。临时编号可按每排管子堆放顺序进行。

(7)在管端内外壁打磨处涂上机油,然后用薄纸包裹好,防止灰尘污染管端和锈蚀。

(8)在每排管子的管端直径测量完毕之后,工程技术人员要进行管端与管孔的选配工作。由于管径与管孔都有公差,为了保证胀接质量,适宜的胀管间隙是必要的。应使较大管径配上较大的管孔,较小的管径配较小的管孔。选配方法如下:

①计算管端和管孔的平均直径。将这两种直径分别按大小顺序排列,然后根据相同的顺序号进行初步选配。

②检查另一端管径与管孔的间隙数据,会出现间隙过大的情况。这时,就选已选配好的那一端管径相差不大,而未选配好的这一端管径较大的管子进行互换,使得这一端配合减小。用同样的方法调整其他间隙不甚理想的管子。选配工作完成后,应对每根管子按选配的锅筒管孔号进行正式编号,并按编号的顺序码放。做好《胀接管孔和管端的实测记录》。

4. 管子的试胀

试胀的目的是在本工程的锅筒与管子的材质、退火质量、打磨质量等特定条件下,确定出在保证胀接质量前提下的较小的胀管率;检验胀管器是否合格,也检验胀接工艺的适用性,检验退火质量和管端处理质量;同时让胀接操作人员熟悉整套胀接工艺过程。胀接工作应由熟练的施工人员进行操作。

首先了解一下胀管率,胀管内径控制法和外径控制法。

(1)胀管率。胀管率是指管孔在外力作用下产生的相对残余变形。管孔的相对残余变形是不能直接测量的,而是测量管子内径在胀接前后的变化值或测量紧靠锅筒外壁处管子终胀后的外径计算。前者称为内径控制法,后者称为外径控制法。采用内径控制法时,胀管率公式为

$$H_n = \frac{d_1 - d_2 - \delta}{d_3} \times 100\% \qquad (2.2)$$

式中 H_n—— 采用内径控制法时的胀管率;

d_1—— 胀完后的管子实测内径,mm;

d_2—— 未胀时的管子实测内径,mm;

d_3—— 未胀时管孔实测内径,mm;

δ—— 未胀时管孔与管子实测外径之差,mm。

在公式中,只有胀完后的管子实测内径 d_1 是变量,它的变化决定胀管率的变化。因此,测量 d_1 是保证胀管率符合规定要求的关键。因胀管工作面也是检测面,胀管时就不能进行检测,检测时就不能进行胀接,也就是说在胀接过程不能实行动态测量和动态控制。无论是欠胀还是过胀,都木已成舟。欠胀的还可以补胀,而过胀则无法改变。为了确保不过胀,胀管时不

得不多次从管内抽出胀管器对管子内径进行检测。因此,采用内径控制法的胀接检测,只能起到事后检查、计算胀管率的作用,不能对胀接过程进行有效控制。而对过程进行有效控制,却是保证胀管率达到期望值,即保证胀接质量的关键之一。

由于内径控制法有上述的缺点,总结出胀管外径控制法,通过测量管端外径来控制胀管率,已纳入国家标准《工业锅炉安装工程施工及验收规范》(GB 50273—1998)之中。其公式为

$$H_w = \frac{d_4 - d_3}{d_3} \times 100\% \tag{2.3}$$

式中　H_w—— 采用外径控制法时的胀管率;

d_3—— 未胀时的管孔实测直径,mm;

d_4—— 胀完后紧靠锅筒外壁处管子外径,mm 。

该公式中符号如图 2.36 所示。

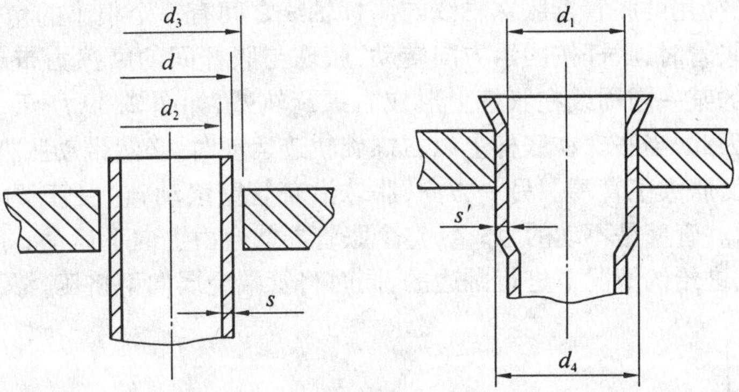

图 2.36　胀管示意图

d_1— 胀完后的管子实测内径;d_2— 未胀时的管子实测内径;d_3— 未胀时的管孔实测内径;d_4— 胀完后紧靠锅筒外壁处管子的外径;d— 未胀时的管子实测外径

(2)控制管外径胀管的优点:

①能对胀管实行中间过程控制。由于胀接工作面与检测工作面分别在锅筒内外,为边胀边检测提供了可能,从而能有效地对胀管过程进行控制,使胀管率达到期望值成为可能。

②工效高。外径控制法使一次胀接成功成为现实。另一方面,采用外径控制法能使用电动胀管器,这也是提高工效、降低操作人员劳动强度的一个因素。

③减少了检测数据,方便胀管率的计算。根据内径控制法公式可知,每根管子胀接要检测 d_1、d_2、d_3、δ 这四个数据,而采用外径控制法只需检测管孔内径 d_3 和胀口终胀外径 d_4。

外径控制法,只要测量胀管时锅筒外壁处管外径并做到胀管与翻边一次完成。

(3)胀管外径检测专用外径百分表,如图 2.37 所示。这种专门的测量装置在设计上利用了等距杠杆原理。销钉轴 8 位于装置的形心上,百分表 5 的测杆与销钉轴 8 的距离等于被测管子与上尺架 2、下尺架 7 接触点连线的距离。当被检测的管子外径在公差范围变化时,在百分表 5 上可以适时读取其变化数据。使用前,先把卡尺口宽度定在 52.5 mm,并把百分表 5 调零。为避免表盘转动,应用胶布将其粘住。胀管时,将卡尺紧靠在锅筒外壁的管子上,管子紧靠着限位钉 3,这样,胀接过程中管径的变化就能在百分表 5 上实时地显示出来。将卡尺沿自身平面来回转动,就可以得到其他方面上的管外径数据。检测人员一手操作测量卡尺,一手控

制电动胀管机的按钮，当测得数据比终胀管外径计算值（期望值）大 0.03 mm 时，按下停止按钮。当胀管器退出时，被测管径刚好回复到期望值。

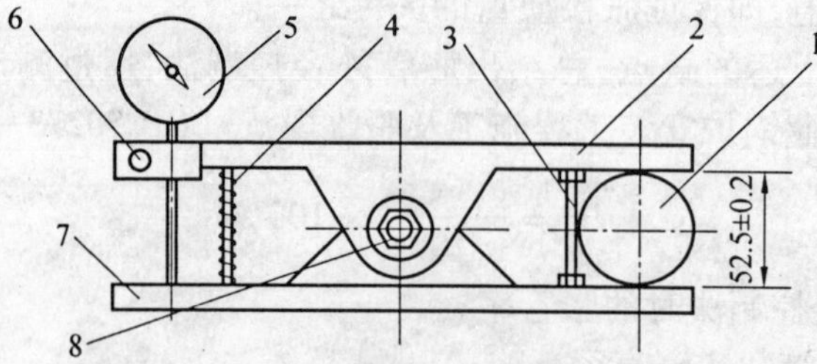

图 2.37　胀管外径百分表尺寸

1—被测管子；2—上尺架；3—限位钉；4—弹簧与限位钉；5—百分表；6—夹紧螺钉；7—下尺架；8—销钉轴

（4）控制管外径用的胀管器胀珠轴线与胀杆轴线之间有一个很小的角度（约 3°）的倾角，如图 2.38 所示。胀管时，胀杆按图示方向转动，胀珠与胀杆间的摩擦力带动胀珠沿自身轴线反方向转动，胀珠的某一圆周线在胀杆上形成右螺旋轨迹，如图 2.39 所示。由于胀珠在案穴里不能上下移动，因此，当胀珠在胀杆上以右螺旋轨迹运动时，必然带动胀杆由上至下运动，胀珠就向外扩张，从而胀大了管端。另一方向，胀珠沿着管壁滚动，它在管子内壁上形成左螺旋轨迹，如图 2.40 示。管壁是不动的，那么，整个胀管器就会由上向下运动。胀管器上的翻边胀珠就是在这样自动进给的情况下进行翻边的，同时将管端金属向下挤压。

图 2.38　胀珠与胀杆相互位置示意图

图 2.39　胀珠在胀杆上运动轨迹

图 2.40　胀珠在管内壁展开图上运动轨迹

但是，锅炉厂提供的翻边胀管器（图 2.41）不能自身控制翻边深度，也就是当固定胀管器及胀珠扩张到期望值，胀管器进入管内的深度不一定合适，亦即翻边的深度要么浅了，要么深了，这两种情况都是不符合胀接质量要求的。胀口翻边深度要求与锅筒内壁表面平齐。控制管外径用的胀管器增加了一个自身控制翻边深度的限位装置——止推环，如图 2.42 所示。它的胀头部分均布 3～4 个长胀珠，两个翻边胀珠在两个长胀珠窠穴之间的窠穴里。调整压盖压入的深度就可以调整翻边的深度。当压盖压紧时，能够对深入管端内壁 14 mm 进行翻边。因此，在试胀时，检查管口的翻边情况，调整好止推环的高度。胀接时，可以将胀管器向管内深入到推不动为止。只是当止推环顶住锅筒内壁后，胀杆继续自动进给，而胀管器整体不再产生轴向运动，翻边的深度也就不再增加。

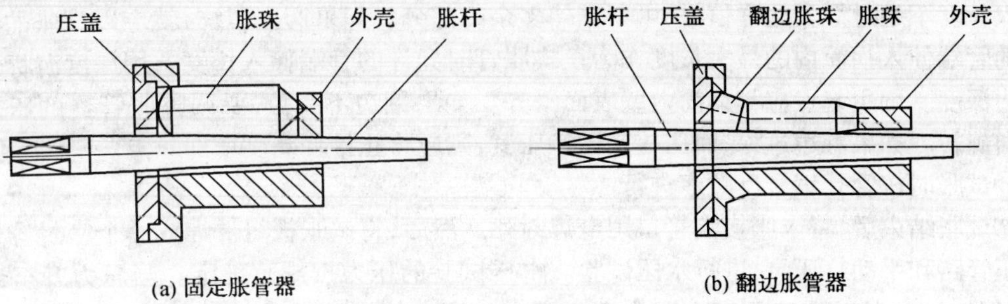

图 2.41　胀管器

(a) 固定胀管器　(b) 翻边胀管器

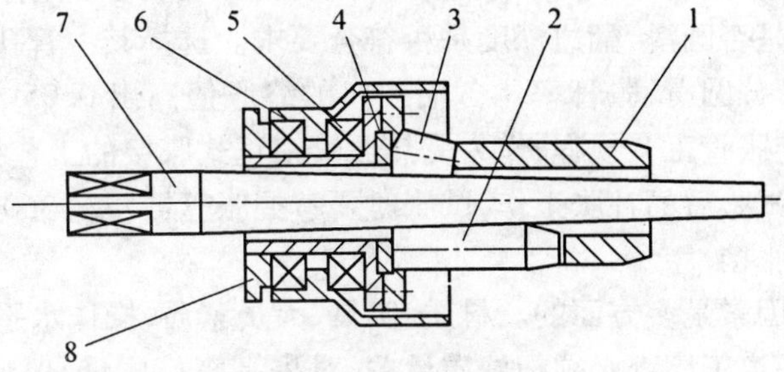

图 2.42　止推环

1—外壳；2—胀珠；3—翻边胀珠；4—耐磨垫；5—滚珠轴承；6—止推环；7—胀杆；8—压盖

(5) 试胀的步骤：

①对上、下锅筒试胀板管孔除锈、清洗、砂布抛光。对管孔进行编号，测量并记录各管孔的平均直径。

②测量并记录各管端的平均直径。

③对管端与管孔进行选配，较大的管径配较大的孔径，较小的管径配较小的孔径。

④选用各管试胀的胀管率，一般选用范围 1.20% ~ 1.65% ，每 0.05% 为一个递进单位。根据胀管外径控制法公式(2.3)：

变形为 $d_4 = (1 + H_w) d_3$。例如，期望的胀管率为 1.50% ，管孔直径 d_3 = 51.4 mm ，那么，它的终胀管端直径 $d_4 = (1 + 0.015) \times 51.45$ mm = 52.22 mm 。用此方法分别计算出每根试胀管的终胀直径，并做好记录。

⑤试胀之前，要将试胀板四周焊上与试胀板等厚的钢板，如图 2.43 所示。如果等试胀后焊接，胀口可能在电焊的热影响下松弛，水压试验时，难以真实反映胀口质量，导致选用的胀管率偏大。

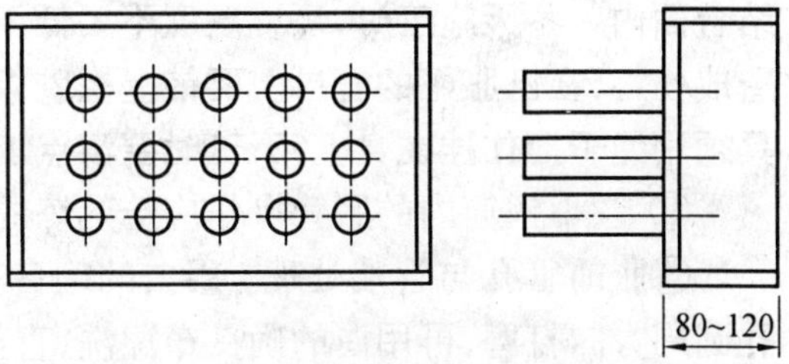

图 2.43　试胀板四周焊钢板示意图

⑥用丙酮、医用酒精等溶剂仔细清洗管端、管孔，再用白的确良布将它们擦干。绝对不能在管孔、管端上残留有油污或水分，因为这些油污或水分会在胀管过程中，在管孔与管端之间形成一层极薄的油膜或水膜。当油或水挥发之后极易形成汽水通道，使胀口漏水。

⑦为检验管端伸入锅筒内的长度达到最大允许值时管口翻边的质量状况，试胀时有些管端伸入锅筒内的长度要大于正常值。如果这些管口翻边不产生裂纹，则在正式胀管时，只要管

端伸入长度不超过最大允许值时,可不锯掉多余的部分。如果产生裂纹,就应以试胀的其他未裂纹的管端伸入锅筒内的最大长度作为正式胀管时允许的管端伸入长度。用深度游标卡尺检查翻边深度。翻边起点应与锅筒内壁表面平齐。如果翻边不到位,要调整胀管器的压盖向松开方向旋转。如果翻边过深,而压盖又已经压紧,则应将止推环高度增加一点。

⑧试胀时按管孔编号反顺序进行。

⑨试胀结束后,将未胀接端管口用电焊封死。然后,将试胀板组件焊成一个密封容器。接上试压管路和手动打压泵,进行水压试验。水压试验的压力按规范确定。当压力升至试验压力20 min之后,检验胀口是否有漏水和含泪的情况。将水压试验结果和各管端终胀值填入《锅筒试胀记录》。试压时业主代表或监理方应有人在场。

⑩选几个胀管质量好、胀管率比较小的管孔做切面试验,以检查管孔与管端的结合情况,查看胀接的过渡部分是否圆滑,翻边深度是否符合要求。选择其中管孔与管端结合良好、翻边深度合适、管端胀接部分圆滑、胀管率比含泪胀口的终胀值高出0.05 mm的管子胀接工艺为正式胀接工艺,并制定胀管工艺规程,作为受热面管束正式胀接的工艺指导书。

⑪为了方便水压试验后的补胀工作,试胀时要掌握胀管器转动360°时管外径的扩大值。

5.受热面管束的胀接

影响胀接质量的因素是多方面的。材质、工具、人员素质、操作水平、工作环境等都会影响胀接质量,施工中每一道工序都必须把好质量关,对提高胀接质量、保证试压一次成功是必要的。另外,控制好胀管率更是保证胀接质量的重要因素。控制胀管率,从实质上讲,就是使管孔的弹性力最大。过胀或欠胀都会使管孔的弹性力降低,从而使管孔与管端结合强度降低,造成胀口漏水。

(1)胀接前的准备工作

①工机具和辅料。线坠、石笔、15 cm不锈钢板尺、白的确良布、丙酮、电动胀管器和胀头、胀管外径千分卡尺、千分表、36 V低压手灯、钢锯、0号砂布、木锤、小麻绳、活动扳手、梳形板、深度游标卡尺和固定管排用的角钢支架。

②工作环境。在上、下锅筒间搭设脚手架,便于挂管、测量操作。在下锅筒底部的脚手架要全铺木板,因为炉排施工也在同时进行,而且在胀接工作面的正下方,要对下方的施工人员采取保护。木板的两端要用铁丝拴在脚手架上。如果是夏天胀管,上、下锅筒人孔位置安放一台电扇,用来驱除锅筒内的热气。在大风天,还要采取护尘措施。避免灰沙落入管孔和管端的结合面内。冬天施工时,环境温度不要低于0 ℃ 。为避免终胀的管口对上锅筒内的操作人员造成伤害,在已胀好的管口上要铺上橡胶板。施工人员不得携带杂物进入锅筒,小型工具、器具须用绳子拴住挂在身上,下班时要清点工具,避免将它们遗留在锅筒内。

③上、下锅筒内的胀管操作应选熟练的施工人员担任。

④胀前管孔与管端处理。用白的确良布蘸丙酮清洗即将胀接的管孔,并用0号砂布沿管孔圆周方向打磨,再用白的确良布擦洗,直至用未使用的白布再擦不湿为止。对管端也要进行类似的处理。

(2)胀接的步骤

①挂基准管。为使各种规格的管子在胀管过程中有参考基准,开始时要先胀接锅筒两端的基准管。基准管先挂两端最外面的两根管。开始这四根管只做初胀(即胀到管端直径与管孔直径基本相同),然后检测四根管子相互间的距离(包括对角线)、管子直管段的垂直度和管

端伸入长度,调整并符合要求为止。

②将图2.44所示的基准管固定架用管卡固定在管子上,并将固定架与锅炉钢柱焊牢。然后,将四根基准管胀好。这四根管子是各管排基准管中的基准,故其定位要准确。

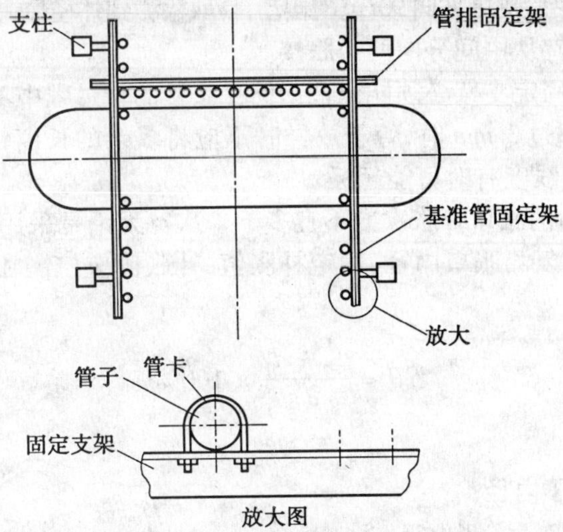

图2.44　基准管(管排)固定示意图

③从两边向中间初胀其他基准管。每根基准管挂管时必须靠在基准管固定架上。这些基准管以最早胀好的四根管子为基准,使相互间的距离、直线段的垂直度满足要求后,把各基准管固定在固定架上。

④胀管顺序。胀管顺序最好采用能使管子、管孔在径向各方向上受力是基本对称方式胀接。这样,可避免胀接过程中胀珠向某一方向上过分扩张,造成该方向上塑性变形区增大而使管端受力不均。

⑤每排管子间的间距可由管排固定架来确定,如图2.44所示,也可用梳形板来确定。用管排固定架的方法如下:首先按每排管子的设计间距钻好管卡的连接孔,然后把此固定架用管卡固定在相应的基准管上。挂管时只需将管子靠住固定架,调整好管子在上、下锅筒内的伸入长度,用管卡将其固定在相应的位置上。这样,既保证了每排管子与两端相应的基准管在一条线上,又保证各管间间距符合设计要求。对于隔火墙两边的管排,最好采用这种方法,以保证其几何尺寸,利于后面的隔火墙砌筑。

6. 胀管的质量要求

(1)管端伸入管孔的长度,应符合规定。

(2)采用外径控制法时,胀管率应控制在1.0%~1.8%的范围内;采用内径控制法时,胀管率可控制在1.3%~2.1%之间。

(3)胀接后,管端不得有起皮、裂纹切口和偏斜等缺陷。如果有个别管端产生裂纹,可用角向磨光机将裂纹部位磨去。处理后的管端伸入长度不得小于5 mm。

(4)管口翻边角度宜为12°~15°。翻边起点与锅筒内壁表面平齐。

(5)胀口要严密,水压试验时不应滴水珠,但允许含泪现象。

7. 胀接的注意事项

(1)测量胀管外径的外径百分表卡尺,每班都要用游标卡尺或检验杆检验一次百分表读数的准确性。

(2)每胀20个管口左右,应用汽油将胀管器清理一次,在胀珠的窠穴里涂上润滑油。

(3)在胀接过程中,应由专人用外径百分表测量锅筒外壁处管端外径,控制和记录终胀时管端外径值。测量时,将卡尺沿管周围方向90°范围摆动,且取检测到外径最大值为记录值。

(4)基准管固定后,宜从中间分向两边胀接。

(5)上、下锅筒临时固定支架必须能保证锅筒在胀接的全过程中不发生位移和转动。

(6)当锅筒直线度超过3 mm时,管子放样时不应将多余的长度锯掉。否则,会造成管子成批报废,因为锅筒的直线度有时可能超标。

(7)水压试验时滴水的胀口补胀次数不宜多于2次。无论是采用内径控制法还是采用外径控制法,在补胀前均需复测胀口内径,确定补胀值,补胀值应控制在0.1 mm以内。补胀率按下式计算

$$\Delta H = \frac{d_1' - d_1}{d_3} \times 100\% \tag{2.4}$$

式中 ΔH—— 补胀率;

d_1'—— 补胀后管子内径;

d_1—— 补胀前的管子实测内径;

d_3—— 未胀时管孔实测内径。

补胀后,胀口的累计胀管率为补胀前的胀管与补胀后的补胀率之和。累计胀管率不应超过胀管率的控制范围。

(8)当胀管率超出控制范围时,超胀后的最大胀管率,对于内径控制法,不得超过2.6%,对于外径控制法,不得超过2.5%。同一锅筒上超胀管口不得多于胀口总数的4%,且不得超过15个。

8. 影响锅炉胀管质量的因素

(1)胀管工艺的影响

一般来说,安装单位可根据自身情况,选用内径控制法或外径控制法胀管。因为采用外径控制法,试胀时所确定的胀管率,在锅炉正式胀管时,直观、易控制,胀管率的离散度小。因而很少有欠胀或过胀的现象。

(2)胀管器的影响

①胀管管端喇叭口扳边起点与锅筒内表面宜平齐,是保证胀口严密性的重要环节。应尽可能使用有止推装置、能自行扳边的胀管器。其扳边深度经试胀时调整好以后,在正式胀接中就能达到满意的要求。

②尽量采用胀珠为4个的胀管器。这种胀管器胀接的管口,胀口不圆度显著降低,单个胀口的紧固力也大幅提高,从而提高了胀口的严密性。

(3)胀管顺序的影响

胀管锅炉的锅筒直径一般不大,孔桥受限制,尺寸一般很小,上、下锅筒轴线间水平距离也不大,所以中间位置对流管的弯曲臂短,弯曲的角度也小。因而,它们变形补偿能力差。胀管过程中,管端金属在外力作用下,沿胀杆的前进方向蠕动,管子有所伸长、就不易通过管子的变形,补偿管子的伸长量。

应减少这种不利的影响,宜采取如下措施:

①管子放样要仔细、精准,不能差不多就完事,并应避免胀接时管端偏斜,影响胀接质量;

②锅筒轴线中间,沿锅筒圆周方向的管排可先胀接,再依次胀接其他管排。这样,在胀接过程中,中间部位的管排可起加固作用。在一个管端扳边时,使其对相邻胀口的严密性不致产生太大的影响。

③为了减少管段的伸长量,降低管束内应力,每根管子的两端不可同时胀接。水冷壁是水管锅炉的主要蒸发受热面。它通常是贴着炉膛内壁并排布置许多水管组成的。这些水管下端与各自的下集箱连接,上端与上集箱或与锅筒连接。与集箱连接时,通常采用焊接,与锅筒连接则多采用胀接。

2.3.4.3　水冷壁管的安装

1. 光管水冷壁的安装

工业锅炉的光管水冷壁上集箱多在钢架顶部。如果在地面整体组装,吊装较难。而此时锅炉炉排已安装完毕,增加了吊装难度。故光管水冷壁都是单根组装的。安装步骤如下:

(1)在放样平台上按图纸画出左、右水冷壁管系平面图。大多数锅炉的左、右水冷壁结构是对称的,故只需画一面水冷壁的放样图。前、后水冷壁只需每个规格画一根管子的平面图。

(2)对水冷壁进行逐根的外观检查。注意检查管子表面有无裂纹、龟裂、撞伤、压扁、砂眼和重皮。有缺陷的管段必须更换。

(3)对放样几何尺寸不合格的管子进行校正。有中间焊缝的应尽可能地在地面上焊接,以确保焊接质量。

(4)清除管端内外壁的油污、铁锈,露出金属光泽。清除范围 10 ~ 15 mm。焊缝处的管口要打好坡口。

(5)复验水冷壁前、后、上、下集箱的安装尺寸,然后将各集箱按图 2.45 所示要求固定好。下集箱与侧密封之间的距离必须符合图纸要求,严禁下集箱搁在侧密封板上。对集箱管接头进行上述第四项的程序。

(6)在左、右水冷壁上、下集箱中间,将一根经过校直的角钢(或槽钢)支架焊在钢柱上,使支架的侧平面在距上、下集箱管接头中心连线的 1/2 管径处,如图 2.46 所示。

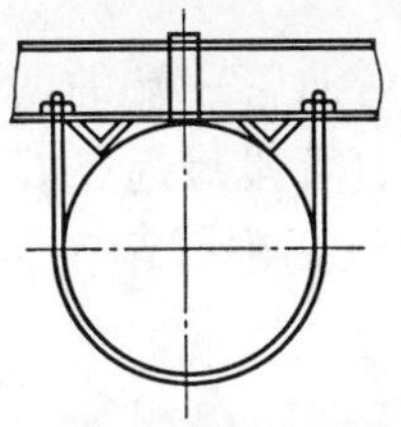

(a) 下侧集箱临时固定

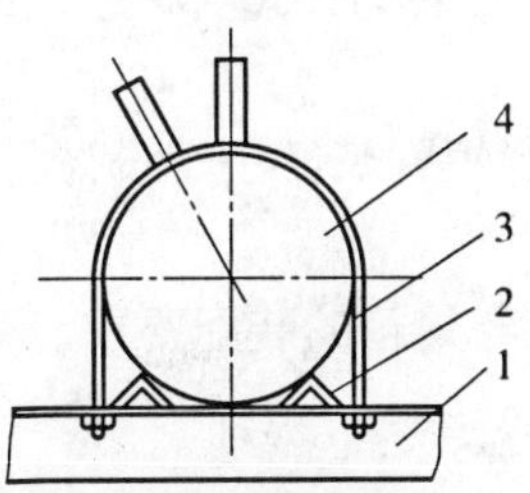

(b) 其他集箱临时固定

图 2.45　集箱固定图

1—支架;2—楔铁;3—抱卡;4—集箱

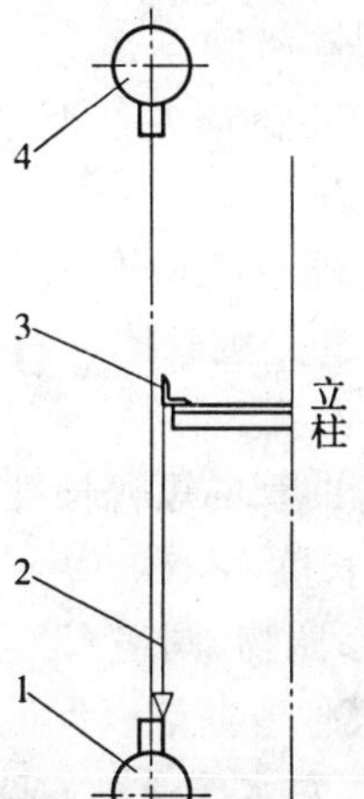

图 2.46　侧水冷壁管固定支架示意图

1—下集箱;2—线坠;3—固定支架;4—上集箱

(7)待安装的管子经过通球试验后,可用对口钳使管子与上、下管接头对正,中间靠在支架上。对口间隙尽量控制在1.5~2.0 mm之间。然后将焊口点焊牢固,再安装其余的管子。当某侧水冷壁管全部点焊完,对焊口进行清理之后,可根据水冷壁焊接工艺指导书的要求,先中间后两边进行焊接。

(8)对于前、后水冷壁管因上端要与锅筒胀接,为了保证胀口质量,要进行焊接后胀接。为了避免管孔生锈,故前后水冷壁胀接段是安装好一根后再安装另一根的。

(9)水冷壁管的焊接必须在焊前焊接工艺评定合格后方可进行。施工的焊工,必须是持有有效合格证,并在该项目考试合格的焊工。焊缝附近,应打上施焊焊工的代号钢印。

(10)光管水冷壁相邻管间应有间隙。管端过长时要采用机械切割,而不得用割枪切割。

2. 膜式水冷壁安装

膜片式水冷壁一般都在地面的钢制平台上进行组装。其相应的集箱不要和锅筒一起安装。安装步骤如下:

(1)拼装水冷壁。将成片出厂的水冷壁按要求拼在一起。检验水冷壁靠近集箱的两端的宽度和相邻管子的中心距。如果超差,可将膜片沿中心割开进行调整,以保证两端边管中心距与相应集箱两边管接头中心距相等、相邻管子间间距相等。检验相邻管间间距时,应以某一管子中心为测量基准,以防止累计误差。检验合格后,可将割开的膜片用电焊点固。如果水冷壁中间部位宽度超差,就要把超差部位膜片割掉,用木楔楔入管间进行调整。如图2.47所示是水冷壁宽度偏小时调整示意图。首先,将边管采用热校正法调整正确位置;第二步,把2号与3号管之间的膜片割掉,用木楔将2号管调整到要求位置;第三步,将边管与2号管之间的膜片点焊上。采用上述的二、三步骤可以调整其余的管子,一般只调整3~5根管即可。最后,将点焊的膜片焊好。

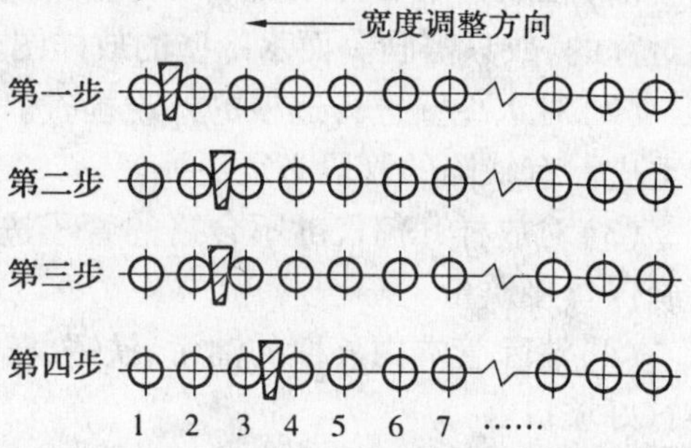

图2.47　水冷壁宽度调整示意图

(2)检验水冷壁的对角线,如图2.48所示。在没有弯曲管一端的两根边管中心线上,各取距管口10 mm的点A和点B,以这两点为起点,取边管直管段最远点C和点D,使$AC=BD$。检查对角线AD与BC的误差是否在允许范围之内,否则就要进行调整。A、B、C、D四点位置用样冲冲眼予以标识。

(3)以A、B连线为基准,使直管端管口端面距离该连线距离相等,管端的超长部分应用钢锯锯掉或用角向磨光机磨掉。然后调整90°弯曲端各管口距C、D连线的距离相等且符合水冷壁设计长度的要求。

(4)调整90°弯曲管的短臂长度符合设计要求。当短臂长度小于设计值时,应缩短水冷壁的长度来保证短臂长度。

(5)以集箱为参照物,调整45°弯曲端两边管满足与集箱的装配要求。并以这两根边管为基准,拉粉线调整其他弯曲端以保证45°弯。

(6)用压缩空气对水冷壁做通球试验。

(7)清理集箱内的杂物。清理集箱管接头和水冷壁管端10~15 mm范围的油污、铁锈,并用丙酮清洗管口。将集箱用临时支架固定在可以进行焊接工序的位置上。检验集箱间距离偏差不大于3 mm，对角线偏差不大于10 mm。

(8)将全部焊口先点焊牢。点焊顺序：先点焊最外边的两个焊口，后点焊中间的两个焊口，再错开点焊其余焊口。不能按由一边向另一边的顺序点焊焊口，因为焊缝的收缩力会使另一边焊口没有间隙。无论是有风的天气还是无风的天气，焊接施工面都须做到防风、防尘的措施。

(9)根据水冷壁焊接作业指导书的要求，按集箱变形和焊口应力最小的原则顺序进行焊接，做好焊缝质量外观检查，合格后，打上施焊焊工的钢印代号。

(10)质检员检验焊缝外观合格后，应进行焊缝的无损探伤。不合格的焊缝要进行返修，同一位置上的返修不应超过3次。补焊后，补焊区仍应做外观和无损探伤检查。然后，按图纸要求将膜片全部补好。如果水冷壁和集箱筒体还有其他焊接件，也应一同焊接好。

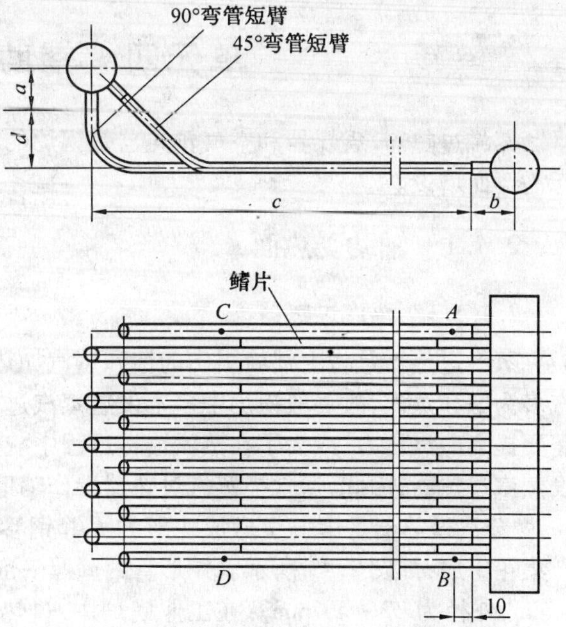

图2.48　膜式水冷壁对角线检测示意图

(11)水冷壁起吊前必须进行加固。加固的原则是保证水冷壁组件有一定刚度和强度，以防组件在吊装和运输过程中发生不可逆变形。加固的方法通常是采用型钢加固和桁架加固。

(12)水冷壁组合允许偏差见表2.11。

(13)组件就位检查合格后，安装水冷壁的固定挂钩和吊架。吊架弹簧的压缩量要满足图纸要求。

表2.11　水冷壁组合允许偏差(mm)

序号	检查项目		允许偏差	
			光管	膜片管
1	联箱水平度		2	2
2	组件对角线差		10	10
3	组件宽度	全宽≤3 000	±3	±5
		全宽>3 000	±5	2/1 000，最大不大于15
4	火口纵横中心线		±10	±10
5	组件长度		±10	±10
6	组件平面度		±5	±5
7	水冷壁固定挂钩	标高	±2	
		错位	±3	
8	联箱间中心线垂直距离		±3	±3

注：摘自《电力建设施工及验收技术规范》(DL/T 5047—1995)。

单元四　辅助受热面安装

蒸汽过热器、省煤器和空气预热器是锅炉的辅助受热面。各辅助受热面依具体情况、按实际需要而增设。

2.4.1　辅助受热面

2.4.1.1　蒸汽过热器

蒸汽过热器是将上锅筒引出的饱和蒸汽加热成一定温度以过热蒸汽的装置。工业锅炉用汽多为饱和蒸汽，故一般锅炉中多不设置蒸汽过热器。只有在生产用汽需要较高的温度，而不需要提高蒸汽压力，或为了在蒸汽输送过程中减少冷凝损失而需要过热蒸汽时，才在锅炉中装设蒸汽过热器，因此，通常把蒸汽过热器看作辅助受热面。

蒸汽过热器是由一组弯成蛇形的无缝钢管和进出口集箱组成，如图 2.49 所示。蛇形管的壁厚一般为 3 ~ 4 mm，外径为 32 ~ 40 mm。在工业锅炉中，过热蒸汽温度对于工作压力为 1.25 MPa 的锅炉为 250 ℃和350 ℃，对于工作压力为 1.6 MPa 的锅炉为 350 ℃。

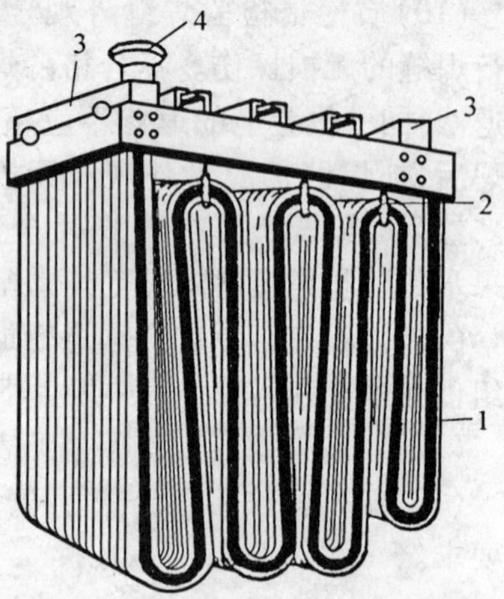

图 2.49　立式对流蒸汽过热器

1—蛇形管；2—吊架；3—联箱；4—蒸汽入口

蒸汽过热器按传热方式不同，分为辐射式、半辐射式和对流式；按放置的方式不同，分为立式和卧式。工业锅炉中的蒸汽过热器常布置在对流管束之间烟温 700 ~ 800 ℃的区域中，属于立式对流过热器，如图 2.50 所示。

蒸汽过热器中蒸汽流速一般为 15 ~ 25 m/s，烟气流速为 8 ~ 12 m/s。过热器出口集箱或管道上装有安全阀、主汽阀、排汽阀以及蒸汽压力表和温度计。

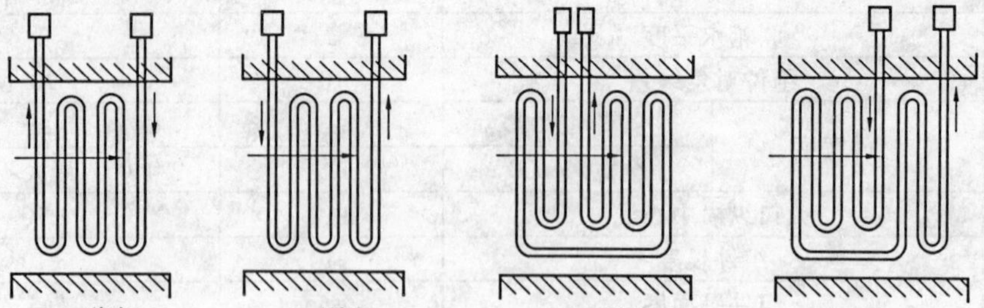

图 2.50　蒸汽过热器的布置方式

2.4.1.2　省煤器

省煤器是利用锅炉尾部烟气的热量加热给水以降低排烟温度的辅助受热面，设置对流管束后部的烟道中。锅炉给水经过省煤器使水温升高，排烟温度降低，减少了热损失，相应节省了燃料，提高了锅炉热效率。对蒸汽锅炉而言，通常给水温度升高 1 ℃，排烟温度可降低 3 ℃

左右;给水温度升高6~7 ℃,可节省燃料1%。另外,经加热的给水送入锅筒,可以避免因较冷的给水与高温锅筒接触而产生的热应力,改善了锅筒的工作条件,且省煤器布置紧凑,造价较便宜,目前得到广泛采用。

1. 省煤器的种类和构造

省煤器按所用材料的不同,可分为铸铁式和钢管式两种。按水在其中被加热的程度,可分非沸腾式和沸腾式两种。

铸铁省煤器是由数排外侧带有方形或圆形鳍片的铸铁管组成,一般长为2.0 m,各管之间用180°铸铁弯头依次串联起来。给水进口在省煤器组的下方,出水口在上方,其结构如图2.51所示。

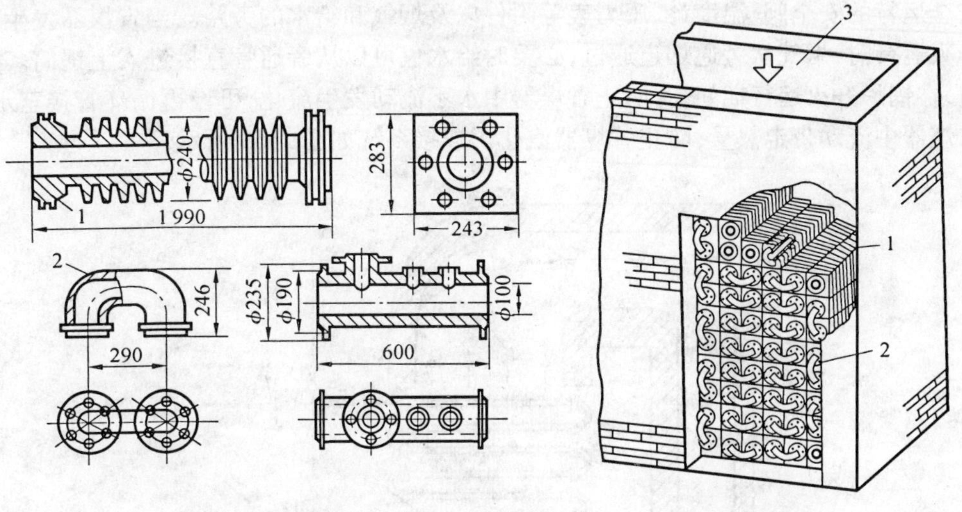

(a) 铸铁省煤器　(b) 省煤器的组成

图2.51　铸铁省煤器的构造和组成

1—省煤器管;2—弯头;3—烟道

铸铁省煤器耐磨性及耐腐蚀性均较好,但铸铁脆,强度低,且不能承受水击。因此,铸铁省煤器只能用作非沸腾式省煤器,而锅炉工作压力应低于2.5 MPa。为了保证铸铁省煤器的可靠性,要求经省煤器加热后的水温比其饱和温度至少低30 ℃,以防产生蒸汽。

铸铁省煤器体积、重量大,较笨重;鳍片间易堵灰,难清除;法兰连接易漏水。因此,对于较大型的锅炉,给水经过除氧、温度又较高,多采用钢管省煤器。

钢管省煤器是由并列的蛇形钢管组成。蛇形管的两端分别连接进口联箱和出口联箱。蛇形管常用直径为28~38 mm无缝钢管弯制而成,如图2.52所示。

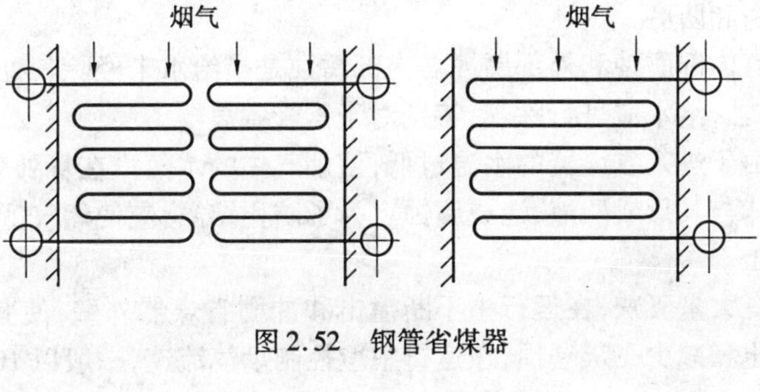

图2.52　钢管省煤器

钢管省煤器中，烟气自上而下在管外流动，给水由下向上在管内流动，呈逆流布置。而管子一般采用错列水平布置。钢管省煤器的出水温度不受限制，允许水在其中汽化，出水可以是干度小于20%的汽水混合物。因此，钢管省煤器属于沸腾式省煤器。

钢管省煤器和上锅筒直接由管路连接，而不设任何中间关断阀，便于将省煤器中的汽水混合物送入锅筒。

2. 省煤器的布置和管路系统

省煤器布置在烟道中应使烟气从上向下流动，给水则自下向上流动，形成逆流式放热。为保证铸铁省煤器安全运行，在省煤器进出口管道上应装有截止阀和止回阀，并设有监督铸铁省煤器安全运行的安全阀、温度计、压力表等附件以及烟气和给水的旁路。当省煤器发生故障或锅炉升火运行时，烟气从旁通烟道通过，必要时给水也可以从旁通管直接进入上锅筒。如无旁通烟道，在锅炉升火运行期间，为防止省煤器中水不流动发生流化，可设再循环管接至水箱，使水在省煤器中流动带走热量，防止省煤器汽化。连接系统如图2.53所示。

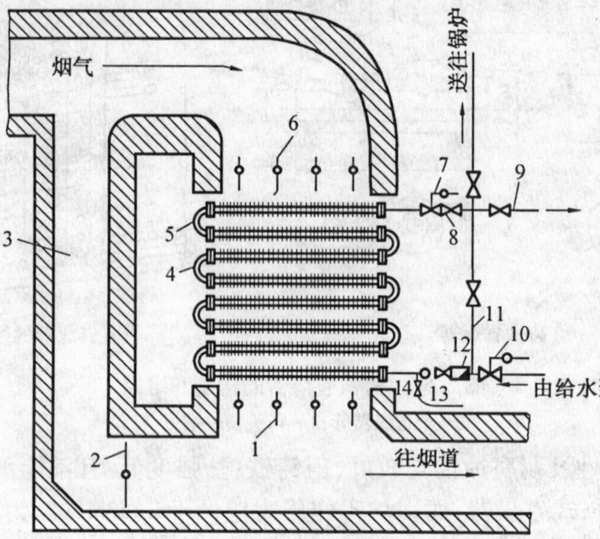

图2.53　铸铁式省煤器的连接系统

1—烟气挡板；2—旁通烟道挡板；3—旁通烟道；4—铸铁省煤器管；
5—连接弯头；6—烟道挡板；7、10—安全阀；8、14—截止阀；
9—往除氧器管道；11—旁通管；12—止回阀；13—疏水管

3. 省煤器的防腐和防磨

省煤器的腐蚀有内部腐蚀和外部腐蚀。内部腐蚀是指给水未经除气处理所产生的气体腐蚀，为了防止这种腐蚀，给水应进行除气，特别对于钢管省煤器。

外部腐蚀是指由于进入省煤器的水温过低，使烟气中的水蒸汽在管外表面结露，烟气中的SO_2、SO_3和CO_2气体与其形成酸液，造成腐蚀。为了防止结露，应使烟气侧壁温度比烟气露点温度高5~10 ℃以上。

由于烟气中含有大量飞灰，在运行中不断撞击和冲刷省煤器外壁，使其变薄而破裂，造成外部磨损。为了防止和减少飞灰磨损，在运行中应控制烟气流速，一般以10~12 m/s为宜。

2.4.1.3　空气预热器

1. 空气预热器的作用

空气预热器是利用锅炉尾部的烟气余热加热锅炉燃烧所需空气的热交换器，一般布置在省煤器之后。

使用空气预热器，一方面可以减少锅炉排烟热损失，提高锅炉热效率；另一方面使进入炉内的冷空气变为热空气，改善炉内燃烧条件，提高燃烧温度，增强传热效果。

在工业锅炉上，一般是采用省煤器来降低排烟温度，采用空气预热器的不多。但在下述情况下，应考虑使用：燃用煤粉的锅炉，煤粉要用热风干燥和输入炉膛；锅炉燃用劣质煤，需要用热风来促进稳定燃烧；锅炉产生的蒸汽压力低（0.5 MPa 以下），而回水温度高（80 ℃以上），使用省煤器的经济效果不大，宜选用空气预热器。

一般在正常燃烧条件下，利用空气预热器送入炉膛的空气温度可提高到 135 ℃或更高，强化燃烧。

2. 空气预热器的构造

工业锅炉中常用的空气预热器是管式空气预热器，其构造如图 2.54 所示。

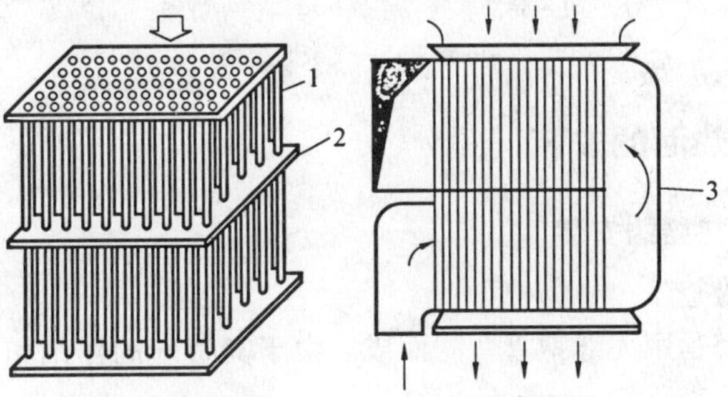

(a) 空气预热器的构造　(b) 空气流程

图 2.54　管式空气预热器

1—管束；2—管板；3—导流箱

管式空气预热器主要由数根 $\phi40\times1.5$ mm 或 $\phi51\times1.5$ mm 的钢管垂直焊在上、下管板上，组成整体的臂箱。在上、下管板之间还设有中间管板和导流箱。烟气由上而下在管内流动，做纵向冲刷；空气在管外做横向冲刷。管子沿空气流动方向成错列布置。

空气预热器由多个管箱组成，以利运输和安装。管箱和管箱之间用膨胀节密封。管箱与支承框架和烟道间也是用由薄钢板制作的有弹性的膨胀节来密封。

空气预热器中烟气推荐流速通常取 9～13 m/s，推荐空气流速一般为烟气流速的一半，布置空气预热器后，锅炉排烟温度一般为 160～200 ℃。

3. 空气预热器的防腐和防磨

空气预热器和省煤器一样，存在腐蚀和磨损问题。

空气预热器的腐蚀通常发生在烟气一侧。由于流经空气预热器的烟气温度比省煤器低，所以烟气中水汽凝结而发生腐蚀的可能性更大，特别是在空气入口处。因此，应使空气预热器的壁温高出烟气露点 10 ℃以上。

空气预热器的飞灰磨损，在管子入口处约 1.5～2.0 倍管外径处最严重，这是由于烟气的流通截面积在该处突然缩小，产生紊流。为了防止磨损，除了在运行时保持适宜的烟气流速和均匀地分配烟气外,还可以在空气预热器烟管入口处加装便于修换的防磨套管,如图 2.55 所示。

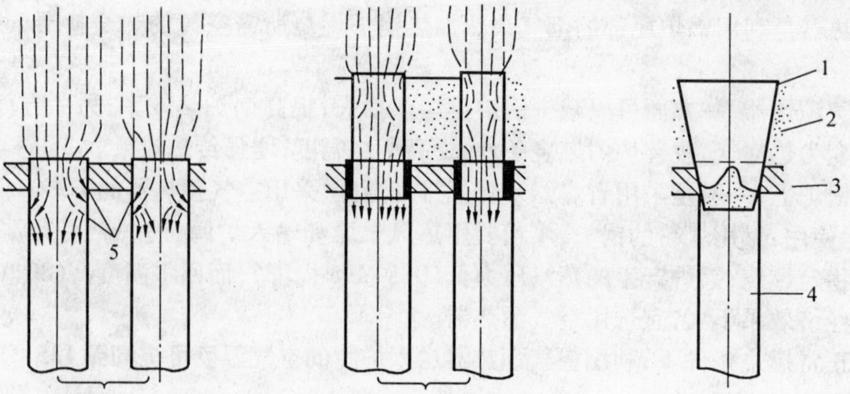

(a) 没有防磨套管的情况　(b) 防磨套管正确做法　(c) 防磨套管的不正确做法

图 2.55　管式空气预热器的防磨套管

1—防磨套管;2—绝热材料;3—管板;

4—管束;5—飞灰磨损处

2.4.2　辅助受热面的安装

2.4.2.1　蒸汽过热器的安装

1. 集箱与管子的检查

蒸汽过热器管子都是用无缝钢管弯制而成。由于其特殊的作用和恶劣的工作环境,过热器安装之前要做如下检查:

(1)外观检查。蛇形管外表面不得有重皮、裂纹、碰撞的凹坑和严重腐蚀。管子的沟纹和腐蚀深度不超过公称壁厚的10%。弯曲部分不得皱折和鼓包。蛇形管出厂时都涂了黑色的防腐漆,这给管子的外观检查增加了难度。正因如此,检查时,只要发现可疑之处,就应将该部位的防护漆去掉,进行仔细检查。

(2)对图纸上标明的材质为合金钢的管子、支吊架等,要逐根逐件做光谱分析检验。对不合格的管子要做好识别标志。然后,用随过热器一道供货的备用管进行更换。更换施工应严格按过热器的焊接工艺规程进行,还要单独做通球试验与射线探伤检验,分别检验焊缝的内壁成形质量与焊缝的内在质量,并填写锅炉缺损件修复记录。对于光谱分析检查合格的支吊架、紧固件,则应以明显的标识与其他材质相区别。

(3)检查蒸汽过热器蛇形管对接焊缝外观质量,不得有未熔合、夹渣、弧坑和气孔。

(4)水压试验。当制造厂不能提供过热器单件水压试验记录,应以元件工作压力的 1.5 倍压力进行水压试验。这是因为过热器安装后的水压试验如果有问题,修复起来是很不容易的。

(5)通球试验。通球直径符合规定。

(6)蒸汽过热器集箱在安装前应做如下检查:

①对集箱筒体和管接头全数进行光谱分析检验,并做好明显的标识。不合格的由建设单

位向制造厂报告，由制造厂派人处理或更换，除有书面委托外，安装单位不得擅自处理。

②检查管接头的节距，注意两相邻管接头端部节距偏差不得超过3 mm。检查集箱的管接头的个数以及阀座、管接头布置是否符合图纸要求。清除集箱内的杂物。

2. 蒸汽过热器安装

(1)蒸汽过热器集箱安装。依据集箱的阀座来确定集箱的方向，其安装施工是和水冷壁集箱安装同时进行的。过热器集箱底座螺栓孔应留有集箱受热后膨胀间隙，如图2.56所示。其预留间隙 a 要大于集箱的最大膨胀量的一半，其膨胀量和方向只需查阅锅炉膨胀图。最后，应将集箱临时固定牢固。过热器安装完毕之后，应将固定集箱的螺栓松开。

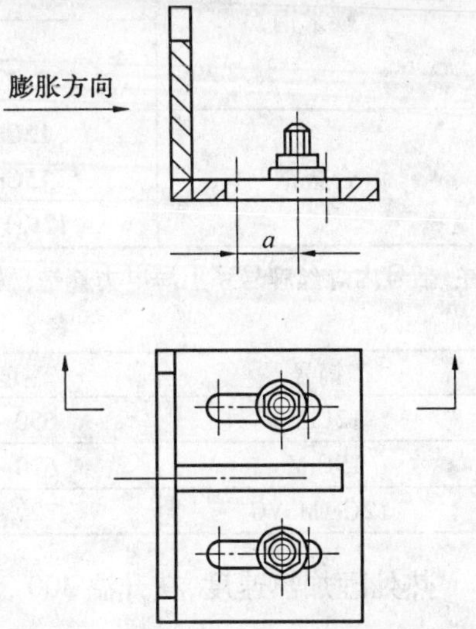

图2.56　过热器集箱底座预留膨胀间隙

(2)放样。把集箱横截面画在放样平台上，然后再画出过热器蛇形管最外缘管子轮廓线，并用角钢头沿线焊接成放样槽。

(3)把蛇形管放在放样槽内，主要检查被焊管端与集箱管接头相对位置的状况。如果被焊管端过长或过短，都要进行处理。当过热器管系布置在水平烟道中时，过长，则蛇形管下部距炉墙太近，影响其膨胀；过短，大量的烟气会从蛇形管下端短路，使排烟温度升高。若管端与集箱管接头中心线不重合，应用冷校法校正过来。

(4)用角向磨光机对蛇形管管端和集箱管接头上的油漆、锈斑进行打磨，直到全部露出金属光泽为止，打磨范围≥10 mm。管端内壁采用电动机圆磨机进行打磨，距焊口20 mm内应完全露出金属光泽。施焊前，还要用丙酮清洗内外壁。这是因为氩弧焊对杂质特别敏感，任何污物落入焊缝内，都会使焊缝产生气孔。打磨时，要保证管端倾斜度不要超差，否则，焊缝内口成形不良。焊丝要用砂布把上面的油漆和氧化膜磨掉。

(5)蛇形管安装时，应先焊接两端的基准管，基准蛇形管安装中，应仔细检查蛇形管与集箱管接头对接情况。待基准管找正固定后再安装其余管排。安装时，应用对口钳夹住对焊接头的两端，使焊口间隙为1.5~2.0 mm。然后对称施焊两点，松开对口钳。如果焊口没有错位现象，对口弯折度也小于1/200，即可进行正式焊接。焊缝的外表面焊波要均匀，不能有气孔和弧坑，咬边深度小于0.5 mm，总长度不超过管子周长的1/4，焊缝高度不低于母材。

(6)安装蛇形管的支吊架和梳形板。梳形板安装时，与相邻的梳形板至少重叠一个齿。

(7)过热器的合金钢对接焊缝，如果是采用氩弧焊，可不必在焊后进行退火处理，如果是采用气焊焊接，因其易产生过烧组织，焊后应进行合金钢焊缝退火处理，来细化焊缝及周围热影响区的金相组织，消除内应力。过热器气焊焊接的焊丝选用见表2.12，其退火工艺见表2.13。

表 2.12　锅炉用钢管 TIC 焊用焊丝

钢的种类	钢号	标准号	焊丝牌号
碳素钢	10,20	GB 3087 YB(T)33	H08MnA (TIG-J50)
	20g	GB 5310 YB(T)32	H08MnA H08MnReA(TIG-J50)
合金钢	12CrMoG 15CrMoG	GB 5310	H08 MoVA(TIG-R31)
	12Cr1MoVG		

注:括号内焊丝牌号系上海电力修造厂标准。

表 2.13　焊后热处理温度及恒温时间

钢号	温度/℃	壁厚/mm	恒温时间/h
12CrMo	650~700	≤12.5	0.5
15CrMo	670~700	≤12.5	0.5
12Cr1MoVG	720~750	≤12.5	0.5

热处理加热速度,在升温 300 ℃ 以后,不应超过 $250\times\frac{25}{壁厚}$(℃/h),且不应大于250 ℃/h;

热处理恒温时间,合金钢每毫米壁厚需 3 min,且不少于 30 min。

热处理冷却速度与加热速度相同。在温降至300 ℃以下后可不必控制冷却速度。保温宽度,从焊缝中心算起,每侧不得小于管子壁厚的 5 倍。

加热宽度,从焊缝中心算起,每侧不应小于管子壁厚的 3 倍,加热方法应尽可能采用感应加热或电阻加热。自动温度记录仪、感温元件以及配套的附件应进行标定和校验。未经标定与校验的自动退火设备禁止使用,否则,就可能造成过热器报废的重大质量事故。

(8)对焊缝按《蒸汽锅炉安全技术监察规程》的要求进行无损探伤。

(9)做出过热器的焊接记录、退火记录和无损探伤报告。

过热器组合安装允许偏差,见表 2.14。

表 2.14　过热器组合安装允许偏差

检查项目	允许偏差/mm	检查项目	允许偏差/mm
蛇形管自由端	±10	管排平整度	≤20
管排间距	±5	边缘管与炉墙间距	符合图纸

3. 蒸汽过热器应装设的附件

(1)过热器进出口集箱应装有疏水阀。

(2)过热器出口集箱上应装有安全阀、压力表、温度计、排汽阀,有的还设有预热主蒸汽管的旁通管路。

2.4.2.2　省煤器的安装

1. 铸铁管省煤器安装

铸铁管省煤器是由带有许多鳍片的铸铁管和弯头组成,常用于额定压力小于或等于 2.45 MPa的锅炉上。

(1)安装前要检查鳍片管的铸造质量,不得有径向沟纹、夹渣、凹坑和裂纹等缺陷,鳍片破损数不大于总鳍片数的5%,整个省煤器中有鳍片破损的根数不超过总根数的10%。

(2)检查弯头结合面是否平整,水线是否符合要求。用圆形钢丝刷清理铸铁管内杂物。

(3)在平地上将所有的铸铁管和弯头连在一起,进行安装前的水压试验。因为省煤器安装完毕后要单独做水压试验。

(4)检查省煤器支承架的安装质量,其允许偏差见表2.15的要求。

表2.15　省煤器支承架安装的允许偏差

项目	允许偏差/mm	项目	允许偏差/mm
支承架的水平方向位置	±3	支承架的纵、横向水平度	长度的1/1 000
支承架的标高	0~5		

(5)由下往上安装鳍片铸铁管和弯头。鳍片管法兰四周的凹槽内须嵌入直径10 mm的石棉绳,以避免省煤器漏风。法兰面和法兰面的橡胶石棉板垫应涂上用机油调和的石墨粉,或用热机油浸湿的红纸垫并涂上石墨粉,做省煤器结合面的密封材料。省煤器的连接螺杆应有自锁结构,螺栓也应涂机油石墨粉。

(6)省煤器安装完毕,在锅炉整体水压试验前,单独对省煤器进行正式水压试验,20 min内压降不超过0.05 MPa为合格。填写省煤器水压试验记录,并与业主代表一同会签。冬天,将省煤器内的水放净,以防冻坏省煤器。

2. 钢管省煤器的安装

钢管省煤器多采用直径28~38 mm的无缝钢管弯制而成。它由蛇形管、合金钢支架、集箱和防磨板组成。为了加强传热效果,多采用交错排列。钢管省煤器在有的锅炉上只布置一组,有的则有2~3组。现场吊装能力许可时,可在地面按组组装省煤器。否则,就应单根组装。

(1)先按图纸要求安装省煤器集箱,并临时固定,如图2.57所示。检查管端和集箱是否有裂纹和重皮现象,检查各组省煤器的支撑梁能否向外自由膨胀。

(2)在省煤器支撑梁靠炉内一端焊一直立的槽钢,用于内侧省煤器蛇形管的定位和支撑。

(3)在放样平台上画出省煤器蛇形管与集箱的相互位置的轮廓线,对省煤器管进行放样。主要是校正蛇形管自由端弯曲中心的位置和短臂的长度,从而保证长度一致。

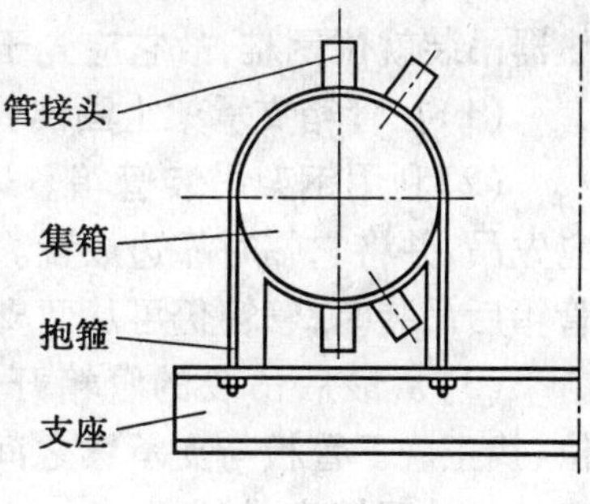

图2.57　省煤器集箱固定

(4)对每根省煤器蛇形管进行外观检查,如未发现蛇形管有缺陷,可以直接进行安装,不必做单根水压试验。

(5)采用压缩空气做通球试验。通球前,应用压缩空气先将管内杂物吹掉,然后通球。填写通球试验记录。

(6)在地面上按图纸要求焊接防磨板,防磨板接头处要留有足够的膨胀间隙。防磨板一般都是用耐热合金钢制作的,应采用相应牌号的焊条进行焊接,焊接要可靠,不得漏焊。

(7)按省煤器焊接工艺指导书的要求,焊接省煤器的对接焊缝。焊接工艺可参照过热器低温段的焊接工艺。

(8)每组省煤器焊完后,在省煤器支撑梁上按图纸的相邻蛇形管的距离画等分线(测量时应避免累计误差而造成省煤器整体外形尺寸差),然后将各蛇形管的支持架焊在相对应的线上。支持架的顶部用耐热扁钢或耐热钢筋全部连接起来,使各蛇形管间距离相等。

(9)因为蛇形管耐磨板容易翻转,造成排烟不畅,磨损严重。应用耐热钢筋将各蛇形管直管段上的防磨板连在一起。焊接时,应将电焊地线连在钢筋上,拴在别处,防磨板与管子间的短路电弧可能击伤蛇形管。

(10)省煤器每焊一根蛇形管,都要把它临时固定住,防止其倾倒造成人身和设备事故。省煤器组装的允许偏差,见表2.16。

表2.16 省煤器组合安装允许偏差

检查项目	允许偏差/mm	检查项目	允许偏差/mm
组件宽度	±5	组件边管垂直度	±5
组件对角线差	10	边缘管与炉墙间距	符合图纸
集箱中心距蛇形管端部长度	±10		

2.4.2.3 管式空气预热器的安装

1. 安装前的检查

(1)空气预热器安装前应做煤油渗漏检验。即在管箱上、下管板表面刷一层石灰水,待其干燥之后,对管板的内表面喷洒煤油。若钢管与管板间的焊缝有裂纹与气眼,煤油就会从这些焊缝缺陷处,渗透到管板的外表面,并在白石灰上留下印迹。检查人员应及时在渗漏处做出标识,以便补焊。

(2)检查空气预热器两支承梁间的平面度,应在1/1 000以内为宜。因为管箱与支承之间要垫密封条。

2. 安装的方法与要求

空气预热器是布置在烟道竖井里,其上部是省煤器。若省煤器先于预热器安装,则空气预热器吊装就位困难,故它应先于省煤器安装,这样,可利用锅炉钢架进行吊装作业。

(1)在管箱支承梁上画出管箱的安装位置。

(2)利用钢架吊装管箱。远离吊点位置处的应先吊,并将它临时靠边放置。这样,吊点下方的管箱后吊装时,管箱仍可从两支承梁之间吊上来。

(3)从最后吊装的管箱开始,按次序进行就位、找正。下管板与支承梁之间,应垫上厚度8~10 mm的石棉密封条。

(4)按图安装同一层管箱间的膨胀节或钢制密封板条。

(5)安装上、下层管箱间的膨胀节与烟道。安装上部管箱与锅炉钢架间的膨胀节,如图2.58所示。

(6)安装防磨套管。插入深度至喇叭口的根部为止。

(7)用废纸板将上管板管口全部苫盖,才可施工管箱的耐火混凝土,如图2.59所示。钢制烟道也做类似处理。

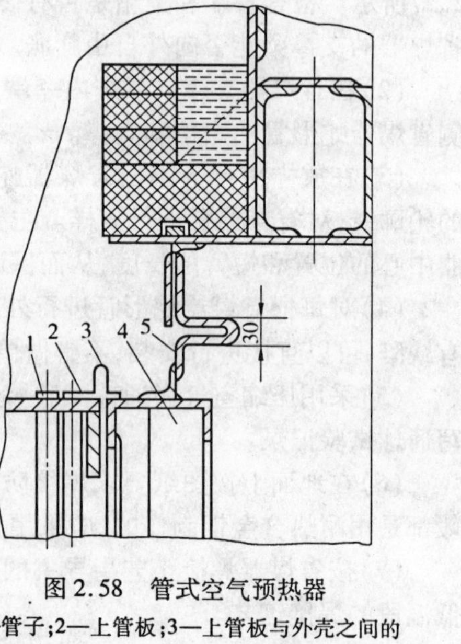

图2.58 管式空气预热器

1—管子;2—上管板;3—上管板与外壳之间的膨胀节;4—外壳;5—锅炉钢架与外壳之间的膨胀节

(8)待烟道竖井内其他施工全部结束后,清理管箱上的杂物,拆除苫盖管口的废纸板。

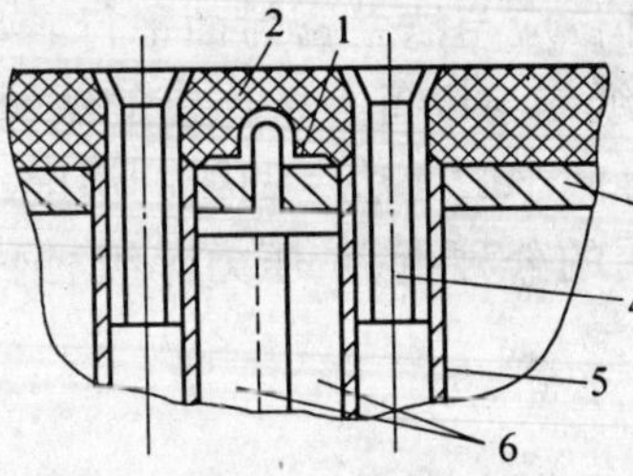

图 2.59　管式空气预热器的防磨套管

1—膨胀节;2—耐火混凝土;3—上管板;

4—防磨套管;5—管子;6—挡板

单元五　本体管道及附件安装

锅炉本体管道是指锅炉内部及锅炉房内与锅炉连接的承压汽水管道,如:水冷壁、上升管、下降管、过热器、省煤器及炉顶锅筒与联箱的连通管;锅炉房内的主蒸汽管和主给水管。

2.5.1　本体管道的安装

2.5.1.1　管子、管件、阀门及管道附件的检验

管子、管件、阀门及管道附件必须具有制造厂的合格证书,否则应补所缺项目的检验,其指标应符合现行的国家或行业标准。

管子、管件、阀门及管道附件在使用前,应按设计要求核对其规格、材质及技术参数。

1. 管子检验

(1)设计压力大于或等于 1.6 MPa 的管道施工前,应查对锅炉制造厂提供的管子材质证明书及有关检验、试验资料。

(2)管子表面应光滑,无裂纹、夹渣、重皮等缺陷。

(3)管子表面不允许有尖锐划痕。一般划痕、凹坑、腐蚀等局部缺陷应做检查鉴定,经处理后其深度不超过壁厚的负偏差,并作记录和提交检验报告。

(4)合金钢管及管件在使用前应逐件用光谱分析或其他方法进行复查、并作标记。

(5)采购的管子应具有制造厂的合格证明书,在证明书上应注明:

①生产厂家和采购商名称和代号;

②合同号和钢号;

③品种名称及尺寸;

④标准编号;

⑤化学成分;

⑥试验结果;

⑦炉罐号、批号和重量。

2. 管件检验

(1)法兰密封面应光洁,不得有径向沟槽,且不得有气孔、夹层、裂纹、毛刺或其他降低强度和连接可靠性的缺陷。

(2)法兰的连接螺栓的支撑部位应与法兰密封面平行。

(3)法兰使用前,应按设计图纸或与设备上待连接的法兰进行校核,以确保连接正确。

(4)凸面法兰的榫面高度不得低于凹面法兰凹槽的深度,相互之间并能自然嵌合。

(5)根据法兰边缘钢印所标明的公称直径、压力等级、钢号,按规格、材质分别放置。放置过程中不得损坏法兰密封面。

3. 管道附件检验

①螺栓和螺母的螺纹应完整,无伤痕、毛刺等缺陷。相互之间配合良好,无松动或卡涩现象。螺栓及螺母的选用应符合设计要求,也可参考表 2.17 选用。

表 2.17　常用钢材的使用参数

<table>
<tr><th rowspan="2">管子、管件及管道附件</th><th rowspan="2">设计压力/MPa</th><th colspan="6">设计温度/℃</th></tr>
<tr><th>≤300</th><th>≤350</th><th>≤420</th><th>≤510</th><th>≤540</th><th>≤570</th></tr>
<tr><td rowspan="2">钢管</td><td><2.5</td><td>Q235-A</td><td rowspan="2">10
20</td><td rowspan="2">St45.8
20g</td><td rowspan="2">12CrMo
15CrMo
15Mo3
13CrMo44
14MoV63</td><td colspan="2" rowspan="2">12Cr1MoV
12Cr2MoWVTiB
13Cr3MoVSiTiB
10CrMo910
X20CrMoV121</td></tr>
<tr><td>≥2.5</td><td>Q235-A
10
16Mng</td></tr>
<tr><td rowspan="2">管件</td><td><2.5</td><td>Q235-A</td><td colspan="2" rowspan="2">20、25
ZG230-450
20g</td><td rowspan="2">12CrMo
15CrMo
ZG20CrMo</td><td colspan="2" rowspan="2">12Cr1MoV
ZG20CrMoV
ZG15Cr1MoV
12Cr2Mo1</td></tr>
<tr><td>≥2.5</td><td>10
20</td></tr>
<tr><td rowspan="2">螺栓</td><td>>2.5</td><td>Q235-A</td><td>25
35</td><td colspan="2" rowspan="2">30CrMo
35CrMo
25Cr2MoV
17CrMo1V</td><td rowspan="2">25CrMo1V</td><td rowspan="2">20CrMo1VtiB
20CrMo1VNbB</td></tr>
<tr><td>≥2.5</td><td colspan="2">35</td></tr>
<tr><td rowspan="2">螺母</td><td><2.5</td><td colspan="2">Q235-A</td><td rowspan="2">35</td><td rowspan="2">30CrMo
17CrMo1V
35CrMo</td><td colspan="2" rowspan="2">25Cr2MoV
25Cr2Mo1V</td></tr>
<tr><td>≥2.5</td><td colspan="2">25</td></tr>
</table>

注:摘自《电力建设施工及验收技术规范》(DL 5031 — 1994)(管道篇)。

(2)法兰的垫片材料应符合设计要求。石棉橡胶垫片应质地柔韧,无老化与分层现象,表面无划痕、折损、皱纹等缺陷。金属垫片表面用平尺目测检查接触良好,无裂纹、损伤、锈蚀等缺陷。缠绕式垫片无径向划痕。法兰垫片材料的选用可参考表 2.18。

表 2.18　法兰垫片材料的选用

垫片材料			工作介质	应用范围	
				设计压力/MPa	设计温度/℃
				不大于	
软质	绝缘纸		水	1	40
	橡胶		水、空气	0.6	60
软质	石棉	XB200	水、空气、汽	1.6	200
		XB350		4	350
		XB450		6	450
金属	Q235A、10 号、20 号、1Cr13		水、汽	20	550
	1Cr18Ni9Ti		汽	20	600
	铜		水	10	250
			汽	6.4	450
缠绕垫片或波形垫	金属部分：铜、铝、08 钢、1Cr13、1Cr18Ni9Ti 非金属部分：石棉带、聚四氟乙烯		汽油、氢气、空气、水、油	6.4	600

注：机组每次大修中须拆卸的垫片，可以采用 Q235-A、10 号或 20 号钢；对长期不必拆卸的垫片，则必须采用 1Cr13 不锈钢。

摘自《电力建设施工及验收技术规范》(DL 5031—1994)(管道篇)。

4. 阀门检验

(1)中压阀门应逐个进行强度和严密性试验。低压阀门应以每批(同制造厂、同规格、同型号)中按不少于 10% 的比例进行强度和严密性试验。若有一个不合格，须另按 20% 抽查，若仍有不合格，则需逐个检查。

阀门强度试验应按 1.5 倍公称压力进行，试验时间不少于 10 min，以壳体、填料无渗漏为合格。

阀门严密性试验应按 1.25 倍公称压力的水压进行，试验时间不少于 10 min，以阀瓣密封面不渗漏为合格。

阀门水压试验后应填好阀门水压试验记录。

(2)阀门的填料函应逐个检查。填料不符合要求时要予以更换，更换的填料装填要正确，即取一根直径等于阀杆的木棍，将填料缠在其上，然后用刀按照 45°斜角一圈圈切下来，装入填料函。接口位置要相互错开。填料函压盖压入深度以 5～8 mm 为宜。

此项工作应在阀门的严密性、水压试验之前进行。

2.5.1.2　管道安装

1. 平焊法兰与管道的连接

(1)将法兰按法兰螺栓孔的位置分成均匀的 4 点，做上标记。

(2)清理管端的氧化皮、毛刺、切断的飞边和其他污物，管端不需打坡口，将法兰套入管端，使管口距法兰密封面的距离为 1.5 倍管子壁厚。

(3)将法兰与管子在某个四分点处点焊住，然后用 90°角尺在点焊位置对面的四分点处对法兰进行校正，角尺的一边紧贴法兰端面，另一边紧靠管壁后，就可在此位置点焊。

(4)在另两个四分点位置处对法兰进行校正，合格后点焊这两处焊缝。

(5)最后用90°角尺复查法兰端面与管子中心线的垂直度,无误后,焊接法兰与管子间的内外焊缝。内焊缝不得高出法兰密封面。焊缝焊完之后要清理内、外焊缝的药皮和法兰密封面上的电焊飞溅物。

2. 对焊法兰与管子的连接

(1)检查对焊法兰内径与管子内径是否相等,若相差超过管子壁厚的10%,且大于1 mm,应对对焊法兰内口进行处理,如图2.60所示,其中$L \geqslant 4c$当工地配有车床时,也可以加工成图中另外的两种形式。

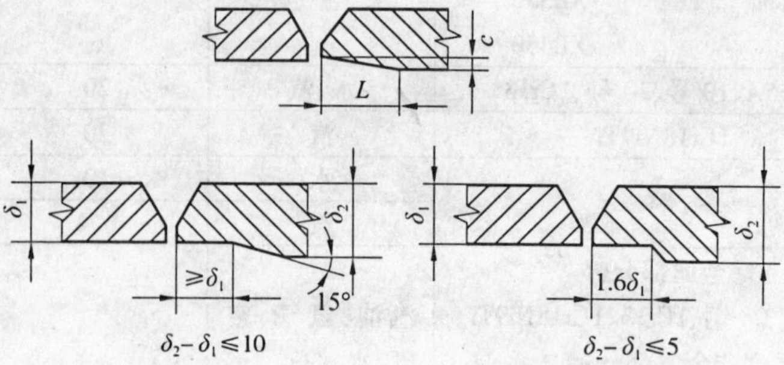

图2.60　不同内径管子对口时的处理方法

(2)清除管子与法兰坡口周围10~15 mm范围内的污物,露出金属光泽。管端应按对焊焊口方式进行打坡口。

(3)法兰与管子间焊缝点焊和法兰找正方法与平焊法兰的相同,只是找正时用法兰尺检查。

(4)采用管子对接接头一样的焊接工艺进行焊接。

法兰连接偏差不应大于法兰外径的1.5/1 000,且不大于2 mm。

3. 管子焊接

(1)焊口管端处理

用角向磨光机、内磨机、砂纸、锉刀等机具对管端内、外壁10~15 mm范围内的油漆、污垢、锈斑等进行清理,直至露出金属光泽。经外观检查,管子不得有裂纹、重皮与尖锐刻痕。

(2)坡口形式

管子管件的坡口形式应符合规定,钝边和间隙的尺寸一定要符合要求。因为有钝边可以防止焊穿,合适的间隙则能保证焊缝根部能焊透。

(3)对失圆的管端在对口前采用加热校正法整圆,变形较严重时则应更换上一段直管。

(4)对口时应用300~400 mm的直尺在焊口四周顺序找正,其错开量不超过壁厚的10%。本体管道中弯管多,固定焊口多,故两管对接接头中心线间多有偏差。当偏差较严重时,严禁用强力组对的方法来减少错边量和中心线偏差,应采用氧-乙炔焰加热法进行调整。

(5)点固焊。点固焊缝长度10~15 mm,焊缝高度不超过管壁厚的70%,且不小于3 mm。每道焊口点焊2~3点。在没有使用对口夹具的情况下,点固焊后可能发现错边,用氧-乙炔焰加热焊点后用锤子轻击管壁进行调整。

(6)焊接

焊接前,应对点焊焊缝进行检查,尤其是固定口更要仔细,发现裂纹,立即清除,重新进行点焊。焊接后角变形不大于1/100。

对于额定工作压力大于或等于2.5 MPa的锅炉的本体管道,宜采用氩弧焊打底、手工焊条电弧焊盖面的焊接方法,亦可采用焊条电弧焊焊接。

4. 管道安装注意事项

(1)相邻两管间应相隔一定的距离,防止管子热膨胀后靠贴一起。

(2)焊缝中心线至管子弯曲起点、锅筒及集箱外壁、管子支吊架边缘距离不应少于70 mm,对接焊缝间距离不应小于管子外径;且不小于150 mm 。

(3)无直段弯曲管不应焊接如测量仪表接头座一类的元件。

(4)应尽量采用械制弯头,避免采用压制弯头。

(5)管道在穿过楼板、炉墙时,在楼板、炉墙内的管段不得有接口。

(6)管道安装一律采用正式支架进行固定,尽量不要采用临时固定或铁丝吊挂、绑扎。应及时进行支吊架的固定和调整工作,避免安全事故的发生。

(7)不得在焊缝两侧加热延伸管道长度;不得用螺栓强力拉紧和夹焊金属填充物等方法对接管口。

2.5.1.3　支吊架的制作、安装

(1)管道支吊架的形式、材质、加工尺寸、精度及焊接应符合设计要求。

(2)管道支吊架的焊缝应进行外观检查,不得有漏焊、裂纹和严重咬边现象,其焊缝高度不低于母材厚度。

(3)制作合格的支吊架应在地面上进行防腐处理。

(4)滑动支架的工作面应平滑、灵活,活动零件与其支承件接触良好,确保膨胀自由。滑动工作面不必防腐。所有活动支架的活动部分均应裸露,不要被保温层所覆盖。

(5)无补偿装置而又有位移的直管段上不得同时安装一个以上的固定支架。

(6)有热位移的管道在受热膨胀时,应及时对支吊架进行下列检查与调整:

①活动支架的位移方向、位移量及导向性能是否符合要求;

②管托有无脱落现象;

③固定支架是否可靠;

④弹簧支架的安装高度与弹簧的工作高度是否符合要求。

(7)整定弹簧吊架应按设计要求进行安装,固定销应在管道系统安装结束,且严密性试验及保温层施工后方可拆除。固定销应完整抽出。

(8)支吊架间距应符合设计要求,若设计无具体要求时,应符合表2.19的规定。

表2.19　支吊架间距参考值

管子外径/mm	建议的最大间距/m	
	保温	不保温
25	1.1~1.5	2.6
32	1.3~1.6	3
38	1.4~1.8	3.4
44.5	1.6~2.0	3.7
57	1.8~2.5	4.2
76	2.2~2.8	4.9
89	2.4~3.7	5.3
108	3.2~4.4	6.3

注:摘自《电力建设施工及验收技术规范》(DL 5031—1994)(管道篇)。

(9)管子吊杆应在位移的相反方向,按位移量的1/2倾斜安装。

2.5.1.4 阀门安装

在锅炉机组试运行过程中,管道系统最容易出现问题的是阀门。主要表现在填料函、阀门法兰连接处泄漏以及阀门内漏,因此阀门安装的每个工序都不能大意。因为在较高的温度、压力情况下,要检修它们必须停炉,既浪费资源,又耽误工期。

(1)阀门安装前,应仔细检查阀门型号和规格是否符合设计要求。

(2)安装前,阀门的严密性水压试验、强度水压试验以及填料函检查完毕。未经上述工序的阀门不得安装。

(3)安装时阀门介质流向应与管道介质流向一致。

(4)与法兰连接的阀门所使用的垫片应符合管路的温度与压力等级的要求。法兰垫片材料的选用见表2.17。还有一种金属石墨缠绕垫的耐压耐温状况也很好。垫片的内径应比法兰内径小2~3 mm。当缠绕式垫片内径小于法兰内径时,不可用拆去几圈的方法来满足其安装要求,因其在运行中有可能松散开来,进入阀门,使阀门关闭不严。

(5)两个凹面法兰的阀门串联安装时,可在两法兰垫片之间加装厚度不小于凹槽深度2倍、中心孔直径不小于阀门直径的钢垫,以达到连接密封的目的。

(6)阀门与法兰间连接的紧固螺栓应符合管道的温度和压力等级要求。当公称压力≤2.5 MPa、工作温度≤350 ℃时,可选用半精制六角螺栓和A型半精制螺母。当公称压力大于4 MPa、温度>350 ℃时,应选精制等长双面螺栓和A型精制螺母,螺母硬度应稍低于螺栓的硬度。螺栓紧固时,应采用十字法对称拧紧,并用肉眼检查两接合法兰密封面是否平行。螺栓应露出螺母2~3扣,单头螺栓的螺母应位于法兰的同一侧。螺栓尽量不加装垫片。

(7)水平管道的阀门,阀杆应垂直向上或偏向巡回路线45°安装,也可以横向水平安装,但不宜向下安装。立管的阀门阀杆应朝巡回路线方向安装,且不得影响巡回通道的畅通。

2.5.2 锅炉主要附件及仪表安装

锅炉主要附件是指安装在受压部件上,用来控制锅炉安全和经济运行必不可少的组成部分,是反映锅炉运行情况、指示运行参数的装置,也是防止锅炉事故发生的保护装置。

2.5.2.1 安全阀

安全阀是锅炉上三大重要的安全附件之一。当锅炉内压力超过允许数值后,安全阀能自动排汽和泄压,使锅炉内压力始终控制在允许的范围之内,起到防止锅炉超压爆炸,达到安全运行的目的。锅炉的安全阀有弹簧式安全阀、杠杆式安全阀和控制式安全阀(脉冲式、气动式、液动式和电磁式等),额定蒸汽压力≤0.1 MPa的锅炉有时还采用静重式安全阀或水封式安全装置。

工业锅炉常用的安全阀主要是弹簧式安全阀、杠杆式安全阀和脉冲式安全阀。

1.弹簧式安全阀

弹簧式安全阀主要由阀体、阀座、阀瓣、阀杆、弹簧、调整螺杆、外罩、扳手等构件组成,如图2.61所示。它是利用弹簧的压力来平衡介质作用在阀瓣的力。当介质作用在阀瓣的作用力大于弹簧的压力时,弹簧就被压缩,阀瓣被顶,使介质流出,从而起到泄压的目的。当介质作用在阀瓣的作用力小于弹簧压力时,安全阀就会重新关闭。

弹簧安全阀根据阀瓣的开启高度不同,分为全启式和微启式两种。

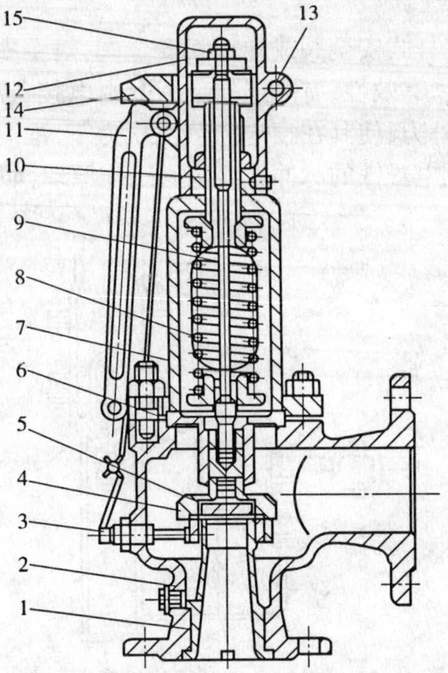

图 2.61　全启式弹簧安全阀

1—阀座；2—阀体；3—调节圈；4—反冲盘；5—阀瓣；6—导向套；7—阀盖；8—弹簧；9—阀杆；10—调整螺杆；11—扳手；12—阀帽；13—插销；14—叉柄；15—紧固螺帽

全启式是指阀瓣的开启高度大于或等于阀座直径的1/4。微启式是指阀瓣的开启高度为阀座直径的1/40～1/20。全启式的开启高度大，故其介质泄放量大，适用于气体或液体。微启式的泄放量小，只适用于液体介质。蒸汽锅炉一般采用全启式。按结构形式，弹簧安全阀可分为封闭式和非封闭式。蒸汽和一般气体应选用非封闭式的。

2. 杠杆式安全阀

杠杆式安全阀有单杠杆和双杠杆两种。主要由阀体、阀座、阀瓣、阀杆、杠杆、重锤和重锤调整机构组成。利用杠杆原理，通过杠杆、阀杆将重锤和杠杆自重产生的力矩，作用在阀瓣上来平衡介质作用在阀瓣的反向力矩。调整重锤与阀杆间的距离，改变力矩，达到调整安全阀在介质的某一压力下开启的目的，如图2.62所示。这种安全阀结构简单、调整方便、工作可靠。

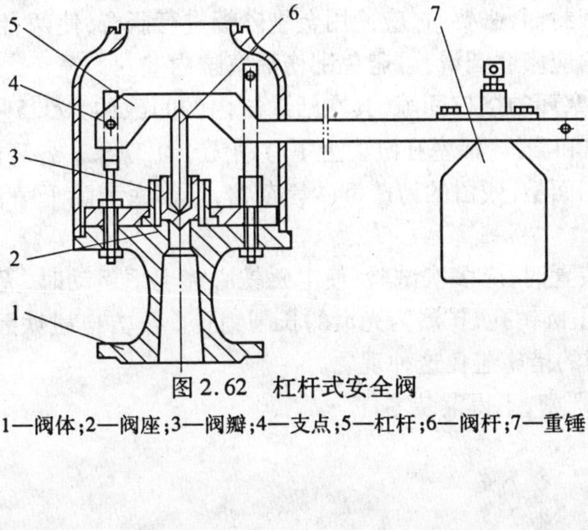

图 2.62　杠杆式安全阀

1—阀体；2—阀座；3—阀瓣；4—支点；5—杠杆；6—阀杆；7—重锤

3. 脉冲式安全阀

脉冲阀是一种小型的杠杆式安全阀或弹簧式安全阀,对主安全阀起先导阀的作用。为了提高脉冲式安全阀的可靠性、有效性,有的还加装一套由电接点压力表、压力继电器控制的电磁铁,对脉冲阀的杠杆施加外力,使其在预定的蒸汽压力下,准确开启或回座。从而增加脉冲式安全阀的整体可靠性。无电磁铁的脉冲式安全阀工作原理,如图 2.63 所示。

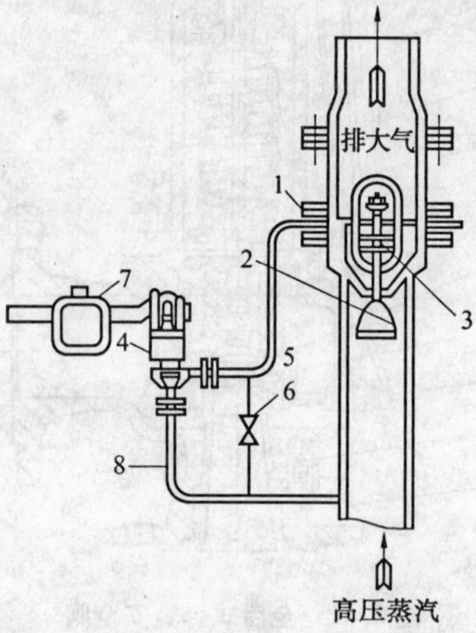

图 2.63　脉冲式安全阀原理图

1—主阀;2—主阀阀芯;3—活塞;4—小脉冲阀;5—脉冲管;

6—调节阀;7—重锤;8—连通管

它的工作原理如下:在锅炉正常工作压力范围内,主阀 1 和小脉冲阀 4 均处于关闭状态。当锅筒内蒸汽压力超过某一规定的数值时,脉冲阀打开,排出的蒸汽经脉冲管 5 进入主阀 1 活塞室的上部空间,活塞 3 在蒸汽压力的作用下向下移动,从而打开主阀阀芯 2,高压蒸汽排空,实现锅炉泄压的目的。当锅内蒸汽压力回到正常范围时,小脉冲阀 4 回座,切断了主阀 1 活塞室上部空间的汽源,脉冲管 5 内的蒸汽经调节阀 6 外泄,作用在活塞 3 上部的压力消失,主阀阀芯 2 在锅筒蒸汽压力和活塞室内弹簧共同作用下而关闭。

脉冲式安全阀多用在中、大型锅炉上,为确保安全,脉冲式安全阀安装应注意如下事项:

(1)主阀和脉冲阀均要解体检查。

(2)阀芯与阀座密封面,必要时,应使用金刚砂糊进行研合,使两者的接触面密封良好。

(3)活塞环的棱角应修磨圆滑,可避免刮伤活塞缸内壁。

(4)测量、修整活塞环的接口间隙,其在活塞缸内的间隙约为 0.5 ~ 1.0 mm。活塞环装入环槽后,应能转动自如和回弹,活塞在缸内上下移动无卡阻现象。各环的接口位置应错开。

(5)阀内非机加工面上,残留的铸造型砂等杂物,须彻底清除干净,防止进入活塞缸,拉毛缸壁和损坏活塞环。

(6)当有电磁铁装置时,应多次试验,使电磁铁心棒上下运动时,无卡阻现象。否则,应将杠杆上与芯棒联结的正圆销孔,扩展为光滑的长圆销孔。下方电磁铁因开口朝上,容易进入灰尘而堵塞,应采取适当的措施避免这种现象。

(7)装配时,密封严密,不得漏装零件。

4. 安全阀安装的技术要求

(1)每台锅炉至少应装置两个安全阀(不包括省煤器安全阀)。当额定蒸发量不大于0.5 t/h的锅炉,或额定蒸发量小于4 t/h,并装有可靠超压联锁保护装置的锅炉可只装一个安全阀。

可分式省煤器出口、蒸汽过热器出口、再热器进、出口处都必须装设安全阀。

(2)锅筒上的安全阀和过热器上的安全阀的总排放量,必须大于锅炉的额定蒸发量,且不使锅炉内蒸汽压力大于设计值的1.1倍。

(3)锅筒和过热器的安全阀整定压力应按表2.20的规定进行调整和校验。省煤器、再热器的安全阀整定压力为所装设地点工作压力的1.1倍。

表2.20　安全阀整定压力

额定蒸汽压力/MPa	安全阀的整定压力	额定蒸汽压力/MPa	安全阀的整定压力
≤0.8	工作压力+0.03 MPa	>5.9	1.05倍工作压力
	工作压力+0.05 MPa		1.08倍工作压力
5.9≤P<0.8	1.04倍工作压力		
	1.06倍工作压力		

注:摘自《蒸汽锅炉安全技术监察规程》。

(4)安全阀的启闭压差(即起跳压力与回座压力之间的差值)一般为整定压力的4%~7%,最大不超过10%。当整定压力小于0.3 MPa时,其差值不超0.03 MPa。弹簧安全阀安装前宜送当地特种设备安全检验检测单位校验启闭压差。杠杆安全阀的启闭压差在它出厂后就不可调了。安全阀一经整定压力校验后,应由当地特种设备安全管理部门加以铅封。

(5)安全阀应装设在锅筒、集箱的最高位置,并铅直安装。在安全阀与锅筒、集箱之间不得装有取用蒸汽的出口和阀门。

(6)安全阀应安装排汽管,并将排汽管直通安全地点。排汽管应予以固定,其重量不要压在阀体上。承插式排汽管与安全阀间应留有热膨胀间隙。安全阀底部应装有疏水管,以便将蒸汽凝结水疏放到安全地点。排汽管和疏水管上不得装设阀门。省煤器安全阀应是封闭式安全阀,应装排放水管,并通向安全地点。

(7)几个安全阀共用一根与锅筒直接相连的引出短管时,短管的流道面积应不小于所有安全阀流道面积之和。

(8)对于额定压力不大于3.8 MPa的锅炉,安全阀流道直径不应小于25 mm,额定压力大于3.8 MPa的锅炉,流道直径不小于20 mm。

(9)安全阀必须有下列装置:

①杠杆式安全阀应有防止重锤自行移动的装置和限制杠杆越出的装置;

②弹簧安全阀应有提升手把和防止随便拧动调整螺栓的装置。

(10)安装前应检查安全阀金属铭牌所列项目:

①安全阀型号;

②制造厂家;

③产品编号;

④出厂年月;

⑤公称压力(MPa);

⑥阀门流道直径(mm);

⑦提升高度(mm);

⑧排量系数;

⑨压力等级级别。

(11)安全阀经校验后,应加锁或铅封。严禁用加重物、移动重锤、将阀瓣卡死等手段任意提高安全阀整定压力或使安全阀失效。

(12)安全阀经校验后,其整定压力、回座压力、密封性等检验结果应记入锅炉技术档案。

2.5.2.2　压力表

1. 压力表的作用和工作原理

压力表是锅炉三大重要附件之一,用来显示锅炉内压力。通过压力表指示数值来控制锅炉鼓、引风量和给煤量,使其与蒸汽负荷相适应,以便将锅炉内的蒸汽压力控制在允许的波动范围之内。

工业锅炉装设的压力表多为弹簧管式压力表。弹簧管式压力表具有结构简单、造价低廉、示值准确、测压范围较宽、安装方便等特点。它主要是由表壳、弹簧管、支撑座、杠杆、扇形齿轮、小齿轮、刻度盘、指针、游丝和管接头等零件组成。其主要零件是用铜基高弹合金制成的,如图2.64所示。弹簧管是压力表中感受压力的敏感元件。通常的结构是一根弯成270°圆弧的空心扁圆(或椭圆)截面管,与弹簧管的一端焊入管接头,并固定在支座上。另一端为自由端,自由端是封闭的,它与拉杆连接。当具有压力的流体介质由管接头进入弹簧管内腔,作用于管子内壁,弹簧管扁圆形截面就向圆形截面的方向改变,于是管子趋向伸直,使自由端产生位移。此位移通过传动、放大机构带动指针偏转,进行压力指示。

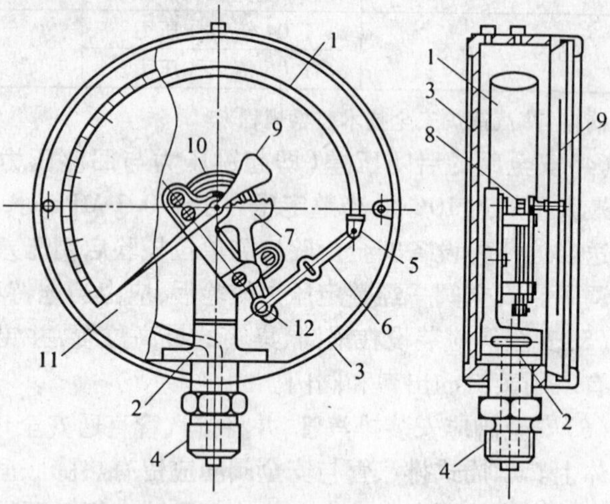

图2.64　单圈弹簧管式压力表

1—弹簧管;2—支座;3—外壳;4—接头;
6—拉杆;7—扇形齿轮;8—小齿轮;9—指针;
10—游丝;11—刻度盘;12—调整螺钉

2. 压力表的附属零件

(1)表存水弯管

压力表与锅筒之间连接必须装设存水弯管。它利用蒸汽冷凝水在弯管产生一个水封,阻隔高温蒸汽进入弹簧管内,改变弹簧管的物理性能,影响压力表示值的准确性,甚至损坏压力表。表存水弯管常见形式如图2.65所示。图2.65(a)、(b)形式用于水平受压元件,图2.65(c)、(d)形式用于垂直受压元件上。

(2)三通旋塞

压力表和存水弯管之间应装设三通旋塞。其作用主要是冲洗存水弯管、压力表取压管路和在水压试验、校验压力表时,接装校验压力表。其具体操作位置如图2.66所示。有的旋塞

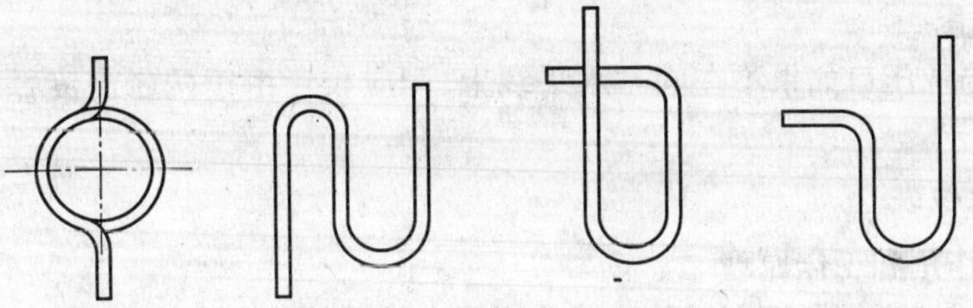

图 2.65　表存水弯管形式

图 2.66　三通旋塞的操作位置示意图

阀芯靠近手柄这一端,刻有与阀芯上 T 形通道剖面相一致的标记。标记表明了旋塞所处的操作位置。

位置(a)为校验压力表的位置。当对所使用的压力表示值的准确性有怀疑时,可将一块校验压力表与三通旋塞侧面接头,将旋塞阀芯操作到此位置,被校验压力表与校验压力表同时示值。当差值大于压力表精确度允许的范围时,应更换被校验压力表。

位置(b)为压力表通大气的位置。用来检查压力表指针是否回零,也用于拆装压力计。

位置(c)为压力表正常工作位置。

位置(d)为存水弯管积存冷凝水的位置。

位置(e)为冲洗存水弯管位置。利用锅筒的蒸汽压力将存水弯管内的水和沉淀物冲洗出来,也可以用来检查远传压力表管路是否畅通。

3. 压力表安装的技术要求

(1)当就地压力表所测介质温度高于 60 ℃ ,三通旋塞前一定要装设存水弯管。钢制存水弯管的内径不得小于 10 mm,铜制的则不小于 6 mm。

(2)压力表的量程和精度必须与锅炉的压力相适应,量程应为工作压力的 1.5 ~ 3.0 倍,以 2.0 倍为最好。压力表的精度不低于 2.5 级,对于工作压力大于或等于 2.5 MPa 的锅炉,则应选精度为 1.5 级的压力表。

(3)压力表的盘面直径不应小于 100 mm。

(4)压力表安装前必须经过标准计量部门(或计量部门的授权单位)校验,并应在压力表盘上标识工作压力的红线。未经校验的压力表不得安装。经校验的压力表应贴有校验合格证,并标明校验日期和下次校验日期。

(5)压力表应装设在便于观察、更换和吹扫的位置,并应防止受高温、冰冻和振动的影响。

(6)压力表投用时,应待冷凝液积集后缓慢转动手柄至压力表正常工作位置,防止压力表受压力的突然冲击。

(7)压力表与取压口如果不在同一水平线上,则应校正由于两者高度差对压力表读数造成的额外误差。

2.5.2.3　水位表

1.水位表的作用和工作原理

水位表是利用连通器原理制成的。工业锅炉上常用的是玻璃管式、平板玻璃板式、双色水位表和低位水位表。

水位表是锅炉三大重要安全附件之一,用来指示锅筒内水位高低,避免发生锅炉满水或缺水事故。锅筒水位过高,锅内蒸汽空间垂直距离缩小,蒸汽大量带水而品质下降,造成过热器管内壁结积盐垢,严重时使管道和汽轮机内发生水击现象,给系统造成损害。水位过低,会造成锅炉水循环的破坏。严重时,会造成炉管和锅筒过热、变形,强度降低。

(1)玻璃管式水位表

用于额定工作压力小于1.6 MPa的锅炉上。主要由蒸汽旋塞、水旋塞、玻璃水管和排污旋塞组成。为防止玻璃管破裂时汽水喷出伤人,一般配有内装钢珠的旋塞。它的可靠性差,容易破裂,当玻璃管破裂时,锅内的汽水压力迫使钢珠将旋塞阀芯通道封闭。现在玻璃管式水位表在新装的工业锅炉上已很少采用。

(2)平板玻璃水位表

在工业锅炉上普遍使用,如图2.67所示。它主要由水阀、汽阀、连接法兰,金属板框和平板玻璃组成。在玻璃观察区域的一侧平面,有几条纵向槽纹,形成肋条,使其不易横向断裂。当带槽纹的一面与汽水接触,水看起来是黑的,而蒸汽空间则是白色的,从而达到指示液位的目的。

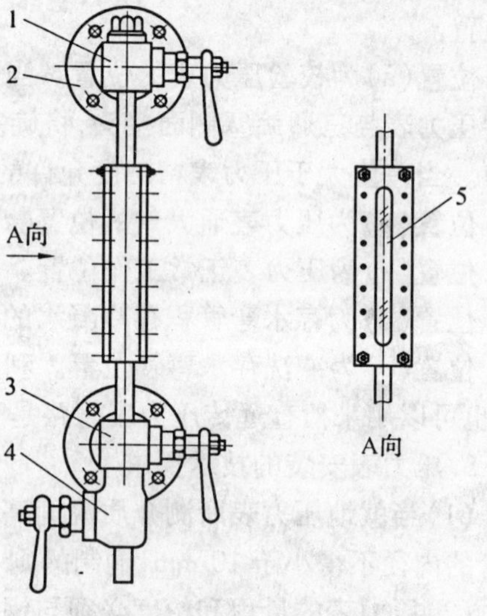

图2.67　玻璃板式水位表
1—气旋塞;2—法兰;3—水旋塞;4—排污阀;5—玻璃板

(3)双色水位表

结构与平板玻璃式水位表相同,但比平板玻璃式多一套光学装置。它利用光从空气进入蒸汽或水所产生折射的不同,使汽水分面显示色差很大的红、绿两色。

图2.68表示双色水位计工作原理。由于蒸汽和空气的光学性质接近,以及窗口玻璃为平板玻璃,当红、绿光线以不同角度由空气射入前一个窗口平板玻璃进入蒸汽空间,再通过另一个窗口平板玻璃射到空气中时,光线虽经过不同媒质的多次折射,但入射光线方向改变却不大。红、绿光的入射角正好使绿光斜射到光线通道的侧壁上,红光则正好射到影屏上,显示红色。由于两块窗口玻璃不是平行安装的,而是有一定的夹角,因而有水的部分形成一段水棱镜,入射的红、绿光通过水棱镜时均产生较大的折射而向顺时针偏转,使斜射的绿光折向光线通道的中心,到达影屏而显示绿色。原来处于光线通道中心的红光折向光线通道侧壁而不被显示。

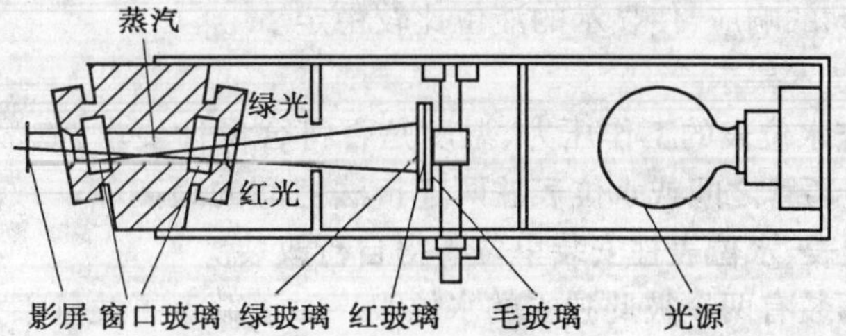

(a) 红绿光通过蒸汽

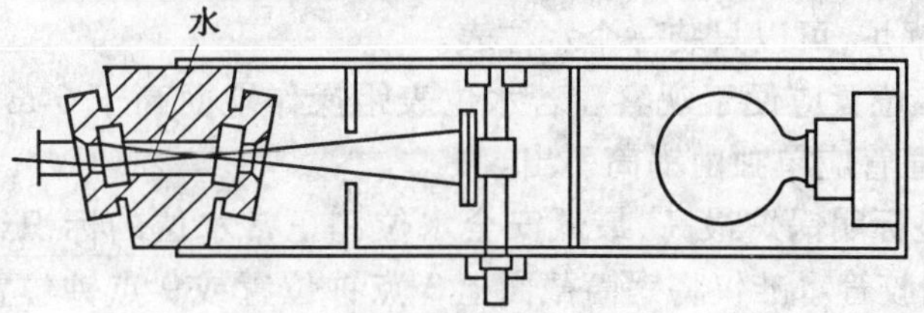

(b) 红绿光通过水

图 2.68　双色水位计工作原理图

因双色水位表显示的蒸汽空间是红色,炉水空间是绿色的,观察起来特别醒目。因此,从锅炉安全运行考虑,要求每台工业锅炉至少要安装一个双色水位计。

(4)低位水位表

对于大容量的锅炉,当水位表距离操作地面6 m时,除了上锅筒上装设的水位表外,还应加装低位水位表。

低位水位表是按连通管中两侧水柱相平衡的原理工作的,并利用不溶于水、不同于水的密度的带色液体显示水位。当利用密度大于水的液体来显示水位时,称为重液式低位水位表;用密度小于水的液体来显示水位时,称为轻液式水位表。图2.69是重液式低位水位表的结构简图。

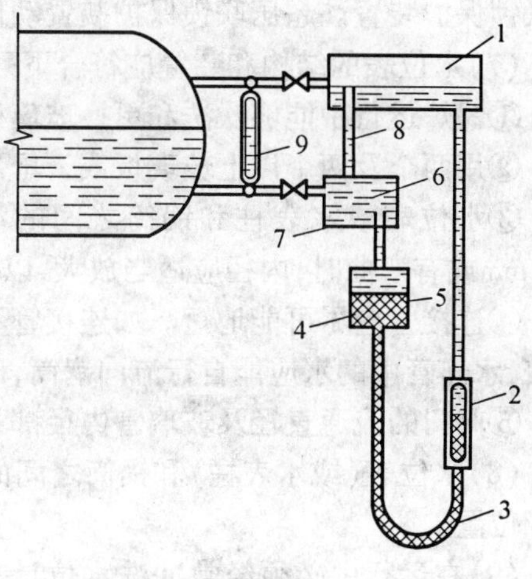

图 2.69　重液式低位水位表

1—冷凝器;2—低位水位指示器;3—U形管;4—膨胀器;5—重液;6—炉水;7—沉淀器;8—溢流管;9—上部水位计

它的主要部分是一个U形管,管的下部注入比水重的带色液体(四氯化碳、三溴甲烷等),管的上端分别与上锅筒水空间和蒸汽空间相连接,在通向蒸汽空间的连通管上装有一个冷凝器,在这里不断冷凝来自锅筒的蒸汽使其成为水,溢水管将多余的水引回锅筒,使冷凝器中水位高度保持不变,即同蒸汽空间相连的连通管中水位压力不变,而与锅筒中水空间相连的连通管中的水柱压力则随锅筒中水位变化而变化。显然,锅筒内水位变化时,必然引起U形管中重液液面高度变化,于是在重液与水交接处的玻璃水位表上显示出锅筒内水位变化。

2. 水位表的连接方式

水位表连接方式一般有两种:一种是水位表与锅筒引出的连接短管相连接。当锅筒受热膨胀时,连接短管的存在能减小其对水位表的损害。这种连接方式一般用于快装锅炉。另一种是在水位表和锅筒引出管之间还装设有一只水表柱。有了水表柱,可以减弱水位表液位对炉水在锅筒内循环波动的响应,使显示的液位比较稳定。

3. 水位表安装的技术要求

(1)安装前应检查水位表的工作压力、温度是否符合设计要求,汽、水连通管法兰间的距离是否与锅炉汽、水连通管之间或水位表柱两连接法兰间的距离相一致。若有一项不符合要求,就必须更换。水位表、水位表柱安装单位不得自行改装。

(2)每台锅炉必须装有两个彼此独立的水位表。对于额定蒸发量不大于 0.5 t/h 的锅炉,或额定蒸发量小于或等于 2 t/h,并装有一套可靠的水位示控装置的,或装有两套各自独立的远程水位显示装置的锅炉,可以只装一个水位表。

(3)水位表的安装位置应便于观察。若水位表距操作地面高于 6 m 时,应安装远程水位显示装置,其汽、水连通管应单独由锅筒引出。

(4)水位表应明显标明锅炉最高、最低安全水位和正常水位的标识红线。散装锅炉各水位状况的标识方法:用胶管水准仪将锅筒截面上 3 点钟位置或 9 点钟位置的冲眼位置转移到水位表上,从该位置向下 50 mm 就是正常水位位置。由正常水位位置向上、向下各 75 mm,就是最高、最低安全水位位置。各个水位位置与实际水位位置相差不超过 2 mm。

(5)水位表应安装放水阀和引水管,并通向安全地点。

(6)额定蒸发量大于或等于 2 t/h 的锅炉,应装设高低水位报警器(高低水位的警报信号能区分)和低水位联锁装置;额定蒸发量大于或等于 6 t/h 的锅炉,还应装设蒸汽超压的报警和联锁保护装置。超压联锁保护装置动作整定值应低于安全阀较低整定压力值。

(7)水位表的结构和装置应符合下列要求:

①锅炉运行中能够吹洗和更换玻璃板(管)、云母片。

②用两个及两个以上玻璃板或云母片组成一组的水位表,能够保证连续指示水位。

③水位表或水表柱和锅筒之间的汽水连接管内径不得小于 18 mm,连接管长度大于 500 mm或有弯曲时,内径应适当放大,以保证水位表灵敏准确。

④连接管应尽可能地短。如连接管不是水平布置时,汽连管中的凝结水应能自行流向水位表,水连管中的水应能自行流向锅筒,以防止假水位。

⑤阀门的流通直径及玻璃管内径都不得小于 8 mm。

(8)水位表(或水表柱)和锅筒之间的汽水连接管上应装设阀门,锅炉运行阀门必须处于全开位置。

(9)在运行中必须经常冲洗水位计,以避免污垢堵塞水连通管。冲洗过程如图 2.70 所示。

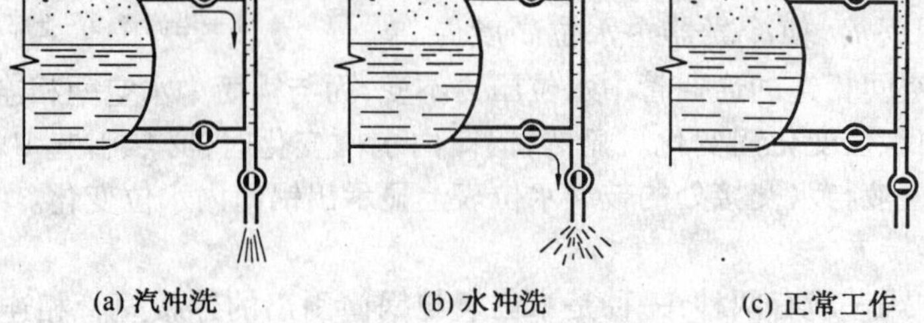

(a) 汽冲洗　(b) 水冲洗　(c) 正常工作

图 2.70　水位表的冲洗过程

2.5.2.4 高低水位报警器

1. 高低水位报警器的作用

当锅炉达到最高或最低安全水位时，水位报警系统能够自动发出声、光信号，引起运行人员的注意，并及时地采取相应的措施，防止锅炉事故的发生。当锅炉水位低于最低安全水位时，低水位联锁保护装置动作，自动地停止某些设备的运行，制止危险工况的发展。

高、低水位报警器一般安装在锅筒外面，其主要有浮球式高低水位报警器和电接点式水位表。报警信号为声、光信号。

(1)浮球式高低水位报警器

浮球式高低水位报警器主要由浮筒、浮球组件、高水位水银开关、低水位水银开关、极限水位开关和调整箱组件组成，如图2.71所示。利用液体对浮球的浮力，带动铁心在非磁性材料制成的测量筒内上下移动。当铁心随水位改变而移动到水银开关处，带动水银开关上的磁钢产生偏转，开关的玻璃管内的水银就流向电路接通的那一端，发出报警信号。当水位升高后，磁钢顺时针偏转，水银流向另一端，切断报警信号。由于水银的重力作用，开关在低水位情况发生之前，始终处在这一位置上。

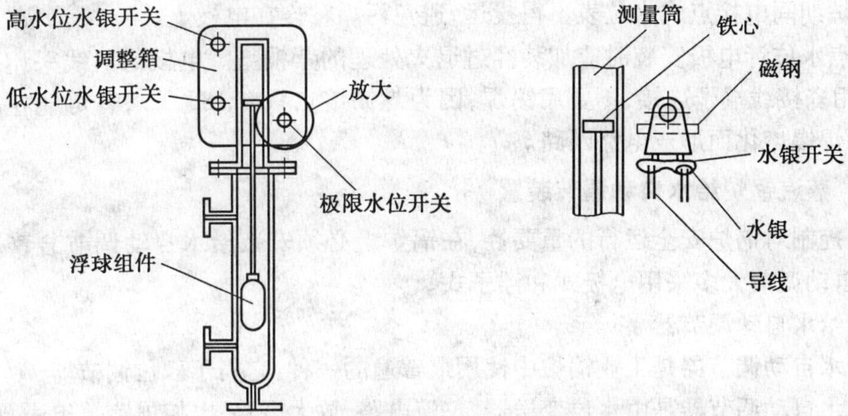

图2.71 浮球式水位控制器结构示意图

(2)电接点水位表

电接点水位表是一种水位远程示控装置，主要由筒体、电极及其接座、汽、水连接管、法兰和冲洗阀等零部件组成，如图2.72所示。它既是一种远程水位显示装置，又起到高低水位报警的作用。它是利用锅筒内汽、水介质的电阻率相差极大的性质来测量锅筒水位的。在360 ℃以下，纯水的电阻率小于106 Ω · cm，蒸汽的电阻率大于108 Ω · cm 。由于炉水含盐，电阻率比纯水的低，因此炉水与蒸汽的电阻率差就更大。因此，当锅筒水位到达某一电极时，信号显示电路就被接通。而蒸汽空间的电极因蒸汽的电阻率很大，电路无电信号通过电极结构，如图2.73所示。

当锅筒内到达高或低水位时，电极就把报警信号接通，并发出报警信号。

2. 高低水位报警器安装的技术要求

(1)安装前应检查高低水位报警器是否满足锅筒的额定工作压力和温度的要求。

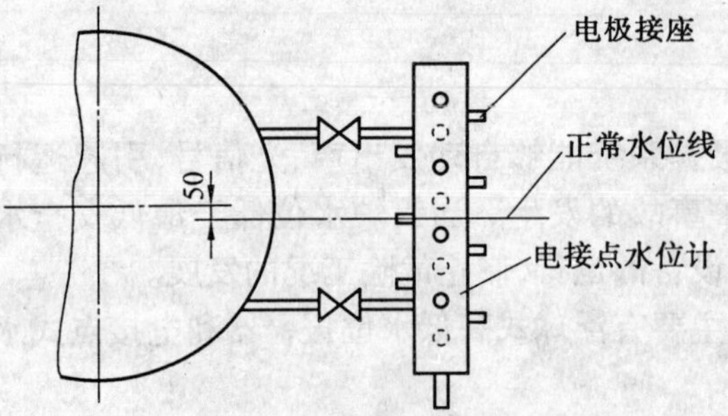

图 2.72　电接点水位计示意图

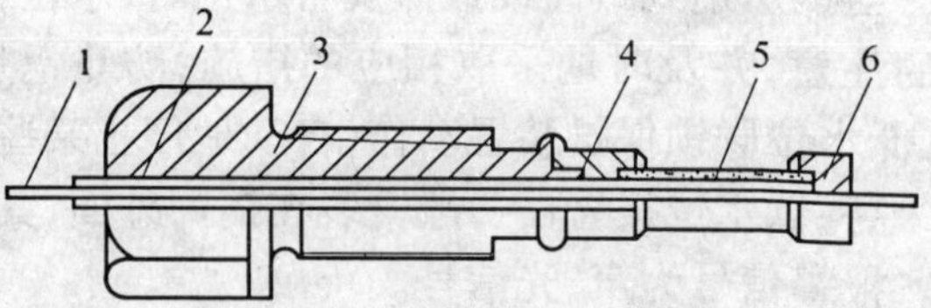

图 2.73　电极结构

1—电极芯杆;2—绝缘套;3—电极螺杆;4、6—可伐合金连接件;5—超纯三氧化二铝绝缘瓷管

(2)应根据直读水位表的水位标识校调高低水位报警器的高、低水位和正常水位。

(3)汽、水连接管上要装阀门,方便在运行中进行检修。运行时阀门全开,并拆下手轮或上锁,防止误操作。

(4)水位报警器应垂直安装。

(5)烘煮炉期间电接点式水位表不得投运,避免污垢粘连在电极上。

(6)电接点水位计电极安装时应加装经过退火处理的紫铜垫。电极的引线采用耐高温的氟塑料线,并用瓷接线端子连接,不要用锡焊,因为焊锡熔点只有 183 ℃ ,有可能在高温环境中焊接点处的焊锡熔化而形成电路断路。

2.5.2.5　蒸汽锅炉给水自动调节装置

鉴于水位控制对锅炉安全运行的重要性,在锅炉上必须安装给水自动调节装置。在工业锅炉中,给水自动调节大多采用电极式和浮子式。

1.电极式给水自动调节器

电极式给水自动调节器是工业锅炉中使用最普遍的一种,它属于双位调节器。

电极式给水自动调节器是由水位变送器、整流电路、放大电路、电控电路等组成,如图2.74所示。

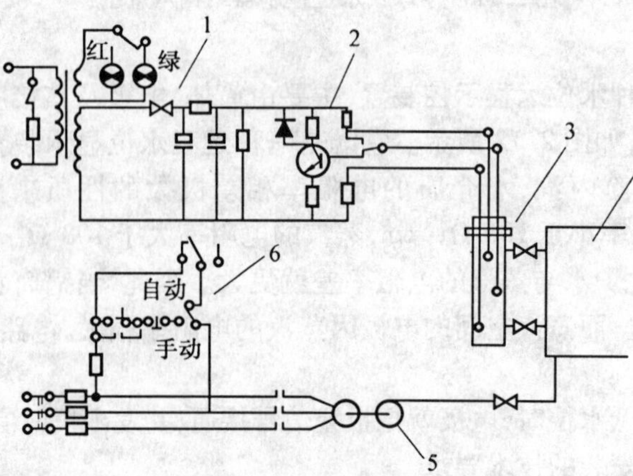

图 2.74　电极式给水自动调节器

1—整流电路;2—放大电路;3—水位变送器;4—锅炉;5—水泵;6—电控电路

水位变送器为一密封罐，其上下分别同锅筒汽、水空间相连通，罐内设有上、下限水位电极，当锅筒水位达到上、下限时，电极接通，然后通过电控电路控制给水泵的停、启，使锅筒内水位保持在规定的范围以内。

2. 浮子式给水自动调节器

浮子式给水自动调节器的结构如图2.75所示。

浮子式给水自动调节器的工作原理与浮球式水位警报器相同。浮子在调节器内随水位升降而上下移动，通过连杆带动磁铁做同样的移动，装磁铁的套管外侧装有两对水银开关，通过这几对水银开关的点闭合，可以分别实现高水位停给水泵，低水位启动给水泵。

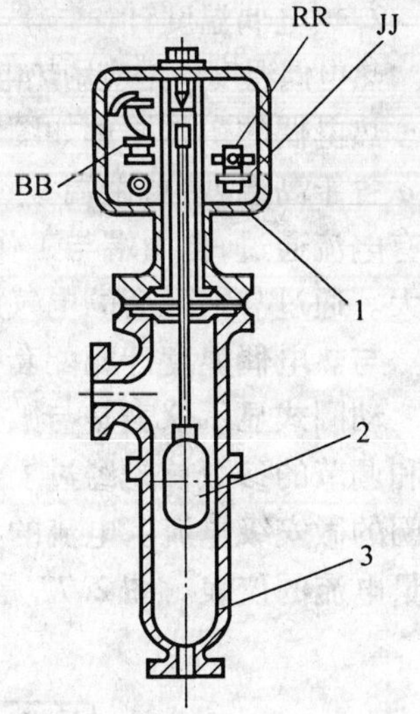

图2.75　SK-C型浮子式给水调节器

1—调整器；2—浮球；3—筒体

2.5.2.6　测温仪表

温度是热力系统的重要状态参数之一。在锅炉和锅炉房热力系统中，给水、过热蒸汽、烟气等各工质的热力状态是否正常，风机、水泵等设备轴承的运行情况是否良好，都依靠温度参数来监控。

测温仪表类型很多，表2.21列举几种常用测温仪表及其测温范围。

表2.21　常用测量仪表的测温范围

仪表名称	测温上限/℃	测温下限/℃	仪表名称	测温上限/℃	测温下限/℃
玻璃水银温度计	600	-30	镍铬-镍铅热电偶	1 000	-500
压力式温度计	400	-60	镍铬-考铜热电偶	600	-50
铂热电阻温度计	500	-200	光学高温计	2 000	700
铂硅-铂热电偶	1 300	-20	辐射式高温计	1 800	900

过热器出口、铸铁省煤器出口、空气预热器等处应设测温仪表。

1. 玻璃温度计

玻璃温度计是根据液体的体积随着温度的变化而改变的物理性质制成的，常使用的工作液体有水银、酒精、甲苯或戊烷等。

在工业锅炉房中使用最多的是水银玻璃温度计，其测温范围大，准确性较高，构造简单，价格便宜。

水银温度计有内标式和棒式两种。内标式的标尺是刻在膨胀细管后面的乳白色玻璃上，该板与温包一起封在玻璃保护外壳内；棒式的具有较粗的玻璃管，标尺分格直接刻在玻璃管的外表面上。内标式水银温度计常用来测量给水温度，回水温度，省煤器进、出口水温，空气预热器进、出口空气温度等。棒式温度计常用于实验室中。

水银温度计适用于就地测量，按其安装方式又分为直型、90°直角弯型和135°角弯型三种。

在测温时不要突然把水银温度计直接放在高温或低温介质中，金属护套的连接要求端正，测温位置应便于观察。

为了使传热良好，当被测介质温度低于150 ℃时，在护套内充以机油，充油高度以盖过水银球为限，不能过多；当被测介质温度高于或等于150 ℃时，在护套中应充以铜屑。

2. 热电偶温度计

热电偶温度计是应用热电现象制成的测温仪表，主要是由热电偶、导线和电气测量仪表组成。

热电偶的工作原理如图 2.76 所示，把用不同材质的金属丝 ab 和 ac 制成的热电偶的工作端 a 置于高温处，自由端 b、c 放在温度不变的低温处，这时在 b、c 两点间就产生电势，导线上就有电流通过，自由端与工作端温差越大，产生的电势和导线上电流也越大，因而指针偏移也越大。通过与之配套的电气测量仪表的表盘上刻有的温度刻度，就可以直接读出温度数值。

与热电偶温度计相配套，用来测量热电势的显示仪表有动圈式显示仪表和电位差计等。

动圈式显示仪表是与敏感元件或变送器相配合用来指示、调节温度与压力等参数。被指示和调节的参数首先经过上述感受元件被转换成电势信号，然后再经过测量电路转换成流过动圈的微安级电流。电流的大小由动圈的偏转角度指示出来，因此，动圈式仪表实际上是一种测量电流的仪表。图 2.77 是与热电偶配套的温度指示型动圈式仪表工作原理图。

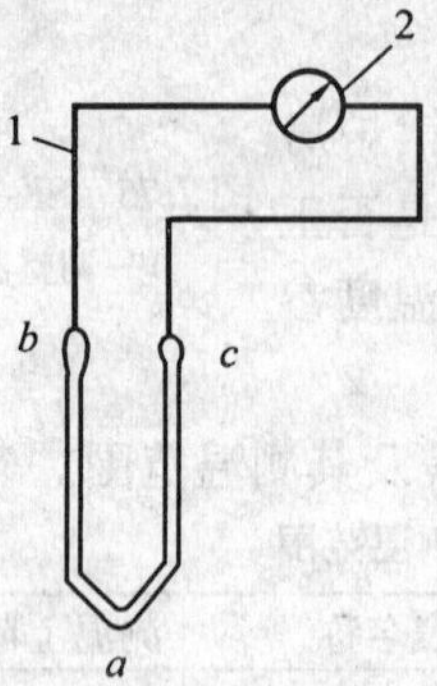

图 2.76　热电偶工作原理图

1—补偿导线；2—测量仪表

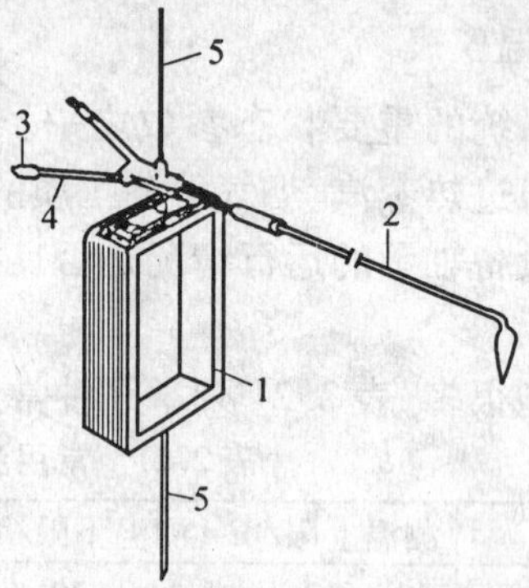

图 2.77　动圈式仪表的可动部分

1—动圈；2—指针；3—平衡器；4—平衡杆；5—张丝

动圈式仪表测量机构的核心部件是一个磁电式毫伏计，其中的动圈是用绝缘的细铜线绕成的矩形框架，它被置于马蹄形永久磁铁的磁力场中，动线圈由上、下两根张丝支撑，同时通过张丝与热电偶回路连接。当热电偶工作时，便有电流通过张丝流过线圈，在线圈四周产生磁场，该磁场和永久磁铁磁场相互作用，产生旋转力矩使线圈带动指针在磁场中旋转，同时将张丝扭紧，当张丝的扭矩与线圈的旋转力矩相等时线圈将停留在某一偏转角 α 上，热电偶回路输入的电流强度越大，α 值越大，指针指出的被测温度数值就越高。因此，就可以在刻度盘上直接读出用各种型号热电偶测出的温度值。

热电偶温度计安装和使用时应注意以下几点：

(1) 热电偶温度计必须置于被测介质的中心；并尽可能使热电偶温度计对着被测介质的流动方向斜成 45°角。

(2) 热电偶的插入孔在安装好后要用泥灰塞紧，以免外部冷空气侵入而影响精度。

(3) 热电偶温度计安装地点应不受机械振动和避免与他物碰撞。

(4) 使用时由于自由端温度变化对测温结果影响很大，必须经常校正或保持自由端温度的恒定。

热电偶温度计灵敏度高、准确、测温范围大，无需外接电源，便于远距离测量和自动记录，常用来测量蒸汽温度、炉膛温度和烟道的烟温，以及胀接施工中管子退火时测量熔铅的温度。

单元六　锅炉炉排安装

炉排是层燃锅炉燃烧设备的重要组成部分，其种类繁多。炉排不同，直接影响锅炉运行的安全性、可靠性和经济性。

2.6.1　层燃锅炉

2.6.1.1　手烧炉

手烧炉是最简单的一种层燃炉。它的加煤、拨火和除灰渣等操作均由人工来完成。因此，炉膛的深度和宽度都受到操作的限制；锅炉的容量均在 1 t/h 以下。图 2.78 为手烧炉结构简图。

锅炉在生火点燃燃料后，新燃料由人力经炉门 4 铺撒在炉排 2 上燃烧，而燃烧所需的空气经灰坑穿过炉排进入炉内，燃尽的大块灰渣定期由炉门 4 钩出，而较细的漏煤和灰渣落入灰坑 6，再从灰门扒出。

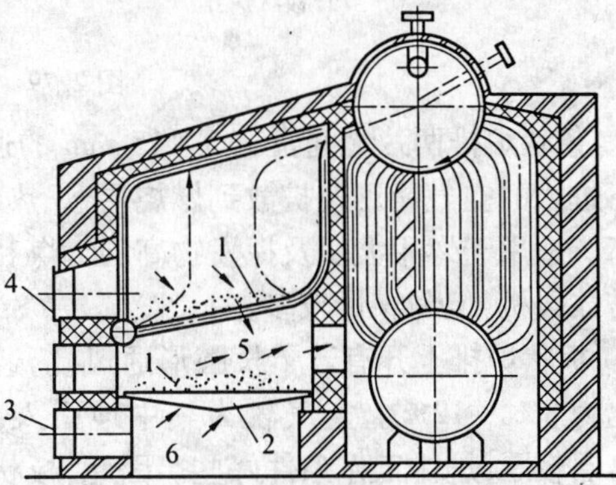

图 2.78　手烧炉结构简图

1—煤层；2—炉排；3—灰门；4—炉门；5—炉膛；6—灰坑

在手烧炉的燃烧过程中，新煤由炉门投入后，铺撒在炉排炽热的焦炭层上，新煤不但受到下方的热燃烧层的烘烤加热，而且还受到上方炉膛高温烟气和灼热炉墙的辐射热，形成十分有利的“双面引火”的着火条件，使新加入煤中的水分和挥发分很快地析出，达到燃烧阶段。这种“双面引火”的着火条件，使手烧炉煤种适应性广，可以燃用各种固体燃料。

由于手烧炉的燃料是间歇地投入炉内，使得手烧炉的燃烧过程随燃料层厚度地变化而呈周期性地变化，在新燃料刚投入时，燃料层最厚，通风阻力最大，进入炉内的空气量最小。但这时正是燃料预热干燥、燃料挥发分和焦炭开始燃烧而需要大量空气的时候，这就出现新燃料开始燃烧而空气量不足的现象，造成烟囱冒黑烟和燃烧不完全，使锅炉效率降低。随着燃料的燃烧，燃料层厚度逐渐减薄。当燃料接近燃尽时，进入炉内的空气量由于燃料层的阻力降低而增大，但这时燃烧所需空气量减少，出现空气量过剩的现象，使排烟热损失增大。这种燃烧过程的周期性变化是手烧炉效率不高的主要原因。另外，投到炉排上的燃煤粒度大小不一，煤层的燃烧很不均匀，煤层薄或松的部位，燃烧的较快，灰渣形成的也就快，容易出现“火口”，涌入过量的冷空气，破坏炉内的燃烧工况。因此，必须进行拨火，平整煤层，使煤层燃烧尽可能均匀。而且，煤层中大块的煤往往是表面先燃尽，形成灰壳。如果不及时将这种灰壳拨碎，会使灰壳中的可燃物与空气隔绝，使 q_4 增加。对焦结性较强的煤，更容易形成大块灰渣。因此，打焦碎渣的拨火操作是手烧炉燃烧过程的重要一环。所以要求司炉工操作时应尽量做到：投煤要勤，一次投煤要少，煤层厚度要均匀，开炉门加煤和拨火的动作要迅速，避免涌入大量冷空气而降低炉温。

煤层在燃烧时，靠近炉排的一层实际是灰渣，这些灰渣起着保护炉排不受高温烧坏的作用。因此，在燃烧过程中，不希望燃烧最旺盛的区域靠炉排太近。这个区域的远近和通风截面比有密切关系。炉排的通风截面比是炉排面上通风缝隙总截面积与炉排总截面积之比。通风截面比较小,燃烧最旺的区域离开炉排的距离就远,炉排的工作条件比较好。反之,炉排的工作温度较高。目前常用的炉排有板状炉排和条状炉排两种,其结构如图 2.79 所示。

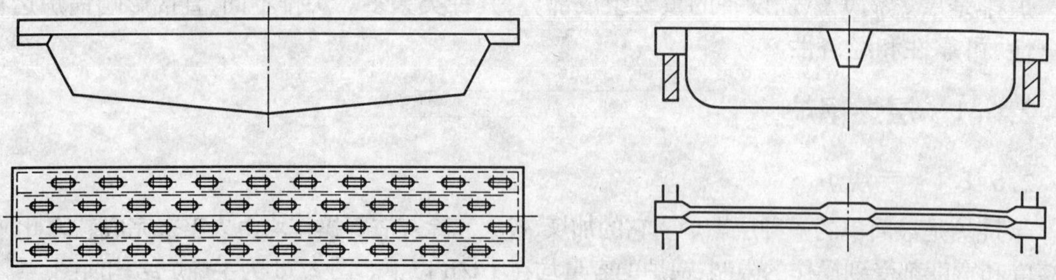

(a) 板状炉排　　(b) 条状炉排

图 2.79　手烧炉常用炉排

条状炉排两片之间留有 3 ~ 15 mm 的通风缝隙,其通风截面比为 20% ~ 40%,这样从炉排下进入的空气能迅速扩散到燃烧层,炽热的燃烧层比较接近炉排,炉排工作条件较差,容易烧坏。适用于燃用大块及挥发物高的烟煤和褐煤。由于通风截面比值较大,通风阻力小,一般无需鼓风机,但漏煤量较多。

板状炉排上开有若干长圆形通风孔,通风截面比为 8% ~ 12%。空气较为集中地引入,灰渣隔离层较厚,炉排工作条件好些。因此,板状炉排适合燃用低挥发物和低灰熔点的煤。

手烧炉的炉排长度一般不超过 2.2 m,常用铸铁制造。

为了改善手烧炉的燃烧,克服周期性冒黑烟的缺点,在手烧炉技术改造中,发展成具有双层炉排的燃烧设备,如图 2.80 所示。

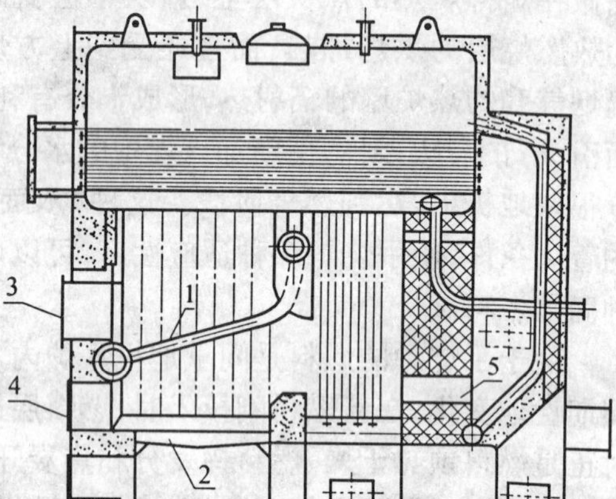

图 2.80　双层炉排手烧炉的结构简图

1—水冷炉排;2—下炉排;3—上炉门;4—中炉门; 5—烟气出口

在炉膛上部增加一个由平行并列的水管组成的上炉排(水冷炉排),一般是由直径为 51 ~ 76 mm的锅炉钢管热弯而成。水冷炉排倾斜布置,倾角一般为 8° ~ 12°。上下两端分别与锅炉本体和前联箱相接,联箱两端有下降管,组成一单独的水循环回路,以保证良好的冷却条件。

煤由上炉门间歇地投到水冷炉排上,煤层厚度一般保持在 150 ~ 200 mm 左右。空气从上炉门自上而下穿过煤层。新煤受下炉排已燃煤层的加热,得到预热、干燥,进而着火燃烧,火焰和高温烟气则向下流动。水冷炉排上的灰渣和部分焦炭靠自重落到下炉排上继续燃烧。烟气在上、下炉排间的炉膛汇集,经炉膛烟气出口 5 进入对流受热面的烟道。燃烧形成的灰渣,由中炉门 4 清除,细灰落入灰坑,由下炉门清除。

双层炉排炉的上炉门是煤和空气的入口,运行时是常开的。中炉门经常关闭,只是在点火、清炉和出渣时打开。下炉门用于出灰,运行时,下炉排上焦炭粒子燃烧所需的空气由此进入,因此,平时要开得小些。上、下炉门的开度随煤种、负荷等因素变化。由于煤的挥发分经过水冷炉排上灼热的燃料层时已基本燃尽,即使有少量尚未燃尽的,在掠过高温炉膛和下层炉排上炽热的焦炭表面时,仍能烧尽,解决了一般手烧炉冒黑烟的问题。同时,燃烧所需的空气是从上、下炉排双向进入,加强了炉内气流的扰动,改善了燃烧条件,减小了不完全燃烧损失。因此,燃烧效率比一般手烧炉高。

双层炉排的煤层阻力较大,一般需要引风机来增强炉内的烟气流通。如果采用自然通风,则要求减小炉排面积热负荷和增加烟囱高度。

由于水冷炉排着火条件差,该炉不宜烧劣质煤。目前主要用在容量小于 2 t/h 的燃用烟煤的锅炉上。

2.6.1.2 **链条炉排炉**

链条炉排炉是一种结构比较完善的机械化层燃炉,它是靠移动的链条炉排来完成连续给煤和出灰的燃烧设备,简称链条炉。目前国内生产的工业锅炉中,链条炉的最大容量可达 65 t/h。

1. 链条炉的结构

图 2.81 是链条炉的结构简图。锅炉燃煤自炉前的煤斗靠自重下落,通过炉排前的煤闸门落在炉排上,调节煤闸门的高度来控制炉排上煤层的厚度。炉排依靠电动机通过减速箱或液压传动装置,以 2 ~20 m/h 的速度自前向后缓慢移动,进入炉膛的煤随着炉排的移动,逐步经过预热、干燥、着火燃烧和燃尽等各阶段,最后形成的灰渣经装在炉排末端的挡渣板(又称老鹰铁)排入落渣口。

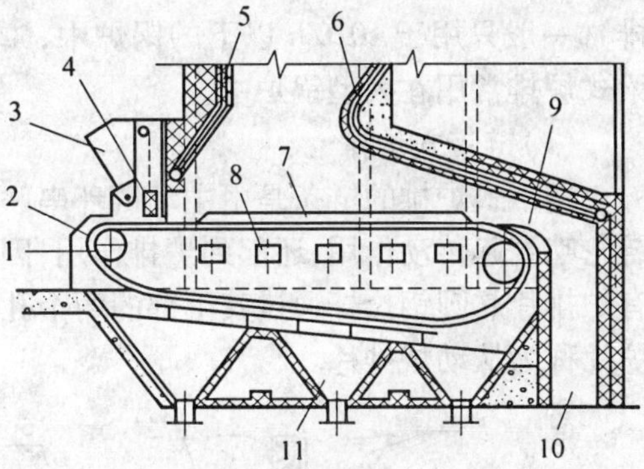

图 2.81 链条炉结构简图

1—主动链轮;2—链条炉排;3—煤斗;4—煤闸门;5—前拱;6—后拱;7—防焦箱;8—分区送风仓;9—老鹰铁;10—落渣口;11—灰斗

在链条炉中,新加入的煤不是落在炽热的焦炭上,而是落在温度较低的炉排上。为改善链条炉着火条件,加速煤的燃烧,通常在链条炉燃烧室的前、后墙内壁设置成向炉内凸出的拱形,称为炉拱。靠近炉前小煤斗,位于燃烧室前墙上的拱称为前拱。位于燃烧室后墙上的拱叫做后拱。图 2.82是燃用无烟煤的链条炉前、后拱的示意图。

前拱用来反射炉内的辐射热,加速新煤的预热和着火,减少炉排前端燃烧时对水冷壁管的辐射,保持该处煤的温度而强化燃烧,同时保证煤闸门不会因受高温而烧坏。

后拱用来将炉排后部的过剩空气导向燃烧中心,与可燃气体混合,同时也使导向前端的烟气中未燃尽的炽热炭粒在气流转弯时分离下来,落在前端新煤上,有助于新煤的燃烧。当燃用无烟煤时,通常采用低而长的后拱来改善燃烧条件。因此,后拱又称做对流拱。

拱的结构形状和尺寸与燃用的煤种密切相关。对燃用烟煤和褐煤的链条炉来说,因这两种煤的挥发分都较高,着火并不困难,重要的是使炉内气流获得更强烈的静扰动和混合。因此,一般采用高而短的前拱。后拱也不必太长,组成喉口处的烟气流速为 7 ~10 m/s。较大容量的锅炉通常采用高前拱,在后拱的配合下,使新进入的燃料受到大量辐射热而加快干燥和着火,在前拱底部设有斜面式或抛物线式引燃拱,使烟气投射来的热量集中反射到新进的煤上,同时又保护煤闸门不被烧坏。图 2.83 为燃用烟煤、褐煤的链条炉炉拱布置示意图。

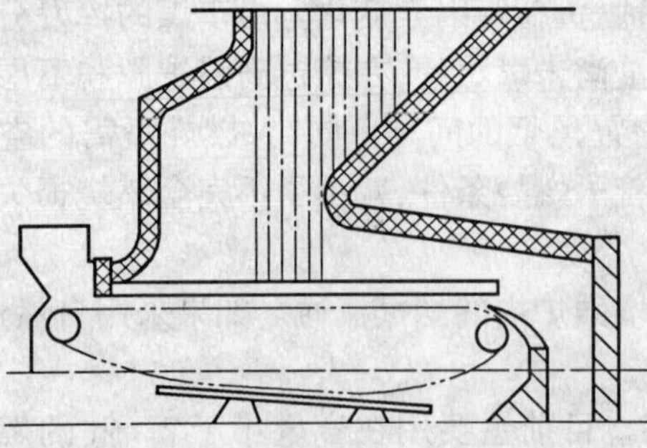

图 2.82　燃用无烟煤的链条炉炉拱示意图

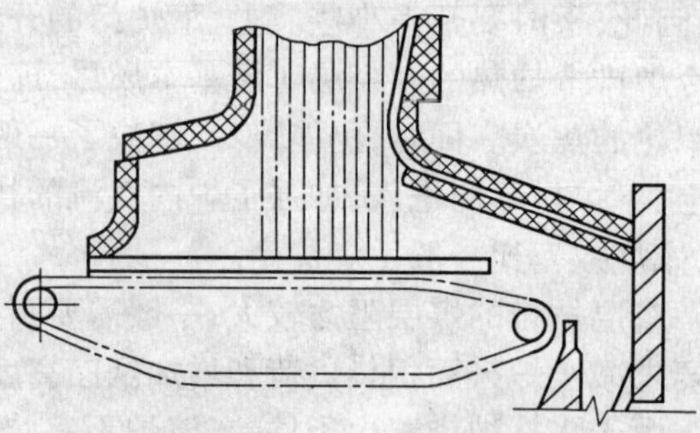

图 2.83　燃用烟煤和褐煤的链条炉炉拱示意图

拱一般是在水冷壁或型钢上吊挂异型耐火材料构筑成的。对于小型链条炉，也有使用砖砌拱的。

由于炉排面上燃烧旺盛区温度很高，可使煤中的灰分熔化而结渣，并与炉墙黏结在一起，破坏炉排的正常运转。因此，链条炉两侧内墙处设有防焦箱。通常以两侧水冷壁的下联箱同时作为防焦箱，而连于锅炉的水循环系统。

2. 链条炉排的种类和结构

工业锅炉常用的链条炉排有鳞片式、链带式和横梁式三种。链带式炉排（也称做轻型炉排），一般只用于 10 t/h 以下的锅炉中，鳞片式炉排用在容量较大的 10 ~ 35 t/h 锅炉中，而横梁式炉排常用在大型锅炉中。

(1)链带式炉排

链带式炉排的链条是由主动链环串联而成的，结构如图 2.84 所示。由于主动链环不仅与链轮啮合起传动作用，还起到炉排作用，因此也称其为主动炉排片，整个炉排上，两边和中间各有炉排片靠圆钢拉杆通过其下部的两个孔而串接于三条主动链条上，随之一起运动，常把这些炉片称为从动炉排片。

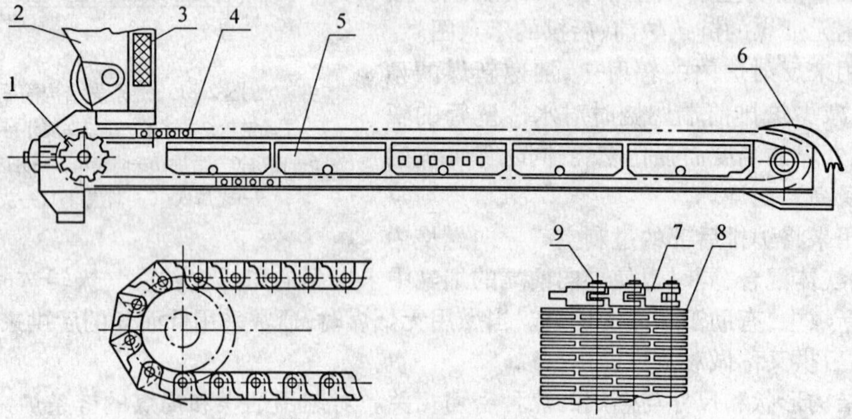

图 2.84　链带式炉排简图

1—链轮；2—煤斗；3—煤闸门；4—链带式炉排；5—隔风板；6—老鹰铁；

7—主动链环；8—炉排片；9—圆钢拉杆

用圆钢制成的长销将炉排片串联起来，组成一定宽度的链带绕在前链轮和后滚筒上。主动炉排片由可锻铁制成，其厚度比从动炉片厚，从动炉排片是由普通灰口铁铸成。

链带式炉排结构简单，金属耗量少，安装制造比较方便。但它的链带既受力又受热，易发生故障，制造安装质量要求较高，更换炉排片比较困难。因此，10 t/h 以上的锅炉常采用鳞片式炉排。

(2)鳞片式链条炉排

常用鳞片式炉排的总装图如图 2.85 所示。

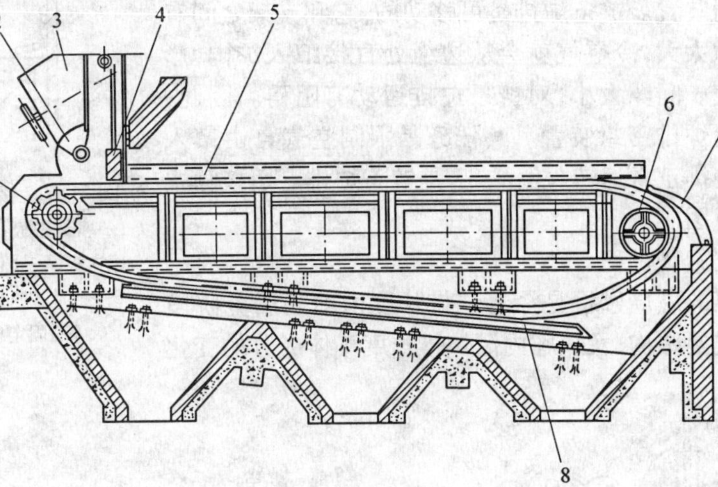

图 2.85　鳞片式炉排简图

1—主动链轮；2—扇形挡门；3—煤斗；4—煤闸门；5—防焦箱；6—从动链轮；7—老鹰铁；8—炉排支架

由于该炉排片在夹板中前后交叠成鳞片状，其漏煤甚少，若干根受力的链条置于炉排片下面，不接触炽热的火床层，它的冷却性能较好。鳞片式链条炉排的构造特点是：结构简单，零件加工方便，且炉排片装拆也方便，运行中就可以更换损坏的炉排片，从而提高了设备运行的可靠性，但鳞片式炉排金属耗量比链带式高。

(3)横梁式链条炉排

横梁式链条炉排结构如图 2.86 所示，最初是专门为燃烧无烟煤而设计的，它和链条式炉排的主要区别是具有钢性很强的支架（横梁），炉排片 7 装在支架上，钢制的或用钢板和型钢制成的链条 5 把支架连接起来。主动轴上的链轮 4 通过链条运动。因此炉排片 7 本身不受拉力，故其工作条件较链带式好。炉排的通风截面较小，约 4.5% 左右，通风间隙分布均匀，冷却条件好，因此，炉排上适合燃烧发热值较高的无烟煤。但其结构笨重，金属耗量大，制造安装要求也高，目前在中、小容量链条炉中已很少采用，在大型锅炉中仍常用。

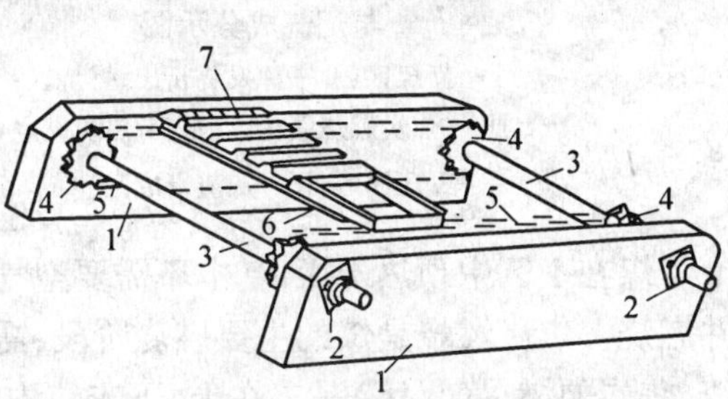

图 2.86　横梁式炉排

1—炉排墙板；2—轴承；3—轴；4—链轮；5—链条；6—支架（横梁）；7—炉排片

为了确保链条炉排的安全、经济运行，无论哪一种形式的链条炉排，都还应有以下装置。

①炉排的张紧装置。为了不使炉排在运行时拱起，炉排面必需张紧。链带式依靠前、后轴将链条张紧，一般前轴可作调节。横梁、鳞片式则依靠链条炉排的自重来张紧。

②挡渣设备。为了不使灰渣落入炉排中，也为了延长灰渣在炉排上的逗留时间，以便燃烧的更完全，同时减少炉排尾部的漏风。必须装置挡渣设备，其形状像似老鹰的嘴，常称做老鹰铁。

③炉排密封装置。链条炉排是可移动的，它和支架之间有一定间隙。间隙太大，冷空气就会从边缘处直接蹿入炉内，影响炉内正常燃烧。间隙大小，对链条炉排运动有阻碍。因此，在这间隙中设置炉排密封装置。其任务是限制空气自由窜入而不影响链条炉排正常运转。图 2.87 是链条炉排上用接触式侧密封装置示意图。

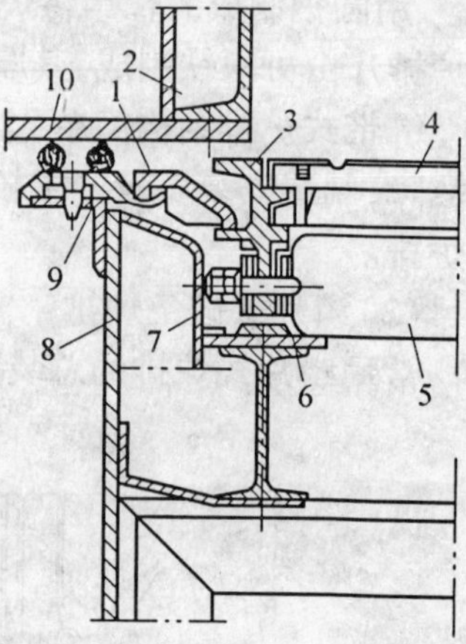

图 2.87　接触式侧密封装置

1—密封搭板；2—防焦箱；3—炉排边夹板；4—炉排片；5—铸铁滚筒；6—链节；7—密封；8—炉排墙板；9—固定板；10—石棉绳

3. 链条炉的燃烧过程

链条炉中煤的燃烧过程是沿着炉排长度由前往后分阶段进行的。其燃烧层结构，及炉膛内沿炉排长度气体成分的变化如图 2.88 所示。

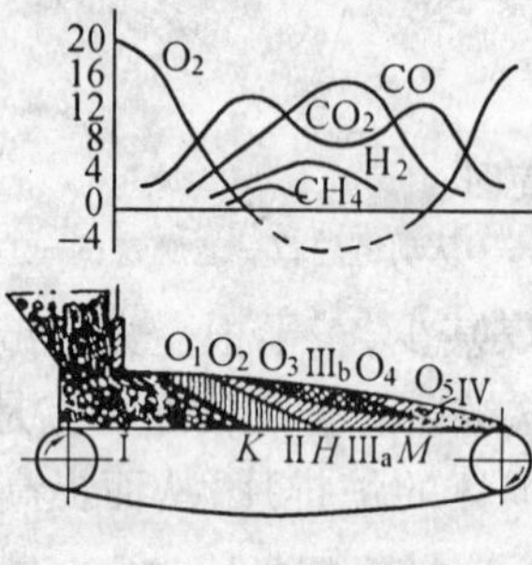

图 2.88　链条炉燃烧过程与烟气成分示图

Ⅰ—新煤区；Ⅱ—挥发物析出、燃烧区；$Ⅲ_a$—焦炭燃烧氧化区；$Ⅲ_b$—焦炭燃烧还原区；Ⅳ—灰渣形成区

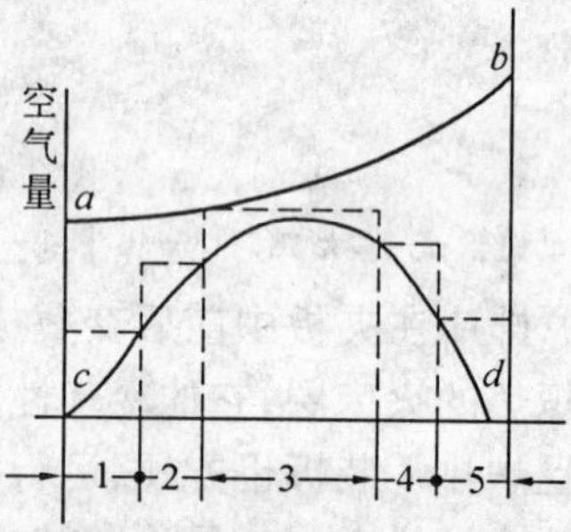

图 2.89　链条炉空气分配情况

ab—统仓送风时进风量分配情况；cd—燃烧所需空气量；- - -—分段送风时进风量分配情况

煤在Ⅰ区中预热干燥，基本不需要空气。煤随炉排移动到煤排中部Ⅱ、Ⅲ区，挥发物逸出并燃烧。焦炭燃烧是煤的主要燃烧阶段，需要大量空气。燃烧着的煤移动到炉排后端形成灰渣，焦炭的燃尽（Ⅳ区）是夹在上、下灰渣中进行的，此阶段需要的空气量很少。

由于刚进入炉内的煤是落在冷却后的炉排上，不像手烧炉是铺撒在炽热的焦炭上，而是靠炉膛的高温辐射自上而下地着火、燃烧，属于“单面引火”。使链条炉着火前准备阶段的条件不如手烧炉，致使贫烟、无烟煤在链条炉中难以燃用。但由于其燃烧整个过程是沿炉排长度连续完成，避免了燃烧的周期性，其燃烧效率比手烧炉高。链条炉的燃烧过程的三个阶段是沿炉排长度方向划分的各阶段所需空气量各不相同，如果对供给的空气不加以分配和控制，即采用统仓送风，就会出现炉排中段煤燃烧所需空气量不足，而炉排前端和后端空气量过剩的情况，必然会影响炉内燃炉的正常进行,使锅炉热损失增加。

为了向炉排的不同部位供应适量的空气,保证煤的燃烧过程正常进行,对链条炉采用分区送风的方式,即将炉排下的风仓沿炉排长度方向分隔成几个区段,互相隔开做成风室,每个风室各自装设调节风门以调节风量。一般是将炉排下面分隔成4~6个独立的送风室,空气由炉子一侧送入。对于较宽的炉子,由锅炉左、右两侧同时进风,以免空气分布不均。采用分段送风并加以调节后,送风量的分配如图2.89中虚线所示。统仓送风时进风量的分配情况如图 *ab* 线所示,而沿炉排长度所需空气量的曲线如 *cd* 线所示,从 *cd* 曲线中看出,大部分所需空气都在中部,若采用统仓送风时存在空气供需不平衡现象。

链条炉属于"单面引火",着火条件较差,同时燃煤随炉排一同移动,整个燃烧过程燃煤没有扰动。因此,链条炉对燃煤是有选择性的,链条炉适用于燃用低位发热值为18 840~20 940 kJ/kg以上,煤的水分<20%,挥发分>15%,灰熔点>1 250℃的弱黏度或黏度适中的贫煤和烟煤。

2.6.1.3　往复推动炉排炉

往复推动炉排炉是利用炉排的往复运动来实现机械给煤、排渣的燃烧设备。

按炉排布置可分为倾斜式往复推动炉排和水平往复推动炉排炉。其结构分别如图2.90、图2.91所示。

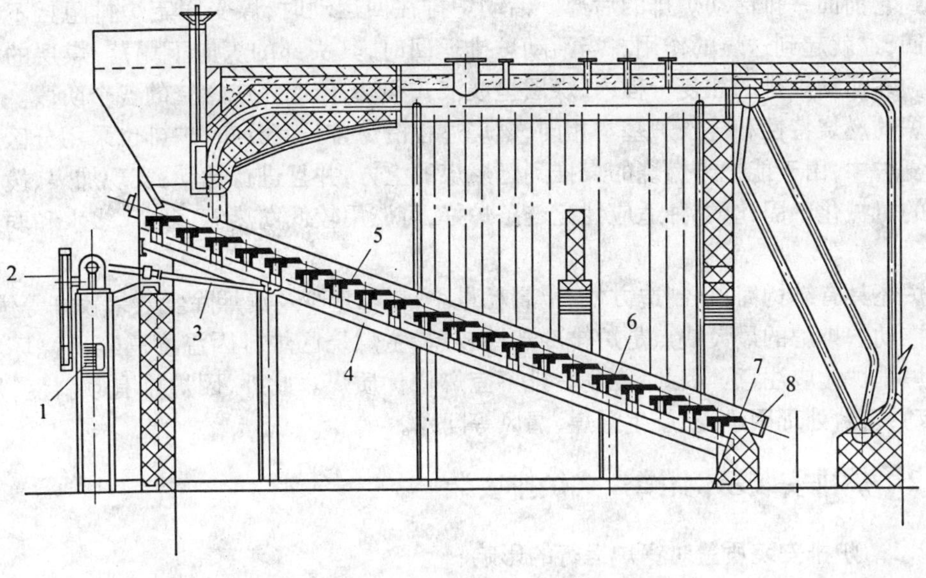

图2.90　倾斜式往复推动炉排示意图

1—电动机;2—偏心轮;3—推拉杆;4—活动框架;
5—活动炉排;6—固定炉排;7—燃尽炉排;8—下联箱

倾斜式往复推动炉排炉的整个炉排由相间布置的固定和可动炉排片组成。煤由煤斗落到前端的少缝或无缝的炉排片上。固定炉排片尾部固定在铸铁或槽钢制成的横梁上,横梁则架在炉排框架上。可动炉排片的前端搭在固定炉排上,其尾部则座在可动的铸铁横梁上,横梁的两端架在滚轮上。各排的可动炉排的横梁连在一起,组成可动的炉排框架。炉排框架与水平方向成20°倾角,炉排框架由电动机和偏心轮带动,做前后往复运动,进入炉内的煤就可借助这种往复运动,不断向前推动,并经各燃烧阶段形成灰渣。最后被推到燃尽炉排上,灰渣燃尽后被推入渣斗。倾斜式往复炉的缺点是炉体较高,增加了锅炉房的高度。

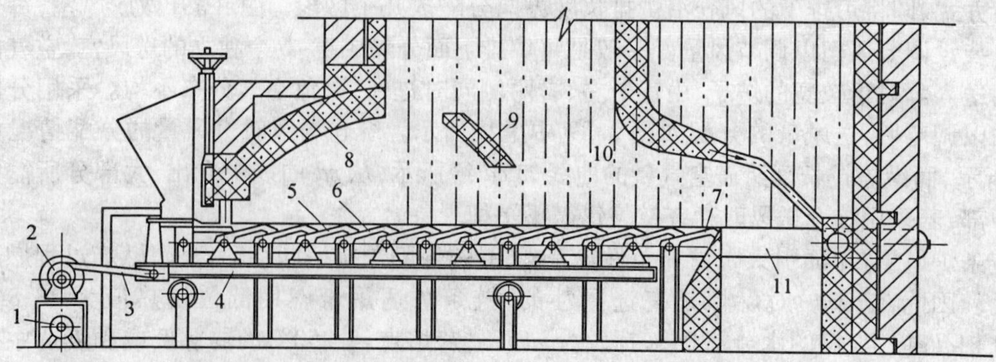

图2.91　水平往复推动炉排示意图

1—电机;2—偏心轮;3—推拉杆;4—活动框架;5—活动炉排;6—固定炉排;
7—燃尽炉排;8—前拱;9—中拱;10—后拱;11—下联箱

水平往复推动炉排的结构与倾斜式的相同。但其框架是水平的,炉排片略向上翘,倾角一般在12°~15°,整个炉排的纵剖面呈锯齿形。当活动炉排向上推动时,将固定炉排片上前部的煤推到它前面一排活动炉排的后部。活动炉排往回运动时,煤受固定炉排阻挡不再随活动炉排返回,这就起到送煤的作用。当活动炉排返回时,其头部的煤向下塌落,煤层的扰动和松动较好。在活动炉排的往复行程内,煤层呈波浪式移动,依次完成燃烧的各个阶段。

往复炉的燃烧特性和链条炉基本相同,燃烧过程沿炉排长度分布,炉排也采用分区送风。

在往复炉中,由于能把未燃烧的煤推到已燃煤的上方,并且进行扰动,实现加煤、拨火和除渣等操作的机械化。因此,煤种适应性比链条炉好,可燃用较低发热值、多灰、多水和弱结焦的烟煤。

往复炉还具有结构简单,制造方便,金属耗量小,耗电量少及消烟除尘效果较好等优点。

往复推动炉排炉的最大缺点是炉排冷却性较差,主燃烧区炉排因温度高容易烧坏。水平往复推动炉排炉尤应注意。因此,往复炉排不宜燃用优质煤。此外,因炉排有倾斜度,炉排又做水平运动,密封处理困难,易产生漏煤、漏风等问题。

2.6.2　炉排安装示例:鳞片式炉排安装

2.6.2.1　炉排安装质量对锅炉运行的影响

炉排安装是锅炉安装施工中一项极其重要的工作。炉排安装质量好坏,将直接影响锅炉正常运行。炉排安装质量低劣,容易造成燃烧系统工作不正常而停炉。炉排装配结构图如2.92所示。

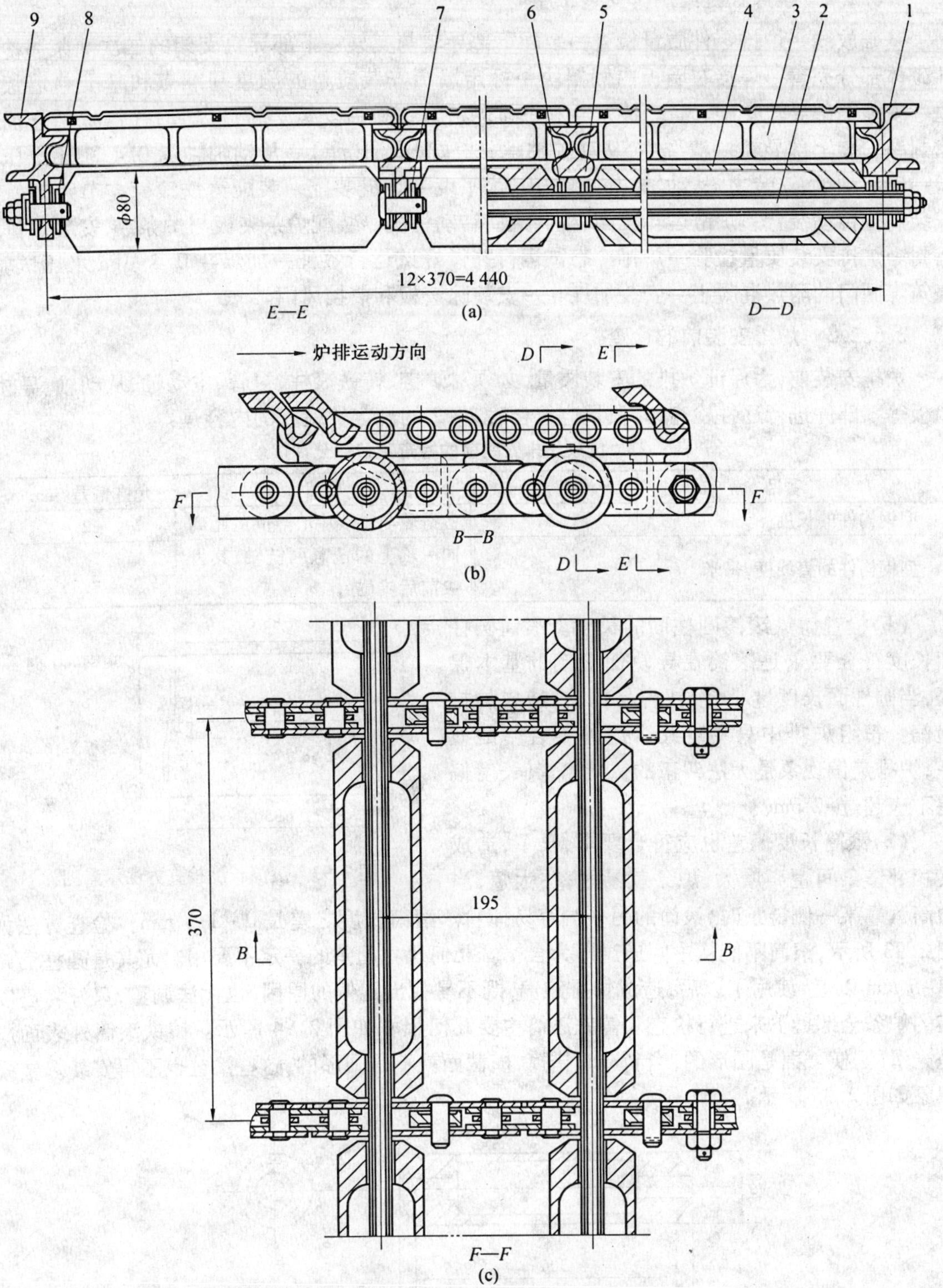

图 2.92　炉排装配结构图

1—右边炉条夹板;2—拉紧螺栓;3—炉条;4—滚柱;5—中间炉条夹板;6—中链条;7—链条;8—边链条;9—左边炉条夹板

2.6.2.2　鳞片式链条炉排安装工序

基础放线→炉排零件质量检查→装配下部导轨与支架→下部导轨支架的二次灌浆→冷灰斗砌体部分完善→焊接右墙板内侧挡块→标定墙板安装质量的测量基准点和基准→墙板就位→安装上部导轨支架、风室、冷灰斗和炉排侧密封钢板→安装炉排进风管，并做好结合面的密封→安装上部导轨→清洗主、从动轴轴承，加注润滑油（脂）→从动轴轴承 0.4 MPa 水压试验→安装轴承，安装主、从动轴，并调整好其水平度→炉链装配→装配铸铁滚筒与节距套管→安装炉排传动装置→炉链运转三圈，检验滚筒转动情况→装配炉条夹板与炉条→ 安装炉排侧密封→炉排安装质量检验→炉排冷态试运行并做好试运行签证→加煤斗 0.4 MPa 水压试验，浇筑煤闸门的耐热混凝土→安装加煤斗→安装除渣板和前挡风门。

2.6.2.3　炉排安装前的检查

炉排安装前，为保证炉排的安装质量，必须对炉链、铸铁滚柱、衬管、主动轴、从动轴、导轨、墙板等零部件进行逐件检查，其质量应符合表 2.22 的规定。检查的内容是：

表 2.22　链条炉排安装前的检查项目和允许偏差

项目	允许偏差/mm	项目	允许偏差/mm
型钢构件的长度	±5	各链轮与轴线中心点间的距离	±2
型钢构件的直线度，每米	1	同一轴上的任意两链轴，其齿尖前后错位	3

（1）检查铸铁滚筒圆柱面的长度。滚筒圆柱面长度符合要求是滚筒在导轨面滚动的基本保证，当圆柱面长度过小，滚柱容易掉轨，造成炉排走偏。每组炉排中只要有几个这种不合格的滚柱，炉排走偏现象是无法纠正的。所以，其长度偏差不应超过-2 mm 。

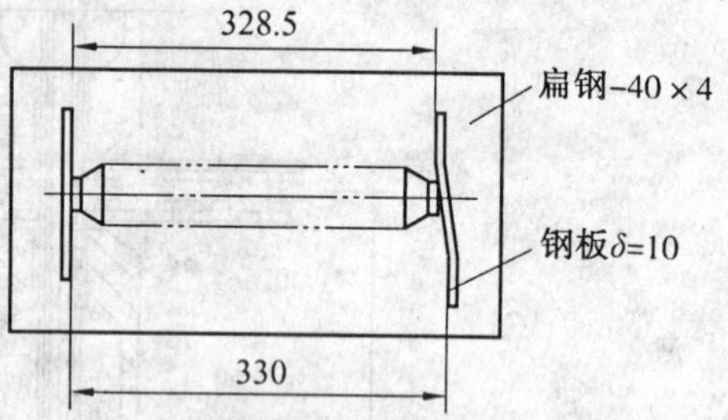

图 2.93　滚筒长度检查方法示意图

（2）滚筒长度偏差也应符合要求，长了，造成某相邻链条间距离增大，炉条就易脱落；太短，当滚筒紧靠某一侧链条时，滚筒的另一端容易掉轨。滚筒长度之差是 0～1.5 mm。检查方法如图 2.93 所示，滚筒不能从中间通过即为合格。几何尺寸超差的一定不要用。尤其是圆柱面超差-5 mm 以上，使用了以后，造成炉排跑偏，既不易找出跑偏的原因，也无法调整，只好将已安装的炉条全部拆下来进行检查。铸铁滚筒主要几何尺寸如图 2.94 所示。铸铁滚筒外表面应是光滑的，横截面是圆形的，当制造时错模，横截面就不是圆形的，这些滚柱也不得安装。错模现象如图 2.95 所示。

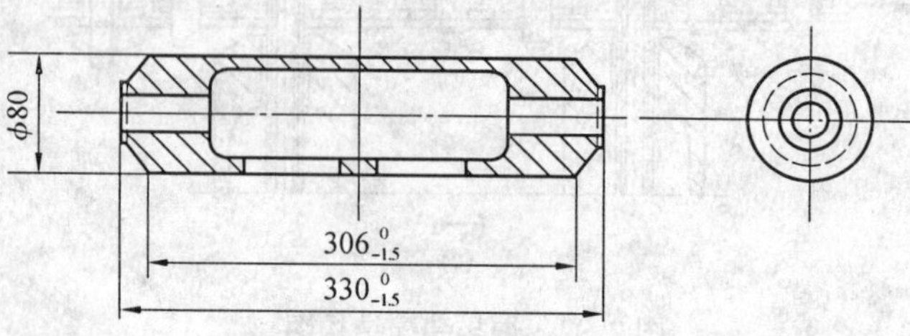

图 2.94　滚筒主要几何尺寸图

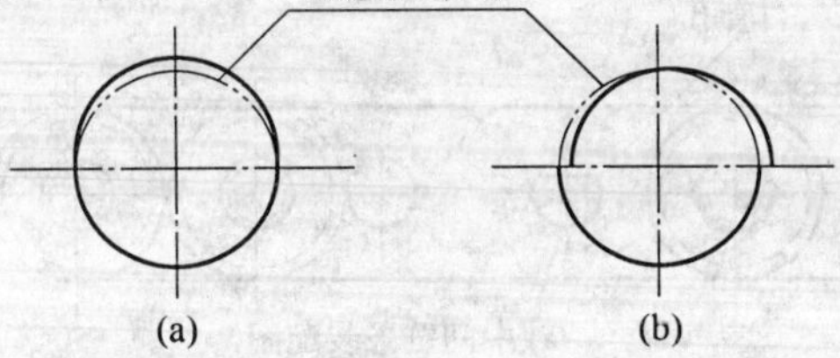

图2.95　滚筒错模现象

(3)因节距套管有定距作用,其长度要逐根进行检查,其负偏差不应大于-1.5 mm,并不得有正偏差。

(4)检查主动轴链轮任意两轮间,其齿尖前后错位不应超过3 mm,否则,当炉排运行时各炉链因受力不均而造成断裂。检查齿尖前后错位可用拉钢丝方法检查。链轮轮齿超差要进行磨削,被磨削面是运行中受力的齿面。主、从动轴上紧固链轮的楔形键安装前要全部用锤子检查、敲紧、避免松动。

(5)检查主动轴各链轮至轴线中心点的距离,其检查方法如图2.96所示。其距离偏差 a 和 b 值均不得超过2 mm。

(6)在主、从动轴安装之前,要将轴承整体拆下解体检查,清除轴承内部的铁屑与其他污物,并用9/16英寸螺栓将注油孔堵住,防止在后续施工中,污物落入孔内而堵塞润滑油通道,从而损坏轴承和轴颈。

检查从动轴轴承的冷却水路是否畅通,用向孔内吹烟的方法检查。轴承安装之前,要预先安装一部分管路,然后对其进行压力为0.4 MPa的水压试验,检查轴承是否漏水。

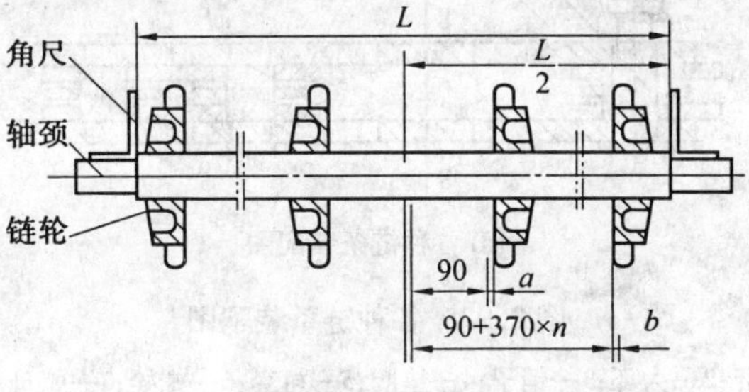

图2.96　链轴与轴线中间点的距离示意图

(7)检查炉链。炉链分边链条、中间链条和链条等三种,其主要区别在安装节距套管的孔的形状上。边链条套管装配孔两边都是圆形的。中间链条一边是圆形的,另一边是半圆形。链条的套管装配孔则两边都是半圆形的。检查时,首先检查各种链条表示装配基准面的V形口是否全部朝上;其次,检查各种链条衬管装配孔是否符合图2.97的要求。链条的各链节应转动灵活,不应有卡涩现象。

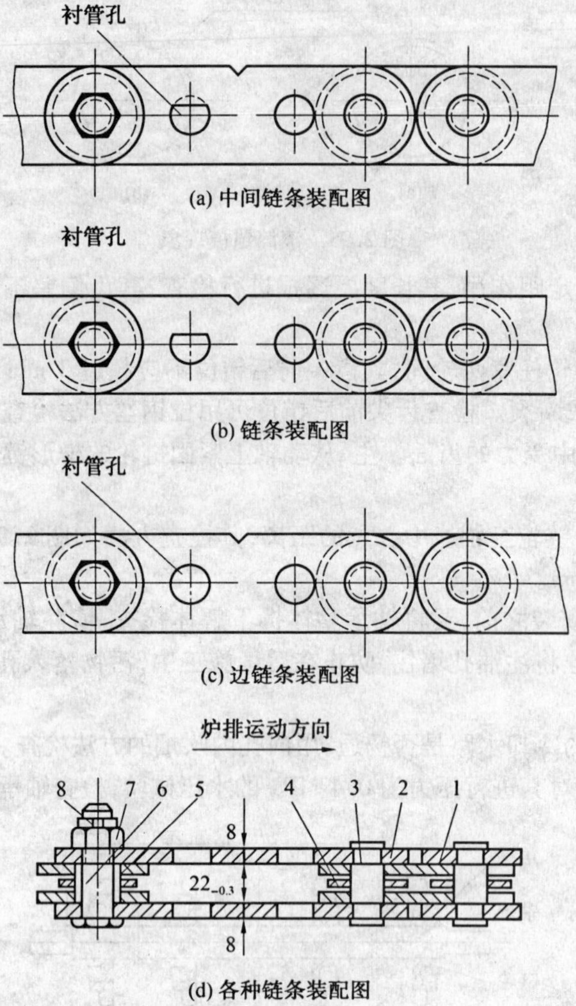

图 2.97 各种链条装配图

1—小环;2—大环;3—销子;4—垫圈;5—衬套;6—螺栓;7—螺母;8—销

链条长度的检查:当链条长度相差太大时,链条在运行时受力不均匀,有的链条就会因受力过大而断裂,造成事故。所以,链条安装之前一定要检查和调整其长度。炉排的边链条有两根,链条只有一根,其余的都是中间链条。因此,链条超差只能要求制造厂家更换,而边链条和中间链条超差则可以进行调整。

首先,按图纸规定的链节数截取链条,然后测量每根链条在一定拉力作用下的长度。如果它们长度相互间偏差大于 8 mm,就要进行重新装配,这种装配只能在同类链条之间进行,其具体方法如下:

①测量长度最长的链条由中点到两端的每段长度,按长度大小记录下它们的数值 a_1 和 a_2。

②按上述方法测量同类最短的链条,分别得到 b_1 和 b_2。

③将中点位置上销子头磨掉,拆开链条。

④将长度为 a_1 和 b_2、a_2 和 b_1 的两段链条分别按图纸要求装配好，这样，它们之间相对误差就在允许范围之内。重新装配后销子两端因被磨掉，可用厚度 10 mm、外径 20 mm、内径 12 mm 的垫圈与销子头焊上即可，如图 2.98 所示。

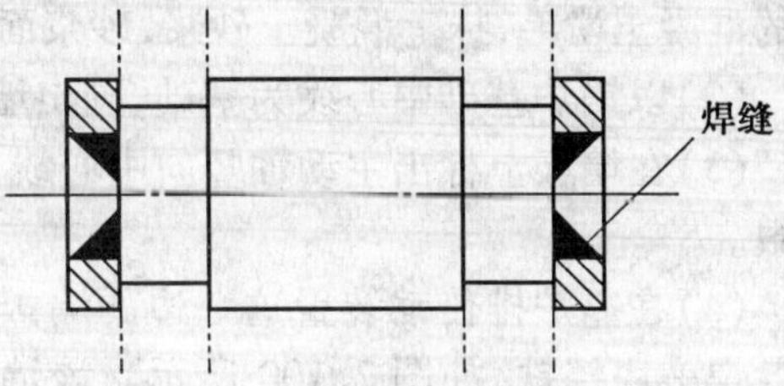

图 2.98　销子重新装配固定示意图

(8)炉条夹板的检查。炉条夹板的两个侧面要平整光滑，铸造正边和毛刺要磨掉；炉条夹板上的炉条装配孔要用定值圆柱体进行测量，孔径小时可用扩孔的方法使孔径达到要求，从而保证炉条活动自如。

(9)炉条不得有变形、翘曲、错模等缺陷。

2.6.2.4　炉排安装的内容

1. 安装下部导轨

(1)在炉排基础凹穴壁上画出下部导轨的上平面线，这条线将是下部导轨上平面的测量基准。

(2)清理导轨支架的地脚螺栓孔，并倒入少量的水润湿地脚孔，二次灌浆时，混凝土与孔壁结合强度就好一些。

(3)将所有的导轨与导轨支架按图纸要求联成一体。联结螺栓垫片应采用斜垫片。

(4)以灰斗混凝土面为支撑点，利用垫铁将下部导轨调整到要求位置，并采取措施使下部导轨不能自由移动。

(5)对支架地脚螺栓进行灌浆。

72 h 拆除垫铁和固定下部导轨的物件，同时用耐火材料将冷灰斗砌筑到图纸要求部件。

下部导轨安装之前，冷灰斗要先行砌筑，以缩短炉排安装工期。

下部导轨安装示意见图 2.99。

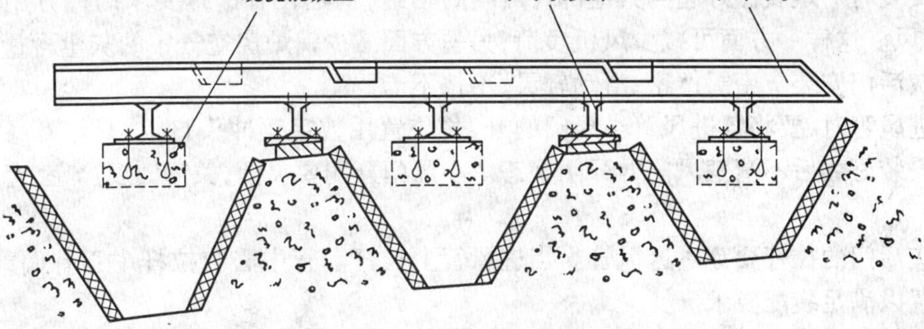

图 2.99　下部导轨安装示意图

2. 炉排墙板与支架安装

炉排墙板是炉排结构的主要承重件，炉排支架、上部导轨、主动轴、从动轴、侧密封等零部件都要与其连接或固定。

(1)墙板预埋件不合要求之处要进行处理。这种处理应在与锅炉钢架基础处理同时进行，以便统一标高。各预埋件的标高差和水平度应采用钢柱基础一样的标准。然后，将墙板位置的混凝土凿毛，抹上混凝土砂浆，砂浆面应与预埋件平齐，避免锅炉运行时从该处漏风漏灰。

(2)以锅炉基础中心线为基础，画出墙板的内侧面位置和主动轴中心线。

(3)在墙板上标出主动轴竖向中心线，并在墙板顶面主、从动轴中心位置处各冲上测量基准眼。

(4)在靠炉排传动装置这一边的墙板预埋件上各焊一块挡铁，如图2.100所示。该墙板就位后，应先使主动轴线对齐，然后将墙板由外向内顶在挡铁上。之后，在预埋件上焊上挡住墙板外侧的挡铁。这样做有两个目的：它是墙板向后膨胀的通道，而不能向外侧位移；它是另一侧墙板安装的基准，避免两墙板在炉排支架安装过程来回移动。

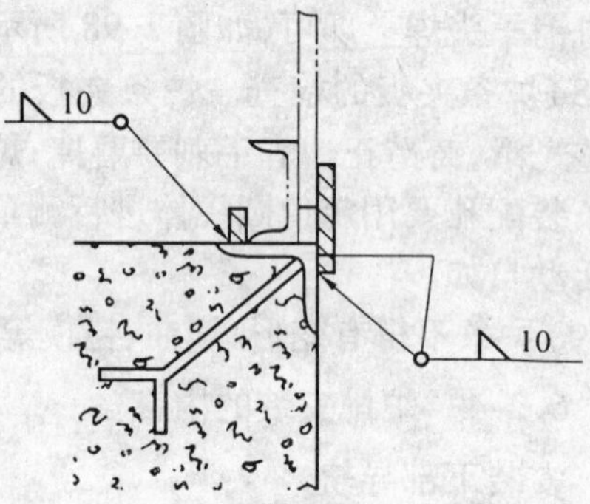

图2.100 墙板挡铁示意图

(5)将主动轴处的预埋螺栓与墙板连接牢固，并将已就位好的墙板与钢架之间临时固定，保证垂直度和全长上的直线度符合要求。

(6)另一侧墙板(左墙板)先不要正式就位，但要临时固定，使其不致倾倒。将支架、细灰门框架与两侧墙板连接。但连接螺栓均不要拧紧。然后，使左墙板上的主动轴竖向中心线与基础上主动轴线对齐。用挡铁挡住左墙板两端，使其只能横向移动，而不能纵向移动。拆除左墙板的临时固定结构，再拧紧各支架螺栓。当结合面有间隙时，可垫以薄钢板，应避免强行拧紧连接螺栓。用水准仪检查各支架梁两端的标高，相互间标高偏差不大于5 mm，过高或过低的要进行调整。检查两墙板的对角线偏差，合格后，将左墙板从主动轴中心线位置处予以固定，但要满足墙板受热膨胀时，既能向后纵向移动，又能横向移动，预留的横向膨胀间隙符合图纸要求。

(7)安装风室、除细灰活门与进风管

风室安装时一定要做好它与其他部件之间的密封，就是在有密封要求的地方用石棉绳密封，防止漏风。这样一方面可减少风机负荷；另一方面减少锅炉房空气中的灰尘含量。

除细灰活门安装应密封严密、滑动轻灵、不挤不卡。

安装进风管时，要将各进风管小风门的开、关位置用数字钢冲头打上“1”、“0”的字样，避免进风管安装好之后不清楚风门的开闭状态。小风门开闭要灵活，关闭时要严密，否则要予以修理。

除细灰活门的拉杆要穿过进风管。当进风管上拉杆套管中心与拉杆中心有偏差时，应调整套管位置以满足装配要求。

(8)安装上部导轨

上部导轨平面度取决于墙板支架的平面度，上部导轨的直线度与相互间的距离则要在装配时处理。先根据图纸在导轨支架上画出导轨外侧边缘线，最好两侧边缘都要画出。然后在装配时可根据导轨外侧边缘线调整连接螺栓孔的位置，如图2.101所示，即可保证上部导轨的直线度和相互间的距离。同时，将侧密封装配结构(图2.102)的钢板与边导轨和墙板焊接好，装配该件不得有缝隙。

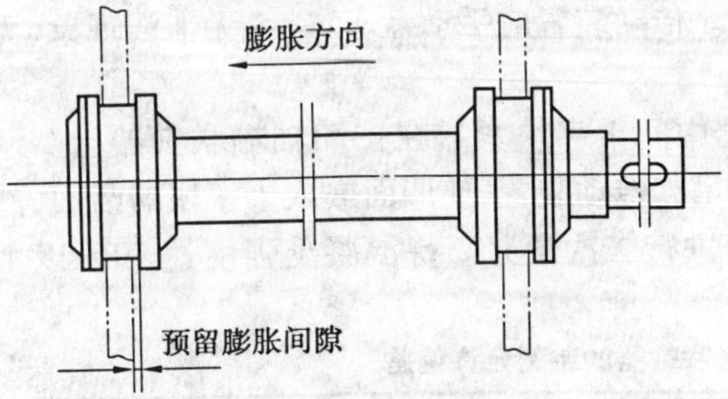

图 2.101　主、从动轴轴承与墙板配合示意图

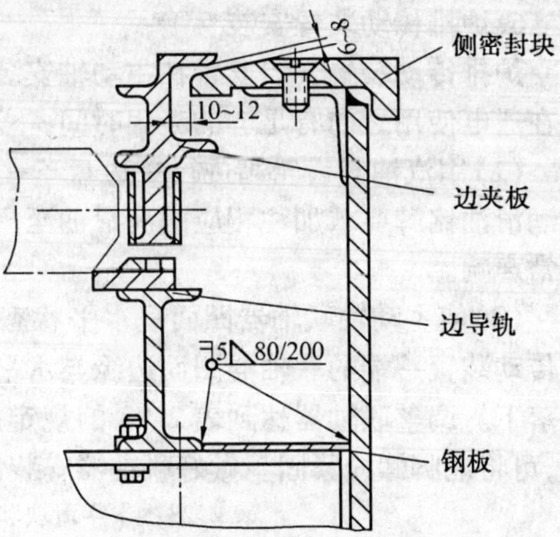

图 2.102　侧密封装配结构图

3. 安装主、从动轴

用胶管水平仪检查主、从动轴轴承下部导向块高度差，保证它们相互之间的偏差不大于 3 mm。然后将下部导向块焊牢。主、从动轴安装好之后，将上部导向块用螺栓固定牢固。注意主、从动轴在膨胀方向上那一端轴承与墙板之间，要按图纸留够膨胀间隙。

4. 链条装配

将合格的链条按图纸要求装配。在各链条未接头之前，可在链轮水平中心位置处，预装一排衬管和滚柱，并用拉紧螺杆将它们连接起来。链条接头应在上部导轨上进行，各链条接头位置要错开。然后，用手拉葫芦拉紧链条的两端，直至能够装配链条的接头连接螺栓。装配时要注意下面几个问题：

(1)接头螺栓的衬套不要漏装；

(2)接头螺栓的螺母止退销不要漏装；

(3)接头螺栓的正确装配方向是链条与链轮轮齿处于螺母的同一侧。

5. 铸铁滚筒装配

(1)装配位置在前挡风门的链轮水平中心位置处。该处墙板上有安装主动轴轴承的缺口，拉杆螺栓可从该缺口处装配。

(2)将套管插入滚柱的纵向中心孔内，套管无缺口的一端先插入链条相应的套管装配孔内。使相邻两链条间距离加大一点，套管有缺口的一端就能顺利装配好。用相同的方法装配横向同一排的滚筒。

(3)装配拉杆螺栓。必要时用木锤将螺栓打进去。拉杆螺栓的螺母不要拧得太紧，但背紧螺母却一定要拧紧。

(4)用撬棍别在主动轴上可推动炉排向后运动，又可装配另一排滚筒了。

(5)最后两排滚筒装配方法有所不同，因为这时，相邻两链条间距离不易扩大。每排滚筒装配可先装配套管无缺口的一端，然后装配有缺口的那一端。为使套管能够顺利装配，前后已装配好滚筒的拉杆螺栓的螺母要比正常的少拧几扣。待滚筒全部装配好以后，再将螺母拧到正常位置。

6. 炉排传动装置安装

炉排传动装置安装安排在主动轴安装完毕之后进行，这是为了给传动装置基础的二次灌浆在通电使用之前有足够的凝固时间，不至影响炉排的连续施工。

(1)用汽油对齿轮箱进行一边盘车一边冲洗，直至无污物流出为止。然后接传动装置加注润滑油铭牌要求加注相应的润滑油至规定液位。传动装置应手动盘车灵活，无卡涩现象，无异常声响。

(2)使主动轴联轴器凹面呈水平状态，联轴器中间十字块紧靠在主动轴端联轴器上。调整传动装置一端的联轴器凹面边缘与水平垂直。吊起传动装置，使凹面嵌入十字块的凸面，然后落下。调整联轴器达到表2.23的规定后，即可进行二次灌浆。待混凝土强度达70%以上时，可将地脚螺栓紧固。做好联轴器安装记录。

表2.23　十字滑块和挠性爪形联轴器的装配允许偏差

名称	最大直径 D/mm	两轴的同轴度不应超过		端面间隙 C/mm
		径向位移/mm	倾斜度	
十字滑块和挠性爪形联轴器	≤30	0.1	0.8/1 000	—
	>300～600	0.2	1.2/1 000	—
十字滑块联轴器	≤190	—	—	0.5～0.8
	>190	—	—	1～1.5
挠性爪形联轴器	<190	—	—	2
	任何直径	—	—	2

7. 炉条夹板与炉条安装

炉条安装之前，应对已装配好的炉链进行三圈以上的试运转，检查滚筒的运行状况。炉条安装通常有两种施工方法，一是先安装好全部的炉条夹板，然后再一行一行装配炉条。另一种方法则是每块炉条夹板与一组炉条一起装配。但后者有一个缺点，即最后装配的边夹板固定销的开口销不便装配。后一种方法的装配步骤如下：

(1)从主动轴前挡风门处装配右侧或左侧边夹板，直至全部装好一侧的边夹板，另一侧则一个不装。炉条夹板长的一端朝着运行方向的反面。

(2)装配顺序由从动轴向主动轴，由这一侧向另一侧进行。

(3)先将炉条按每5块一组插入边夹板的炉条装配孔内，然后与中间夹板装配，形成两个夹板夹住一组炉条。将中间夹板装配在炉链内，用圆柱销固定夹板，用开口销锁住圆柱销，这样，一组炉条和一块中间夹板就装配好了。

(4)横向安装同一排其他各组炉条与夹板。最后一块边夹板可只装配圆柱销不装配开口销。就这样，由炉后向炉前一排一排地装配，直至炉排上平面全部装配为止。

(5)启动传动装置，转动炉排。在从动轴轴承处装配边夹板圆柱销的开口销。未装配炉条的炉链就逐渐转到装配施工面上。安装最后一排炉条时，应先安装炉条夹板，后装配炉条。否则，圆柱销则无法装配。

这种施工方法适用施工人员较少的场合。而先装夹板后装炉条的方法则适于装配人员较多的场合。

8. 炉排侧密封安装

炉排密封装置的作用是防止空气不经过燃料层而由炉排两侧漏到炉膛中去，从而影响锅炉的燃烧与运行。其密封作用主要是通过密封钢板和侧密封块与边夹板之间形成的迷宫式密封来完成的。

施工时先预装侧密封块。然后检查相邻两侧密封块接头处是否平整，尤其不能有前低后高现象。发现上述现象，应拆下来用砂轮机打磨至满足要求为止。再检查侧密封块与边夹板的密封间隙不应大于6~8 mm。间隙大了，容易漏煤，时间久了，积煤甚多，易于着火，影响锅炉运行。另外，间隙大了，燃烧时该处易形成火口，有时会一直烧到煤闸门底部，造成煤闸门的损坏。密封间隙大了，可在侧密封块底部加垫一条薄钢带就可使密封间隙减小，密封间隙应取小值。侧密封装配结构图如图2.102所示。

9. 除渣板安装

除渣板就是起挡渣作用的装置，它阻碍灰渣前进，使炉排后部灰渣层加厚，并使被除渣板铲起的灰渣松动，改善燃料的燃尽过程。当锅炉燃煤过程中产生结焦时，它因受力过大，容易被焦块挤掉，造成停炉事故。解决这个问题的方案之一，就是用耐热钢筋从挡渣器吊装孔内将全部挡煤器连成一体。这样，当某块挡渣器受力较大时，能将其中一部分力传递给两旁的除渣板，从而确保不被挤掉。除渣板就位后，需按图纸要求进行调整其间隙与其他安装尺寸。

鳞片式链条炉排安装的允许偏差见表2.24的规定，并根据实测结果填写。

表2.24　鳞片式链条炉排安装的允许偏差

项目		允许偏差/mm	项目	允许偏差/mm
炉排中心位置		2	墙板顶面的纵向水平度	长度的1/1000，且不大于5
墙板的标高		±5	两墙板的顶面应在同一面上，其相对高度差	5
墙板的垂直度，全高		3	前轴、后轴的水平度	长度的1/1 000
墙板间的距离	跨距≤2 m	$^{+3}_{0}$	各道轨应在同一平面上，其平面度	5
	跨距>2 m	$^{+5}_{0}$	相邻两道轨间的距离	±2
墙板间两对角线的长度之差		5	墙板框的纵向位置	5

注：摘自《工业锅炉安装工程施工及验收规范》(GB 50273—1998)。

2.6.2.5　炉排冷态无负荷试运转

炉排无负荷试运转之前，应对主、从动轴轴承加注润滑油或润滑脂，从动轴轴承水冷却管路接通。

根据规范要求，炉排试运转应符合下列要求：

(1)冷态试运转时间不应少于8 h，实际施工中一般要经过48~72 h，其中低速、中速各占1/4时间，其余则是高速运转时间。因炉排冷态试车时间越长，装配件之间的磨合程度就越好，当炉排受热膨胀后，就越不容易出现异常现象。

(2)调整离合器弹簧的松紧度。调整时，可先将弹簧全部松开，然后再逐渐压紧，直到齿形离合器不跳齿为止。

(3)炉排转动应平稳，无卡住、抖动、跑偏和异常声响等现象。

(4)在从动轴处观察，炉条应翻转自如，无突起、卡住和脱落现象。

(5)滚柱转动灵活，与链轮啮合平稳。

(6)轴承温度不应超过60 ℃。

(7)调整好炉链的紧张度。从动轴调整螺栓应有调整余量。

(8)试运转合格后,要填写《炉排冷态试运行记录》。

2.6.2.6 加煤斗和前挡风门的安装

炉排冷态试运行合格后,可安装加煤斗和前挡风门。加煤斗安装之前,要对煤闸门水冷却管路进行装配,并做0.4 MPa 水压试验。然后浇筑煤闸门的耐火混凝土,待其凝固强度达70%以后方可进行安装。加煤斗与墙板结合面应用石棉绳予以密封。加煤斗与墙板联结好之后,应转动煤闸门的升降手轮,检查煤闸门升降的灵活性。然后,将煤闸门降至炉排表面处,这就是煤层厚度零米处;调整煤层厚度指针零刻度。煤闸门在上升、下降过程中应平稳,无卡住和爬行现象。煤闸门底面与炉排面之间的间距应均匀一致。

挡风门的作用就是挡风,为了达到这一目的,凡是有密封面处均应用石棉绳密封,也可采用泡沫石棉板裁成的小条进行密封。

单元七 燃烧室砌筑

2.7.1 燃烧室基本知识

炉膛又称燃烧室,它是供燃料燃烧的场所,是锅炉不可缺少的重要组成部分。其作用是使燃料充分燃烧放出热量,并将热量有效地传给布置在燃烧室周围炉墙内侧的水冷壁受热面。

层燃炉的炉膛由炉墙、炉拱及炉排组成;悬燃炉的炉膛是一个由炉墙围起来供燃料燃烧的立体空间;而沸腾炉的炉膛则是由炉墙和布风装置构成的燃烧空间。

炉膛的形状和大小,取决于燃烧方式和燃料特性等因素,无论哪种燃烧方式的炉膛,为了达到安全、经济的燃烧,炉膛在结构上应能满足下述要求:

(1)具有足够的容积和高度,使燃料在炉膛有充足的燃烧时间和空间,尽可能燃尽而放出热量,以适应锅炉蒸发量的需要。

(2)应具有合理的形状,让燃料与空气很好地混合,尽量达到完全燃烧,使锅炉有较高的经济性。

(3)能适应所用的燃料,便于供给燃料、排灰和通风,并实现机械化。

(4)具有良好的绝热性和密封性,以减少散热和漏风。

(5)结构简单,造价低。

通常采用炉膛容积热强度 q_V 和炉排面积热强度 q_R 来表示燃料在炉膛内燃烧的强烈程度,这是锅炉设计与运行的重要热力特性参数。

1. 炉膛容积热强度 q_V

炉膛容积热强度 q_V(W/m³)是指单位炉膛容积中,单位时间内燃料燃烧所放出的热量,即

$$q_V = \frac{BQ_{ar}^{dw}}{V} \times 0.278\ (\mathrm{W/m^3}) \tag{2.5}$$

式中 B—— 锅炉燃料消耗量,kg/h;

Q_{ar}^{dw}—— 燃料的低位发热值,kJ/kg;

V—— 炉膛容积，m^3。

炉膛容积热强度 q_V，是一综合性指标，其数值的大小与炉型、燃料种类、锅炉容量及燃烧方式和燃烧工况有关。过分提高炉膛容积热强度，会使不完全燃烧损失增大，对 20 t/h 以下的工业锅炉的炉膛容积热强度推荐值见表 2.25。

表 2.25　炉膛容积热强度（kW/m^3）

手烧炉		链条炉	往复炉	抛煤机炉	煤粉炉	沸腾炉	燃油炉	燃气炉
烟管锅炉	水管锅炉	235～290	235～290	235～290	140～235	930～1 860	290～400	350～465
400～520	105～130							

在锅炉设计和改造时，常根据经验的容积热强度值确定炉膛的大小。而在锅炉运行管理中，应注意实际的容积热负荷不允许有过大的变化，否则将影响锅炉的正常运行。

2. 炉排面积热强度 q_R

炉排面积热强度 q_R（W/m^3）是指单位炉排面积上，在单位时间内燃料燃烧所放出的热量，即

$$q_V = \frac{BQ_{dr}^{dw}}{R} \times 0.278\ (W/m^3) \tag{2.6}$$

式中　R ——炉排有效面积，m^2。

对于层燃炉，燃料绝大部分是在炉排上完成燃烧的。不论 q_V，还是 q_R，公式中的 BQ_{ar}^{dw} 既不是炉膛空间燃烧放热量的真正值，也不是炉排上燃烧放热量的真正值。所以层燃炉的 q_V，常称作可见容积热强度，称 q_R 为可见炉排面积热强度。q_R 是层燃炉排燃烧面积设计的最重的热力特性参数。一般根据经验性的统计值 q_R 来确定炉排面积的大小。

在锅炉投入运行后，为保证锅炉运行的经济性和安全性，必须有合理的炉排面积热强度，其推荐值见表 2.26。

表 2.26　炉排面积热强度（kW/m^2）

手烧炉	自然通风	518～814	链条炉	烟煤	581～1 047
	强制通风	759～930		无烟煤	581～814
往复炉	自然通风	756～640	沸腾炉		2 340～3 500
	强制通风	814～913			
煤粉炉		1 860～2 325			

需要指出的是，炉排有效面积和炉膛容积的计算规定：对于手烧炉，炉排有效面积为炉箅面积；对于链条炉，炉排有效面积为从煤闸门内侧至老鹰铁前弦之间的炉排面积；对于其他层燃炉，炉排有效面积为从煤闸门内侧至炉排尾端间的面积。炉膛容积是指由炉膛内壁或水冷壁管中心线，燃料层表面和第一排对流管束的管中心线所围成的空间。

2.7.2　层燃炉燃烧室

2.7.2.1　炉墙的作用及工作条件

用来形成锅炉燃烧室和对流受热面烟气流的墙壁，叫做炉墙。是锅炉本体的重要组成部分，其主要作用是：

（1）隔热作用。防止锅炉内热量的散失，最大限度地减少锅炉的散热损失。

（2）密封作用。当锅炉负压运行时；防止外界空气漏入炉膛和烟道，确保运行的经济性。当锅炉正压运行时，防止烟气和火焰喷出，确保运行人员的安全和锅炉房的环境卫生。

(3)组成烟气的通道。促使锅炉中的烟气,按一定的通道依次流过各受热面。

炉墙内表面附近的烟温可达1 000 ℃左右,燃料在炉膛中燃烧所产生的热量有一部分将通过炉墙传递到外面损失掉。外面的冷空气将通过炉墙的不严密处漏入燃烧室而影响燃烧,炉墙还会受到熔融的灼热灰渣和高温烟气的直接侵蚀和冲刷,当炉墙结渣后,会将砖墙熔融成千疮百孔的形状,并增加砖的脆性。炉墙也会受到锅炉燃烧产生的振动和锅炉房各回转机械振动的影响,当锅炉负荷在运行中突然发生很大变化时,炉膛温度也随之发生骤然变化,经常这样会导致炉墙产生裂纹。由此看出炉墙质量的好坏与锅炉运行的安全性与经济性有很大的关系,所以无论在新建的锅炉安装中,对炉墙砌筑的质量,还是在投产后锅炉运行和修理中对炉墙的维护与保养,都应给以高度重视和严格的要求,才能保证锅炉的安全与经济运行和延长锅炉的使用期限。

2.7.2.2　炉墙结构的基本要求

炉墙的结构应满足下列几项要求:

(1)足够的耐热性:由于炉墙受到炉膛内火焰的高温辐射,或者要和高温烟气以及灼热的灰渣接触,所以炉墙应具有足够的耐高温性能,并应能承受很大的温度变动和抵抗灰渣侵蚀的能力。

(2)良好的隔热性。锅炉的散热损失在很大程度上取决于炉墙的结构和炉墙材料的合理选取,为了提高锅炉运行的经济性和安全性,要求220 t/h以下的锅炉炉墙外表面温度不超过50 ℃。

(3)严密的密封性。由于炉墙密封不严造成的漏风,增大了锅炉的排烟损失,使引风电耗增大,并恶化了炉内燃烧过程。如果不计入锅炉的引风电耗,则漏入锅炉烟道中的空气量每增加$\Delta\alpha=0.1$,锅炉效率降低约0.4% ~0.5%。对于正压运行锅炉,更要求炉墙严格的密封,以确保锅炉工作人员的安全、锅炉的安全经济运行和锅炉房的环境卫生。

(4)一定的机械强度。作用在炉墙上的力有温度应力、自重和锅炉正常运行时的烟气压力。此外室燃炉运行过程中由于燃料供应失调或燃烧工况恶化,炉膛内会发生爆燃现象,造成突发性的烟气压力,炉内燃烧火焰的脉动也会引起炉墙的振动。再如处于地震区的炉墙,还需要考虑由于地震作用引起的使炉墙产生水平惯性力的作用。锅炉炉墙的机械强度应保证炉墙在上述各种外力的作用下,不致发生损坏。

(5)炉墙常由几层组成。内层用能承受高温的耐火材料,如用耐火砖砌成或用耐火混凝土浇制。中间为隔热层,用隔热性能良好但承受温度不很高的隔热材料(保温材料)制作。为保持良好的密封性,外面再用密封材料抹面或金属护板等做成外壁密封层。故一般锅炉的炉墙通常有这三层,即内壁耐火层(耐热层)、中间隔热层(保温层)和外壁密封层(保护层)。

2.7.2.3　常用炉墙结构

1. 重型炉墙

重型炉墙的结构特点是:炉墙直接砌筑在锅炉的地基上,锅炉的重量直接由锅炉基础来承受,又称为基础式炉墙,多用于无水冷壁或水冷壁管稀少的、蒸发量小于35 t/h的锅炉。

炉墙由内外两层组成:即用标准耐火砖砌成的内衬墙,耐火层和用机制红砖砌成的外墙隔热层。为改善重型炉墙的隔热性能,在耐火砖与红砖之间留有7 ~20 mm的空气夹层或增设优质隔热材料层,常用硅藻土砖。红砖外墙四壁转角处在砌筑时互相咬住,使四壁形成整体,不需要或只需使用很少的钢架把外壁箍住,所以重型炉墙的结构较简单,形状近似普通的砖墙。炉墙的厚度和重量均较大,而且砌筑时耗工时多,单位造价较高。

重型炉墙的厚度通常为1.5～3块砖，相当于360～730 mm厚，内层0.5～1块耐火砖，外层1～2块红砖。在锅炉尾部烟道的低温区，烟气温度低于500 ℃，炉墙可以全部用红砖砌筑。

为使炉墙受热后有膨胀的可能性，炉墙需分别在水平和垂直方向设置膨胀缝。炉墙的水平膨胀缝一般设置在内墙分段卸载结构处，如图2.103所示。两条水平膨胀缝的上下间距，即内墙分段高度通常为2～3 m。在垂直炉墙与顶棚炉墙的交界处也应设置水平膨胀缝。炉墙的垂直膨胀缝一般设在炉墙的角部，如图2.104所示。如炉膛宽度大于5～6 m时，应在炉墙中部增设一定数量的垂直膨胀缝。在膨胀缝中应嵌入石棉绳以防止漏风和防止缝隙被灰渣堵塞而失去作用。为保持石棉绳在缝隙中的紧密性，其直径应比缝宽大2 mm，且石棉绳装入缝隙内被压缩的量不应超过原直径的2/3。内墙的全长的膨胀量应平均分配在墙的两边，这样石棉绳所需的直径d(mm)可按下式选取：

$$d = 0.75\Delta + 3(\text{mm}) \tag{2.7}$$

式中　Δ——内墙全长的膨胀量，可根据下式计算

$$\Delta = L(\alpha - \beta)(\text{mm}) \tag{2.8}$$

式中　α——内墙的平均线膨胀率，按表2.27选取；

β——残余线收缩率，按表2.27选取；

L——内墙全长。

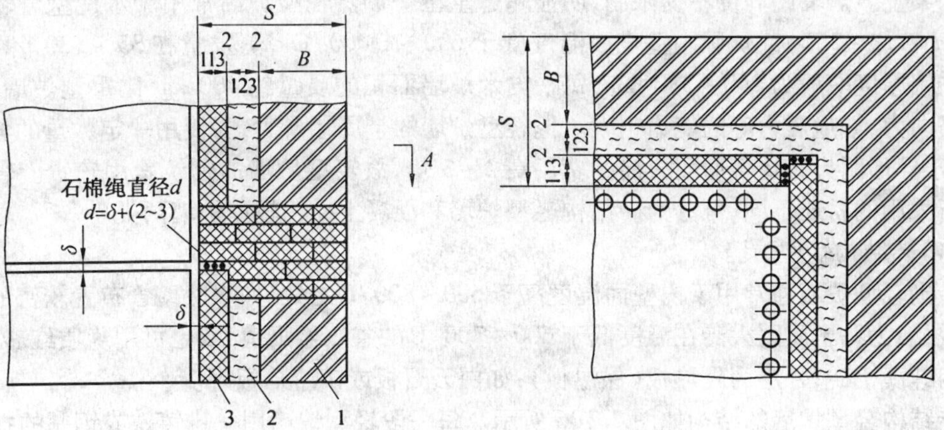

图2.103　内墙的分段卸载结构及水平膨胀缝

1—红砖；2—硅藻土砖；3—耐火砖

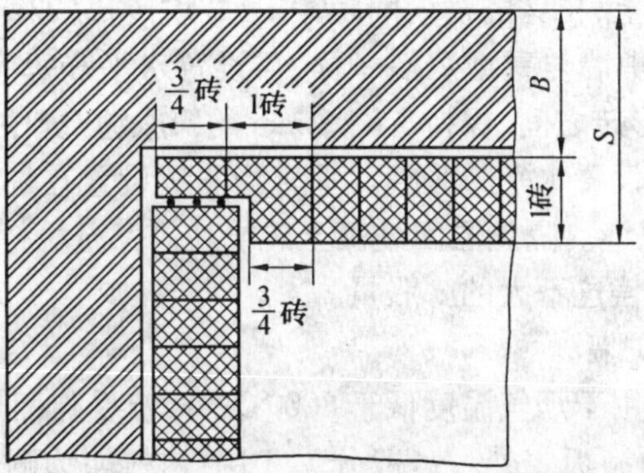

图2.104　炉墙角部的垂直膨胀缝

表 2.27　内墙的平均线膨胀率 α 和残余线收缩率 β

内墙材料	温度范围/℃	线膨胀率 $\alpha\times100$	残余线收缩率 $\beta\times100$
黏土质耐火砖砌体	300 ~ 1 200	0.7	0.3
硅酸盐水泥耐火混凝土	1 000 ~ 1 200	0.75	0.4 ~ 0.8
矾土水泥耐火混凝土	1 000 ~ 1 200	0.55 ~ 0.6	0.4 ~ 0.8

重型炉墙为了防止内墙与外墙脱离和倾斜，内墙在每高5 ~ 8 层砖就要把一层耐火砖伸入红砖外墙中，即砌一层拉固砖，如图 2.105 所示。或者在每层有几块耐火砖作拉固砖，而各层拉固砖的位置在垂直线上应错开。当锅炉墙体高于 10 m 时，必须用金属构件进行加固和牵连，牵连结构常采用拉钩和衔铁结构，并采用特制的异形砖砌筑。

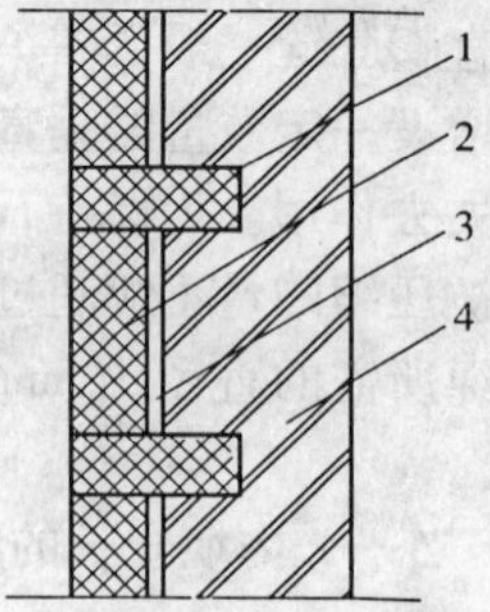

图 2.105　牵连砖布置示意图
1—拉固砖；2—耐火砖；3—空气层；4—红砖

重型炉墙因受到炉墙结构稳定性和砌体强度的限制，炉墙高度一般不宜超过 10 ~ 12 m。

2. 轻型炉墙

轻型炉墙也称护板框架式炉墙。主要特点在于炉墙是分段压在炉板的金属托架上，再由托架把每段炉墙的荷载传到锅炉的构架上。炉墙的高度不受限制，明显超过重型炉墙。轻型炉墙常用于水冷壁管较密的炉膛（S/d=1.3 ~ 1.5）或炉膛内壁表面温度低于 600 ~ 1 000 ℃，蒸发量在 35 ~ 130 t/h 的锅炉上。炉墙厚度一般为 240 ~ 380 mm，每平方米炉墙面积的质量约 400 kg，比重型炉墙轻而薄，承受横向力，如地震力等的能力也大。但轻型炉墙的金属耗量大，要使用一定数量的异形耐火砖，由于异形耐火砖比普通耐火砖的费用高 2 ~ 3 倍，故轻型炉墙的砌筑费用较贵。轻型炉墙由于所采用的材质不同，可分为砖结构轻型炉墙和混凝土结构轻型炉墙两类。

（1）砖结构轻型炉墙

砖砌轻型炉墙通常用于内壁面温度高于 600 ~ 800 ℃之处，如水冷壁管布置较密的炉膛等处，内衬墙为黏土质耐火砖在温度低于 600 ~ 700 ℃的省煤器烟道处，也可用优质红砖，中间隔热层为硅藻土砖，外层为隔热板（保温板），如白云石板或矿渣棉板等。

砖结构轻型炉墙的结构如图 2.106 所示。每一段轻型炉墙用一排铸铁或钢制的托架 9 支撑重量，每一排托架再固定在相应的框架 11 上，两排托架的上下间距一般不超过 3 m，每隔 500 ~ 1 000 mm 用一排铸铁拉钩 6 把砌在内层耐火砖 1 中的异形砖 7、8 拉住，拉钩则固定在与护板 5 连接在一起的管子上，拉钩的横向间距按 1 ~ 2 块砖长（232 ~ 464 mm）计算。

考虑到热膨胀，轻型炉墙与重型炉墙一样，需设置水平和垂直膨胀缝。水平膨胀缝设置在分段卸载处，上下两异形砖之间，保持 7 ~ 15 mm 的膨胀缝，缝中填石棉绳，此外在垂直炉墙与顶棚炉墙的交界处也需设置水平膨胀缝。垂直膨胀缝设置在炉墙的角部，沿炉墙宽度每隔 3 ~ 4 m 需设一道垂直膨胀缝。隔热层因硅藻土砖或其他保温材料的工作温度较低且较疏松，可依靠自己的疏松性来补偿这不大的膨胀量。

（2）混凝土结构轻型炉墙

混凝土轻型炉墙一般用于烟气温度低于 800 ℃的对流受热面烟道转向室以及省煤器烟道等能够采用大型混凝土预制板之处。一般分为 3 层：内衬墙为耐火混凝土，中层为保温混凝土，外层为保温板。

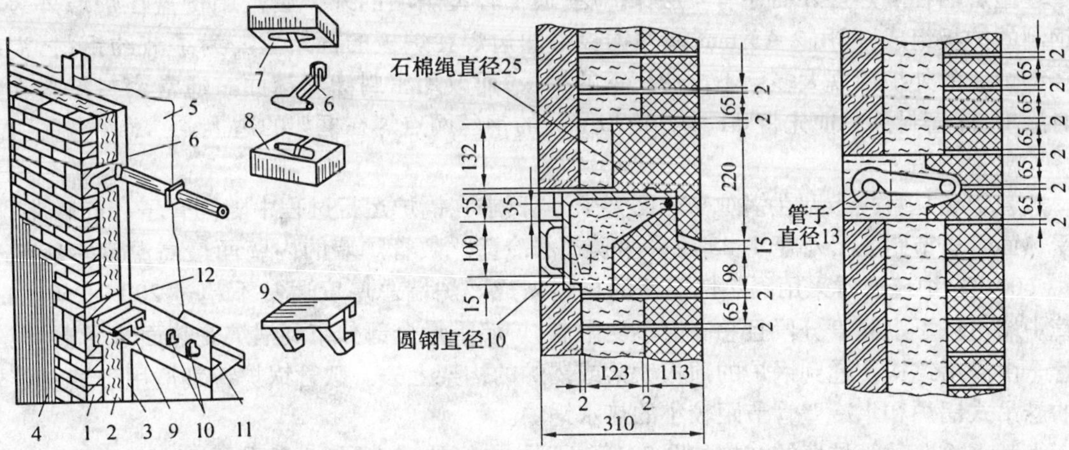

图 2.106　轻型砖砌炉墙

1—耐火砖;2—硅藻土砖;3—石棉白云板;4—水冷壁管;5—钢制护板(密封罩壳);6—拉钩;

7、8—异形砖;9—托架;10—托架的支座搭钩;11—锅炉构架的框架梁;12—膨胀缝

混凝土轻型炉墙的分段卸载结构与砖砌轻型炉墙相似,也采用铸铁托架,其牵连结构如图 2.107 所示,采用铸铁拉钩,拉钩的上下横向间距取决于护板框架上横杆与立杆的间隔。

为了使耐火混凝土能更好地固定在框架上,并有足够的强度,在耐火混凝土中设置直径 6 mm圆钢制成的钢筋网。网络尺寸为 120 mm×120 mm,钢筋的两端点焊在框架上,钢筋交差处用退过火的直径 1.6 mm 铁丝扎牢。为防止耐火混凝土因其膨胀系数和钢筋的膨胀系数不同而引起裂缝,钢筋上应涂以 2 mm 厚的沥青,以便高温下沥青熔化后使钢筋和混凝土之间有一定的空隙。耐火混凝土板的接缝处应留有 5 mm 左右的膨胀缝,并塞以石棉纸板。

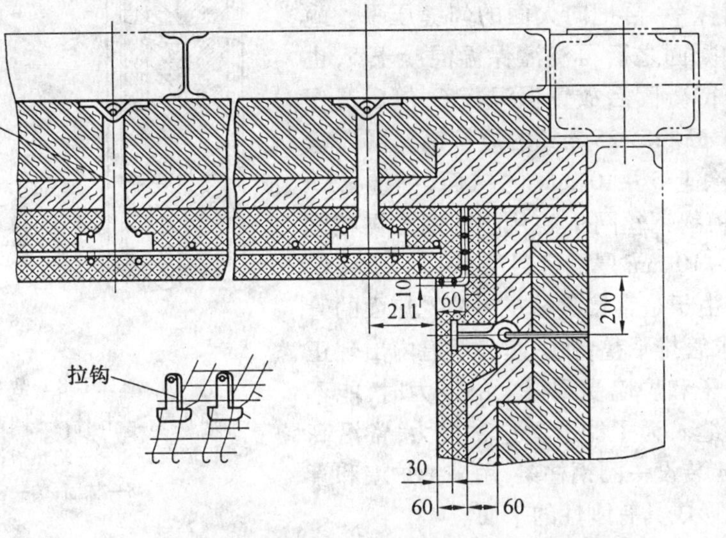

图 2.107　混凝土轻型炉墙牵连结构

对于混凝土轻型炉墙,作为内衬墙的耐火混凝土层,为了消除温度应力,应设置水平和垂直膨胀缝。把大面积的混凝土层划分为若干方块,宽度和长度一般为 0.7 ~ 1 m,最好使膨胀缝的布置与护板框架的横杆和立杆相对应。

轻型炉墙在隔热层外面还有一层保护层，通常轻型炉墙的外护层是用覆盖在炉墙外表面的钢制的护板组成，即用2～3 mm厚的钢板沿四边焊在炉板的框架上。为了节约钢材，混凝土轻型炉墙的外护层现大多已不再使用钢的护板，而改用密封涂料抹面。通常密封涂料在烘炉时涂上，涂密封涂料前先将$\phi 1.6\times 20\times 20$ mm的钢丝网点焊在框架的边上。

3. 敷管炉墙

敷管炉墙是直接敷贴在锅炉受热面管子上，要求在锅炉运行过程中随同管子一起膨胀，要求受热面管子节距S/d小于1.25或采用膜式水冷壁。敷管炉墙的内壁面最高温度一般低于500～600 ℃，炉墙通常采用隔热性能好的材料做成。炉墙总厚度通常不超过200～250 mm，敷管炉墙可以不沿高度分段且总高度不受限制，炉墙重量全部分布到锅炉受热面管子上，再经过管子由悬吊结构传递到锅炉的顶板大梁或锅炉的构架上去。敷管锅炉特别适用于蒸发量较大的悬吊式锅炉和水冷壁管节距较小的热水锅炉。

光管水冷壁敷管炉墙的结构如图2.108所示，内侧的耐火层，一般采用50 mm厚（从管子中心线算起）的耐热混凝土4，隔热层由40～50 mm厚的保温混凝土5和具有高隔热性能的80～140 mm厚的绝热板6所组成，最外面的密封层是15～20 mm厚的涂料抹面8。不包括刚性梁在内，每平方米敷管炉墙面积的质量为190～200 kg。

当浇灌第一层耐火混凝土之前先把势$\phi 3.5\times 40\times 40$ mm的钢筋网1拉平，张紧稀疏地点焊在水冷壁管上，而且每隔400 mm×400 mm间距在管子上焊有钢拉杆2，再用$\phi 6\times 200$ mm的小圆钢3压住钢筋网并与拉杆2相焊，就能把钢筋网固定住，然后在管子间塞上直径5 mm的石棉绳或油纸条，以免浇筑混凝土4时泄漏。浇到所需厚度时用刮刀把表面抹平，再把向火面的勾缝压平。耐火混凝土养护凝固之后再浇灌保温混凝土5，也把表面抹平。待凝固后放置保温板6，然后在保温板外表面用$\phi 2\times 25\times 25$ mm的镀锌钢丝网7覆盖并张紧，再涂上5～10 mm的抹面，铺上$\phi 1\times 10\times 10$ mm的镀锌钢丝网9，也用小圆钢3再在钢丝网外涂抹5～10 mm厚的密封层10。

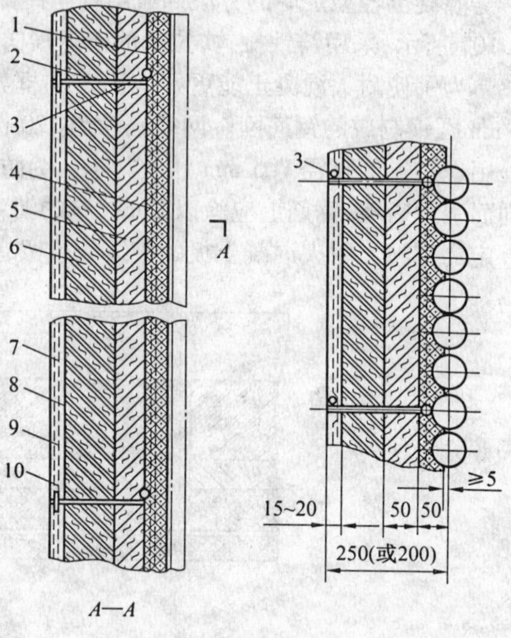

图2.108　敷管炉墙

1—钢筋网；2—拉杆；3—圆钢；4—耐热混凝土；5—保温混凝土；6—绝热板；7、9—镀锌钢丝网；8—抹面；10—密封层

敷管炉墙由于是直接敷贴在锅炉受热面的管子上，所以要求管排平整，在炉膛和烟道内出现正压或负压使管子和炉墙受到很大的推力时，能不凸起和出现裂缝。为了能承受这种推力，常沿高度每隔3～4 m装设一圈钢柱梁，用来把炉墙和管子箍起来使之形成具有刚性的平面。

当炉膛采用膜式水冷壁时，炉墙内壁表面温度 400 ℃左右，敷管炉墙可以省去耐火层，而直接由隔热层和密封层组成，如图 2.109 所示。隔热层由两层组成：第一层为超细玻璃棉压实于膜式水冷壁管后面，厚度为 35 mm 左右；第二层为蛭石砖或珍珠岩保温砖，厚度为 130 mm；第三层为密封抹面(内设置 ϕ1.6×20×20 mm 钢丝网)，炉墙总厚度为 180 mm。每平方米炉墙面积重 120 kg 左右。

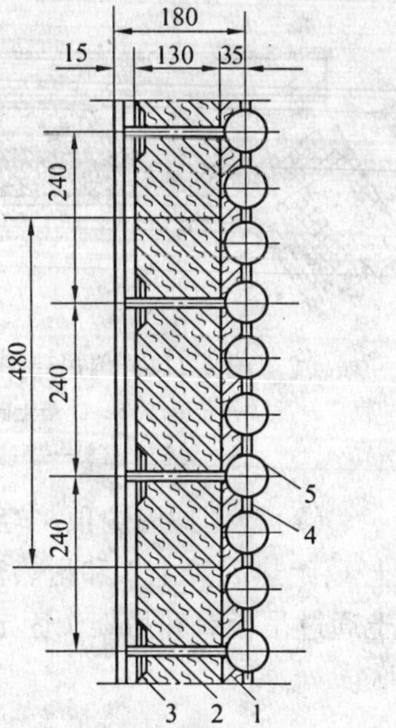

图 2.109　膜式水冷壁及其管上炉墙

1—填实超细玻璃棉；2—蛭石或珍珠岩保温砖；3—密封抹面及 ϕ1.6×20×20 mm 钢丝网；4—螺栓及压板；5—膜式水冷壁(管径为 ϕ60×5.5)

2.7.2.4　炉墙各部位结构实例

在各种类型炉墙的结构中都有一些比较复杂的部位，如层燃炉中的前拱后拱，各种炉型的炉顶，尾部烟道和冷灰斗部位的集箱结构，不同部位穿墙管处的密封结构等。对于这些部位，制造厂都提供了详细的施工图纸或砌筑说明书，应根据厂家提供的技术文件进行施工。本节列举了一些有关部位结构的示意图并简要介绍如下：

1. 炉顶

(1)重型炉墙的炉顶。如图 2.110 所示，其中图 2.110(a)图为拱式炉顶，图 2.110(b)图为两种吊拱炉顶，顶拱中的异形砖 2 用吊挂装置 5 固定在横梁 4 上，其间填以保温层，外层用红砖砌筑。异形砖的两侧或与侧墙接合处砌上耐火砖。

(2)吊砖炉顶。图 2.111 和图 2.112 分别给出了斜吊砖和水平吊砖炉顶结构的示意图，其特点都是异形砖 1 通过短铁棍 5 和铸铁吊杆 4 吊挂在吊环 6 上，中间空隙砌筑硅藻土砖。

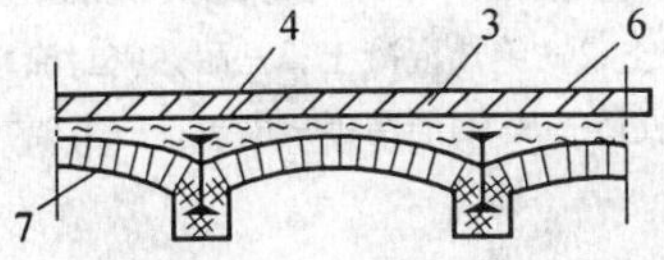

(a) 拱式炉顶

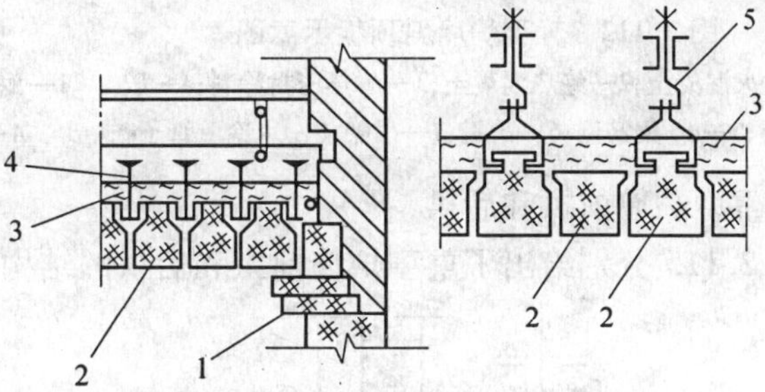

(b) 吊拱炉顶

图 2.110　重型炉墙的炉顶拱示意图

1—耐火砖；2—异形砖；3—保温层；4—横梁；5—吊挂装置；6—红砖；7—楔形耐火砖

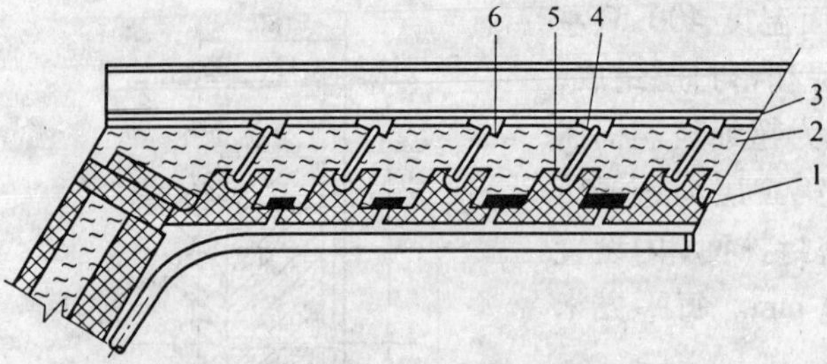

图 2.111　斜吊砖炉顶拱示意图

1—异形砖;2—硅藻土砖;3—密封层;
4—铸铁吊杆;5—短铁棍;6—吊环

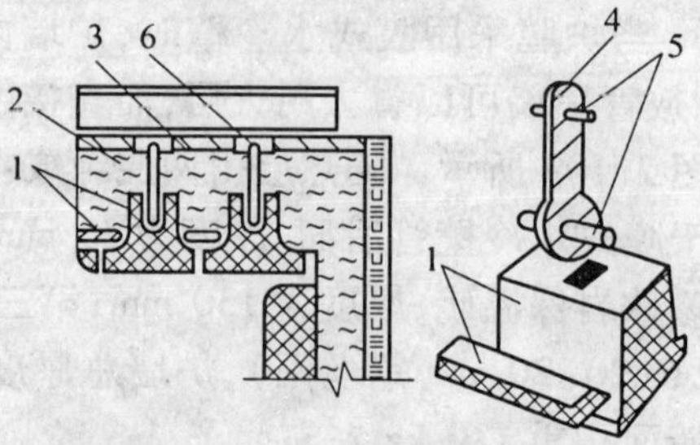

图 2.112　水平吊砖炉顶拱示意图

1—异形砖;2—硅藻土砖;3—密封层;
4—铸铁吊杆;5—短铁棍;6—吊环

(2)轻型炉墙炉顶。轻型炉墙的炉顶结构如图 2.113 和图 2.114 所示。大都由耐火混凝土 1,绝热混凝土 2 和耐热密封涂料 3 三层构成,在耐热混凝土中配有 $\phi6$ 钢筋网 5,耐热混凝土通过吊板 6 和吊架 7 固定在炉顶的钢梁上,在伸缩缝处填塞胶合板 4 ,以保证受热后的膨胀。

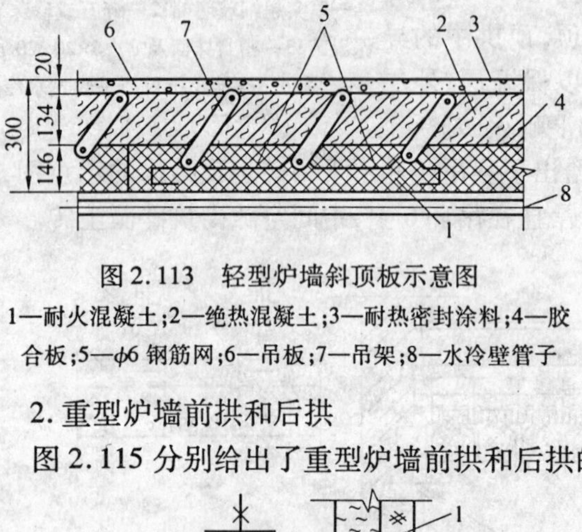

图 2.113　轻型炉墙斜顶板示意图

1—耐火混凝土;2—绝热混凝土;3—耐热密封涂料;4—胶合板;5—$\phi6$ 钢筋网;6—吊板;7—吊架;8—水冷壁管子

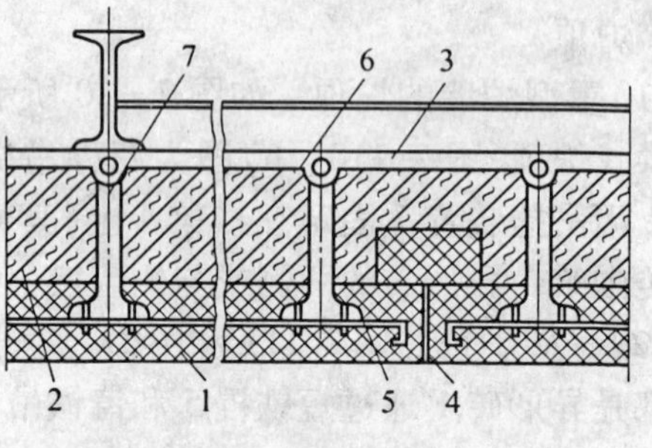

图 2.114　轻型炉墙水平顶板示意图

1—耐火混凝土;2—绝热混凝土;3—耐热密封涂料;
4—胶合板;5—$\phi6$ 钢筋网;6—吊板;7—吊架

2. 重型炉墙前拱和后拱

图 2.115 分别给出了重型炉墙前拱和后拱的结构,前拱中向火面的异形耐火砖通过铸铁

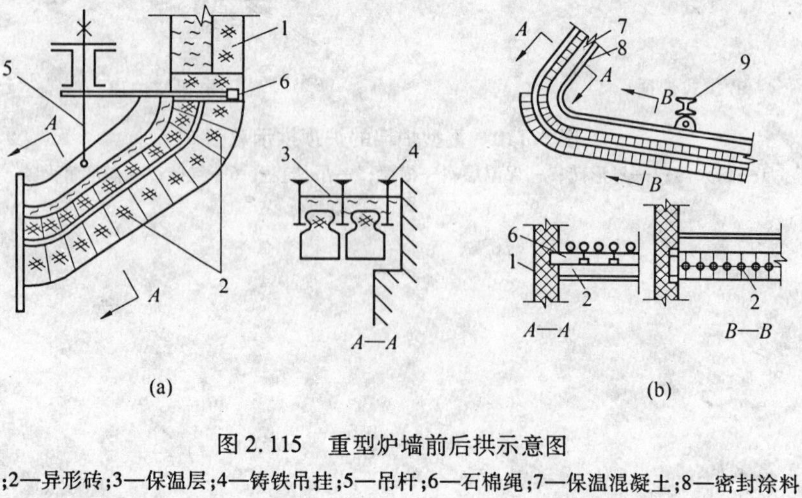

图 2.115　重型炉墙前后拱示意图

1—耐火砖;2—异形砖;3—保温层;4—铸铁吊挂;5—吊杆;6—石棉绳;7—保温混凝土;8—密封涂料;9—吊梁

吊杆4再用吊杆5悬挂在横梁上，在异形砖与炉墙前墙接合处应填充石棉绳6，后拱由异形砖2、保温混凝土7和密封涂料8三层组成，并由吊梁9承受其重量。

图2.116(a)显示了耐火砖悬拱的详细结构和吊挂方式。图2.116(b)则给出了用耐火混凝土代替异形砖的悬拱结构，由于异形砖吊挂施工较费工，现大多采用此型结构。

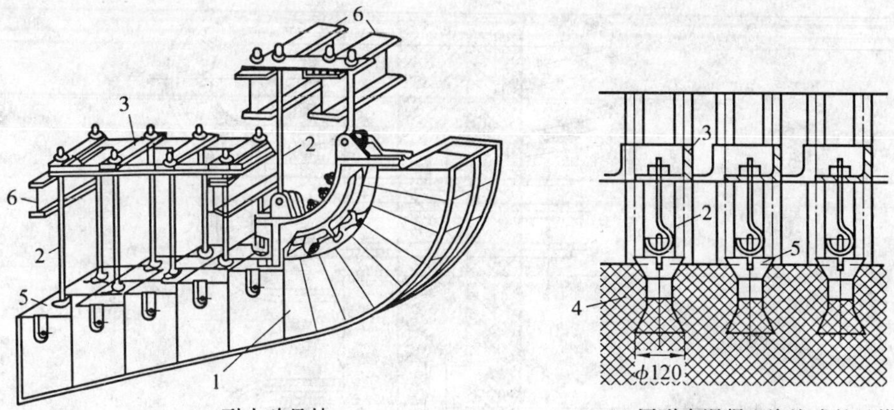

(a) 耐火砖悬挂　(b) 用耐火混凝土浇注成的悬拱

图2.116　悬拱的结构

1—异形砖；2—金属吊架；3—固定用的金属件；4—耐火混凝土；5—支吊零件；6—锅炉钢架

2.7.2.5　密封结构

膜式水冷壁顶棚管与水冷壁密封结构如图2.117所示，其中图2.117(a)是顶棚管与前水冷壁管接合处，图2.117(b)是顶棚管与侧水冷壁管接合处的情况，在水冷壁管上用珍珠岩瓦做隔热层，顶棚管4与前水冷壁管的间隙处填以耐火纤维1，并用梳形密封板5加以密封后用紧固装置3来加以固定。

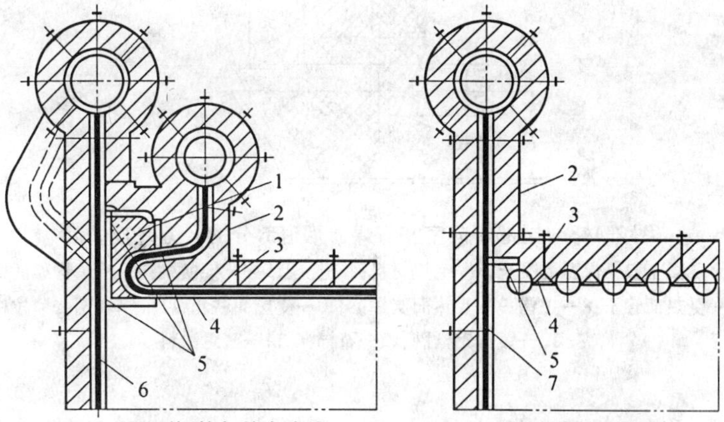

(a) 顶棚管与前水冷壁　(b) 顶棚管与侧水冷壁

图2.117　顶棚管与水冷壁密封结构示意图

1—耐火纤维；2—珍珠岩瓦；3—紧固装置；4—顶棚管(膜式)；
5—梳形密封板；6—前水冷壁；7—侧水冷壁

(1)省煤器烟道部分炉墙结构如图 2.118 所示。

(2)冷灰斗处炉墙结构。图 2.119 与图 2.120 分别显示出冷灰斗前后墙与侧墙结构。

(3)穿墙管接合处密封涂料。图 2.121 ~ 图 2.124 分别给了几种不同形式的金属密封结构。这些结构的共同特点是既保证穿墙管处良好的密封,又要能保证管子受热后的自由膨胀。

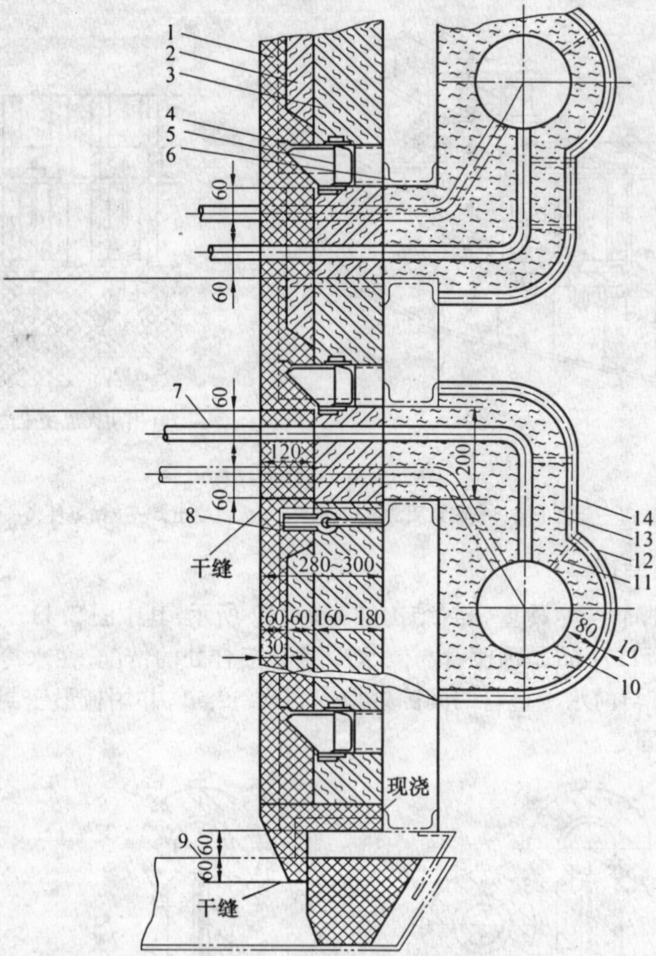

图 2.118　尾部转向室和省煤器烟道部分的轻型壁板炉墙

1—耐火混凝土;2—保温混凝土;3—绝热材料;4—托架;5—托架横梁;6—锅炉构架的框架梁;
7—受热面管子;8—拉钩;9—受热面支撑梁;10—受热面联箱;11—钢丝网张紧拉杆;
12—镀锌钢丝网;13—石棉泥;14—密封涂料

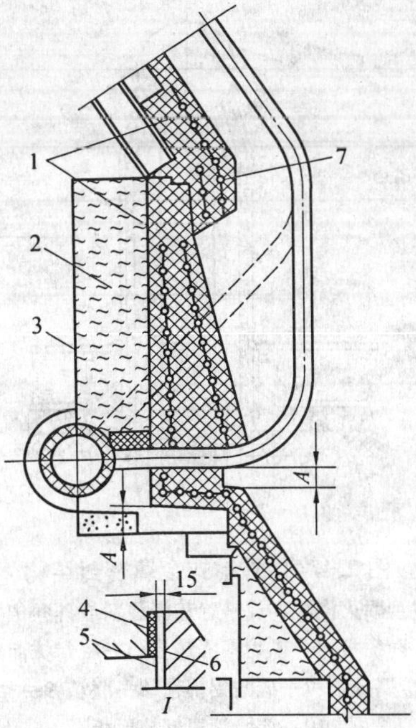

图 2.119　冷灰斗前后墙结构示意图

1—耐火混凝土；2—保温层；3—密封罩；4—石棉绳；5—钢板；6—ϕ8 圆钢；7—石棉板；I—15 mm 滑动间隙；A—膨胀量(mm)

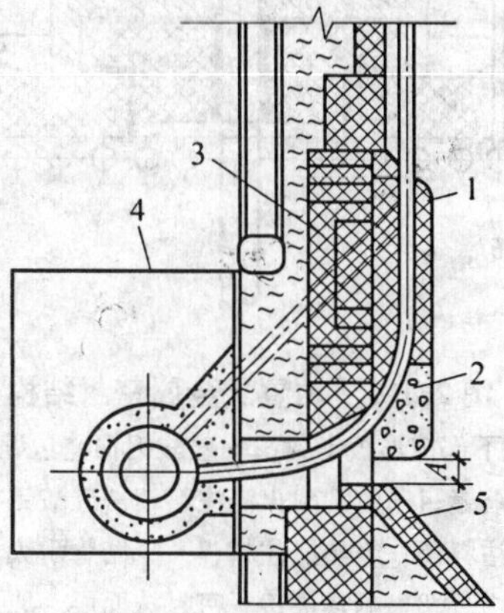

图 2.120　冷灰斗侧墙结构示意图

1—异形砖；2—耐火混凝土；3—石棉板；4—密封罩；5—膨胀间隙；A—膨胀量(mm)

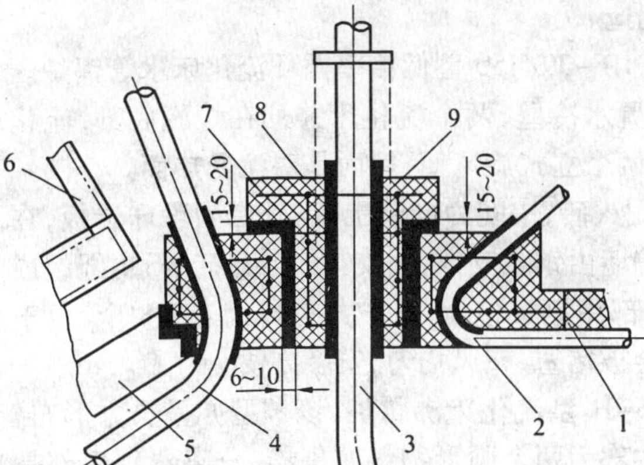

图 2.121　斜、平炉顶穿墙管接合处密封结构

注：密封

1—平炉顶；2—饱和汽管；3—后水冷壁；4—前水冷壁；5—斜炉顶；6—框架金属护板；7—伸缩缝；8—耐火浇注料；9—硅酸铝棉毡包缠层

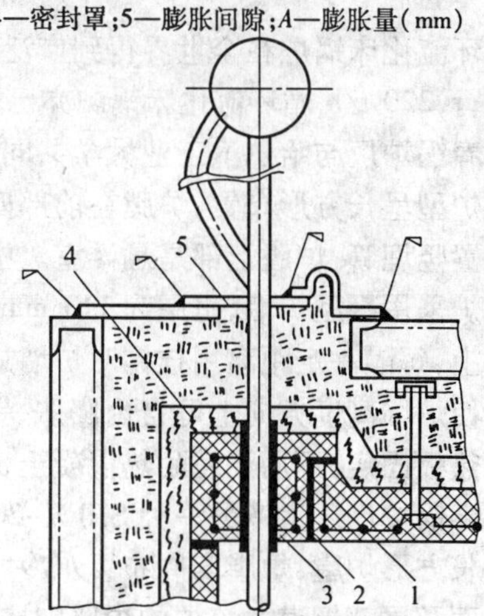

图 1.122　外置式金属密封结构

1—伸缩缝；2—穿墙管耐火浇注料；3—硅酸铝棉毡包缠层；4—密封隔热内层；5—梳形板卡封

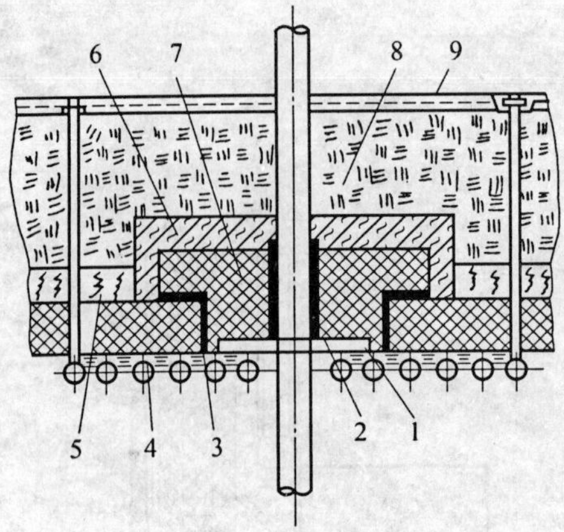

图 2.123　内置式金属密封结构

1—下部梳形板卡封;2—硅酸铝棉毡包缠层;3—伸缩缝;4—敷管耐火浇注料;5—硅酸铝棉毡或绝热浇注料;6—绝热浇注料;7—穿墙管耐火浇注料;8—隔热层;9—密封抹面层

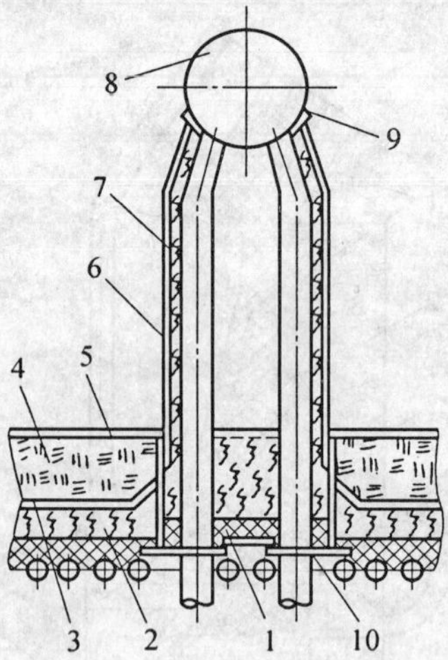

图 2.124　外罩式金属密封结构

1—敷管耐火浇注料;2—绝热浇注料或硅酸铝棉毡;3—内护板;4—矿物棉隔热层;5—密封抹面层;6—金属外罩;7—硅酸铝棉毡;8—联箱;9—垫板;10—穿墙管根部梳形板

2.7.3　循环流化床锅炉炉墙

循环流化床锅炉在全世界得到广泛应用。我国从 35 ~ 130 t/h 一系列循环流化床锅炉已投入运行,220 t/h 循环流化床锅炉亦已开发制造。

长春锅炉厂与哈尔滨工业大学共同研制 DHF-39/450 型低倍率循环流化床水管锅炉。

该炉型呈长方形布置,炉膛在前部四周布置水冷壁,两个流化床并列在炉膛底部,流化床两侧布置竖埋管,炉膛上部是悬浮室。中间是两个立式旋风筒,后面是对流受热面。

锅炉采用轻型炉墙,里层为 113 mm 厚的耐火砖,中间为硅藻土砖,外层为珍珠岩板,在高度方向上,每隔一定距离用挂钩对炉墙加固,炉墙由钢梁支撑,由支撑及异形砖、石棉绳组成的支撑带使炉墙高度方向上可自由膨胀,锅炉外部用钢板包覆,该炉共有风帽 1 518 个,由于风帽被挡热板固定,不用浇灌耐热混凝土,孔不会被堵塞,布风均匀,安装方便。

长春锅炉厂还生产另一种 SHFX-20-1.25-H 型流化床沸腾炉,该炉型亦呈长方形布置,前部为长方形炉膛,炉膛四周布置水冷壁管,中部为两个圆形物料捕集器(分离器),后部是对流受热面及尾部烟道。该炉的炉墙则按重型炉墙的结构布置,炉膛部分由耐火砖、微珠保温砖和红砖三层组成。对流受热面及尾部烟道则仅由耐火砖与红砖两层组成。物料捕集器内层与侧墙红砖层之间亦用微珠保温层填充,而在两物料捕集器中间与其他不易砌筑耐火砖的部位则用矾土水泥耐热混凝土或硅酸盐耐热混凝土填塞,炉墙砌筑的要求与普通重型炉墙砌筑要求相同。

2.7.4　锅炉炉墙材料

炉墙材料包括耐火材料、隔热材料、密封材料以及部分普通建筑材料和耐热金属等。

在锅炉安装和修理过程中,合理的选用炉墙材料对确保锅炉炉墙的砌筑质量,安全经济的运行和提高锅炉服役年限都具有非常重要的作用,通常应在满足使用要求、确保锅炉运行安全和经济前提下选取质优、价廉和便于施工的炉墙材料,以达到既保证炉墙安全经济的使用又节约施工费用,缩短施工期限的目的。

2.7.4.1 耐火材料

1. 耐火材料的要求

耐火材料是耐火度不低于1 580 ℃ 的无机非金属材料。锅炉在运行时受到高温的物理、化学和机械等作用,使耐火材料产生熔化、崩裂、熔融和磨损等损坏现象。不仅使运行中断还会造成设备和人身方面的事故。因此,对耐火材料应有严格的要求,可分以下几点:

(1)软化和熔融温度高,使其在工作温度下不会发生软化和熔融。

(2)能承受锅炉载荷及高温操作中的应力作用,不软化变形,不断裂坍塌。

(3)在高温下体积稳定,不致由于膨胀和收缩使砌体变形或出现裂纹。

(4)在温度急剧变化或受热不均时不致破裂和剥落。

(5)对液态、气态及固态物质的化学侵蚀,应具有一定的耐侵蚀能力。

(6)应具有足够的强度和耐磨性能,以承受高温高速火焰、烟尘和炉渣的冲刷与撞击。

(7)为保证炉墙的砌筑质量,制品的外形尺寸应符合规定的要求并有一定的导热性能。

2. 常用耐火材料

(1)耐火砖

锅炉炉墙使用的耐火砖,主要有以下几种:

①黏土耐火砖。黏土耐火砖是含 Al_2O_3 质量分数为30% ~48%的硅酸铝质耐火制品。它是以熟料作催化剂,以软质黏土作结合剂,在1 300 ~1 400 ℃温度下烧成的制品。呈黄棕色,含氧化铁越高,颜色越深。具有良好的热震稳定性,黏土耐火砖属弱酸性,具有较强的抗酸性渣侵蚀的能力,对碱性物质的抵抗性较弱。

②高铝砖。一般将 Al_2O_3 的质量分数大于48%的硅酸铝质耐火制品统称为高铝耐火制品。制造高铝砖的主要原料有硅线石族矿物(如硅线石、蓝晶石、红柱石),高铝矾土熟料和合成莫来石,人造刚玉及工业氧化铝等。烧成温度一般为1 500 ~1 600 ℃,高铝砖的耐火度及荷重软化温度(1 420 ~1 550 ℃ 以上)比耐火黏土砖高,抗酸、碱性熔渣的侵蚀能力强,高温机械性强度随着 Al_2O_3 质量分数的增加而提高,但热震稳定性较低,常用于燃油、燃气锅炉的炉底及其他高温区。

③轻质耐火砖。轻质耐火砖是指气孔率高、密度小、热导率低的耐火制品,其特点是具有多孔结构和高的隔热性,也称为隔热耐火制品。轻质耐火砖的缺点是抗渣性能差,机械强度低,耐磨性能差和热震稳定性不好,因此不能直接接触熔渣的部位。不能用于承重结构、烟尘磨损及流速大的烟气流及机械振动大的部位。但作为锅炉的隔热层,可减轻炉体的重量,降低和改善环境温度。

耐火砖按其外形的复杂程度或其尺寸、质量可分为标型、普型、异形和特性制品。通常在锅炉炉墙砌筑中使用的Tz-3 型的尺寸为230 mm×114 mm×65 mm,体积为1 704.3 cm^3,此外还有各种尺寸的侧楔形砖(TC 型)、竖楔形砖(TS 型)和宽楔形砖(TK 型),常用耐火砖的尺寸、允许偏差见表2.28。

表 2.28　锅炉常用耐火砖的尺寸和外形应许偏差(mm)

项目	黏土耐火砖	高铝砖			轻质耐火砖
	1 级	2 级	1 级	2 级	
尺寸允许偏差≤100 mm					±2
101～400 mm	±1.5	±2.5	±1.5	±2.5	
101～250 mm	±2.0	±2.5	±2.0	±2.5	±3
251～400 mm					±5
扭曲长度≤250 mm	1.5	2.0	1.5	2.5	2.0
251～400 mm	2.0	3.0	2.0	3.0	3.0
缺角深度不大于	7	9	5	8	7
缺棱深度不大于	5	7	5	7	7
熔洞直径不大于	5	8	5	8	8
裂纹长度　裂纹宽度≤0.25 mm	不限	不限	不限	不限	不限
0.26～0.5 mm	40	80	25	80	不限
0.51～1 mm	30	40	不准有	40	30
>1 mm	不准有	不准有	不准有	不准有	不准有

(2)耐火混凝土

耐火混凝土是不定型耐火材料中的一个重要品种。由耐火骨料、粉料和结合剂按一定比例经成型、养护和烘烤而成。可以现场配制施工,也可预制成形,实行吊装砌筑,与耐火砖相比简化了制作工艺,降低了制作成本,加快了砌筑速度,并使炉墙砌体具有良好的整体性。

耐火混凝土按结合剂不同可分为水泥结合剂(硅酸盐水泥、矾土水泥、低钙铝酸盐水泥等)耐火混凝土和无机结合剂(水玻璃、磷酸盐)耐火混凝土等。按使用温度不同可分为低温(<1 000℃)、中温(1 000～1 200℃)和高温(>1 200℃)耐火混凝土三种,此外还有重力密度较低的轻质耐火混凝土。

(3)耐火可塑料

耐火可塑料是具有合理粒度的耐火骨料、粉料和可塑性黏土以及结合剂、增塑剂、水等经充分混炼后制得的,并在较长时间保持较高可塑性的一种不定形耐火材料。通常以具有可塑性的软坯状或不规则的料团形式供货,施工时采用捣打、振动等方式构筑内衬。具有现场使用方便,无需特殊养护,热震稳定性好,抗剥落性好,使用寿命长以及整体密封性好等优点。主要用于:

①带销钉的水冷壁管上的涂料,如液态排渣炉熔渣段的水冷壁的覆盖层。

②保护锅筒和集箱等不受高温烟气灼烤的涂料。

③保护烟道内金属构件不受飞灰磨损的覆盖层。

④代替管子穿墙处和管子稠密交叉处异形砖起密封和耐高温作用。

⑤修补局部损坏的炉墙。

2.7.4.2　隔热材料

1.隔热材料的要求

隔热材料是指体积密度小,导热系数低对热量可起屏蔽作用的材料,也称保温材料或绝热材料。用于炉墙的隔热层和需要隔热的设备及管道。对隔热材料有如下要求:

(1)密度小于 1 000 kg/m^3,导热系数不超过 0.29 W/(m·K)。

(2)成型制品的抗压强度不小于 0.3 MPa,散装材料应有足够的强度,收缩量小。

(3)不燃烧,不腐蚀,且吸湿性小。

(4)一般最高使用温度应在 400 ℃以上,使隔热表面温度应在允许范围内。常用隔热材料使用温度见表 2.29。

表 2.29　隔热材料使用温度范围

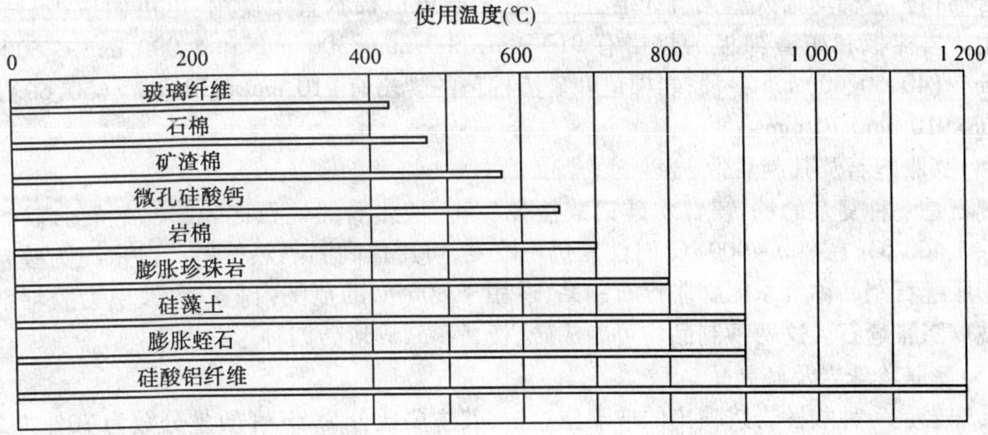

2. 常用隔热材料

(1)硅藻土及其制品

硅藻土是藻类有机物腐败后经地壳变迁而形成的,其主要成分为质量分数在 75% ~85% 之间的非晶体二氧化硅和少量黏土杂质。熔化温度在 1 000 ~1 200 ℃范围内,由细微气孔组织构成,气孔率可达 85% ,具有良好的隔热性能。

①硅藻土灰:有生料和烘干料两种,生料用于砌筑泥浆和隔热层抹面。烘干料用于填充隔热层,一般用在 900 ℃以上部位。

②硅藻土石棉灰:是一种松散状隔热材料,俗称鸡毛灰。一般是由 85% 的硅藻土和 15% 的低级石棉组成。使用温度不大于 600 ℃,密度不大于 450 kg/m^3,水分不大于 7% ,导热系数不大于 0.07 W/(m · K)。

③硅藻土砖:是由硅藻土和添加物经成型、烘干,在 850 ~900 ℃烧成。体积密度小,气孔率大,耐火度在 1 280 ℃以上,只能用在 900 ℃以下隔热部位,不能直接接触火焰。尺寸有 250 mm×123 mm×65 mm 和 230 mm×114 mm×65 mm 两种。

(2)石棉及其制品

石棉是由蕴藏在中性或酸性火成岩床中的一种非金属——石棉矿加工而成的纤维状材料。石棉松解后的纤维直径可细至 0.5 μm,长度介于 1 ~40 mm 之间,具有大的抗拉强度和弹性,在松散状态下具有较小的密度及导热性。石棉的耐碱性很强,但其耐酸性较弱,石棉不燃烧,有较好的耐热性。

加热时随着结构水的消失,其强度显著下降。石棉的使用温度长时间为 500 ℃,短时间可提高到 600 ℃。根据纤维的长度不同,机选石棉分为 6 级,纤维长度由 15 ~1.5 mm ,较长的可搓成石棉绳,织成石棉布,较短的可用来制作石棉灰或石棉板等。

①石棉灰:经常与轻质碳酸镁、碳酸钙及轻质耐火土等混拌在一起做隔热材料。

②石棉绳:是用石棉纱、线(或夹金属丝)编织而成的,最高使用温度不超过 360 ℃。

③石棉板:是以石棉为主要原料,加入黏结剂和填充料而制成板状的隔热材料。最高使用温度不超过600 ℃,规格有850 mm×850 mm和1 000 mm×1 000 mm两种,厚度1.0~2.5 mm,每1 m^3 石棉板的质量按1 000 kg计算。

(3)岩棉、矿渣棉及其制品

岩棉和矿渣棉均为人造无机纤维材料。它们既可以棉状直接使用,也可做成板、毡、管壳等使用。岩棉板和矿渣棉板的规格有910 mm×500 mm×300 mm和1 000 mm×(600、700、800)mm×(40、50、60)mm各种;岩棉毡和矿渣棉毡的规格有910 mm×630 mm×(50、60)mm和300 mm×910 mm×70 mm各种。

(4)膨胀蛭石及其制品

蛭石是一种复杂的铁、镁含水硅铝酸盐类矿物,加热后的蛭石称为膨胀蛭石。其熔点为1 300~1 400 ℃,在800~900 ℃时性能仍不改变,可用作高温隔热材料。以水泥为胶粘剂制成的膨胀蛭石制品称为水泥膨胀蛭石制品,适用于800 ℃的范围内。以水玻璃为胶粘剂可制成水玻璃膨胀蛭石。这两种制品均可制成砖、板、管壳、异形砖四种形式。

(5)膨胀珍珠岩及其制品

珍珠岩是一种酸性岩浆喷出的玻璃质熔岩,其主要成分为SiO_2(质量分数为70%左右)和Al_2O_3(质量分数为11%~14%)。膨胀珍珠岩制品按用途分为建筑物用膨胀珍珠岩绝热制品(用J表示),设备及管道、工业炉窑用膨胀珍珠岩绝热制品(用S表示);按密度分为200号、250号和350号。膨胀珍珠岩制品的最高使用温度不高于900 ℃。

(6)隔热混凝土

隔热混凝土(亦称保温混凝土),是用轻质隔热材料如硅藻土砖、膨胀蛭石、膨胀珍珠岩作为骨料,用水泥作结合剂,加水配制而成,经浇注养护可制成任意形状的保温材料。隔热混凝土常作为炉墙上与耐火混凝土层紧贴的隔热层。

(7)纤维状隔热材料

纤维状隔热材料是一种新型的保温材料,具有密度小,导热率低,不燃烧等优点。作为膜式水冷壁炉墙隔热层最为理想,它可以直接敷填也可以制成毡状。常用的有以下两种:

①超细玻璃棉:是一种纤维直径特别细的玻璃纤维。对皮肤无刺激感,密度仅8~12 kg/m^3,(玻璃棉毡的密度为15~18 kg/m^3),常温下导热系数为0.033~0.035 W/(m·℃),耐温400 ℃左右,除隔热性能外,还有良好的隔声作用。

②硅酸铝耐火纤维:也称为耐火陶瓷纤维,是一种耐高温的纤维状保温材料,其使用温度可在1 000~1 100 ℃左右,可制成板、毯、管壳、毡状。

2.7.4.3 密封涂料

在敷管炉墙和轻型炉墙的外表层,大都有一层用薄钢板或波纹钢板做成的保护层。为了节约钢材,降低炉墙造价,现一般都用密封涂料。炉墙的外护层(密封层)要求保证锅炉的良好密封,减少漏风,同时保护炉墙免受外界环境的侵蚀,这对露天布置的锅炉更为重要。锅炉炉墙用的密封材料必须具有良好的密封性,透气性小,还应具有良好的抗侵蚀能力。常用的密封涂料的性能见表2.30。

表 2.30　几种密封涂料的主要性能

名称	密度/($kg \cdot m^{-3}$)	导热系数/($W \cdot m^{-1} \cdot K^{-1}$)	适用范围
石棉耐火抹面	1 600	0.407(t≤75 ℃)	<160 ℃锅炉顶板抹面
石棉硅藻土抹面	1 000	0.407(t≤50 ℃)	<160 ℃轻型混凝土护墙抹面
石棉硅藻土涂料			重型护墙抹面
石棉菱苦土涂料	1 400	0.35(t≤50 ℃)	
石棉沥青膏涂料			露天锅炉炉墙外表面

2.7.4.4　其他砌筑材料

在锅炉炉墙砌筑中，除使用耐火材料、隔热材料、密封涂料以外，在外墙及其他低温部位还使用一些普通的红砖，在耐火混凝土与隔热混凝土与密封涂料中也需不同型号的水泥、水玻璃和磷酸溶液做结合剂与添加剂。

1. 普通黏土砖

一般建筑用的普通黏土砖，在锅炉炉墙中用在温度较低(小于 700 ℃)且变化不大的部位，如重型炉墙的外墙、烟道等低温部位。按颜色分为红砖与青砖，按抗压强度的高低分为 MU30、MU25、MU10、MU15 和 MU20 五个强度等级。

普通黏土砖的外观要求、尺寸偏差应在一定范围内，剖开断面没有影响强度的有害杂质和过大的孔洞，从色声上观察，色深的火候足，敲击声音响亮的强度高，色浅的欠火，敲击声哑的强度低。砖吸水的多少与熔烧的火候亦有关，欠火的吸水多，这种砖强度低、易受冻融的破坏，过火的砖吸水少，这种砖强度高、导热大、隔热性差。普通黏土砖的标准尺寸为 240 mm×115 mm×53 mm，每块砖的质量约 2.5 kg。

2. 水泥

炉墙砌筑中，水泥主要用来作为耐火混凝土、保温混凝土和耐火可塑料中的结合剂，以及各种密封涂料和砌砖用灰浆的配料。常用的几种水泥如下：

(1) 硅酸盐水泥

以适当成分的生料烧至部分熔融后所得的以硅酸钙为主要成分的熟料，加入适量的石膏，磨细制成水硬性胶凝材料。硅酸盐水泥适用于一般地上工程，早期应达到设计强度的工程和低温环境中需要强度增加较速的工程，不宜用于受侵蚀作用的结构和大体积混凝土工程。

(2) 矾土水泥

矾土水泥亦称高铝水泥，以适当成分的生料，经烧结或熔融所得的弱碱性铝酸钙为主要成分的熟料或融熔块，磨成细粉后制成的一种早期强度增进率快的水硬性胶结材料。矾土水泥带为黄色或褐色，也有呈灰色的，矾土水泥对矿物水的侵蚀作用具有很强的抵抗性，但禁止用于接触碱液的工程。使用时应注意以下几点：

①不得与硅酸盐水泥、石灰等析出 $Ca(OH)_2$ 的胶凝物质混合使用，造成强度降低。

②不得在高温、高湿度条件下养护。

③在硬化过程中，环境温度不得高于 30 ℃。

④自混凝土硬化开始直到冷却到周围温度相等的时间内，必须加强浇水养护。炉墙中使用的高强水泥应符合国标的规定，保管期超过 2 个月应重新检验。

(3) 矿渣硅酸盐水泥

由硅酸盐水泥熟料和粒化高炉渣，加入适量石膏磨细制成的水硬性胶凝材料而成的水泥都称为矿渣硅酸盐水泥。这种水泥对硫酸盐侵蚀的抵抗能力及抗水性均较好，但不宜用于低温(10 ℃ 以下)环境及早期强度要求较高的工程。

(4)低钙铝酸盐耐火水泥

低钙铝酸盐耐火水泥是以优质矾土和熟石灰为原料，经烧结、磨细而制成的一种具有耐火性的水硬性胶凝材料。具有耐火性能好，强度稳定的特点。耐火温度不应低于1 650 ℃，主要用来调制耐火混凝土和耐火泥浆。使用时不得与石灰、硅酸盐水泥混合，但可与已硬化的硅酸盐水泥接触使用。

3. 沙

沙的粒径按颗粒大小可分三级：粗沙，平均粒径不小于 0.5 cm；中沙，平均粒径不小于 0.35 cm；细沙，平均粒径不小于 0.25 cm。沙的品质要求颗粒坚硬洁净，不得含限重的勃土、草根、树叶、碱质及其他有害物质，有害物质的限量(以重量计)如下：黏土、泥灰、粉末等为 3%，煤屑、云母等 0.5%，三氧化硫 1%。

砂浆强度等级有 M2.5、M5、M7.5、M10、M15 五个等级。

4. 结合剂与外加剂

(1)水玻璃：水玻璃用来调制泥浆、涂料和耐火混凝土。其成分是硅酸钠，溶液呈青灰色半透明的稠状液体，是一种矿物胶，不燃烧，也不腐蚀。水玻璃的黏度随模数、密度的提高而增大，但却随着温度的升高而下降。水玻璃的密度较大时，需加水稀释，加水量按下式计算

$$V = \frac{\rho_0 - \rho}{\rho - 1} V_0 \tag{2.9}$$

式中　F——稀释用水量；

ρ_0——稀释前水玻璃溶液的密度；

ρ——稀释后水玻璃溶液的密度；

V_0——需稀释的水玻璃溶液量。

为了加速硬化，可掺入促凝剂氟硅酸钠，其加量为水玻璃质量的 12% ~ 15%。

炉墙砌筑中所用的水玻璃模数不低于 2.2，相对密度(20 ℃时)不低于 39。

(2)氟硅酸钠：用来加入水玻璃内作促凝剂，以加速水玻璃的硬化。氟硅酸钠(Na_2SiF_6)为白色结晶状粉末，在水中溶解度很小，呈酸性反应，有毒。受潮结块时需经烘干、粉碎和过筛后方可使用。烘干的温度不应超过 65 ℃，以免氟硅酸钠析出 SiF_4 而挥发掉。

5. 金属材料

在炉墙结构中也需使用一些金属材料，如重型炉墙的炉顶与前后拱中吊挂异形砖的吊挂装置、吊杆、吊梁等。轻型炉墙中的拉钩、托架、托架支座，炉顶上的吊板、吊架、梳形密封板，敷管炉墙中固定在水冷壁管上的拉杆等，这些金属零件根据其所在部位温度的不同，分别由灰口铸铁、耐热铸铁、普通碳素钢和耐热合金钢制成，大多数部件由锅炉制造厂提供。在轻型炉墙与敷管炉墙的耐火混凝土层及密封保护层内，也需用直径 6 mm 及直径 1 ~ 2 mm 的钢丝配筋做成的钢丝网。这些钢筋或铁丝网多用退火的镀锌钢丝，而在高温部位用耐热合金钢丝或经过渗铝处理的碳素钢丝。此外作为外墙的保护层及集箱的罩壳，也有用薄钢板或波纹钢板做成炉墙的护板及装饰板。锅炉炉墙常用金属材料及其使用温度见表 2.31。

表 2.31　锅炉炉墙常用金属材料及其使用温度

钢种	牌号	最高使用温度/℃	线膨胀系数×10^{-6}/℃$^{-1}$			
			20～300℃	20～400℃	20～500℃	20～600℃
碳素钢		450	12.78	13.38	13.93	14.38
耐热钢及不锈钢	12CrMoV	580	13.35	13.6	14.15	14.6
	1Cr13	700 以下	11.5	12.0	12.0	
	1Cr18Ni9Ti	900 以下	17.2	17.5	17.9	18.2
灰口铸铁	HT-100 HT-150	500	注:用于炉墙承载构件			
耐热铸铁	RTCr	550	注:用于高温炉墙承载构件			
	RQTSi5	900				

2.7.5　锅炉炉墙的砌筑

2.7.5.1　炉墙砌筑前的准备工作

1. 施工现场应具备的条件

(1)施工部位的钢结构、受热面、炉墙零件及其他装置的组合和安装(包括焊缝检查)以及水泥试验已完成,并验收合格。锅炉水压试验合格后,才可进行炉墙砌筑施工。

(2)炉墙施工部位的临时设施(拉筋、支撑等)应全部清除,现场干净、清洁,并经检查合格。

(3)施工部位应有防雨或防冻措施。施工的安全技术、劳动及环境保护,必须符合国家现行有关规定。

2. 施工材料的检验

炉墙砌筑所使用的耐火材料,隔热材料及其制品,无论是原材料还是制品的质量均应符合相应的国家标准或行业标准的要求。施工前运到现场的原材料及其制品,应先核对产品合格证书,作外观检查后,再按批抽样检验,检验合格后方可使用。检验项目见表 2.32。上述项目的检验方法可参照《火力发电厂热力设备和管道保温材料技术条件及检验方法》和《火力发电厂耐火材料技术条件及检验方法》进行。

3. 施工材料的堆放与运输

(1)仓库。耐火材料、隔热材料、填料和泥料,一般都要求在仓库和棚房内存放。仓库面积包括堆放材料的有效面积和人行道及运输线路占地辅助面积两部分,可按下式计算

$$A=\frac{Q}{P}\cdot\frac{1}{K} \tag{2.10}$$

式中　A—— 仓库面积,m^2;

Q—— 材料储备量,t;

P—— 每平方米仓库面积堆放量,t/m^2;

K—— 仓库面积有效系数,取 0.65。

(2)耐火砖堆放要求。应按施工顺序堆放,先施工的砖尽量靠近运输线路,按不同规格的砖分别堆成砖垛,并堆放整齐。同一砖号的砖垛内,只允许有一个不完整的砖垛。砖垛间的通道,人行道不小于 600 mm,运输道为 1.5～2 m,砖垛与墙之间的间距不小于 500 mm。

表 2.32　耐火隔热制品及原材料检验项目(△表示应检验)

名称		密度	Al_2O_3 含量	耐火度	常温耐压强度	尺寸偏差及外观	热导率	使用温度	粒度(细度)
耐火砖	耐火黏土砖①		△	△	△	△			
	轻质耐火砖	△		△	△	△			
	普通高铝砖		△	△	△	△			
隔热制品	膨胀珍珠岩、硅藻土、蛭石、硅酸钙制品	△	△			△	△	△	
	硅酸铝纤维、矿渣棉、岩棉玻璃棉制品	△				△	△	△	
	硅酸铝耐火纤维绳等②							△	
隔热松散材料	膨胀珍珠岩、硅藻土、蛭石等	△					△	△	△
	硅酸铝纤维、岩棉、矿渣棉、玻璃棉等	△					△	△	△(纤维直径)
	硅藻土粉等	△					△	△	
耐火灰浆	黏土质耐火泥			△					△
	高铝质耐火泥		△	△					△
耐火混凝骨料	耐火黏土砖粒	△	△	△					△
	烧黏土骨料	△	△	△					△
	烧矾土骨料	△	△	△					△
红砖	红砖	△			△	△			

①尚需检查热振稳定性;

②尚需检查烧失量和水分含量;

③检查渣球含量。

(3)运输。水平运输一般用轻轨小车、三轮车和胶轮手推车,将材料由库房送到现场。垂直运输通常使用的是装置在锅炉顶部的卷扬机或电动葫芦配合吊装斗或笼,将耐火材料从地面输送到各施工台,或用链斗和提升机,由施工单位根据现有机具能力安排。

4. 炉墙施工和验收工作的依据

(1)炉墙的砌筑工作应遵照锅炉制造厂提供的炉墙图纸、炉墙砌筑说明书、炉墙材料配制说明等技术文件进行。

(2)对于工业锅炉的炉墙砌筑,除按照锅炉厂提供的图纸资料外,可参照国家标准《工业炉砌筑工程施工及验收规范》(GB 50211—2004)中有关规定;以及《工业炉砌筑工程质量检验评定标准》(GB 50309—1992)第 1 章至第 4 章、第 16 章有关规定和国家标准《工业锅炉安装工程施工验收规范》(GB50273—1998)第 8 章有关规定进行。

(3)对于主蒸汽压力为 3.82 MPa,主蒸汽温度为 450 ℃,容量为 65 t/h 以上的国产中压锅炉的炉墙砌筑,除按照锅炉厂提供的图纸资料进行外,应参照电力行业标准《电力建设施工及验收技术规范》(DL/T 5047—1995)锅炉机组篇第 9 节,以及《火力发电厂锅炉炉墙检修工艺规程》(DL/T 638—1997)有关规定执行。

2.7.5.2　炉墙常用的砌筑方法和要求

1. 砌砖的基本规则

(1)耐火材料与隔热材料要防止受到潮湿。

(2)耐火砖砌体应错缝砌筑,上下层不得有垂直通缝,多层砖不得有里外通缝,砖缝内的泥浆应饱满、均匀。

(3)红砖砌体表面应清洁,并勾缝,红砖砌筑前宜事先用水浸湿。

2. 砌筑的方法与要求

(1)基础找平和画线:砌筑炉墙前,需将炉体基础表面用高标号水泥砂浆找平,然后在炉体基础上按照炉体施工时放出的纵向及横向中心线,放出各部位墙身线。炉体四周的墙身放线应自内向外进行,以保证炉膛的正确尺寸。

(2)炉墙的砖缝与错缝砌法:砌筑时多数采用平砌,有时也采用侧砌。

砌体各部位砖缝厚度见表2.33。

表2.33　砌体各部位允许砖缝厚度(mm)

部位名称		砖缝允许厚度			部位名称	砖缝允许厚度			
		Ⅱ	Ⅲ	Ⅳ		Ⅰ	Ⅱ	Ⅲ	Ⅳ
落灰斗			3		省煤器墙			3	
前、后拱及各类拱门		2			折焰墙			3	
燃烧室	无水冷壁	2			硅藻土砖			5	
	有水冷壁		3		烧嘴砖		2		
炉顶			3		红砖外墙				8~10

注:Ⅰ、Ⅱ、Ⅲ、Ⅳ为耐火砌体分类。

砌体灰浆的饱满度应不低于90%,砌体砖缝的厚度在炉子角部分砌体每5 m^2 的表面上用塞尺检查10处,其中比规定砖缝厚度大50%以内的砖缝:对Ⅰ、Ⅱ类砌体不应超过4处,对Ⅲ、Ⅳ类砌体不应超过5处。

(3)炉墙砌筑的平整度与垂直度:炉墙砌筑应平整垂直,而且砖层必须水平。为此,墙的直线部分按照砌砖边缘拉紧的线绳进行砌筑,用标杆控制砖层的厚度,角层砖的实际厚度刻在标杆上,也可以将砖层正确厚度标记在附近钢架立柱上,代替标杆。用水平尺检查砖层的水平度,用靠尺板或线坠检查炉墙的垂直度,如误差不大且灰浆还未硬化时,可做适当地校正,否则必须拆除重新砌筑,砖砌体的允许偏差见表2.34。

表2.34　砖砌体允许尺寸偏差

部位			允许偏差/mm	部位	允许偏差/mm
垂直度	黏土砖墙	每米	3	黏土砖墙面表面平整度	5
		全高	15	挂砖墙面表面平整度	7
	红砖墙	全高≤10 m	10		
		全高>10 m	20	红砖清水墙面表面平整度	5
炉膛的长度与宽度			±10	烟道的宽度、高度	±15
炉膛的对角长度之差			15	拱顶跨度	±10

注:表面平整度用2 m长靠尺与砌体之间的间隙。

(4)拉固砖的砌筑:拉固砖亦称牵连砖,如炉墙内层、外层为耐火砖和红砖,中间砌筑保温砖时,这些层的每一砌体都必须单独砌筑,各层间按设计留出空气夹层,为防止分离和保持炉墙的稳定性,在耐火砖砌至一定高度后,应进行外墙红砖的砌筑,并要进行内外墙的互相拉固,拉固砖的砌筑方法为水平方向每隔 1 m,垂直方向 6 ~ 8 层用标准耐火砖丁砌 1 块拉固砖。必须在耐火砖墙上向相邻的红砖墙或保温砖墙上搭接拉固砖,如图 2.125 所示。

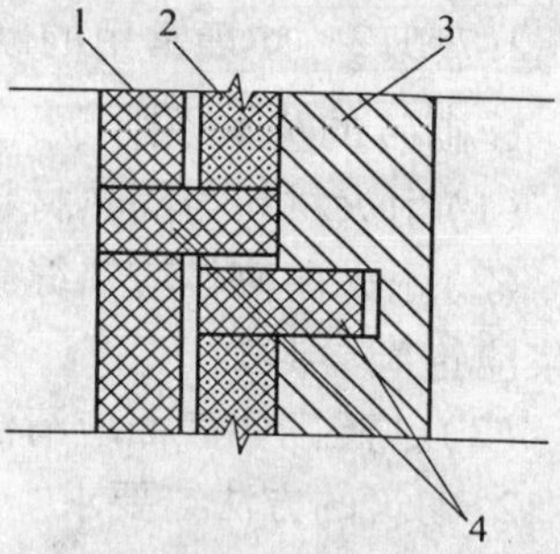

图 2.125　拉固砖砌筑
1—耐火砖;2—隔热砖;
3—红砖;4—拉固砖

在砌拉固砖时,不能把内外墙空隙全部盖没。耐火砖内墙与红砖外墙除设备技术文件上有规定外,一般不允许牵连砌筑。

(5)排气孔的留设:砌筑红砖层时,应留设适当数量直径为 20 mm 左右的金属短管作烘炉排气孔,一般每 1.3 ~ 1.5 m 左右留设 1 根,水平方向间距为 1.5 m 左右;如果不用金属管也可在墙中设 60×60 mm 左右的孔烘完炉后再将排气孔洞堵死。

(6)墙内钢结构件的砌筑:砌筑在炉墙内的立柱、横梁、炉门框、窥视孔等金属件与耐火砌体接触面之间应铺贴石棉板。砌在墙中的管子应缠石棉绳,以保证通过砌体的水冷壁管、集箱、管子等可以自由膨胀。在横梁及托架上砌砖时,只允许用少量的耐火可塑料找平,不得用松散材料垫底,也不允许任意加工异形砖。砌在炉墙上的大的门孔应在钢架上加以固定,并注意要牢靠和密封。

(7)炉墙表面与管子间的间隙:炉膛内各受热面管束、锅筒、集箱与炉墙表面应留有一定间隙,以保证受热后膨胀。各部位间隙允许误差见表 2.35。

表 2.35　炉墙表面与受热面管子间间隙允许误差

各处间隙位置	允许误差 /mm	各处间隙位置	允许误差 /mm
水冷壁管中心与炉墙表面距离*	+20,-10	折焰墙与侧墙表面间隙	+5
过热器、再热器、省煤器管中心与炉墙表面距离*	+20,-5	集箱、穿墙管壁与炉墙间间隙	+10
汽包与炉墙周围间隙	+10,-5	水冷壁下集箱与灰渣室炉墙之间距离	+10

注:由于受热面和钢结构安装的累积偏差,致使达不到允许的偏差要求时,以不影像膨胀为主。可使炉墙与管外壁净距离适当减少,但不得小于 5 mm。

(8)接口的形式:在砌墙过程中有停歇或暂时性阻碍时,砌砖应留出阶梯形斜搓,不允许留垂直的接口和齿形接口,只有当组合砌砖时,才允许留出尺寸为 1/4 ~ 1/2 砖长的齿形接口。

3. 炉墙不同部位砌筑要求

(1)炉底砌筑

铺底有两个目的:一是为准备炉底和炉墙砌砖的基底,其次是为炽热烟气相接触的炉膛和烟道底部造成平整的表面,这些部位的基底的砌筑称为铺底。基础水平误差较大时,可用水泥砂浆找平,个别高凸部位可以用砍削方法修平,以符合规定的要求。基底表面用浓泥浆铺砌,砌筑坡形基底砖时,可先在两侧墙上划出坡度线,然后按线砌筑。如用大块砌体砌斜坡形时,可采用平砌退台的方法砌筑,并将退台留下的阶梯形用相同材质的耐火混凝土填成斜坡形表面,然后再铺底砖。

铺底砌砖由炉体或烟道中间的横向中心线开始,向两边的端部进行。铺底是横着炉体顺砌、平砌或侧砌,但同样要遵守错缝规则。炉底及烟道的最上一层砖,一般将砖横砌与炉渣及气流流动方向垂直。

(2)墙角砌筑

墙角是砌体的薄弱部位,在砌筑过程墙角起着基准作用,是每层砖拉线的依据。墙的垂直度、水平度、砖缝厚度以及横向竖缝的排列等都是以墙角为基准点的,因此墙角砌筑的好坏直接影响墙体的质量,墙角砖应挑选不缺棱掉角、不扭曲、厚度均匀的砖,为了使砌砖错缝,墙角一般都采用3/4的砖砌筑,墙角砌筑如图2.126所示:其中图2.126(a)为直角形墙角,图2.126(b)为锐角和钝角相交,在锐角或钝角时,必须将一堵墙的砖层加工砍削,保持砖的垂直与平整,避免出现凹凸形或缺棱掉角现象。

(3)折焰墙砌筑

折焰墙因火焰的走向不同,墙的位置也不同。折焰墙用的耐火砖有标准型和异形砖两类。砌筑较困难,砌筑时应注意泥浆要饱满,如遇到砖下不去的情况,不管是什么原因造成的,只能加工砖,不准撬管子或用锤把砖砸下去。折焰墙砌筑要先于外墙砌筑,也可同时砌筑,根据外墙的厚度,可伸入侧墙1/2或1/4砖,折焰墙与外墙之间应留膨胀缝,其尺寸误差不得超过0.5 mm。

(4)螺栓固定挂砖砌筑

固定挂砖的螺栓焊在锅炉水冷壁管和管束上,焊接应在锅炉水压试验之前进行,螺栓的位置要根据施工图纸的尺寸和砖的实际尺寸决定,保证挂砖孔与螺栓对准。如果砖孔与螺栓位置出现偏差,采用加大孔的办法,不准敲打螺栓或将螺栓割掉重新焊接,对加大的螺孔要用耐火涂料将缝填塞严密,保证耐火砖砌体的严密性和稳固性。

(5)燃烧嘴的砌筑

当炉膛高度达到燃烧嘴或喷油嘴的高度时,应根据施工图的标高尺寸,将燃烧嘴或喷油嘴砖的位置划出,经核对尺寸准确后,首先砌筑燃烧嘴砖或喷油嘴砖,砌筑时采用拉线方法严格保持其中心位置、标高和斜角度,待燃烧嘴或喷油嘴砖砌好后,再拉线填砌炉墙。

(6)水冷壁拉钩砖的砌筑

应按照施工图的尺寸,拉线将拉钩砖先砌好,再砌拉钩砖两侧的炉墙。在砌拉钩砖时,相对的两块拉钩砖互相对齐,其向火面应与所在墙在同一平面上,拉钩砖靠向火面的一端应略低,一般以-10 mm为宜。拉钩砖与瓦斯管之间的间隙应用保温填充料填实。砌筑水冷壁拉钩和挂钩处炉墙时应注意,砖墙不得卡住水冷壁板或影响水冷壁膨胀,挂钩处应仔细填充保温填充料。拉砖钩的设置应符合规范规定。

(7)前、后拱挂砖的砌筑

前拱和后拱的挂砖,采用异形砖和特异形砖。砌筑前要进行砖与管子间距尺寸检查,砌筑时要拉线,以保证砌筑面的平整。悬挂砖的平面度偏差不大于4 mm。每块砖应进行试砌,对不合适的砖要进行适当加工,孔眼过大造成砖面不平时,在孔眼内垫薄钢板找平,并在两端预先拉线,找出最小误差,然后根据具体情况调整使砖的加工最少,然后拉线从中间向两边砌筑。砍削异形砖时不得削弱主要承力处的强度,在修整悬挂砖的吊孔时不得使其配合间隙大于

5 mm，敲打砖时要用木槌。前后拱挂砖应从拱脚开始，按横排的顺序由下向上挂，严禁每一竖排砖砌挂完毕后再挂相邻竖排砖的施工顺序，因为这样做会使砖缝的误差积累，造成砖缝竖缝超差。

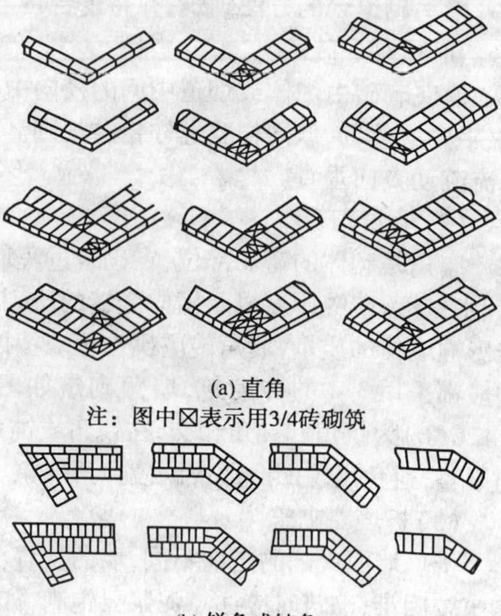

(a) 直角

注：图中☒表示用3/4砖砌筑

(b) 锐角或钝角

图 2.126　墙角砌筑

(8)炉顶砌筑

锅炉的炉顶由于结构要求不同，砌筑的形式也不同，通常有拱顶式、平铺式、混凝土板式等。有时 1 台炉顶同时采用两种或三种形式。

①拱型炉顶砌筑

拱顶的砌筑要先砌拱脚砖，拱脚砖要砌平直，斜面角度要符合拱的要求。两拱脚墙的跨度要处处相等，拱脚砖必须牢固，根部要砌实，拱脚砖砌好后经检查合格才能支设拱胎。砌筑拱顶时要拉线，由两边向中心同时对称砌筑，按要求留出锁砖拱顶，砌完后用木槌或铁槌垫木板将锁砖均匀的对称地打入拱胎，最后拆除拱胎。在砌筑拱顶时，拱顶要伸入墙中 80 ~ 100 mm，砌两侧墙时将拱端密封砌平，泥浆饱满，不得有漏气现象。拱的两端与炉墙之间要留有 20 mm 的间隙，以保证拱顶受热后自由膨胀，不致顶裂炉墙。拱顶砌筑时还应注意以下事项：

a. 拱顶必须错缝砌筑，最好全部使用异形砖。当异形砖与标准砖混用时，顶部 3 块砖不得使用标准砖。

b. 拱脚砖应具有同拱的半径方向一致的平整表面，严禁用加厚砖缝的方法找平拱脚。

c. 在梁上砌拱时，拱脚砖应紧靠拱脚梁砌筑，拱脚砖后面砌体应先砌筑，后砌拱顶不得在拱脚砖后边砌硅藻土砖或轻质砖，拱脚砖后不得有空隙。

d. 拱顶的跨度小于 3 m 时，应打入锁砖 1 块；大于 3 m 时，应打入 3 块；大于 6 m 时应打入 5 块。不得使用砍掉砖厚度 1/3 以上的锁砖。

e. 锁砖砌入拱顶的深度约为砖长的 2/3 ~ 3/4，但在同一拱顶内，砌入深度应一致。

f. 跨度不同的拱顶，拱宜环砌，每环拱的砖数应为奇数。

②铺砌式炉顶砌筑

锅炉跨度不大可直接铺砌耐火砖，也可铺砌耐火混凝土预制板。如果管子面不整齐，砖与管子不易密合影响炉顶质量，可先在顶部管子上铺一层厚度 10 mm 的石棉板，然后再铺砌耐火砖或耐火混凝土预制板，这样既保证炉顶平整严密，又可造成热膨胀间隙。铺砌式炉顶有斜顶也有平顶，应从前炉墙开始向后，逐排砌筑。砌筑时砖缝要错开，炉顶砖要伸入两侧墙中 80 ~ 90 mm，与两侧墙交接处要留出 20 ~ 30 mm 膨胀缝，如果两侧墙内有管子时，整砖不能伸入两侧墙，可用特制异形砖把管间处盖着，若无特制异形砖时可将管子缠石棉绳，管间填上标准砖块，用耐火混凝土浇筑，以保证炉顶密封。

(9)拱碹砌筑

根据拱高的大小拱碹可分为弓形拱和半圆形拱。拱高与跨度之比在 1/12 ~ 1/2 之间的拱叫弓形拱。如果拱高等于跨度的 1/2，叫半圆形拱。支撑弓形拱的拱脚采用专门的异形拱脚砖,也可用标准红砖加工而成。为了支撑拱推力,拱脚砖必须紧靠固定拱脚钢梁砌筑,使拱脚梁承受拱的推力。为防止拱脚砖由于拱的压力向两边移动,拱角要保持同一高度,两边要互相平行,斜度要符合要求。

在砌筑前必须用所要砌的拱砖干排一环,通过干排以便掌握和处理砌筑时待解决的以下问题:确定楔形砖与直形砖的搭配数;确定拱砖所占的位置;确定锁砖层的位置和厚度尺寸;确定如果需加工砖时,加工砖应砌在靠近拱脚砌筑的地方;并在拱架上划出砖层线,控制砖层厚度,确保锁紧砖锁好。

砌筑拱时,拱砖应从两侧拱脚同时向中心对称砌筑。锁砖的松紧会影响拱的质量,要用泥浆砌筑,锁砖要高出相邻砖层 1/3,方法同炉顶砌筑一样,如图 2.127 所示。

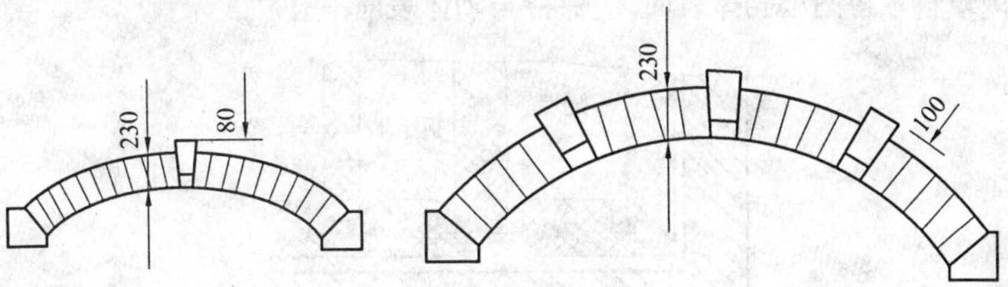

图 2.127　填打锁砖

在墙内同一水平上砌筑几个拱时,锁砖必须同时打入,拱脚才能不移位。砌好的拱用加工砖找平,加工砖的厚度大于砖厚的一半,并可采取侧砌的方法,拱喧可以交错砌成或环砌。交错砌筑时拱的砖沿着拱脚线砌筑,同时横向竖缝要相互交错。环砌时拱的砖层横着炉子砌筑,无须交错,在砌完拱喧打紧锁砖后,从上面将剩下的空缝用稀泥浆灌满。

墙内各种炉门、门拱的砌筑,通常均用内墙耐火砖贯通外墙红砖的砌筑法。

烟道的拱顶通常采用半圆形拱顶,利用它的拱高的空间部位,作为烟道的排烟通道。烟道拱层通常采用双层拱,内层为耐火砖拱,外层为红砖拱,两层拱间有 15 ~ 25 mm 的间隙,砌筑时先砌内层砖拱,砌好后在拱上垫草绳或草袋再砌外层红砖层,红砖拱砌完后一定要灌浆,并在红砖上抹 20 mm 厚的水泥砂浆层。

(10)砌体内膨胀缝的留设

①膨胀缝留设的基本规则

膨胀缝留设的位置,应避开受力部位、炉体骨架和砌体中的孔洞。

炉墙应按照设备技术文件的规定留出膨胀缝,其宽度偏差为 0.5 mm,边界应平整。当设计上没有规定时,每米长的砌体内膨胀缝的平均数值对耐火砖砌体为 5 ~ 6 mm,高铝砖砌体为 7 ~ 8 mm,刚玉砖砌体为 9 ~ 10 mm,镁铝砖砌体为 10 ~ 11 mm,硅砖砌体为 12 ~ 13 mm,镁砖砌体为 10 ~ 14 mm。

②膨胀缝留设的方法

对炉体各部位膨胀缝的要求是:为避免炉外空气进入炉内或炉内气体外逸,膨胀缝内塞以直径稍大于间隙和使用温度相应的耐火绳,其向火面最外一根耐火绳应与耐火砖墙的平面取齐,不得外伸内凹。膨胀缝必须被石棉绳紧密地填满,所填的石棉绳事先放在石棉耐火泥浆中浸透过,大多数情况膨胀缝的宽度为 20 mm,采用石棉绳的直径为 25 mm。朝向火焰的缝内,宜充填硅酸铝耐火纤维毡条(使用温度可达 1 050 ~ 1 250 ℃)。

炉墙内膨胀缝的留设如图2.128所示。炉内隔墙或折焰墙伸入耐火砖层90～95 mm为宜，当墙或顶长度很长时，可在墙与顶之间增设中间膨胀缝，如图2.129所示。炉墙拱顶的膨胀缝除填石棉绳外，缝的外露部分需用一层平砖覆盖，如图2.130所示。对于穿墙管、集箱、锅筒外面应缠绕直径10～20 mm石棉绳，墙内铸件四周填充10～15 mm厚的石棉板，以保证其自由膨胀。

③对膨胀缝的质量要求

水平膨胀缝水平度误差，每米长不大于2.5 mm，全长不大于15 mm。

垂直膨胀缝垂直度误差，每米不大于1.5 mm，全高不大于15 mm。

膨胀缝内应清洁，不得夹有灰浆、碎砖及其他杂物，缝内填料必须严实，不得松动。

膨胀缝内填料不得凸出砌体表面，应保持与砌体表面平齐。

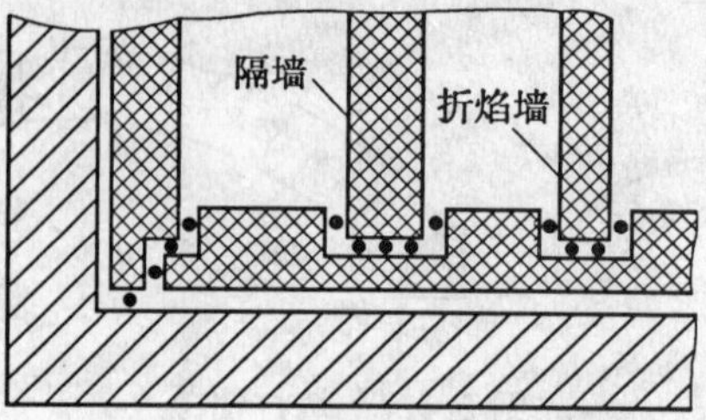

图2.128　炉墙膨胀缝的留设

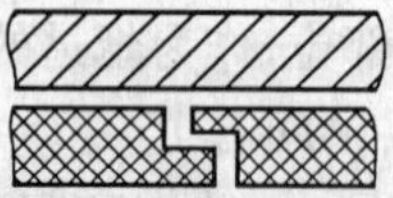

图1.129　墙中间膨胀缝的留设

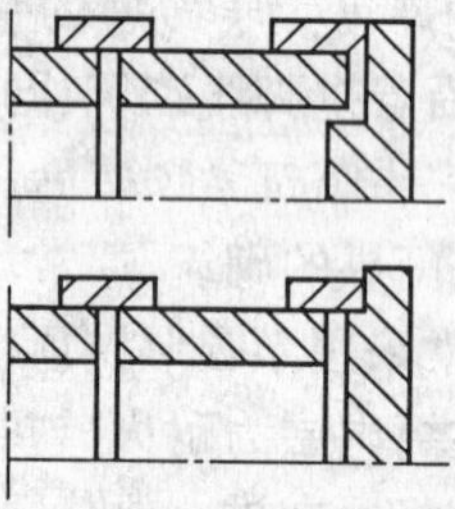

图1.130　拱顶上部膨胀缝的留设

2.7.5.3　耐火混凝土墙的施工

1. 耐火混凝土中金属件的处理

耐火混凝土在锅炉中用来作为轻型耐火混凝土炉墙、敷管炉墙中耐火的内衬墙，以及作为锅炉管子、锅筒、集箱的壁面及其他金属附件表面的保护层，以代替这些复杂部位的耐火砖砌体。因此，常有不同规格的钢筋网与金属附件需埋设于耐火混凝土内，这些金属件的材质与规格应符合有关技术文件的要求。施工前必须将要放置于耐火混凝土内的钢筋和钢筋网的表面，以及需敷设混凝土层的管子或其他设备的表面的铁锈及油污等清擦干净，然后按规定在管子上缠绕石棉绳或包扎石棉纸、沥青纸，涂上沥青层。一般管子包缠直径为3～10 mm的石棉绳或厚度为4～5 mm的石棉纸或沥青纸，钢筋骨架一般用6 mm直径的钢丝配筋，并用直径1.6 mm钢丝捆扎，骨架网的尺寸有50 mm×50 mm、75 mm×75 mm、100 mm×100 mm和120 mm×120 mm 4种。最大尺寸为150 mm×150 mm，在耐火混凝土下悬部分或设备底面应采用网孔尺寸较小的骨架，以增强其强度，也可根据情况在设备表面焊上直径10～12 mm的弯钉来固定骨架，骨架距耐火混凝土的表面，一般以30～50 mm为宜，但最薄不应小于10 mm。

在浇灌和振捣混凝土时,应确保钢筋骨架及其他金属件位置的正确和受热后能自由膨胀。

2. 耐火混凝土的搅拌

耐火混凝土的搅拌分为人工搅拌和机械搅拌两种:耐火混凝土配比允许偏差,对水泥和掺合料为±2%,对粗细骨料为±5%,搅拌前对8 mm以上的骨料一般应在4 h前洒水闷料(对烧矾土熟料可不必闷料)。

搅拌硅酸盐水泥、矿渣硅酸盐水配制的耐火混凝土,一般先在搅拌筒内注入一半的水,再加入水泥掺合料,搅拌1 min,然后边搅拌边倒入粗细骨料和剩余的水,直到搅拌均匀为止,总的搅拌时间不少于5 min。

搅拌水玻璃耐火混凝土时,先在搅拌筒内注入1/3的水玻璃并加入粗骨料、硅氟酸钠和掺合料的混合料及细骨料,搅拌2 min ,再注入其余的水玻璃,继续搅拌5~10 min直到均匀为止。应严格控制耐火混凝土的水灰比,当采用机械振捣时,混凝土的坍落度应为30~40 min。用人工捣固时为50~60 mm,对特殊部位如密集的管子穿墙处可适当调整水灰比。

拌制好的矾土水泥耐火混凝土的存放时间一般不超过0.5 h,硅酸盐水泥耐火混凝土不超过1 h。

3. 耐火混凝土的浇灌与捣固

耐火混凝土浇灌前应对模板进行检查,特制的底模应坚固,无下沉变形现象,其平面度偏差不大于2.5 mm/m,全长不大于10 mm,模板表面应光滑,接口应严密,模板与耐火混凝土间应有隔离措施,浇灌前应将模板润湿,锅筒下面的模板,一般用5~6 mm厚的胶合板制作,成形后几何尺寸误差不得超过±5 mm,模板内及施工部位的杂物应清除干净。

耐火混凝土浇灌一般应连续施工,如施工中断时,相隔时间不允许超过先浇层混凝土的初凝时间。继续浇灌时,应将已浇混凝土表面打毛并清扫干净,用水淋湿,如耐火混凝土分层浇灌,每层浇灌厚度取决于耐火混凝土的稠度和捣固方法,一般用振捣器捣固时,每层厚度为250~300 mm,用人工捣固时为250 mm左右。捣固应均匀密实,耐火混凝土拌合物由于黏性大,流动性小,捣固工作必须注意,插入振动棒的插点应该加密,拔出振动棒时要慢而稳。在保温混凝土上浇灌耐火混凝土时,应在保温混凝土养生期满后进行。安装中当耐火混凝土接缝大于20 mm时,应补浇混凝土,补浇前原混凝土内的钢筋应清理露出,混凝土表面应打扫干净,用水淋湿。新浇混凝土应细致捣固,并按要求进行养护。

4. 耐火混凝土的养护

用水泥胶结剂的耐火混凝土在常温养护时,外界气温要求保持±7 ℃以上,最好在15~25 ℃范围。当耐火混凝土初凝以后,将新浇灌好的外表面用草袋覆盖并经常洒水湿润,一直进行到耐火混凝土达到设计强度的70%为止。

水玻璃耐火混凝土应在干燥的环境中养护,且不得浇水润湿。磷酸盐水泥耐火混凝土不能用水或蒸汽养护,浇灌后需立即低温烘干,并加热至500 ℃。各种耐火混凝土的养护制度见表2.36。硅酸盐水泥黏结料耐火混凝土除了常温养护外,还可以采用蒸汽养护的方法,一般是在耐火混凝土外面通以饱和蒸汽,蒸汽养护时的适宜温度为60~80 ℃,升温速度宜为10~15 ℃/h,最大降温速度为30~35 ℃/h。水泥胶结剂耐火混凝土养护温度如高于表中所列温度时,则混凝土浇灌后3~4 h即需浇水养护。对矾土水泥耐火混凝土当温度超过40 ℃时,强度会显著降低,应采取相应的降温措施。

表 2.36　耐火混凝土养护制度

耐火混凝土名称	养护环境	适宜养护温度/℃	养护天数/d
硅酸盐水泥耐火混凝土	潮湿养护	15 ~ 25	≥7
矿渣硅酸盐耐火混凝土	潮湿养护	15 ~ 25	>14
矾土水泥耐火混凝土	潮湿养护	15 ~ 25	>3
水玻璃耐火混凝土	干燥养护	15 ~ 30	7 ~ 14
磷酸耐火混凝土	干燥养护	20 ~ 35	3 ~ 7

耐火混凝土在正常的养护条件下，允许拆模的时间，矾土水泥耐火混凝土不得少于 1 昼夜，硅酸盐水泥和矿渣硅酸盐水泥耐火混凝土不得少于 3 昼夜。拆模后如发现有微小缺陷应及时修补。

5. 耐火混凝土的质量检验

耐火混凝土施工前应按设计规定的配合比制成试块，经有关部门检验符合表 2.37 的要求后方可施工。

表 2.37　耐火混凝土试块检验项目

极限使用温度/℃	检验项目	技术要求
≤700	密度 常用耐压强度等级 加热至极限使用温度并经冷却后的强度等级	≤设计值 ≥设计值 ≥45% 的常温耐压强度等级
900	密度 常温耐压强度等级 残余抗压强度等级	≤设计值 ≥设计值
1 200 ~ 1 300	水泥胶结剂耐火混凝土 水玻璃胶结剂耐火混凝土 热振稳定性	≥30% 的常温耐压强度等级 ≥70% 的常温耐压强度等级不得出现裂纹 ≥设计规定次数

耐火混凝土在施工中应在现场取样进行常温耐压强度等级和残余抗压强度等级的试验，以鉴定施工质量。

6. 耐火混凝土膨胀缝的留设

耐火混凝土膨胀缝的留设主要是选择膨胀缝的间距、宽度和形式，缝内的填料与普通耐火砖砌体相似，粗缝用石棉绳、细缝用横纸板缝宽误差为$^{+3}_{-0}$ mm。耐火混凝土膨胀缝留设宽度和形式见表 2.38。

表 2.38　耐火混凝土膨胀缝留设参考数据

名称	工作温度/℃	分段分块/mm	膨胀缝宽/mm	留设形式
直墙及斜墙	600 ~ 900 900 以下	1 000 ~ 1 200 800 ~ 1 000	3 ~ 4	凹形
弧形拱及筒体形墙	600 ~ 900 900 以下	环向 1 000 纵向 1 000	3 ~ 4	阶梯形
平拱和倾斜拱	600 ~ 900 900 以下	1 000 ~ 1 200 800 ~ 1 000	3 ~ 4	半阶梯形

7. 保温混凝土的施工

保温混凝土无论采用何种配方，在施工前应进行密度测定和常温耐压强度等级的试验，当采用新材料配制保温混凝土时，则需增做热导率、使用温度、干收缩率等试验，并经有资格的检验部门鉴定后方可使用。

保温混凝土施工中应做出试块，进行常温耐压等级和密度的试验，来鉴定施工质量。施工部位应保持清洁，放置时间一般不得超过 1 h，应捣固均匀，表面平整，无裂纹。

当保温混凝土浇灌于耐火混凝土上时，需在耐火混凝土经过 24 h 以上的养护时间以后才能进行。保温混凝土浇在耐热层上时应用防水层隔开，以免生水过多，降低强度。

保温混凝土一般不设膨胀缝，补浇保温混凝土时应将原有接缝表面松散的混凝土清理干净，用水浇湿。

8. 框架式耐火混凝土墙的施工要求

框架式耐火混凝土炉墙施工还应注意以下事项：

(1) 钢筋的位置要准确，钢筋离混凝土向火面应有足够厚度的保护层，一般不小于25 mm。

(2) 浇灌振动混凝土时，应确保拉钩、托架位置的正确和自由膨胀，耐火混凝土的膨胀缝应使混凝土能完全隔开，并不得串位。

(3) 托架和拉钩处的耐火混凝土应加厚。

(4) 混凝土施工中，应从钢筋网格中引出牵连线，以便与外层铁丝网连接。

框架炉墙施工后进行外观检查，耐火混凝土表面应平整、光滑，不应有蜂窝、麻面等缺陷，无裂纹（发丝状裂纹除外）。耐火混凝土组件外形尺寸偏差，长宽方向一般为$^{+5}_{-3}$ mm，两对角线差不大于 8 mm。炉墙的平面度、厚度及安装找正后的水平度、垂直度允许偏差见表 2.39。

表 2.39 砖砌体的允许偏差

项目			允许偏差/mm	检测方法
垂直度	黏土砖墙	每米	3	—
		全高	15	
	红砖墙	全高≤10 m	10	
		全高>10 m	20	
表面平整度	黏土砖墙面		5	用 2 m 长靠尺检查靠尺与砌体之间的间隙
	挂转墙体		7	
	红砖清水墙体		5	
炉膛的长度和宽度			±10	—
炉膛的两对角线长度之差			15	—
烟道的宽度、高度			±15	—
拱顶跨度			±10	—

2.7.5.4 敷管式炉墙的施工要求

敷管式炉墙的施工还应注意下列事项：

(1) 敷管炉墙的固定铁件（如钩钉、螺栓等）的施工应符合设备技术文件的规定，管子弯头处禁止布置固定铁件。

(2) 敷管炉墙的钢丝网与燃烧装置，孔、门等处应连接牢靠，铁丝网之间应连成一体。

(3) 敷管炉墙采用成型隔热材料（矿纤材料制品除外）时，必须打灰浆或用纤维填塞，泥浆应饱满均匀。敷管炉墙采用浇注施工时，必须严格控制加水量和捣打压缩比。

(4) 组合的敷管炉墙四周钢丝网应留有连接的余量。

(5)敷管炉墙固定铁件的压盖或螺帽应压紧,固定铁件不得高于保温层 15 mm。

(6)敷管炉墙就位后补浇时,相邻的钢丝网应连接牢固(内层钢丝网宜采用焊接连接),补浇部位的混凝土表面应清扫干净并用水湿润,补浇混凝土应仔细捣固,并按要求进行养护。当补浇有困难时,可适当加大水灰比(坍落度 70 ~ 80 mm)和减小骨料颗粒度。

(7)液态排渣炉底墙施工时,施工部位应无铁锈,无杂物并有防止管子腐蚀的措施,应留出膨胀缝,不同层间耐火混凝土的膨胀缝必须错开,耐火混凝土表面坡度必须保证。

(8)非膜式壁管间应加耐火材料(如硅酸铝纤维等)隔离,抓钉的长度和布置密度应符合技术文件的要求。敷管炉墙抹面后的平面度,每米不大于 5 mm,厚度允许偏差平层为±5 mm,全墙为+5 ~ −10 mm。

2.7.5.5　砖砌轻型炉墙的施工要求

对砖砌轻型炉墙的施工,应注意下列事项:

(1)砌体各部位砖缝的允许厚度见表 2.40。

表 2.40　砌体各部位砖缝的允许厚度

部位名称		砖缝允许厚度/mm				部位名称	砖缝允许厚度/mm			
		Ⅰ	Ⅱ	Ⅲ	Ⅳ		Ⅰ	Ⅱ	Ⅲ	Ⅳ
落灰斗				3		省煤器墙			3	
燃烧室	无水冷壁		2			硅藻土砖				5
	有水冷壁			3						
前后拱及各类拱门			2			烧嘴砖				
折焰墙				3		红砖外墙				8 ~ 10
炉顶				3						

注:Ⅰ、Ⅱ、Ⅲ、Ⅳ为耐火砌体分类。

(2)炉墙中的耐火砖不得使用砖长 1/3 及以下的断砖,每层砖长大于 1/3 的断砖数量不得超过 3 块。

(3)断砖应使用专用工具或机械,不得用手槌直接断砖,断砖后的表面应加工磨平。

(4)在砌筑砖墙时应随时将砖墙表面上挤出的灰浆清除,耐火砖墙不得有积灰或其他杂物使墙与管子卡住。

(5)砌筑保温砖时,个别缺角与碎裂的地方应用灰浆和小块保温材料填补严密,保温砖墙表面平面度偏差不大于 5 mm/m。

在下列部位砌筑时应注意的事项:

(1)在托砖板上砌筑耐火砖时,托砖板上下的耐火砖墙面应在同一平面上,对于组合砌砖炉墙,托砖板上、下墙面的错位应不大于 10 mm,下部异形砖与托砖板之间的异形砖结合部应填满湿隔热填充料。

(2)砌筑燃烧装置的圆暄时,事先应进行暄砖的试配,圆暄的内径和标高允许偏差为±5 mm,圆暄的砖缝的延长线应通过圆的中心。下半圆暄施工时与圆暄相邻的砖须同时砌筑。

(3)砌筑拱暄时应从两端砌向中央,拱暄砖缝的延长线均应通过圆中心,拱暄的砖数应是单数。跨度大于 600 mm 的拱暄砌完后至少经过 2 ~ 3 h 才能拆除拱撑,拱暄高度偏差为±5 mm,在暄上继续砌砖时,应先砌立砖,立砖的下端应按暄的圆弧方向破削合缝,立砖的高度应大于 1/3 砖长,并与相应的水平砖缝一致。

(4)砌筑斜护板墙时，不得用填塞灰浆的办法找平炉墙，墙面平面度偏差不大于4 mm。

(5)砌筑灰渣室砖墙时，灰渣室的喷水装置上部耐火砖应伸出墙面，斜坡部分的砖不应顺斜坡方向砌筑。

2.7.5.6　**炉墙保护层的施工**

轻型炉墙及敷管炉墙最外层的墙面上，常采用抹面、涂密封涂料和贴玻璃丝布等方法构成保护层。也有用薄钢板或铝合金波纹钢板焊在墙外框架上，再在钢板上刷上银粉，用来做炉墙的保护层和装饰层。

炉墙保护层使用的铁丝网，一般采用直径1.6 mm、网格为20 mm×20 mm的活口镀锌钢丝网，以利于炉墙热膨胀。铺设铁丝网时，两块钢丝网应对接，钢丝网与钩钉紧固牢靠的紧贴在保温层上，施工完毕后，钢丝网表面不应有钢丝短头露出，也不应有鼓包和空层现象。

炉墙抹面时抹面层应分两次进行，待第1次稍干后再进行第2次，第1次要求找平和压挤严实，第2层要求压光压平、补抹、接口或第2层施工离上次施工时间较长时，应将原有抹面层打毛并稍洒水湿润，方可继续施工。

敷管炉墙应在抹面初干后刻画出1.5 m左右的方格或工字式膨胀缝，抹面层表面应平整光滑，棱角整齐，其平面度不大于3 mm/m，在冷态情况表面应无裂纹(细小发状裂纹除外)，抹面结束后，固定铁件不得露出。

炉墙贴玻璃丝布时，粘贴前炉墙表面应干燥、干净。聚醋酸乙烯乳液在运输和保管期间严禁受冻，受冻结块的乳液严禁使用，其存放温度为10～40 ℃。施工前先用10 ℃以上水(乳液量的20%～40%)稀释，当乳液温度低于10 ℃不得使用，粘贴玻璃丝布应在乳液温度30～40 ℃下进行，并及时将空气排除。施工后玻璃丝布应平整无裂纹，在抹面层上及玻璃丝布上应分别各刷一层聚醋酸乙烯乳液并要求均匀。含蜡的玻璃丝布在使用前应用温水浸泡后方可使用。

2.7.5.7　**冬季施工注意事项**

凡昼夜室外平均气温低于5 ℃和最低气温低于-3 ℃时称为冬期施工。但水泥胶粘剂混凝土在气温低于7 ℃，磷酸耐火混凝土、水玻璃耐火混凝土低于10 ℃时，也按冬期施工处理。冬期施工应采取防寒保暖措施，确保施工部位及周围的平均气温达到5℃ 方可施工。

耐火制品和配制混凝土的粉料、骨料应预热到0 ℃以上，耐火灰浆和保温灰浆应不低于5 ℃。加热各种材料时，应防止材料变质，水泥胶结剂耐火混凝土和保温混凝土可采用蓄热法或加热法(电流加热、蒸汽加热等)。加热时普通水泥和矿渣水泥耐火混凝土不大于60 ℃，采用蒸汽养护时不大于85 ℃。矾土水泥耐火混凝土和保温混凝土不大于30 ℃。水玻璃或磷酸耐火混凝土只允许采用干热法加热，水玻璃混凝土加热时不大于60 ℃。水泥胶结剂耐火混凝土、保温混凝土、抹面灰浆和砌筑用灰浆不应掺用化学初凝剂。耐火混凝土、保温混凝土养生结束和抹面完工后尚未干燥前严禁受冻。

单元八　锅炉本体水压试验

锅炉的汽、水系统及其附属装置安装完毕之后，炉墙砌筑之前，必须进行水压试验。通过水压试验对锅炉的汽、水压力系统，如受热面、所有的胀口、焊口以及阀门、法兰、人孔、手孔的安装质量进行一次全面的检验。它既是锅炉安装的一道关键工序，也是关键的进度、质量控制点。水压试验不合格,后续工序则不能进行。

水压试验应有建设单位代表、监理代表、设计代表、安装单位代表参加,当地特种设备安全检验检测单位派员参加与监督。

2.8.1　水压试验知识

2.8.1.1　水压试验应具备的条件

(1)汽、水压力系统的安装工作全部完毕,分项检验质量合格;附属设备齐全,并符合设计要求;汽、水系统上的附属构件全部安装完毕,其上的临时支架全部清理完毕。

(2)锅炉本体的所有安装记录、技术签证、备案手续、焊前焊工试样评定报告、焊工有效合格证和操作证、受热面管子焊缝射线探伤记录和底片、锅炉图纸会审记录、施工组织设计以及各分项工程的工艺指导书,应整理、准备齐全。

(3)具备水压试验用水和试验设备。试压泵有手动试压泵和电动试压泵,手动试压泵一般用于蒸发量不超过 10 t/h 的锅炉的试压。小型旋涡泵也可做试压泵,其升压平稳而无脉动,流量很小,对于工作压力小于 1.6 MPa 的锅炉来说,尤为合适。试压用的压力表可采用经过计量检验合格的锅炉原装压力表,有合适的炉水排放设施和排放地点。

(4)水压试验的气候条件。露天锅炉或厂房防水屋面未施工完毕的室内散装锅炉,水压试验应在无雨雪的日子里进行。环境温度应高于 5 ℃,当环境温度低于 5 ℃时,水压试验结束,应立即排尽炉水,对不能排净炉水的装置应采取防冻措施。试验用水最好为 20～70 ℃,水温过低,受热面系统外表面容易凝结水珠,与受热面上的渗漏混淆。水温太高,受热面上的轻微渗漏的水,容易被蒸发掉,这些都不利发现问题。小型锅炉水压试验时用水温度过低,可采用地炉加热后注入锅炉。

2.8.1.2　水压试验前的准备工作

(1)对所有的人孔盖、手孔盖加密封垫片,同时检查锅筒、集箱内有无安装时留下的工具和其他物件,然后将人孔盖、手孔盖关严。垫片与人孔盖板螺栓、手孔盖板螺栓上都应涂上机油石墨粉。

(2)清理现场和锅炉平台,将所有与水压试验无关的物件全部撤离。在不便检查的焊口和胀口部位,搭设牢固的脚手架,所铺木板要绑扎牢固。水压试验前,应在走道上拉上安全绳。

(3)有的工业锅炉靠受热面一侧的法兰是用合金钢紧固件连接的,水压试验前要予以复查。将排污阀、疏水阀的阀后法兰拆开,以便检查它们在水压试验时的渗漏情况。

(4)开启锅炉点火排汽阀和锅筒、过热器出口集箱、过热器连通管上的放气阀,关闭除压力表、水位计、省煤器出口之外的其余管道和本体上的阀门。安全阀不参加水压试验,要在其法兰处加装堵板,水压试验后立即拆除。

(5)在上锅筒和试压管路上各装一块经检验合格的压力表。试压的压力以锅筒上的压力表为准,试压管道的压力表只起监控作用。

(6)在比较隐蔽的部位安装可移动的手提安全灯,同时准备几只三节干电池的手电筒。

(7)准备两只以上的对讲机,便于指挥人员与其他人员联系。

(8)制定并经审批有效的试压方案,方案的内容包括水压试验的准备工作、水压试验的步骤与注意事项、技术步骤、合格标准以及试压检查人员名单和负责人。有专人指挥,各部位的检查人员分工明确。每个检查小组要有一人专门做检查记录。

(9)与水压试验无关人员应远离试压现场。

(10)为了使水压试验能一次成功，安装单位可在水压试验之前，自行做一次工作压力的水压试验，但不得做强度试验。

2.8.2　水压试验

2.8.2.1　水压试验的操作步骤

(1)将试验用水按小于锅炉蒸汽量流量注入锅炉。当水位计液位到达最高点之后，应减小给水流量，放气阀出水就关闭，关闭的顺序是锅筒放气阀、过热器放气阀、点火排汽阀，最后关闭过热器连通管的放气阀。

进行第一次检查，检查锅炉上水过程中有无漏水现象，如焊口、胀口以及受热面管子漏水，应放水处理。安装单位做过工作压力检验的可不做第一次检查。

(2)升压。以不大于每分钟 0.30 MPa 的升压速度均匀缓慢升压。在压力表压力小于 0.4 MPa之前升压速度较慢，之后，虽然锅炉还是进同样流量的水，升压速度却较快，这时要采取一定措施不使升压速度过快。当试验压力升至 0.3～0.4 MPa 时，应暂停升压，进行第二次全面检查。检查人员应检查各部位的严密性，并对人孔螺栓、手孔螺栓以及承压法兰的螺栓进行适当的紧固。

(3)继续升压至工作压力。进行第三次检查，检查各部位是否有渗漏现象，检查排污阀和疏水阀是否有水流出。关闭所有水位计与上锅筒之间的阀门。水位计不参加水压试验。

(4)水压试验。当工作压力下的受热面汽、水压力系统未发现异常后，应继续升到试验压力，当压力均匀、缓慢地升至表 2.41 规定时，立即停止试压设备的运行，并将它的出口阀门关严。并保持 5 min(注：蒸汽锅炉安全技术监察规程要求保持 20 min)，其间压力降不超过 0.05 MPa，应回降至工作压力，进行最后的全面检查。检查期间压力应保持不变。做好缺陷记录和缺陷部位的标识。

(5)检查完毕之后，可开启排污阀放水，放水速度不可太快，以能听到阀内“喳喳”的放水声为宜，也有先利用压力表旋塞放水来控制降压速度的。当压力回零时，应开启各放空气阀。开启除省煤器排污阀之外的排污阀和疏水阀，将水放尽。省煤器中的水可暂不排放。

(6)省煤器水压试验。因省煤器水压试验压力比其他受热面的高，故应单独按上述步骤进行水压试验。试验前要关闭省煤器与上、下锅筒之间，给水管路与锅筒之间的全部阀门，将锅筒上的水压试验用压力表安在省煤器压力表座上。试验压力应符合表 2.41 的规定。

表 2.41　水压试验的压力(MPa)

名称	锅筒工作压力 P	试验压力
锅炉本体及过滤器	<0.8	1.5P，但不小于 0.2
	0.8～1.6	P+0.4
	>1.6	1.25P
可分式省煤器	1.25P+0.5	

注：摘自《蒸汽锅炉安全技术监察规程》。

2.8.2.2　水压试验的合格标准

(1)在受压元件金属壁和焊缝上没有水珠和水雾；

(2)当降压至工作压力之后胀口处不滴水珠;

(3)水压试验后,没有发现残余变形。

检查中若无破裂、变形及漏水现象,则认为水压试验合格,应办理签证手续,业主代表、监理代表、特种设备安全检验检测单位代表以及安装单位代表都应在签证上签字。

水压试验不合格,应进行返修。对于胀管锅炉,其水压试验时滴水而没有超胀的胀口应进行补胀,补胀量每次0.01 mm左右,可视渗漏的严重程度而定。每个胀口补胀不要超过两次。两次补胀后仍不合格的胀口,则应该锯掉,换管后再进行水压试验。是否再进行水压试验,应视渗漏数量和部位的具体情况而定。一般情况下,特种设备安全检验检测单位代表会给予明确的指示。

如果水压试验距锅炉烘、煮炉超过30 d,受热面系统内部应进行防腐保养。

单元九　锅炉炉型及台数选择

锅炉炉型及台数的选择主要取决于锅炉房的热负荷、供热介质和参数的要求及采用的燃料种类。

2.9.1　锅炉房的热负荷

锅炉房的热负荷可分为最大计算热负荷、平均热负荷、采暖季热负荷、非采暖季热负荷和全年热负荷。其中最大计算热负荷是选择锅炉容量的依据,所以也称设计热负荷。而后四项热负荷计算锅炉房各个时期和全年耗煤量的依据,并以此确定贮煤场各个时期的进煤量。

工业企业锅炉房的热负荷包括采暖热负荷、通风(含空调)热负荷、生活热负荷、生产热负荷和锅炉房自用热负荷。而民用采暖锅炉房除无生产热负荷外,包括其他四项热负荷。对于一个具体锅炉房来说,都有哪些热负荷,视实际情况而定。

锅炉房的最大计算热负荷和平均热负荷应根据外网的热负荷曲线,并考虑管网的热损失及锅炉炉房自用热负荷来确定。若无法取得热负荷曲线图,则以热负荷资料进行计算。

2.9.1.1　最大计算热负荷

蒸汽锅炉房和热水锅炉房最大计算热负荷分别按下式计算

$$D_{max} = K_0(K_1D_1 + K_2D_2 + K_3D_3 + K_4D_4) + K_5D_5 \tag{2.11a}$$

$$Q_{max} = K_0(K_1Q_1 + K_2Q_2 + K_3Q_3 + K_4Q_4) + K_5Q_5 \tag{2.11b}$$

式中 D_{max}——蒸汽锅炉房的最大计算热负荷,t/h;

Q_{max}——热水锅炉房的最大计算热负荷,kW;

D_1,Q_1——采暖最大计算热负荷,t/h或kW;

D_2,Q_2——通风、空调最大计算热负荷,t/h或kW;

D_3,Q_3——生产最大计算热负荷,t/h或kW;

D_4,Q_4——生活最大计算热负荷,t/h或kW;

D_5,Q_5——锅炉房自用最大计算热负荷,t/h或kW;

K_1——采暖热负荷同时使用系数,一般取1.0;

K_2——通风、空调热负荷同时使用系数,视具体情况采用0.8~1.0;

K_3——生产热负荷同时使用系数,视具体情况确定,一般取0.7~1.0;

K_4—— 生活热负荷同时使用系数，一般取 0.5，若生产与生活用热使用时间完全错开，K_4 取 0；

K_5—— 自用热负荷同时使用系数，一般取 0.8 ～ 1.0；

K_0—— 室外管用散热损失和漏损系数，见表 2.42。

表 2.42　室外管网热损失和漏损系数

管道种类	架空	地沟
蒸汽管网	1.1～1.5	1.08～1.12
热水管网	1.06～1.08	1.06～1.08

如果工厂有余热可以利用，则应经技术、经济比较，尽量设法利用。这时应从总热负荷减去可利用的一部分热量，求出最大计算热负荷。

式(2.11b)中的生活最大热负荷可按下式计算

$$Q_4 = \varphi Q_{pj4n} \tag{2.12a}$$

$$Q_{pj4n} = 0.001\ 163\frac{mv(t_r - t_1)}{T} \tag{2.12b}$$

式中　φ—— 小时变化系数，根据用水单位数，按《建筑给水排水设计规范》取用，一般可取 2 ～ 3；

Q_{pj4n}—— 采暖季生活平均热负荷，kW；

m—— 用热水单位数(住宅为人数、公共建筑为每日人次数、床位数等)；

v—— 用水单位每日热水用量，L/d，按《建筑给水排水设计规范》取用；

t_r—— 生活热水计算温度，℃；

t_1—— 冬季冷水计算温度，取最低月平均水温，℃；

T—— 每日供水小时数，h(住宅、旅馆、医院等一般取 24 h)。

如果生活热水是用蒸汽加热的，则需将其热负荷折算成所需蒸汽的吨数。

2.9.1.2　平均热负荷

$$D_{pj} = K_0(D_{pj1} + D_{pj2} + D_{pj3} + D_{pj4}) + D_{pj5}(\text{t/h}) \tag{2.13a}$$

$$Q_{pj} = K_0(Q_{pj1} + Q_{pj2} + Q_{pj3} + Q_{pj4}) + Q_{pj5}(\text{kW}) \tag{2.13b}$$

1. 采暖(通风空调)平均热负荷

$$D_{pj1(2)} = \frac{t_n - t_{pj}}{t_n - t_w}D_{1(2)} \tag{2.14a}$$

$$Q_{pj1(2)} = \frac{t_n - t_{pj}}{t_n - t_w}Q_{1(2)} \tag{2.14b}$$

式中　$D_{pj1(2)}$，$Q_{pj1(2)}$—— 采暖(或通风)平均热负荷 t/h 或 kW；

t_n—— 采暖(或通风)室内计算温度，℃；

t_{pj}—— 采暖季室外平均温度，℃；

t_w—— 冬季采暖(或通风)室外计算温度，℃。

2. 生产平均热负荷

生产平均热负荷 D_{pj3}，(或 Q_{pj3})由各车间生产平均热负荷相加而得。

3. 生活平均热负荷

对于热水锅炉房，采暖季生活热水平均热负荷 Q_{pj4n}，按式(2.13b)计算；非采暖季生活热水平均热负荷 Q_{pj4f} 按下式计算

$$Q_{pj4f} = Q_{pj4} \frac{t_r - t_{1f}}{t_r - t_1} \text{ (kW)} \tag{2.15a}$$

式中　t_{1f}—— 非采暖季冷水平均温度,℃ 。

对于蒸汽锅炉房,生活平均热负荷按下式计算

$$D_{pj4} = \frac{1}{8} D_4 \tag{2.15b}$$

4. 锅炉房自用平均热负荷

由于锅炉房自用热负荷相对较少,所以,采暖季锅炉房自用平均热负荷可近似地采用锅炉房自用最大热负荷。而非采暖季锅炉自用平均热负荷应从自用最大热负荷中扣减锅炉房本身的采暖通风最大热负荷。

2.9.1.3　采暖季热负荷

锅炉房的采暖季热负荷,由采暖季各项平均热负荷相加再乘以采暖季锅炉运行小时数 N 而得,即

$$D_n = N[K_0(D_{pj1} + D_{pj2} + D_{pj3} + D_{pj4}) + D_5]$$

$$Q_n = 0.003\,6N[K_0(Q_{pj1} + Q_{pj2} + Q_{pj3} + Q_{pj4}) + Q_5] \tag{2.16}$$

式中　D_n,Q_n—— 分别为蒸汽锅炉房和热水锅炉房的采暖季热负荷,t/ 采暖季或 GJ/ 采暖季;

N—— 采暖季锅炉统一运行小时数,h,应根据锅炉房的运行班次计算。

如无法确定全锅炉房统一运行小时数,也可按不同热负荷的各自运行小时数分别计算采暖季节热负荷。

2.9.1.4　非采暖季热负荷

锅炉房在非采暖季一般没有采暖通风空调热负荷,非采暖季热负荷由非采暖季各项平均热负荷相加,同时考虑 K,乘以非采暖季锅炉运行小时数而得。

2.9.1.5　全年热负荷

锅炉房全年热负荷 D_y(或 Q_y)根据采暖、通风、空调、生产、生活、自用热负荷年利用时数 h_1、h_2、h_3、h_4、h_5 和相应的平均热负荷确定:

$$D_y = K_0(h_1 D_{pj1} + h_2 D_{pj2} + h_3 D_{pj3} + h_4 D_{pj4}) + h_5 D_{pj5} \text{ (t/a)}$$

$$Q_y = 0.003\,6N[K_0(h_1 Q_{pj1} + h_2 Q_{pj2} + h_3 Q_{pj3} + h_4 Q_{pj4}) + h_5 Q_{pj5}] \text{ (GJ/a)} \tag{2.17}$$

当热负荷波动较大时,可采取调整生产班次,错开各用热时间,使热负荷曲线趋于平稳。有条件的工厂可采用蓄热器,此时锅炉房的规模按平均热负荷来确定。

2.9.2　锅炉的选择

2.9.2.1　锅炉类型的确定

锅炉房热负荷和燃料种类确定之后,可综合考虑以下要求,进行锅炉类型的选择。

1. 应能满足供热介质种类和参数的要求

蒸汽锅炉的工作压力和温度应根据用户的要求,并考虑管网及锅炉房内部的压力损失,结合蒸汽锅炉系列来确定。当用户用汽压力不同时,一般按较高压力选择,用汽压力较低的用户,可通过减压阀减压后供给。设在高层民用建筑内的蒸汽锅炉,额定蒸汽压力不得超过 1.6 MPa。

热水锅炉水温的选择，取决于用户的要求，按热水锅炉系列来确定。当锅炉设在高层民用建筑内时，出口热水温度不得超过95 ℃。

锅炉房中一般宜选用型号相同的锅炉，这样便于设计布置、运行管理和检修，当选用不同类型锅炉时，不宜超过两种。

2. 能有效地燃烧所采用的燃料

要根据采用的燃料种类选择适合的燃烧设备。同时考虑锅炉对煤种的变化及热负荷变化的适应性，并有较高的热效率，消烟除尘效果要好，劳动强度要小。一般来说，可选用链条炉，也可以选用往复炉排炉；当使用石煤、煤矸石或其他低劣质煤时，可考虑选用沸腾炉或循环流化床炉；工业锅炉房热负荷波动较大，容量也较小，一般不宜选用煤粉炉，对于环保要求较高的大中城市，可选用燃油燃气炉，在市区的燃油锅炉都使用0号轻柴油。城市煤气多属于低发热值煤气，其燃烧效率很低，用于锅炉是否合适，应从技术上、经济上及能源转换效率上等多方面进行详细论证。

3. 所选用的锅炉在基建投资、运行管理和环境保护方面有较好的经济效益和环境效益，并能经济而有效地适应热负荷变化。对在短期内热负荷可能有较多增加的锅炉房，要考虑扩建的可能，宜采用台数少、容量大的锅炉。

2.9.2.2　锅炉台数的确定

锅炉房中选用锅炉的总台数，应按所有运行锅炉在额定蒸发量工作时，能满足锅炉房最大计算热负荷的原则来考虑。选用锅炉的台数应考虑对负荷变化的适应性，能根据用户热负荷的昼夜、冬夏季节的变化，灵活地调节和调整运行锅炉的台数及工作容量，锅炉的经常负荷状态不应低于其额定负荷的70%。

锅炉台数的确定，应有利于运行管理和节省基建投资。选用的锅炉容量太小或台数过多，不仅会提高锅炉房的造价，而且给运行、管理及维修带来很多不便。当采用机械加煤锅炉，且锅炉房为新建时，锅炉房内锅炉总台数一般不超过5台；改建扩建时，不宜超过7台。

锅炉台数的确定，还要考虑锅炉房安全烘热的可靠性。当一台锅炉因某种原因突然停止运行时，其他锅炉仍可满足大部分生产和生活的用热需要。至少要满足全部用户低标准采暖的需要，因此，锅炉房内设置锅炉一般以不少于2台为好。

锅炉是有压设备，连续运行时间不能过长，需经常停炉检修，因此以供生产为主或常年供热的锅炉房，需要设置1台备用锅炉。

只供采暖通风用热的锅炉房可不考虑设置备用锅炉，设备维修可在非采暖季进行；但为大宾馆、饭店、医院等有特殊要求的民用建筑而设置的锅炉房，应根据情况设置备用锅炉。

生产和采暖共用的锅炉房，在非采暖季至少有1台锅炉停运，锅炉轮流进行检修，也可不设备用锅炉。

【例2.1】华北某工厂设计建一座锅炉房，以满足该厂生产、采暖及生活用汽的需要。室外管用采用地沟敷设。各项资料如下，试确定锅炉型号及台数。

1. 热负荷资料

生产最大热负荷为5.2 t/h，生产平均热负荷为3.8 t/h，生产用饱和蒸汽的压力为1.0 MPa；生活热负荷1.2 t/h，采暖用汽量4.5 t/h，总凝结水回收率约55%。

2. 煤质资料

低位发热量 Q_{ar}^{dw} = 19 410 kJ/kg,A_{ar} = 27.48%。

3.气象资料

冬季采暖室外计算温度-9 ℃;

采暖期室外平均温度-0.9 ℃;

采暖室内计算温度 18 ℃;

采暖天数 124 天。

4.工作班次资料

三班制,全年生产 306 天。

解　(1)最大计算热负荷

$$D_{max}/(t \cdot h^{-1}) = K_0(K_1D_1 + K_3D_3 + K_4D_4) = 1.15 \times (1.0 \times 4.5 + 0.8 \times 5.2 + 0.5 \times 1.2) = 10.65$$

其中,考虑到采用热力除氧器,将其自用汽负荷附加到室外管网散热与漏损系数 K_0 上,故 K_0 取 1.15。

非采暖季最大热负荷

$$D_f/(t \cdot h^{-1}) = 1.15 \times (0.8 \times 5.2 + 0.5 \times 1.2) = 5.47$$

(2)平均热负荷

$$D_{pj1}/(t \cdot h^{-1}) = \frac{t_n - t_{pj}}{t_n - t_w}D_1 = \frac{18 + 0.9}{18 + 9} \times 4.5 = 3.15$$

$$D_{pj3}/(t \cdot h^{-1}) = 3.8$$

$$D_{pj4}/(t \cdot h^{-1}) = \frac{1}{8}D_4 = \frac{1}{8} \times 1.2 = 0.15$$

$$D_{pj}/(t \cdot h^{-1}) = K_0(D_{pj1} + D_{pj3} + D_{pj4}) = 1.15 \times (3.15 + 3.8 + 0.15) = 8.17$$

(3)锅炉房年热负荷

$$D_{y1}/(t \cdot a^{-1}) = 24 \times 124 \times 3.15 = 9\ 374.4$$

$$D_{y3}/(t \cdot a^{-1}) = 24 \times 306 \times 3.8 = 27\ 907.2$$

$$D_{y4}/(t \cdot a^{-1}) = 24 \times 306 \times 0.15 = 9\ 374.4$$

$$D_y/(t \cdot a^{-1}) = K_0(D_{y1} + D_{y3} + D_{y4}) = 1.15 \times (9\ 374.4 + 27\ 907.2 + 1\ 101.6) = 444\ 140.68$$

根据锅炉房最大计算热负荷 10.65 t/h,用汽参数为 1.0 MPa 的饱和蒸汽,燃用Ⅱ类烟煤,本设计确定选用 SHL6-1.25-AⅡ型锅炉 2 台。非采暖季运行 1 台,考虑到非采暖季可以停运 1 台锅炉进行检修,故不设置备用锅炉。

思考题与习题

1.锅筒、集箱和管束在汽锅中各自起什么作用?

2.常见的水循环故障有哪些?

3.蒸汽带水的原因是什么?

4.工业锅炉中常用的汽水分离装置有哪几种?它们的结构和分离原理怎样?

5.省煤器的进、出口上应装置哪些必不可少的仪表、附件?各自起什么作用?

6.任务:编制本体安装部分施工技术方案。

学习项目二　辅助系统安装

学习任务三　燃料供应、除灰渣系统安装

【教学目标】 通过项目教学活动，培养学生具有燃料供应系统安装基本能力；具有除灰渣系统安装基本能力；能正确选择锅炉施工安装机具，确定施工用料。培养学生良好的职业道德、自我学习能力、实践动手能力和分析、解决、处理实际问题的能力，以及诚实、善于沟通和合作的专业素养。

【知识目标】

1. 掌握燃料供应、除灰渣系统知识；
2. 掌握燃料供应、除灰渣系统常用设备选择方法。

【主要学习内容】

单元一　燃料供应系统安装

锅炉所用燃煤一般由火车、汽车或船舶运至锅炉房的贮煤场，再从贮煤场输送到锅炉房内炉前的贮煤斗中。通常把从锅炉房贮煤场至锅炉炉前贮煤斗之间的燃煤输送系统，称为锅炉房的运煤系统，其中包括煤的破碎、筛选、计量和转运输送等过程。

煤在燃烧设备中燃烧所产生的残余物称为灰渣（渣和灰的混合物），也叫炉渣。其中大部分落入炉排后部的灰渣斗中，仅有少部分飞灰被烟气流带走，而烟气中的灰一部分经除尘器分离下来，落入除尘器下部的落灰斗中，另一部分较细小颗粒的飞灰随烟气经烟囱排入大气。一般把炉渣从锅炉灰渣斗，烟灰从除尘器的集灰斗收集起来并运往锅炉房外灰渣场的灰渣输送系统，称为锅炉房的除灰渣系统，其中包括灰渣的浇湿、运输以及堆放和贮存等过程。

运煤和除灰渣是燃煤锅炉房的重要组成部分，其设置是否合理，直接关系到锅炉能否正常运行，还将影响锅炉房位置的选择和基建投资，以及工人的劳动强度和环境卫生状况等。因此，应根据锅炉燃烧设备的特点、锅炉房的耗煤量和产生的灰渣量、场地条件和技术经济的合理性等，选用适宜的运煤和除灰渣系统。

锅炉房运煤和除灰渣系统及其所用设备的选择，主要取决于锅炉房容量的大小。一般按单台锅炉容量和锅炉房总容量，将锅炉房分为大、中、小三类。

（1）小型锅炉房：单台容量小于等于 4 t/h，总容量小于 20 t/h；

（2）中型锅炉房：单台容量 6 t/h、10 t/h 或 20 t/h，总容量 20 ~ 60 t/h；

（3）大型锅炉房：单台容量大于 20 t/h，总容量大于 60 t/h。

3.1.1 锅炉房燃料供应系统知识

3.1.1.1 锅炉房的耗煤量和灰渣量

锅炉房的耗煤量和产生的灰渣量，是进行运煤和除灰渣系统设计、确定贮煤场和灰渣场面积以及确定不同时期向贮煤场进煤和从灰渣场向外运灰渣所需运输设备能力的基本数据，也是计算锅炉房运行费用的必需数据。

1. 锅炉房的耗煤量

锅炉房的耗煤量分为锅炉的额定耗煤量、锅炉房的最大耗煤量、平均耗煤量、采暖季耗煤量、非采暖季耗煤量和年耗煤量。

(1) 锅炉的额定耗煤量

锅炉的额定耗煤量，是指锅炉在额定参数下运行的耗煤量，它是确定炉前贮煤斗容积的依据，可利用下式计算

$$B_{ed} = \frac{(1.015 \sim 1.036) D_{ed}(h'' - h')}{Q_{ar}^{dw} \cdot \eta} \times 100\% \tag{3.1}$$

式中 B_{ed}—— 锅炉的额定耗煤量，t/h；

D_{ed}—— 蒸汽锅炉的额定蒸汽量，t/h；

h''—— 蒸汽锅炉在额定压力和温度下蒸汽的焓值，kJ /kg；

h'—— 蒸汽锅炉给水的焓，kJ/kg；

Q_{ar}^{dw}—— 煤的低位发热量，kJ /kg；

η—— 锅炉效率，%；

1.015 ~ 1.036—— 锅炉排污热损失折算系数，是按蒸汽锅炉排污率为5% ~ 12% 折算的，对只有定期排污的锅炉取较小值。

对热水锅炉仍可用上式计算锅炉额定耗煤量，只不过用3 600Q_{ed}(MW) 代替$D_{ed}(h'' - h')$，排污热损失系数取较小值。

(2) 锅炉房最大耗煤量

锅炉房最大耗煤量，是指锅炉房相应于最大计算热负荷的耗煤量，它是选择运煤系统设备容量的依据。所以，也称为运煤系统的设计耗煤量，可利用下式计算

$$B_{max} = \frac{(1.015 \sim 1.036) D_{max}(h'' - h')}{Q_{ar}^{dw} \cdot \eta} \times 100\% \tag{3.2}$$

式中 B_{max}—— 锅炉房最大耗煤量，t/h；

D_{max}—— 蒸汽锅炉房最大计算热负荷，t/h。

热水锅炉房仍可用式(3.2) 计算，只是用3 600Q_{max}(MW) 去代替 $D_{max}(h'' - h')$，排污热损失系数取较小值。

(3) 锅炉房平均耗煤量

锅炉房平均耗煤量，是指按锅炉房平均热负荷求得的耗煤量，分为采暖季平均耗煤量B_n^{pj}(t/h) 和非采暖季平均耗煤量 B_f^{pj}(t/h)，均可利用式(3.2) 计算，这时需将式中的最大计算热负荷 D_{max} 用相应的热负荷代入，即可算出相应的耗煤量。

采暖季和非采暖季耗煤量，是确定相应购煤量的依据，可按各自的平均耗煤量乘以相应季节锅炉房的运行小时数，再乘以 1.1 ~ 1.2 的运输不平衡系数计算。

(4) 锅炉房的年耗煤量

锅炉房的年耗煤量,是指按锅炉房年热负荷计算的耗煤量,可利用下式计算

$$B_y = \frac{(1.13 \sim 1.2)D_y(h'' - h')}{Q_{ar}^{dw} \cdot \eta} \times 100\% \tag{3.3}$$

式中　B_y—— 锅炉房的年耗煤量,t/a;

D_y—— 蒸汽锅炉房的年热负荷,t/a;

1.13 ~ 1.2—— 运输不平衡、排污热损失等富裕数。

对于热水锅炉,用$10^3 Q_y$(GJ)代替$D_y(h'' - h')$代入上式计算,系数取1.13,可得热水锅炉房的耗煤量。

2. 锅炉房产生的灰渣量

锅炉产生的灰渣量,主要取决于锅炉的耗煤量、机械不完全燃烧热损失和煤的灰分。灰渣量又分为最大灰渣量A_{max}、平均灰渣量A_{pj}、采暖季灰渣量A_n、非采暖季灰渣量A_f和年灰渣量A_y(t/a)。

以上各类灰渣量,应按各类耗煤量,利用下式计算

$$A = B\left(\frac{A_{ar}}{100} + \frac{q_4 Q_{ar}^{dw}}{100 \times 33913}\right) \tag{3.4}$$

式中　A—— 锅炉房产生的灰渣量,t/h;

B—— 锅炉房的耗煤量,t/h;

A_{ar}—— 燃煤应用基灰分,%;

q_4—— 锅炉的机械不完全燃烧热损失,%;

Q_{ar}^{dw}—— 煤的低位发热值,kJ/kg;

33 913—— 碳的发热量,kJ/kg。

当燃用烟煤和无烟煤时,各项灰渣量也可以近似按相应耗煤量的25% ~ 30% 估算。

3.1.1.2　贮煤场与灰渣场

1. 贮煤场

燃煤的厂外运输,可能会因为煤源、气候、运输等各种条件影响而中断。此外,锅炉房的耗煤量与车、船的运输能力也不一定平衡。因此,在锅炉房附近必须设置贮煤场,以确保锅炉的燃料供应不至中断。

贮煤场的贮煤量应视煤源远近、交通运输条件以及锅炉房的耗煤量等因素来确定,同时应考虑少占用土地。一般可参照下列情况确定:

(1) 火车和船舶运煤时,10 ~ 25 天的锅炉房最大耗煤量;

(2) 汽车运煤时,5 ~ 10 天的锅炉房最大耗煤量。

① 煤场的煤堆高度,除了对易自燃的煤有特殊要求外,一般采用以下数据:

② 移动皮带机堆煤时不大于5 m;

③ 推煤机堆煤时5 ~ 6 m;

④ 装载机(铲斗车)堆煤时2 ~ 3 m;

⑤ 人工堆煤时不大于2 m。

贮煤场面积 $F(m^2)$ 可按下式计算

$$F = \frac{B_{max}TMN}{H\rho\varphi} \tag{3.5}$$

式中　B_{max}—— 锅炉房最大耗煤量,t/h;

T—— 锅炉房每昼夜运行小时数,h;

M—— 煤的贮备天数;

N—— 考虑煤堆过道占用面积的系数,一般取1.5 ~ 1.6;

H—— 煤的堆积高度,m;

φ—— 煤的堆角系数,一般取0.6 ~ 0.8;

ρ—— 煤的堆积密度,t/m^3,见表3.1。

表3.1　煤的堆积密度

煤　种	堆积密度/$(t \cdot m^{-3})$
细煤粒	0.75 ~ 1.0
干无烟煤	0.8 ~ 0.95
褐　煤	0.65 ~ 0.78
干块状泥煤	0.33 ~ 0.40

煤场一般为露天布置。在雨水较多的地区,燃煤含水量过大,会给破碎、运输和燃烧造成困难,因而需置简易的干煤棚,以贮存干燥的燃煤,其贮量为3 ~ 5天锅炉房最大耗煤量。用时将干煤和湿煤混合使用。干煤棚的设置应考虑干煤和湿煤混合的方便,同时不影响露天煤场的运煤。干煤棚的纵向中心线应与雨季的主导风向相平行,以减少雨水的吹入。

煤场地面至少应平整夯实,应有排水坡度,四周要有排水沟。煤堆之间应留有通道,其宽度最小不少于2 m,煤场应有照明和防火设施。

2. 灰渣场

对于燃用固体燃料的锅炉房,为了保证锅炉的正常运行,必须及时将燃料燃烧的固态产物——灰渣集中运至贮渣场,再转运它处,所以锅炉附近应设置灰渣场。

一般灰渣场设在锅炉房常年主导风向的下方,且同贮煤场间的距离应大于10 m。

灰渣场的贮存量,应根据灰渣综合利用情况和运输方式等条件确定,一般应能贮存3昼夜锅炉房最大排灰渣量。

灰渣场面积仍可利用公式(3.5)计算,只是其中的 B_{max} 用 A_{max} 代入,M、ρ 代入灰渣的相应数值即可。

灰渣堆积密度推荐值如下:干灰0.7 ~ 0.75 t/m^3;干渣0.8 ~ 1.0 t/m^3;湿渣1.3 ~ 1.4 t/m^3;湿灰渣1.4 t/m^3。

如在锅炉房设置集中灰渣斗时,不应设置灰渣场。灰渣斗的总容量应为1 ~ 2天锅炉房最大排灰渣量,斗壁倾斜角不宜小于60°。灰渣斗排出口与地面的净高:用汽车运渣时不应小于2.6 m;火车运渣时不小于5.3 m;当机车不通过灰渣斗下部时,其净高可为3.5 m。

3.1.1.3　锅炉房的运煤系统

贮煤场的煤用推煤机或铲斗车运到受煤坑,煤从受煤坑上的固定筛板落入受煤斗。经振动给煤机将煤送入胶带输送机,在第一条胶带输送机上设置除铁器,将煤中铁件去除后进入碎煤机破碎,破碎后的煤送到第二条胶带输送机,运往炉前的贮煤斗,由胶带输送机上的卸料器将煤分别卸入贮煤斗(图3.1)。

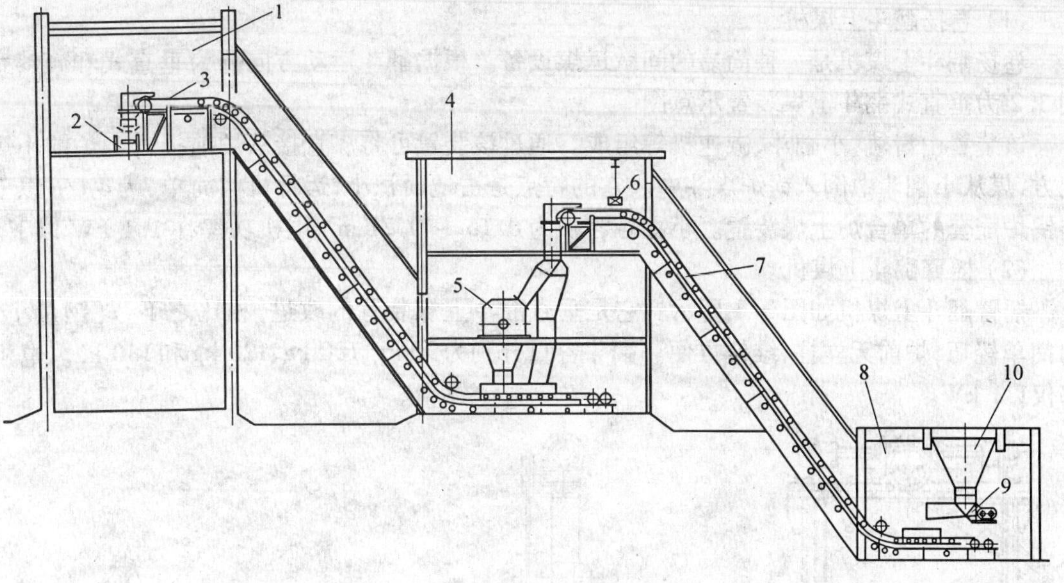

图 3.1 工业锅炉房运煤系统示意图

1—给煤间;2—1# 皮带;3—2# 皮带;4—转运间;5—破碎机;6—除铁器;
7—3# 皮带;8—受煤坑;9—给煤机;10—受煤斗

1. 煤的制备

由于不同的锅炉对原煤的粒度要求不同,如人工加煤锅炉粒度不超过 80 mm,抛煤机炉粒度不超过 40 mm,链条炉粒度不超过 50 mm,沸腾炉要求粒度不超过 8 mm。当锅炉燃煤的粒度不能满足燃烧设备的要求时,煤块必须先经过破碎。此时,运煤系统中应设置碎煤装置。工业锅炉常用的破碎机为环锤式碎煤机、双辊齿牙式破碎机。

在破碎之前,煤应先进行筛选,以减轻碎煤装置不必要的负荷。筛选装置有振动筛、滚筒筛和固定筛。固定筛结构简单,造价低廉,用来分离较大的煤块。振动筛和滚动筛可用于筛分较小的煤块。

当采用机械碎煤和锅炉的燃烧设备有要求时,尚应进行煤的磁选,以防止煤中夹带的碎铁进入设备,发生火花和卡住等事故。常用的磁选设备有悬挂式电磁分离器和电磁皮带轮两种。悬挂式电磁分离器悬挂在输送机的上方,可吸除输送机上堆积厚度为 50 ~ 100 mm 煤中的含铁杂物,定期用人工加以清理。当煤层很厚时,底部的铁件很难清除干净,此时可与电磁皮带轮配合使用。电磁皮带轮通常作为胶带输送机的主动轮,借直流电磁铁产生的磁场自动分离输送带上煤中的含铁杂物。

为了使给煤连续均匀地供给运煤设备,常在运煤系统中设置给煤机。常用的给煤设备为电磁振动给煤机和往复振动给煤机。

在生产中,为了加强经济管理,在运煤系统中一般应设置煤的计量装置。采用汽车、手推车进煤时,可选用地秤;胶带输送机上煤时,可采用皮带秤;当锅炉为链条炉排时,还可以采用煤耗计量表。

2. 运煤设备

锅炉用的燃煤通过运煤设备将煤从煤场运至炉前贮煤斗,向锅炉连续不断提供燃煤,保证锅炉的正常运行。常用的运煤设备有以下几种:

(1) 卷扬翻斗上煤机

卷扬翻斗上煤机是一种简易的间歇运煤设备。根据翻斗运动方向分为垂直式和倾斜式。图3.2为垂直式翻斗上煤装置示意图。

该装置由滑轨、小翻斗、减速机等组成。通过该装置可将煤直接从炉前提升到炉前小煤斗上方,煤从小翻斗中倒入锅炉煤斗中。它的特点是占地面积小,运行机构简单,为4 t/h以下快装锅炉配套的单台炉上煤装置。小翻斗容积为0.15 ~ 0.21 m^3,电机功率在1.1 kW以下。

(2) 摇臂翻斗上煤机

摇臂翻斗上煤机如图3.3所示。它是垂直翻斗上煤装置的改进,相比之下,耗钢量小,结构简单轻巧,炉前无立柱,维修方便。翻斗容量分别为90 kg、100 kg、120 kg和130 kg。电机功率仅1.1 kW。

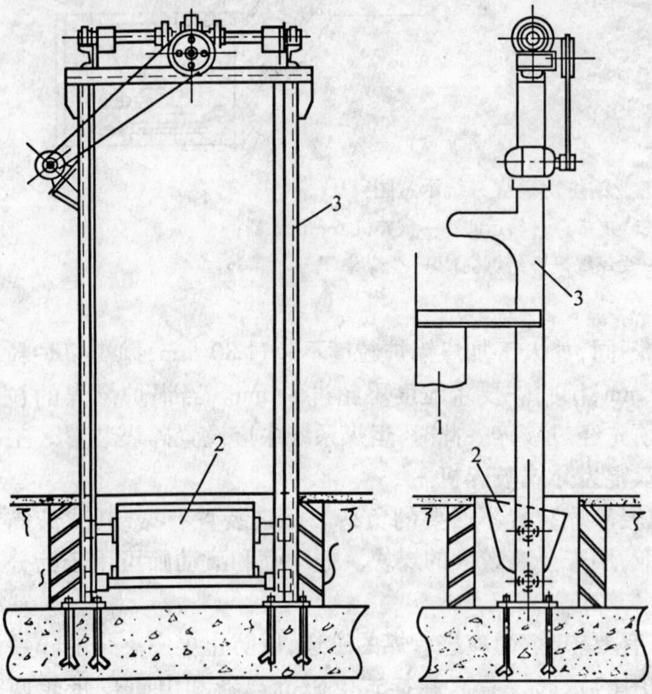

图3.2　垂直式翻斗上煤装置示意图

1— 小煤斗;2— 小翻斗;3— 滑轨

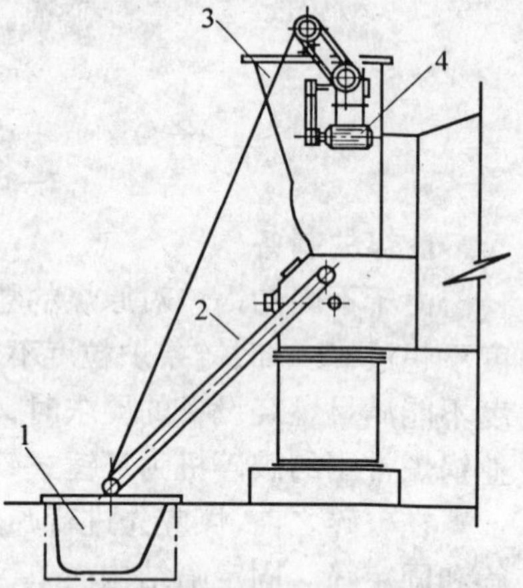

图3.3　摇臂翻斗上煤装置示意图

1— 小翻斗;2— 摇臂;3— 锅炉煤斗;4— 电机

(3) 电动葫芦吊煤罐

该装置是一种简易的间歇上煤设备,可以进行水平和垂直方向的运输工作,每小时运煤量2 ~ 6 t。一般适用于额定耗煤量4 t/h以下的锅炉房。图3.4为装置简图。

电动葫芦起重量一般为0.5 ~ 3 t,提升高度6 ~ 13 m。提升速度8 m/min,运行速度为20 m/min。吊煤罐有方形、圆形及钟罩式3种,均为底开式,容积为0.4 ~ 1.0 m^3。

(4) 埋刮板输送机

该装置是由头部驱动装置带动封闭的中间壳体内的刮板链条,连续地输送散状物料的输送设备。在输送过程中,刮板链条埋在被输送的物料之中,故称此设备为"埋刮板输送机"。图3.5为其示意图。

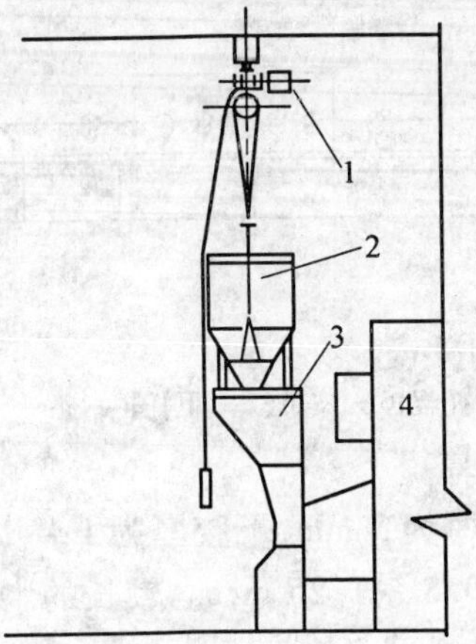

图 3.4　电动葫芦吊煤罐示意图

1— 电动葫芦;2— 吊煤罐;3— 煤斗;4— 锅炉

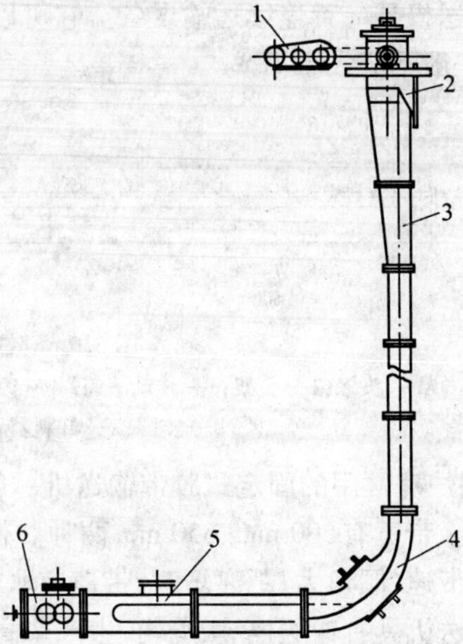

图 3.5　MC 型埋刮板输送机

1— 驱动装置;2— 头部;3— 中间段;

4— 弯曲段;5— 加料段;6— 尾部

国内常用的有水平型、垂直型和垂直水平型 3 种,其布置形式见图 3.6。

该输送机的槽宽一般为 160 mm、200 mm、250 mm。运行速度:对煤粉为 0.16 ~ 0.2 m/s,对碎煤为 0.2 ~ 0.25 m/s。输送量:运送碎煤约 9 ~ 37 t/h,运送煤粉为 7 ~ 28 t/h。

该设备结构简单,重量轻,体积小,布置灵活,密封性能好,且能多点加料与卸料。一般运用于耗煤量大于 3 t/h 的锅炉房。

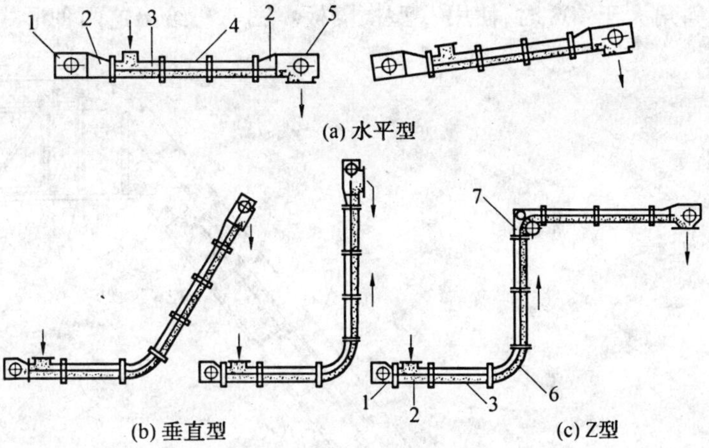

(a) 水平型

(b) 垂直型　(c) Z型

图 3.6　各种机型埋刮板输送机

1— 尾部;2— 过渡段;3— 加料段; 4— 中间段;5— 头部;6— 弯曲段;7— 回转段

(5) 胶带输送机

胶带输送机主要由头部驱动装置、输送带、尾部装置及机架等组成。其结构如图 3.7 所示。

胶带输送机是一种连续运输设备。它可以水平输送，也可以通过倾斜的方式进行提升运送，但倾角一般不应大于18°。

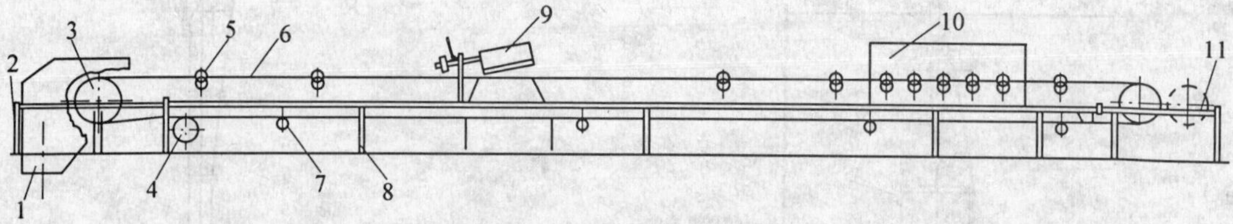

图3.7　胶带输送机简图

1—头罩；2—头架；3—传动滚筒；4—改向滚筒；5—上托辊；6—皮带；7—下托辊；8—支腿；9—卸料器；10—导料槽；11—尾架

工业锅炉房常用的固定式胶带输送机一般采用上胶厚为3 mm，下胶厚为1 ~ 1.5 mm的普通橡胶带。带宽有500 mm、650 mm两种。带速一般为0.8 ~ 1.25 m/s。较长的水平输送带选取较高的带速，倾角大；距离短时，带速应取得低些。

胶带输送机具有输送连续、均匀、生产率高和运行可靠等优点。但占地面积大，一次性投资高，一般适用于耗煤量在4.5 t/h以上的锅炉房。移动式胶带输送机装有滚轮，可以任意移动，常用在贮煤场作为煤的装卸转运之用。

(6) 大倾角挡边胶带输送机

大倾角挡边胶带输送机是一种新型带式输送机，即是在平型胶带输送带的两侧粘有波形挡边，中部按需要加上横隔板，使物料在一个匣状的容器中进行输送，如图3.8所示。与普通的胶带输送相比，输送能力提高2 ~ 2.5倍，输送倾角最大可达90°，70°以下最好。使用该设备可以减少占地，提高运送量，且宜改变方向输送、不洒落煤。波形挡边高度从60 ~ 240 mm共八种。装在波形挡边之间的横隔板有T型、C型两种基本形式，在输送机倾角小于40°时，使用T型横隔板；倾斜角大于40°时，使用C型横隔板。图3.9给出这两种形式的简图。

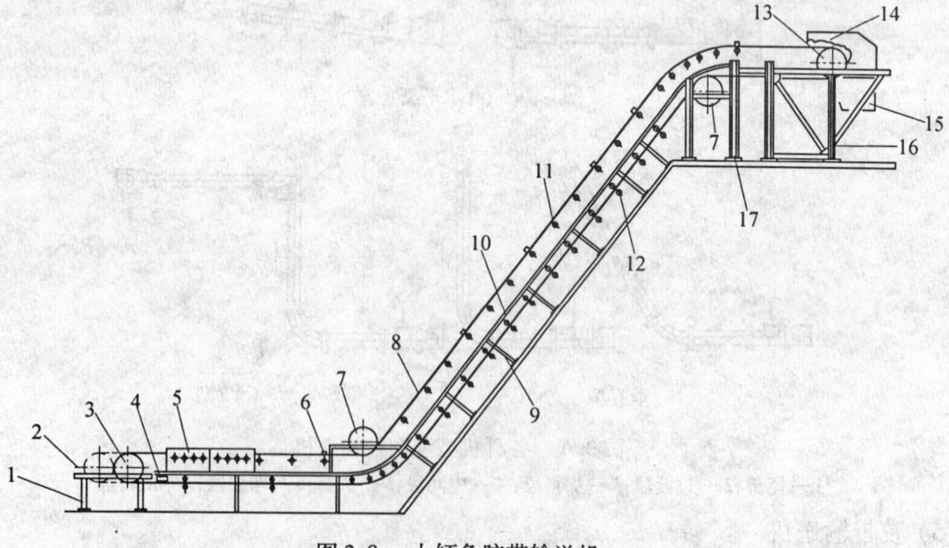

图3.8　大倾角胶带输送机

1—尾架；2—螺旋拉紧装置；3—改向滚筒；4—空段清扫器；5—导料槽；6—立辊；7—压带轮；8—波纹挡边带；9—支腿；10—中间架；11—平行上托辊；12—平行下托辊；13—传动滚筒；14—头部护罩；15—头部漏斗；16—头架；17—凸弧机架

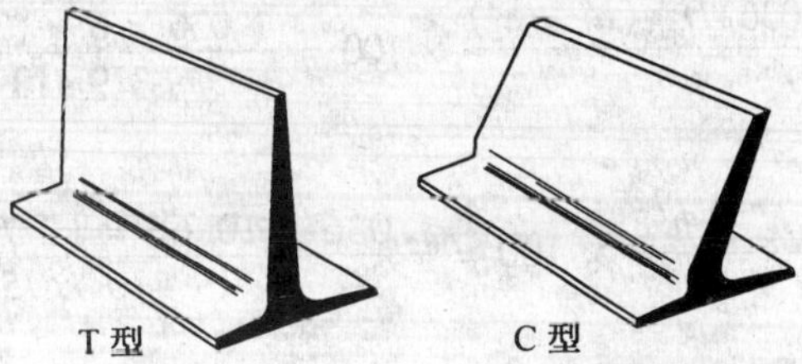

图 3.9　T 型、C 型横隔板简图

3. 运煤系统的选择

对运煤系统的基本要求是能向锅炉可靠地供应燃煤，保证锅炉的正常运行。运煤系统的选择，主要根据锅炉房规模、耗煤量大小、燃烧设备的形式及场地条件等因素，经技术经济比较，综合考虑确定。工业锅炉房运煤系统通常有下列几种：

(1) 额定耗煤量小于 1 t/h，单台额定蒸发量小于 4 t/h 的锅炉，采用手推车运煤，翻斗上煤机供煤。

(2) 额定耗煤量为 1 ~ 6 t/h，单台额定蒸发量为 4 ~ 10 t/h 的锅炉，采用间歇机械化设备装卸及间歇或连续机械化设备运煤。如手推车配电动葫芦吊煤罐，手推车配埋刮板输送机。

(3) 额定耗煤量大于 6 t/h，单台额定蒸发量大于 10 t/h 的锅炉，一般采用胶带输送机运煤。

工业锅炉房采用胶带运煤系统一般为单路运输，没有备用装置。考虑到检修设备的需要，运煤系统一般按一班或两班制工作。

运煤系统的运煤量可按下式计算

$$Q = \frac{24B_{max}KZ}{t}\ (t/h) \tag{3.6}$$

式中　Q—— 运煤系统的运煤量，t/h；

B_{max}—— 最大耗煤量，t/h；

K—— 运输不平衡系数，一般取 1.1 ~ 1.2；

Z—— 锅炉房发展系数；

t—— 运煤系统昼夜有效作业时间，h。

一班制时 $t \leqslant 6$ h；两班制时 $t \leqslant 12$ h；三班制时 $t \leqslant 18$ h。

为了保证运煤设备检修期间不至于中断供煤，炉前一般应设置贮煤斗。煤斗的贮量应根据运煤的工作制和运煤设备检修所需时间确定，并应符合下列要求：

(1) 一班制运煤为 16 ~ 20 h 的锅炉额定耗煤量；

(2) 两班制运煤为 10 ~ 12 h 的锅炉额定耗煤量；

(3) 三班制运煤为 1 ~ 6 h 的锅炉额定耗煤量。

煤斗和溜煤管的壁面倾角不宜小于 60°，以防煤下滑不畅形成堵塞。

【例 3.1】 按例 2.1 给定的条件，计算该锅炉房的耗煤量，确定该锅炉房内运煤设备和贮煤场面积。

解　1. 锅炉房耗煤量的计算

额定耗煤量 B_{ed}

$$B_{ed}/(\mathrm{t}\cdot\mathrm{h}^{-1})=\frac{(1.015\sim1.036)D_{max}(h''-h')}{Q_{ar}^{dw}\cdot\eta}\times100=\frac{1.036\times6\times(2\ 787-436)}{19\ 410\times75}\times100=1.004$$

最大耗煤量 B_{max}

$$B_{max}/(\mathrm{t}\cdot\mathrm{h}^{-1})=\frac{1.036D_{max}(h''-h')}{Q_{ar}^{dw}\cdot\eta}\times100=\frac{1.036\times10.65\times(2\ 787-436)}{19\ 410\times75}\times100=1.782$$

平均耗煤量 B_n^{pj}

$$B_n^{pj}/(\mathrm{t}\cdot\mathrm{h}^{-1})=\frac{1.036D_{pj}(h''-h')}{Q_{ar}^{dw}\cdot\eta}\times100=\frac{1.036\times8.17\times(2\ 787-436)}{19\ 410\times75}\times100=1.367$$

年耗煤量 B_y

$$B_y/(\mathrm{t}\cdot\mathrm{h}^{-1})=\frac{1.2D_y(h''-h')}{Q_{ar}^{dw}\cdot\eta}\times100=\frac{1.2\times44\ 140.68\times(2\ 787-436)}{19\ 410\times75}\times100=8\ 554$$

2. 运煤系统的选择

根据锅炉房最大耗煤量为 1.782 t/h，本设计拟采用机械化运煤，锅炉房内运煤设备采用埋刮板输送机。为便于运煤设备的检修，每台锅炉前设一贮煤斗。

燃煤由汽车从厂外运到锅炉房贮煤场，采用移动式胶带输送机堆煤，由铲车将煤运到受煤斗，然后由埋刮板输送机运到锅炉前的贮煤斗。

3. 贮煤场面积的确定

$$F/\mathrm{m}^2=\frac{B_{max}TMN}{H\rho\varphi}=\frac{1.782\times24\times10\times1.5}{3\times0.9\times0.8}=292$$

本锅炉房煤场面积确定为 18 m × 18 m。

4. 运煤设备的选择计算

运煤系统为一班制工作，系统的运煤量为

$$Q/(\mathrm{t}\cdot\mathrm{h}^{-1})=\frac{24B_{max}KZ}{t}=\frac{24\times1.782\times1.2\times1}{6}=8.6$$

选 MZ20 型埋刮板输送机上煤，垂直提升高度为 13 m，水平段长 14 m。另选一套电动葫芦吊煤罐作为备用，起重量为 1 t，功率为 1.5 kW。

3.1.1.4　锅炉房燃油系统

1. 锅炉房耗油（耗气）量计算

单台锅炉计算燃油（燃气）消耗量可按下式求得

$$B=k\frac{D(h_q-h_{gs})}{\eta Q_{ar}^{dw}}\tag{3.7}$$

式中　B—— 锅炉计算燃油（燃气）消耗量，kg/h 或 m^3/h；

D—— 锅炉蒸发量，kJ/h；

h_q—— 蒸汽的焓值，kJ/kg；

h_{gs}—— 给水的焓值，kJ/kg；

η—— 锅炉效率；

Q_{ar}^{dw}—— 燃油（燃气）的收到基低位发热量，kJ/kg 或 kJ/ m^3；

k—— 富裕系数，一般取 $k=1.2\sim1.3$。

每只燃烧器计算燃油(燃气)消耗量可由下式求出

$$G_{rs}=\frac{B}{n} \tag{3.8}$$

式中　G_{rs}——每只燃烧器的计算燃油(燃气)消耗量,kg/h 或 m^3/h;

n——单台锅炉燃烧器的数量,只。

锅炉房计算燃油(燃气)消耗量由下式求出

$$\sum B=B_1+B_2+\cdots+B_n \tag{3.9}$$

式中　$\sum B$——锅炉房计算燃油(燃气)消耗量,kg/h 或 m^3/h;

B_1,B_2,B_n——分别为第 1 台、第 2 台、第 n 台锅炉计算燃油(燃气)耗量,kg/h 或 m^3/h。

2. 燃油供应系统

对于燃油锅炉房应设燃油供应系统。燃油一般用火车或汽车运来后,自流或用泵卸入油库的贮油罐,如果是重油应先用蒸汽将铁路油罐车或汽车油罐中的燃油加热,以降低其黏度;重油在油罐贮存期间,加热保持一定的温度,沉淀水分并分离机械杂质,沉淀出来的水排出,油则经泵前过滤器进入输油泵,然后送入锅炉房日用油箱。

燃油供应系统主要由运输设施,卸油设施、贮油罐、油泵及管路等组成,在油罐区还有污油处理设施。

图 3.10 为燃烧轻油的锅炉房燃油系统。

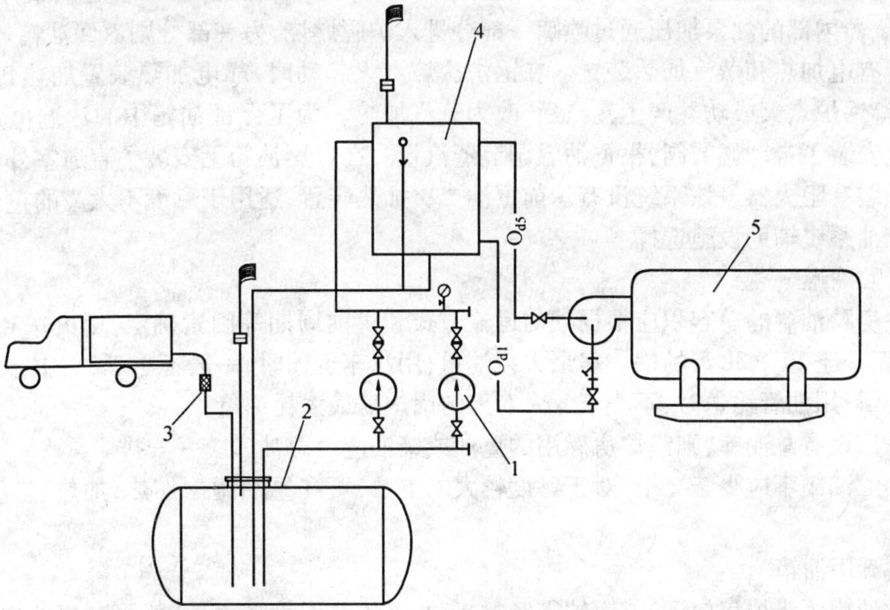

图 3.10　燃烧轻油的锅炉房燃油系统

1—供油泵;2—卧式地下贮油罐;3—泄油口(带滤网);4—日用油箱;5—全自动锅炉

轻油由汽车运来,靠自流卸至卧式地下贮油罐中,罐中的轻油通过供油泵(1用1备)送入日用油箱中,燃油再经燃烧器内部的油泵加压后一部分通过喷嘴进入炉膛燃烧,另一部分返回油箱。该系统没有设事故油罐,当发生事故时,日用油箱中的油可放入贮油罐。

图3.11为燃烧重油的锅炉房燃油系统。

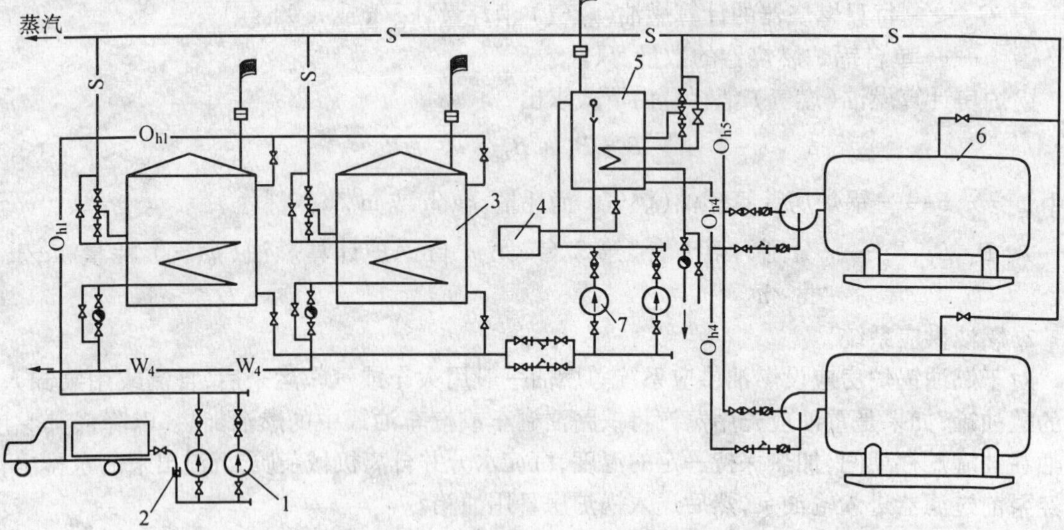

图3.11　燃烧重油的锅炉房燃油系统

1—卸油泵;2—快速接头;3—地上贮油罐;4—事故油池;5—日用油箱;6—供油泵

由汽车运来的重油靠卸油泵卸到地上贮油罐中,罐中燃油由输油泵送入日用油箱加热后,经燃烧器内部的油泵加压通过喷嘴一部分进入炉膛燃烧,另一部分则返回油箱。在日用油箱中设置有电加热和蒸汽加热装置。在锅炉冷炉点火起动时,靠电加热装置加热日用油箱中的燃油,等锅炉点火成功并产生蒸汽后,改为蒸汽加热。为了保证油箱中的油温恒定,在蒸汽进口管上安装了自动调节阀,根据油温调节蒸汽量。在日用油箱上安装了直通室外的通气管,通气管上装有阻火器。该系统没有炉前重油二次加热装置,适用于黏度不太高的重油。

3. 燃油系统辅助设施选择

(1) 贮油罐

锅炉房贮油罐的总容积应根据油的运输方式和供油周期等因素确定,用火车和船舶运输时,一般不小于20 ~ 30天的锅炉房最大耗油量;用汽车运输时,一般不小于5 ~ 10天的锅炉房最大耗油量;用油管输送时,不小于3 ~ 5天的锅炉房最大耗油量。

如工厂设有总油库,则锅炉房燃用的重油或柴油应由总油库统一安排。

重油贮油罐不应少于2个,对于黏度较大的重油,可在重油罐内加热,加热温度不应超过90 ℃。

(2) 日用油箱

当贮油罐距锅炉房较远,或锅炉需经常起动、停炉或因管理不善时,可在锅炉房设置日用油箱和供油泵房。油从贮油罐通过管道输入油箱,再从日用油箱直接供给锅炉燃烧。

锅炉房内油箱的总容量,对于重油不应大于5 m^3,对于柴油不应大于1 m^3,严禁把油箱设置在锅炉或有煤器的上方。

室内油箱应采用闭式的。其上应设置直接通向室外的通气管,通气管上设置阻火器和防雨装置。油箱上不应采用玻璃管式的油位表。

室内油箱应设有将油排放至室外事故油箱的紧急排放管，排放管应设在安全和便于操作的地点。

在锅炉房外还应设地下事故油罐(也可用地下贮油罐代替)。

油箱的布置高度宜使供油泵有足够的灌注头。

(3) 炉前重油加热器

室内重油箱的油加热温度不宜超过 90 ℃，为了满足锅炉喷油嘴雾化的要求，重油在进入喷油嘴之前必须经过二次加热，以进一步降低黏度。全自动燃油锅炉重油燃烧器本身带有燃油加热装置，可不再单独设加热器。

(4) 燃油过滤器

由于燃油杂质较多，一般在供油泵前母管上和燃烧器进口管路上安装油过滤器。过滤器过滤精度应满足所选油泵和油喷嘴的要求，过滤能力应为泵容量的2倍以上。供油泵进口母管上的油过滤器应设置2台，其中1台备用，泵前常采用网状过滤器。采用机械雾化燃烧器(不包括转杯式)时，在油加热器和燃烧器之间的管路上应设细过滤器。油过滤器滤网规格选用见表3.2。

表 3.2　油过滤器滤同规格选用表

使用条件		滤网规格 /(目 · cm^{-1})	滤网流通面积与进口管截面积的比值 / 倍
泵前	螺杆泵、齿轮泵	16 ~ 32	8 ~ 10
	离心泵、蒸汽往复泵	8 ~ 12	8 ~ 10
炉前	机械雾化喷嘴	≥20	2

(5) 卸油泵

当不能利用位差卸油时，需设置卸油泵，将油罐车的燃油送入贮油罐。

卸油泵的总排油量 Q 按下式计算

$$Q = \frac{nV}{t} \tag{3.10}$$

式中　V—— 单个油罐车的容积，m^3/h；

n—— 卸车车位数，个；

t—— 纯泵卸时间，h。

纯泵卸时间 t 与罐车进厂停留时间有关。一般为4 ~ 8 h，即全部卸车时间为4 ~ 8 h，其中辅助作业时间一般为0.5 ~ 1 h。加热时间(重油)一般为1.5 ~ 3 h。纯泵卸时间 t = 2 ~ 4 h。

(6) 输油泵

为了将燃油从卸油罐输送到贮油罐或从贮油罐输送到日用油箱，需设输油泵，通常采用螺杆泵和齿轮泵，也可选用蒸汽往复泵、离心泵。油泵不宜少于2台，其中1台备用。

用于从贮油罐往日用油箱输送燃油的输油泵，其容量不应小于锅炉房小时最大计算耗油量的110%。

用于从卸油罐向贮油罐输送燃油的输油泵，其容量应根据油罐车的容积和卸车时间确定。

(7) 供油泵

供油泵用于从日用油箱向锅炉直接供应燃油。一般要求流量小，扬程高，油压稳定。通常选用齿轮泵或螺杆泵。

供油泵的扬程不应小于下列各项的代数和：① 供油系统的压力降；② 供油系统的油位差；③ 燃料器前所需的油压；④ 适当的富裕量。

供油泵不应少于2台，当其中任何1台停止运行时，其余泵的总容量，不应少于锅炉房最大计算耗油量和回油量之和。

带回油的喷油嘴的回油量，由锅炉制造厂提出，一般为喷油嘴额定出力的15% ~ 50%。

全自动燃油锅炉燃烧器本身带有加压油泵，因而一般不再单设供油泵，只要日用油箱安装高度满足燃烧器要求即可。

4. 燃油管路的设计要点

锅炉房的供油管道宜采用单母管；常年不间断供热时，宜采用双母管。回油管道应采用单母管。采用双母管时，每一母管的流量宜按锅炉房最大计算耗油量和回油量之和的75% 计算。

重油供油系统宜采用经锅炉燃烧器的单管循环系统。重油供油管道应保温。当重油在输送过程中，由于温度降低不能满足生产要求时，还应伴热，在重油回油管道可能引起烫伤人员或冻结的部位，应采取隔热或保温措施。

通过油加热器及其后管道燃油的流速不应小于0.7 m/s。

油管道采用顺坡敷设，但接入燃烧器的重油管道不宜坡向燃烧器。柴油管道的坡度不应小于0.003，重油管道的坡度不应小于0.004。

燃用重油的锅炉房，当冷炉起动点火缺少蒸汽加热重油时，应采用重油电加热器或设置轻油或燃气的辅助燃料系统。

在重油供油系统的设备和管道上，应装吹扫口。其位置应能吹净设备和管道内的重油。

吹扫介质宜采用蒸汽或用轻油置换，吹扫用蒸汽压力宜为0.6 ~ 1 MPa。

每台锅炉的供油干管上，应装设关闭阀和快速切断阀。每个燃烧器前的燃油支管上，应装设关闭阀。当设置2台及以上锅炉时，还应在每台锅炉的回油干管上装设止回阀。

燃油管道一般采用无缝钢管。除与设备、附件等连接处或由于安装和拆卸检修的需要采用法兰连接外，应尽量采用焊接连接。

3.1.1.5　锅炉房燃气系统

对于燃气锅炉房，设有锅炉房燃气供应系统，是由供气管道进口装置、锅炉房内配管系统以及吹扫放散管道等组成。

城市燃气管道按其所输送的燃气压力不同，分为以下5类：

① 低压管道($p \leq 0.005$ MPa)；

② 次中压管道(0.005 MPa $< p \leq$ 0.2 MPa)；

③ 次高压管道(0.4 MPa $< p \leq$ 0.8 MPa)；

④ 高压管道(0.8 MPa $< p \leq$ 1.6 MPa)。

⑤ 锅炉房燃气系统从安全角度考虑，宜采用次中压和低压供气系统，不宜采用高压系统。

为了保证燃气锅炉能安全稳定地燃烧，燃气系统当燃气压力过高或不稳定时，应设调压装置，为此需设调压站。调压站的设计应符合现行国家标准《城市燃气设计规范》的有关规定。

1. 供气管道系统设计的基本要求

(1) 供气管道进口装置设计要求

由调压站至锅炉房的燃气管道宜采用单母管，常年不间断供热时，宜采用双母管。采用双母管时，每一母管的流量宜按锅炉房最大计算耗气量的75% 计算。

当调压装置进气压力在0.3 MPa以上，而调压比又较大时，可能产生很大的噪声，为避免噪声沿管道传入室内，调压后宜有10 ~ 15 m的一段管道采用埋地敷设，如图3.12 所示。

外部引入锅炉房的燃气总管的进口处应装设总关闭阀,按燃气流动方向,阀前应设放散管,放散管上装设取样口,阀后装吹扫管接头。

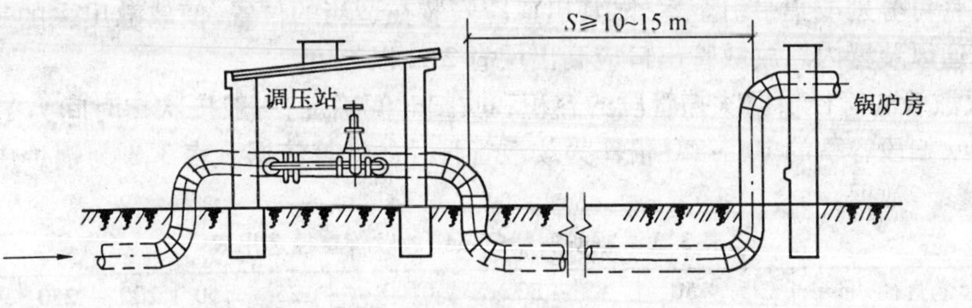

图 3.12　调压站至锅炉房间的管道敷设

(2) 锅炉房内燃气系统设计要求

锅炉房内燃气管道的设计,应按现行《工业企业煤气安全规程》的有关规定执行。

为保证锅炉安全可靠的运行,要求供气管路和管路上安装的附件连接要严密可靠,能承受最高使用压力。设计管路系统时应考虑便于管路的检修和维护。

当锅炉台数较多时,供气干管可按需要用阀门分隔成数段,每段供应 2 ~ 3 台锅炉。

在通向每台锅炉的支管上,应装有关闭阀和快速切断阀(根据情况可采用电磁阀或手动阀)、流量调节阀和压力表。

在支管至燃烧器前的配管上应装关闭阀,阀后串联2只切断阀(手动阀或电磁阀),并应在两阀之间设置放散管(放散管可采用手动阀或电磁阀)。靠近燃烧器的1只安全切断电磁阀的安装位置,尽量靠近燃烧器,以减少管段内燃气渗入炉膛的数量。

燃气管道一般架空敷设,设在锅炉房外墙或锅炉间空气流通的地方,以排除泄漏的燃气。

燃气管道可从地下或架空引入锅炉间,管道穿越墙壁或基础时,应设置套管。

管路上的阀门应选用明杆阀或阀杆带刻度的阀门,方便操作人员识别阀门的开关状态。

燃气管道采用钢管,多用焊接连接,管道与阀门或其他附属设备的连接,根据具体情况采用法兰或丝扣连接。

(3) 吹扫放散管道系统设计

燃气管道在停止运行检修时,需将管道内的燃气吹扫干净,以保证检修工作安全;系统在较长时间停止工作后再投入运行前,也需进行吹扫,将可燃气混合气体排入大气,以防止燃气空气混合物进入炉膛引起爆炸。因此,锅炉房供气系统中应设置吹扫和放散管道。

设计吹扫放散系统应注意下列要求:

① 吹扫方案应根据用户的实际情况确定,可以考虑设置专用的惰性气体吹扫管道,用氮气、二氧化碳或蒸汽进行吹扫;也可不设专用吹扫管道,而在燃气管道上设置吹扫点,在系统投入运行前用燃气进行吹扫,停运检修时用压缩空气进行吹扫。吹扫点(或吹扫管接点) 应设置在下列部位:

a. 锅炉房进气管总关闭阀后面(顺气流方面);

b. 在燃气管路以阀门隔开的管段上需要考虑分段吹扫的适当地点。

② 燃气系统在下列部位应设置放散管道:

a. 锅炉房进气管总切断阀的前面(顺气流方向);

b. 燃气干管的末端,管道、设备的最高点;

c. 燃烧器前两切断阀之间的管段;

d. 系统中其他需要考虑放散的适当地点。

放散管可分别或集中引至室外,其出口应安装在适当的位置,使放散出去的气体不致被吸入室内或通风装置内。放散管出口应高出层脊 2 m 以上。

③ 放散管的管径根据吹扫管段的容积和吹扫时间确定,一般按吹扫时间为 15 ~ 30 min,排气量为吹扫段容积的 10 ~ 20 倍作为放散管管径的计算依据。表 3.3 为锅炉房燃气系统放散管管径参考数据。

表 3.3 锅炉房燃气系统放散管直径选用表

燃气管道直径/mm	25 ~ 50	65 ~ 80	0100	125 ~ 150	200 ~ 250	300 ~ 350
放散管直径/mm	25	32	40	50	65	80

2. 锅炉燃气供应系统典型图示

图 3.13 为机械通风供气系统,系统装有自力式压力调节阀 3 和流量调节阀 7,能够保证进

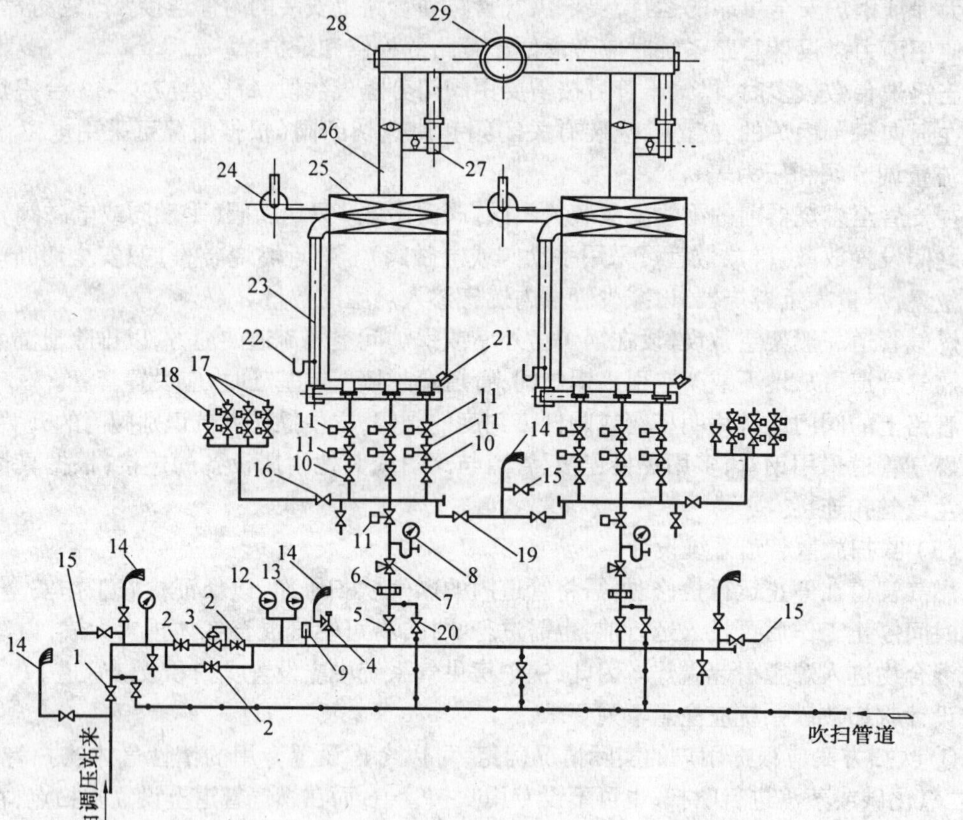

图 3.13 强制鼓风供气系统

1— 锅炉房总关闭阀;2— 手动闸阀;3— 自力式压力调节阀;4— 安全阀;5— 手动切断阀;6— 流量孔板;7— 流量调节阀;8— 压力表;9— 温度计;10— 手动阀;11— 安全切断电磁阀;12— 压力上限开关;13— 压力下限开关;14— 放散阀;15— 取样短管;16— 手动阀门;17— 自动点火电磁阀;18— 手动点火阀;19— 放散管;20— 吹扫阀;21— 火焰检测装置;22— 风压计;23— 风管;24— 鼓风机;25— 空气预热器;26— 烟道;27— 引风机;28— 防爆门;29— 烟囱

气压力和燃气流量的稳定。在燃烧器前的配管系统上装有安全切断电磁阀、电磁阀与鼓风机24、锅炉熄火保护装置、燃气和空气压力监测装置等联锁动作,当鼓风机、引风机发生故障或燃气压力或空气压力出现了异常、炉膛熄火等情况发生时,能迅速切断气源。

该系统能在较低压力下工作,而且调节方便,可在较大范围内改变负荷,而燃烧相当稳定。因此,该系统常用于大中型燃气锅炉房。

图3.14为WNQ4-0.7型燃气锅炉供气系统。

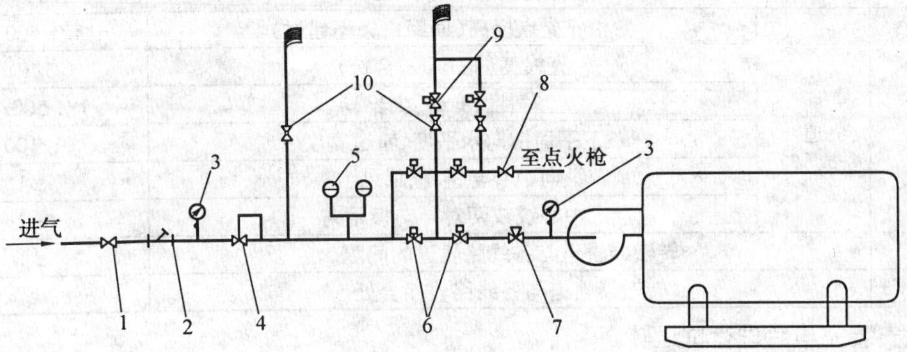

图3.14　WNQ4-0.7型燃气锅炉供气系统

1—总关闭阀;2—气体过滤器;3—压力表;4—自力式压力调节阀;5—压力上限开关;6—安全切断电磁阀;7—流量调节阀;8—点火电磁阀;9—放空电磁阀;10—放空旋塞阀

该锅炉要求进气压力为10~15 kPa,炉前燃气管道及其附属设备由锅炉厂配套供应。由外网或锅炉房供气干管来的燃气,经过自力式调压器调压,再通过2只串联的电磁阀(又称主气阀)和1只流量调节阀,然后进入燃烧器。在2只电磁阀之间接有放散管和放散电磁阀,当主电磁阀关闭时,放散电磁网自动开启,避免漏气进入炉膛。主电磁阀与锅炉高低水位保护装置、蒸汽超压装置、火焰监测装置以及鼓风机等联锁,当锅炉运行中发生事故时,主电磁网自动关闭切断供气。燃气流量由调节阀依据锅炉负荷变化情况进行调节,燃气调节阀和空气调节阀通过压力比例调节器的作用实现燃气空气比例调节。

在电磁阀之前引出的点火管道上设有关闭阀和串联安装的2只电磁阀,点火电磁阀由点火或熄火讯号控制。燃气系统可实现启动和停止的自动控制和程序控制:当开始点火时,首先打开风机进行预吹扫(一般几十秒),然后打开点火电磁阀,点火后再打开主电磁阀,同时火焰监视装置投入工作,锅炉投入正常运行;停炉时,先关闭主气阀,然后吹扫一段时间。

3.1.2　锅炉房燃料供应系统安装

1. 电动葫芦安装

安装前要对电动葫芦进行清点,并与甲方办理手续。安装时应注意以下几个方面:

(1) 链式葫芦安装时,要注意保持链槽呈垂直状态,不得有歪扭、卡住或严重磨损现象。

(2) 电葫芦的车轮轮缘内侧与工字钢轨道翼缘的间隙符合设备技术文件的要求。如无文件,则要符合如下规定:

起重量在2.5~5 kN的单边间隙为1.5~3.0 mm,当起重量在10~20 kN的单边间隙为2.0~4.0 mm,当起重量在30~50 kN的单边间隙为2.5~5.0 mm。

(3) 各润滑部位应加好油。

(4) 检查限位开关及顶板结构是否灵活,与运行的方向是否一致,检查电路的接触情况。

(5) 对于单轨安装的电动葫芦要符合表 3.4 的要求。

表 3.4　单轨电动葫芦的安装要求

项次	项目		允差 /mm
1	吊架或立柱铅垂度		每米 1
2	悬臂支架水平度		1/1 000
3	轨道	各相邻支点标高(间距离 / 不超过)	1/1 500/5
		直线度(每 6 m/ 全长)	3/10
		倾斜度(1 m/ 全长)	1/1 500/10
		下平面横向水平度、轨道宽度	1/100
		纵向中心与链轮轴线距离	± 1
		中心线或两对导向板距离	± 2
4	转辙器轨道与各线路轨道的间隙		± 1
5	转辙器轨道与各线路轨接合处		1

(6) 安装完毕后进行试运转。

2. 皮带运输机的安装

(1) 构件的安装

先将基础面清理干净,表面不得有蜂窝麻面,如有应先抹平。根据图示找出驱动滚筒和从动滚筒的位置的中心点,在两点之间弹出墨线,作为皮带机的中心线。根据中心线画出托架的宽度线,根据图纸画出托架的位置及托架支腿的中心线。

然后,安装驱动和从动滚筒的支架、装好滚筒,以滚筒为基准,安装托架支腿框。找好托辊支架位置,并对托辊支架钻安装螺栓孔,如图 3.15 所示。全部托辊装完后,校正与滚筒中心线重合,紧固螺栓,特别注意要保证上下托辊中心线重合和托辊之间的倾斜度一致,并符合设计要求。

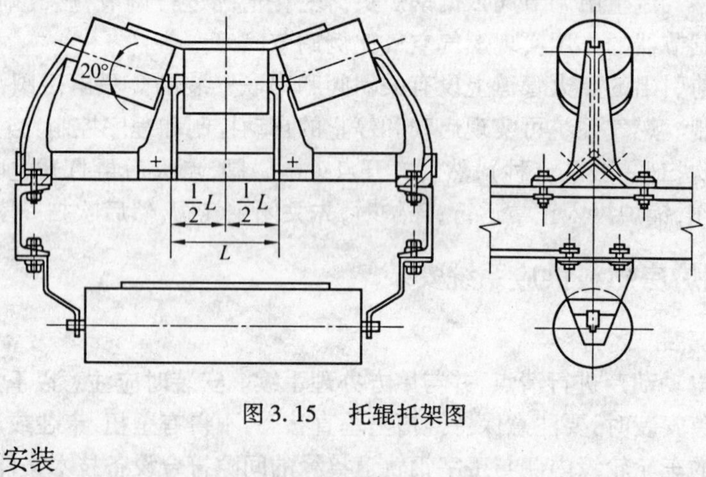

图 3.15　托辊托架图

(2) 皮带的安装

皮带连接方法有多种如:铆接、钢丝皮带扣连接、冷胶接和热胶接多种形式。在施工过程中常采用的是冷胶接。冷胶接的过程如下:

为不使皮带在使用中被拉长,在安装前要对皮带进行拉伸。一般情况下拉伸力度为皮带工作压力的 1.5 ~ 2 倍,拉伸持续时间约在 18 ~ 24 h,此后方可以粘接。

粘接前将皮带头做成阶梯状,如图 3.16 及表 3.5 所示。两接头之间的胶带应大于驱动滚筒直径的 6 倍。

表 3.5　胶接皮带阶梯形接口的尺寸(mm)

皮带宽度	四层的皮带		五层的皮带		六层的皮带		七层的皮带	
	L	*a*	*L*	*a*	*L*	*a*	*L*	*a*
400	825	275	1 200	300	—	—	—	—
450	900	300	1 300	325	—	—	—	—
500	1 050	350	1 600	400	1 500	300	—	—
600	1 200	400	1 600	400	1 625	325	1 800	300
750	1 200	400	1 600	400	1 750	350	1 800	300
900	—	—	1 600	400	1 750	350	1 800	300

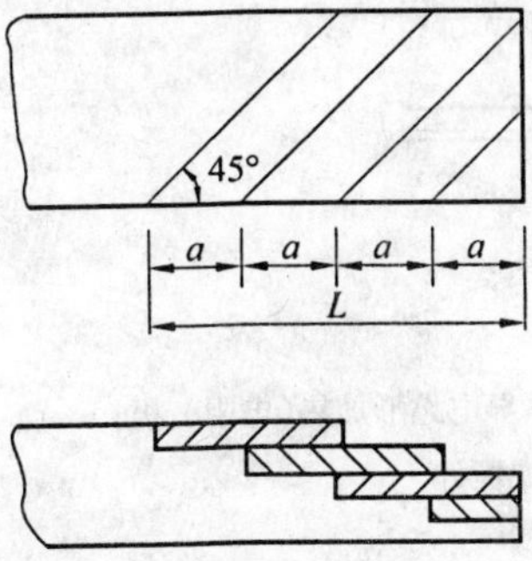

图 3.16

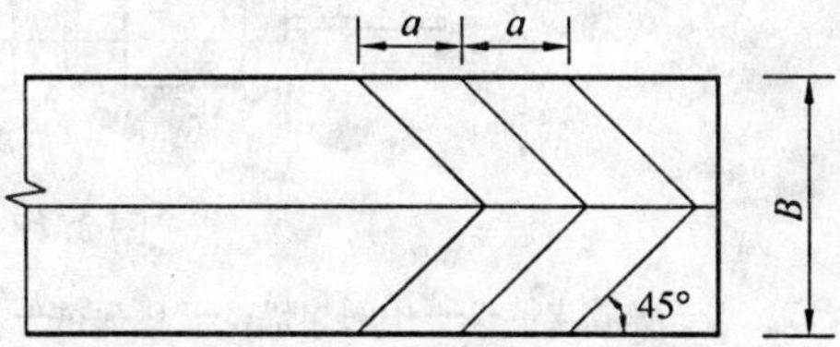

图 3.17　鱼鳞式结构

切割阶梯接头时应将运煤面(胶皮较厚的一面)朝上,另一面朝下。同样为增加皮带粘接时的强度,把阶梯做成有一定角度的阶梯面。阶梯尺寸的大小取决于皮带宽度和层数,切割角度做成45°角。阶梯的角度的切割形式也可做成鱼鳞式结构,如图 3.17 所示。接头的长度与皮带的宽度相同。

皮带切割好后,将皮带上的旧胶刮干净。做法如下:先在皮带上用汽油或丙酮涂抹,然后用钢丝刷刷净,并使帆布层出现一层绒毛状,但同时不可刮断帆布纤维,再用汽油清洗干净帆布面,表面不得有灰尘、油迹和橡胶粉末,晾干皮带接头。

(3) 刷胶

刷胶可用氯丁胶浆作黏合剂,可用氯丁橡胶黏合剂(呈乳白色浆状)和聚异氰环脂胶 JQ - 1(列克纳)。其配比为,氯丁胶 : 列克纳 = 100 : (7 ~ 18)。列克纳的作用是提高氯丁胶浆的强度,若加量较多,就会使胶浆变脆,影响接头强度;采用树脂胶浆作黏合剂时可用树脂胶 ZOZ—1 和树脂胶 ZOZ—2。其配比为树脂胶 ZOZ—1 : 树脂胶 ZOZ—2 按重量 1 : 5 配制。

刷胶时用毛刷子将配好的胶料均匀地刷在阶梯面上后,在常温下自然硫化 40 min 左右,等到胶液不粘手后再均匀地刷上一层胶料,同样地自然硫化 40 min 左右,不粘手时,将皮带接头对正严密合缝地粘接在一起,同时用手锤均匀地击打粘接头,不得使夹层中有气泡存在。然后再用大锤砸实,不得有凸起和裂纹现象。

最后,将接头面间隙刷满胶料,用夹具夹住接头,在常温下自然硫化 24 h 即可。夹具如图 3.18 所示。另外可以在胶接头表面接缝处覆盖一层涂胶的细帆布。

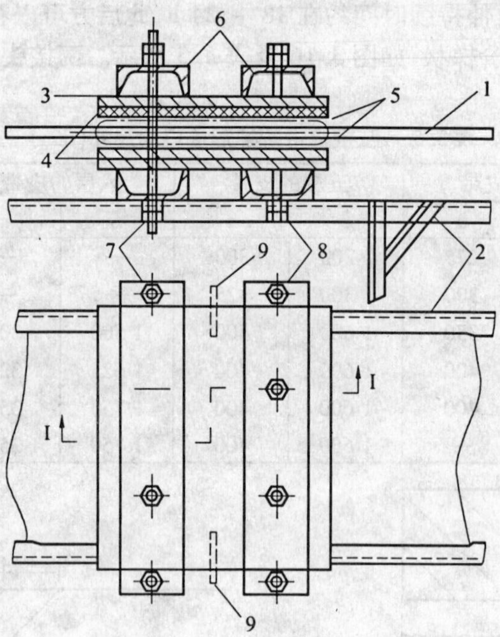

图 3.18　夹具

1— 橡胶皮带;2— 中间构架;3— 压板;4— 石棉绝缘板;5— 导电蛇形加热(电阻) 板;
6— 压杠;7— 连接螺栓;8— 顶丝;9— 温度计

(4) 粘接皮带时应注意以下问题

① 粘接时的环境温度在20 ~ 40℃ 为宜,湿度小于80%。如果在阴雨天或冬季粘接时,可用电加热板烘烤或用电吹风加热。

② 粘接前最好剪下两块皮带进行粘接试验,及时地调整粘料配比,以取得最好的粘接效果。

③ 如采用列克纳粘料,要防止其挥发,同时,不能使其接触水,碱、酸或其他物质,以防变质,无法使用。

④ 由于所用的粘料属于有毒物质,使用时要特别注意安全,操作时戴上防风镜、手套、口罩,同时保持操作场所通风良好。

(5) 安装调试注意事项

① 皮带机运行时若出现皮带跑偏现象,应检查皮带中心线与托辊中心线是否重合,托辊间是否平行或增加皮带的张紧装置的张紧力。

② 安装托辊、滚筒、辊子时要仔细检查转轴是否弯曲,滚子间有无异物,托辊的表面应光滑无毛刺。托辊转动是否灵活,清洗托辊内部之后,涂上黄干油。

③ 皮带运输机安装完毕后进行试运转,先进行电机单独试运转,2 h 运转后如无异常状况则可带动皮带进行整体无负荷运转,运转时检查各个构件运转是否正常。8 h 后各构件运行状态应良好。

皮带的张紧度正常,运转时应无明显跑偏,不打滑。无异常声响,皮带胶无刮伤现象;全部托辊应转动灵活,无卡阻。

在安装时要注意刮板链条的方向要符合规定的方向,机壳各段的连接处要平整、紧密,机壳错位不超过3 mm。埋刮板输送机安装程序主要依据随机文件来进行。板式和链式输送机的安装质量检验评定标准见表3.6。

表3.6　板式和链式输送机安装质量验评标准

项别	项目		质量标准	检验方法	检查数量
保证项目	试运转		(1) 无负荷试运转2 h,滚轴动承的温度不得超过70 ℃,滑动轴承的温度不得超过60 ℃; (2) 链轮及链条必须啮合良好,运行平稳,不得有卡阻和撞击现象	检查试运转记录或试车检查	按一个厂房、车间内的输送机台数抽查10%,但不得少于1台
基本项目	链条安装		应平直,松紧适当	观察检查	
	联轴器同轴度		符合《机械设备安装工程施工及验收规范》(TJ231(一)—75)第四章第三节中的规定	用塞尺和专用工具测量	
	清洗		滑动和滚动轴承应清除干净		
允许偏差项目	项目		允许偏差	检验方法	
	机架中心线对输送机纵向中心线重合度		2 mm	拉钢丝线用钢板尺检查	
	轨道直线度	每5 m	3 mm		
		全长	5 mm		
	轨距及两轨道的相对标高	轨距≤500 mm	1 mm	轨距用卡尺检查;相对标高用水准仪、钢板尺检查	
		轨距>500 mm	2 mm		
	轨道纵向倾斜度全长		1/1 500	用水准仪和钢板尺检查	
			10 mm		
	轨道接头处偏移	左右	1 mm	用钢板尺检查	
		高低	0.5 mm		
	轨道横向中心线对输送机纵向中心线重合度		3 mm	拉钢丝线用钢板尺检查	
	驱动和拉紧滚轮轴水平度		0.5/1 000	用铁水平检查	

(6) 皮带输送机安装质量验评标准见表3.7。

表3.7　皮带输送机安装质量验评标准

项别	项目	质量标准	检验方法	检查数量
保证项目	胶带安装	橡胶布带接头必须对准、牢固,不得有破裂现象,松紧程度适当。拉紧滚轮的位置必须留有松紧行程	观察检查	接一个厂房、车间内、外的输送机台数抽查10%,但不得少于1台
	试运转	(1) 无负荷试运转2 h,滚筒轴承温度不得超过70℃,滑动轴承温度不得超过60℃ (2) 滚筒和托轮转动灵活,运转中胶带不打滑、不跑偏、运行平稳	检查试运转记录或试车检查	
基本项目	联轴器同轴度	符合《机械设备安装工程施工及验收规范》(TJ231(一)—75)第四章第三节中的规定	用量尺和专用工具测量	
	清扫装置	刮板的清扫面与胶带接触,其面积不应小于85%,回转式清扫刷子应与滚筒平行并与胶带接触,其面积不少于90%	用钢卷尺检查	
允许偏差项目	输送机、头尾架、中间架、滚筒纵、横向中心线与安装基准线的重合度	3 mm	拉钢丝线、吊线坠,钢板尺检查	
	驱动、拉紧滚筒轴线对输送机纵向中心线的垂直度	2/1 000	拉钢丝线用角尺和钢板尺检查	
	各托辊的上母线应在同一平面	±3 mm	用平尺和钢板尺检查	
	滚筒水平度	0.5/1 000	用铁水平仪检查	

单元二　除灰渣系统安装

合理的除灰渣系统,是保证锅炉正常运行的重要条件之一。该系统一般分为人工、机械和水力除灰渣系统。

1. 人工除灰渣

人工除灰渣即锅炉房的灰渣完全靠人力来装卸和输送,由工人将灰渣从灰坑中扒出装上手推车,用人力推到灰渣场。

由于灰渣温度高、灰尘大,为保证安全生产和改善工人的劳动条件,灰渣应先用水浇湿冷却,才能从锅炉向外运。同时要注意锅炉间良好的通风,尽量减少灰尘、蒸汽和有害气体对环境的污染。由于人工除灰渣劳动强度大,卫生条件差,常用于小容量锅炉房。

2. 机械除灰渣

前述的运煤设备,一般也可输送灰渣,只是炽热的灰渣需先用水喷淋冷却,且大块焦渣还得适当破碎后倒入除渣设备,否则容易出现大块焦渣卡住设备,导致电机烧坏或设备损坏。下面介绍几种锅炉房常用的除渣设备。

(1) 重型框链除渣机

重型框链除渣机是连续输送灰渣的设备。它主要由支架、主动轮、链条、托辊、从动轮、减速机及铸石板组成。链条的材质为铸钢或铸铁。链条上每隔一定间距设置一块带长翼的链节,借此输送灰渣。在驱动装置的带动下,循环运行的链条贴在铺有铸石板的灰渣槽内滑动,将炉渣带走。

当锅炉配置碎渣机时,灰渣槽中充满水,接锅炉出渣口的溜渣管直接插入灰渣槽水中进行水封.防止空气进入炉膛,也可以消除灰渣中红火并使大块焦渣炸碎,防止大焦渣卡住除渣机。

该设备结构简单、耐磨、除渣干净、工作可靠及日常维修量极少。可供单台或多台1 ~ 75 t/h 锅炉除渣用。能水平或倾斜布置,倾角小于18°,最大不能大于40°(超过1°需加压轮)。灰渣槽分水泥槽和铁槽两种,即槽体为地下布置或地上布置两种形式,根据不同炉型进行选用。此设备现已得到广泛采用。其外形图如图3.19 所示。

(2) 螺旋除渣机

螺旋除渣机由驱动装置、螺旋轴、筒壳、进渣斗和出渣口等几部分组成。其工作原理是利用旋转的螺旋将被输送的灰渣沿固定的筒壳内壁推移而将灰渣送出炉外。电机转速30 ~ 70 r/min,螺旋直径常采用200 ~ 300 mm,这样有效流通截面较小,输送的灰渣量及渣块受到限制,一般容量为2 ~ 4 t/h 锅炉配备该设备较多。该设备简单,运行管理方便,但不适用于结焦性强的煤。图3.20 是其结构简图。

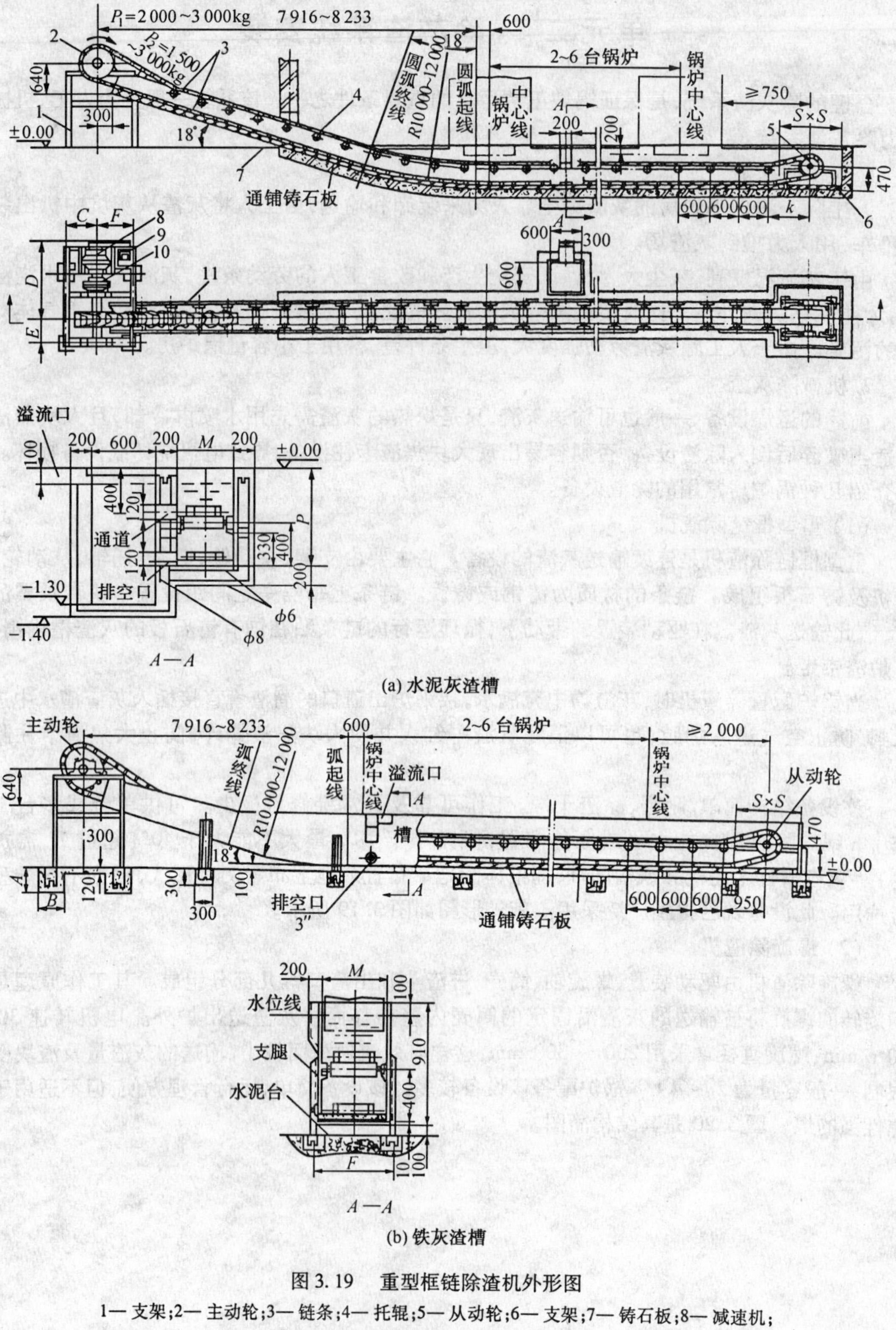

图 3.19　重型框链除渣机外形图

1— 支架;2— 主动轮;3— 链条;4— 托辊;5— 从动轮;6— 支架;7— 铸石板;8— 减速机;
9— 电动机;10— 保险、联轴器;11— 铁槽

(3) 马丁碎渣机

马丁碎渣机主要由碎渣机构、排渣机构、水封槽和驱动装置组成。图 3.21 是该设备结构简图。

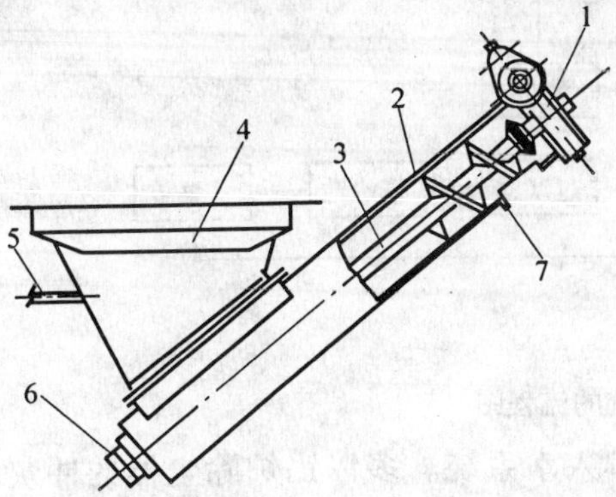

图 3.20 螺旋除渣机

1— 蜗杆减速箱;2— 螺旋通体;3— 螺旋轴;4— 渣斗;5— 供水管;6— 轴承;7— 出渣口

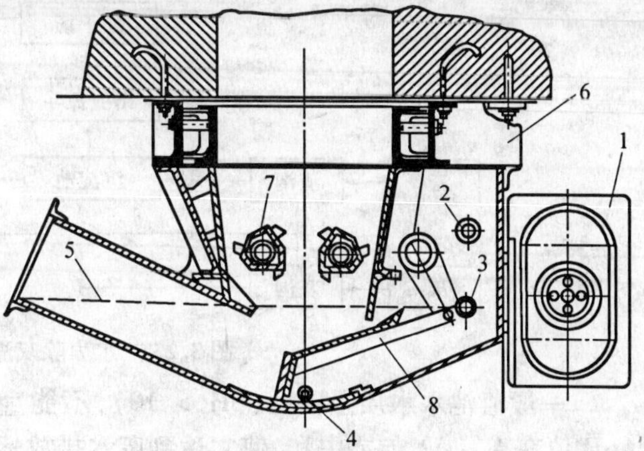

图 3.21 马丁除渣机

1— 齿轮箱;2— 进水口;3— 溢流口;4— 放水口;5— 水封线;6— 除渣器框架;7— 碎渣机构;8— 推渣机构

马丁碎渣机用于双层布置的 6 ~ 20 t/h 锅炉,直接与锅炉出渣口相接,落入的灰渣经碎渣机构破碎后,落入水槽。然后被推渣机构从渣口推出。因此,该碎渣机具有碎渣、出渣和水封炉膛的作用。它的湿式出渣有利于环境卫生,但该设备结构较复杂,易发生故障,且需配置运渣设备。

(4) 圆盘除渣机

图 3.22 是圆盘除渣机结构简图。该设备是座地安装。灰渣经落渣管进入渣槽,在渣槽水中冷却后由出渣轮刮至机前运渣设备。由于落渣管插入出渣槽水面 100 mm,保持一定的水封,避免冷空气进入炉膛,有利于燃烧。

该设备运行稳定,占地少,电耗少,改善了锅炉卫生条件。但该机无碎渣能力,易被大块渣卡住,因此不适用于结焦性强的煤。

圆盘除渣机额定除渣量为 1 ~ 3 t/h,适用于单台 10 ~ 35 t/h 的层燃炉除渣,但需配备运渣设备。

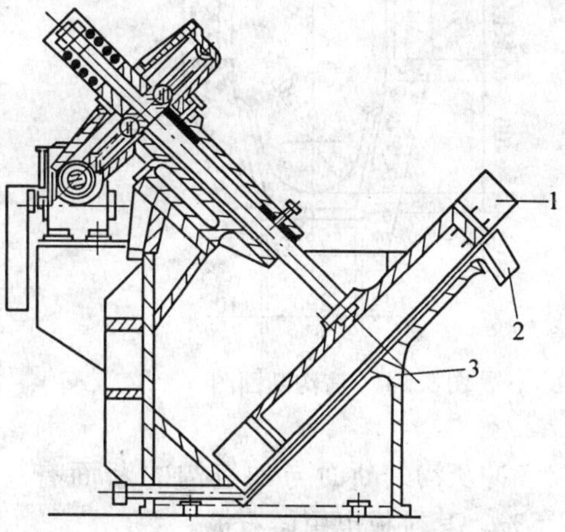

图 3.22 圆盘除渣机

1— 除渣轮叶片;2— 耐磨衬板;3— 除渣槽

3. 水力除灰渣系统

水力除渣是用带有压力的水将锅炉落到灰渣沟内的碎渣,以及灰沟内的烟灰冲走,送至渣池的除渣系统。水力除灰分为低压、高压和混合水力除灰 3 种。

工业锅炉房一般采用低压水力除灰渣系统,其水压为 0.4 ~ 0.6 MPa,水力除灰渣系统流程如图 3.23 所示。

从锅炉排出的灰渣和湿式除尘器排出的细灰,分别由激流喷嘴喷出的水流冲往沉淀池,由抓斗起重机将灰渣从沉淀池倒至沥干台,定期将沥过的湿灰渣再倒入汽车运出厂外,沉淀池中的水经过滤后进入清水池循环使用。

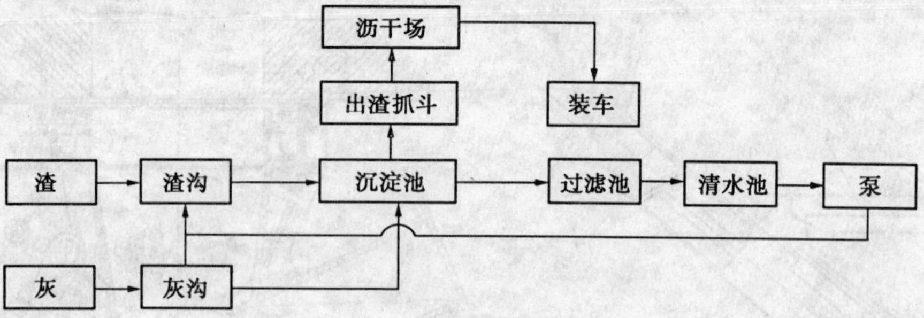

图 3.23 水力除灰渣系统的流程图

一般渣池水水质呈碱性(pH > 10),不能直接排入水系统。多以锅炉除尘器的冲灰水(pH 值在 4 ~ 5)与之中和,使之达到废水排放标准。若仍达不到排放标准,则需投放化学药品中和。

沉淀池应紧靠锅炉房,其外形呈长方形,宽度与长度之比以 1∶4 为宜,贮存容量一般按 1 ~ 2 昼夜锅炉房最大灰渣排放量计算,其堆满系数一般可取 0.5 ~ 0.7。

灰渣沟布置应力求短而直,并考虑扩建时便于连接。灰渣沟一般为钢筋混凝土结构,其表面镶铸石板,可以达到耐磨和防腐蚀、减小摩擦阻力的目的。渣沟的断面及尺寸如图 3.24 所示,渣沟的坡度为 1.5% ~ 2%。

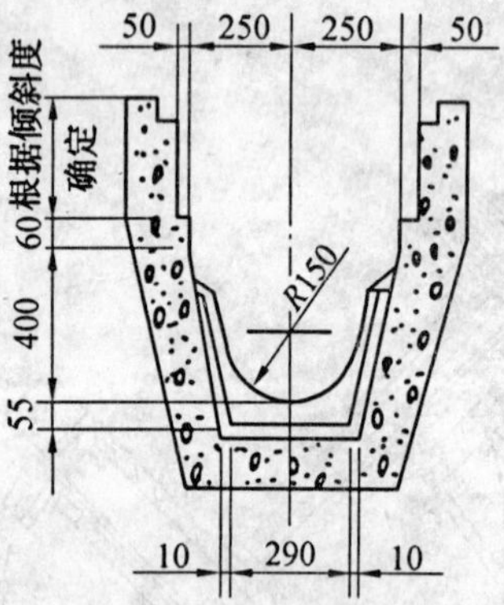

图 3.24 渣沟断面图

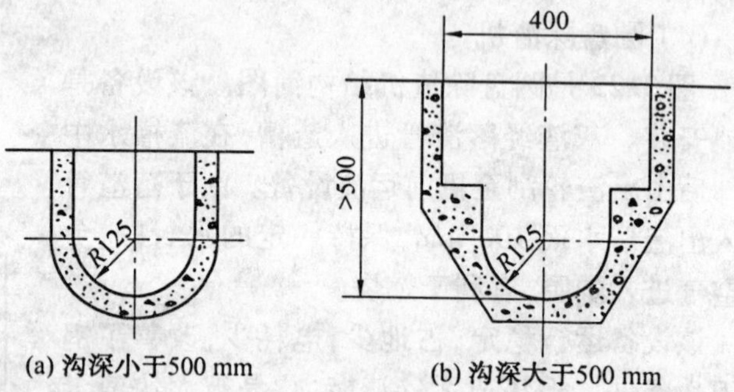

图 3.25 灰沟断面图

冲灰沟的断面与冲渣沟的断面有一定的差别,如图 3.25 所示,灰沟的坡度为 1% ~ 1.5%。其衬板也用铸石板。

灰渣沟的始端、每个排渣设备的落渣口前 1.5 ~ 2.0 m 处、灰渣沟相交和转弯处及较长的直沟段,一般设激流喷嘴,以加快灰渣混合物流速,防止灰渣沉积沟中。低压水力除灰系统如图 3.26。

灰渣沟内的激流喷嘴中心应对准沟道中心线布置并向下倾斜 8° ~ 15°,喷嘴出口离沟底 250 mm,为便于检修,每个喷嘴前应设阀门。

该系统具有运行安全可靠,劳动强度小,卫生条件好及操作管理方便等优点。但湿灰渣含水量较大，运输不方便且不利于综合利用，需要建造较深而大的沉淀池，寒冷地区为防止系统冻结，沉淀池需布置在室内，所以使其应用受到限制。

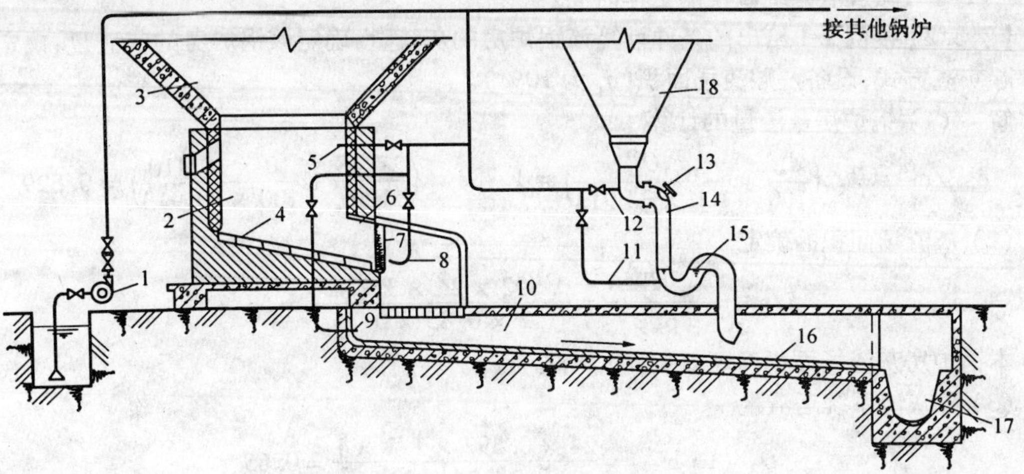

图 3.26　低压水力除灰系统

1— 水泵；2— 排渣槽；3— 灰渣斗；4— 铸铁护板；5— 灭火喷嘴；6— 排渣口；7— 灰渣闸门；8— 冲灰喷嘴；9— 冲洗喷嘴；10— 冲灰沟；11— 激流喷嘴；12— 喷嘴；13— 手孔；14— 冲灰器；15— 水封；16— 铸石衬里；17— 集灰沟；18— 飞灰斗

4. 除灰渣方式的选用

锅炉房除灰渣方式的选择主要根据锅炉类型、灰渣排出量、灰渣特性、运输条件及基建投资等因素，经技术经济比较后确定。工业锅炉房除灰渣系统的选用可参见表 3.8。

表 3.8　锅炉房除灰渣系统推荐表

锅炉容量及台数	灰渣量 /$(t\cdot h^{-1})$	推荐采用的除灰渣系统
锅炉房总蒸发量 8 t/h	< 0.5	1. 刮板除渣机 2. 螺旋除渣机 3. 框链除渣机 } + 手推车
4 t/h　3 ~ 4 台	0.5 ~ 1.0	1. 螺旋除渣机 + 手推车 2. 框链除渣机 3. 刮板除渣机
6 t/h　1 ~ 2 台 10 t/h　1 ~ 2 台	1.0 ~ 2.0	1. 马丁碎渣机（或圆盘除渣机）+ 皮带机 2. 框链除渣机 3. 刮板除渣机
6 t/h　3 ~ 4 台 10 t/h　2 ~ 4 台 20 t/h　2 ~ 4 台	≥2	1. 马丁碎渣机 + 皮带机（刮板除渣机） 2. 圆盘除渣机 + 皮带机 3. 刮板除渣机 4. 水力除灰渣

除灰渣系统的小时排渣量可按下式计算

$$Q_Z = \frac{24A_{max}KZ}{t} \tag{3.11}$$

式中　Q_Z—— 运灰渣系统的运渣量，t/h；

A_{max}—— 小时最大灰渣量，t/h；

K—— 运输不平衡系数，取 1.1 ~ 1.2；

Z—— 锅炉房发展系数；

t—— 除灰渣系统昼夜的工作时间。

【**例 3.2**】按例 2.1 给出的条件计算该锅炉房的灰渣量，确定该锅炉房的灰渣量，确定该锅炉房除灰渣方式、设备及贮渣场面积（q_4 为 10%）。

解　(1) 锅炉房灰渣量的计算

$$A_{\max}/\mathrm{m}^2 = B_{\max}\left(\frac{A_{\mathrm{ar}}}{100} + \frac{q_4 Q_{\mathrm{ar}}^{\mathrm{dw}}}{100 \times 33\ 913}\right) = 1.782 \times \left(\frac{27.48}{100} + \frac{10 \times 19\ 410}{100 \times 33\ 913}\right) = 0.529$$

(2) 灰渣场面积的确定

$$F/\mathrm{m}^2 = \frac{A_{\max} TMN}{H\rho\varphi} = \frac{0.592 \times 24 \times 3 \times 1.5}{2 \times 0.85 \times 0.7} = 53.7$$

本锅炉房灰渣场面积确定为 6 m × 9 m。

(3) 除灰渣系统运渣量

$$Q_{\mathrm{Z}}/(\mathrm{t} \cdot \mathrm{h}^{-1}) = \frac{24 \times 0.592 \times 1.1 \times 1}{24} = 0.65$$

(4) 除灰渣方式的选择

本锅炉房选用重型框链出渣机，额定出渣量 1.6 t/h，电动机功率 3.0 kW。

学习任务四　风烟系统安装

【教学目标】通过项目教学活动，培养学生具有确定风烟系统方案的能力，能选择合理的设备；具有风烟系统主要设备安装基本能力；培养学生良好的职业道德、自我学习能力、实践动手能力和分析、解决、处理实际问题的方法能力，以及诚实、善于沟通和合作的专业素养。

【知识目标】

1. 掌握锅炉房的通风方式、燃料燃烧所需空气量和产生烟气量的计算；
2. 掌握风烟管道的构造、截面计算及风烟管道阻力的确定方法；
3. 掌握烟囱的构造、作用，高度及出口直径的计算，风机的选择方法。

【主要学习内容】

单元一　燃料与燃烧计算

4.1.1　燃料基本知识

燃料是指可以燃烧并能释放出热能加以利用的物质。

燃料是锅炉的食粮，只有连续不断地将燃料送入锅炉炉膛，并使之充分燃烧放热，才能保证锅炉的连续运行。锅炉的安全经济运行及其燃烧设备的选用都与燃料的种类和品质有密切的关系。因此，了解燃料的分类、组成及其特性是十分必要的。

燃料的燃烧计算是锅炉热力计算的一部分，为送、引风机的选择提供可靠的依据，它包括决定燃料燃烧所需的空气量及生成的烟气量。

4.1.1.1　工业锅炉的燃料

工业锅炉燃用的燃料按其物理状态分为固体燃料、液体燃料和气体燃料；按获得方法分为天然燃料和人工燃料。主要燃料列于表4.1中。

表4.1　燃料分类表

种类	天然燃料	人工燃料
固体燃料	木柴、煤、油页岩等	木炭、焦炭、煤砖、煤粉等
液体燃料	石油	汽油、煤油、重油、渣油、轻柴油、酒精等
气体燃料	天然气等	高炉煤气、焦炉煤气、发生炉煤气、地下气化煤气等

1. 固体燃料

固体燃料包括煤、油页岩和其他如稻壳和甘蔗渣等燃料。工业锅炉燃用的燃料主要是煤。

煤是古代的植物体在地下经长年演变而形成的。煤的形成年代越久，含碳量越高，水分和挥发分越少。按所含挥发分的多少，煤通常可分为无烟煤、烟煤、贫煤、褐煤、矸石和石煤。

(1) 无烟煤的形成年代最久，含碳量最高，一般 $C_{ar} > 52\%$。挥发分含量很少，$V_{daf} \leqslant 10\%$。水分不多，灰分也不多，无烟煤挥发分逸出温度在300 ~ 400 ℃左右，所以不易引燃，燃烧缓慢。无烟煤发热量高，一般 Q_{ar}^{dw} 为25 000 kJ/kg左右。其外观呈黑色而有光泽，质硬不易破碎，储藏时稳定，不易自燃。我国无烟煤的储藏量较大，多分布于华北、西北和中南地区。

(2) 烟煤的形成年代较无烟煤短,干燥无灰基挥发分在20% ~ 40%。收到基水分较少,在10%左右,含碳量 C_{ar} = 40% ~ 60%,灰分在30%左右,它的发热量 Q_{ar}^{dw} = (1.5 ~ 2.5) × 10^4 kJ/kg。烟煤表面呈黑色有光泽,质松易碎。烟煤较易着火燃烧,焦结性强的优质烟煤用于冶金炼焦,其余的都可以作为锅炉燃料。

(3) 贫煤属烟煤的一种,挥发分 V_{daf} 在10% ~ 20%,燃烧特性接近于无烟煤,较难着火和燃烧。

(4) 褐煤的形成年限较短,外观为棕褐色,无光泽,质软易碎。挥发分含量较高,V_{daf} > 40%,含碳量 C_{ar} = 40%左右,水分和灰分较高,发热量低。Q_{ar}^{dw} 为15 000 kJ/kg左右,挥发分逸出温度在130 ~ 170 ℃,故褐煤易着火燃烧,焦结性很弱。褐煤在空气中易风化变质且易自燃,故不宜远途输送和长时间储存。褐煤主要分布于我国东北、西南等地。

(5) 煤矸石是夹带有矸石的煤。石煤是一种含灰量很高的劣质煤。它们的灰分都在50%以上,发热量很低,Q_{ar}^{dw} = 4 200 ~ 10 468 kJ/kg,一般只用在沸腾炉中燃烧。

各种煤由于其所含可燃成分不同,因而发热量差别也很大。对于同一型号锅炉,在运行工况相同的情况下,燃用煤种不同,在同样的时间内耗用的煤量也不一样,当燃用发热量高的煤时,耗煤量就少。因此不能简单地从耗煤量的多少来判别锅炉运行的经济性。为了正确比较不同锅炉或同一锅炉在不同工况下的耗煤量,需要引入"标准煤"的概念。

所谓标准煤,就是假设其收到基低位发热量等于2 308 kJ/kg(7 000 kcal/kg)的煤。标准煤耗量的折算公式为

$$B_{bz} = \frac{BQ_{ar}^{dw}}{29\ 308} \tag{4.1}$$

式中 B_{bz}—— 标准煤耗量,kg/h;

B—— 实际燃料消耗量,kg/h;

Q_{ar}^{dw}—— 实际用煤的收到基低位发热量,kJ/kg。

如前所述,水分和灰分是燃料的主要杂质,直接影响着锅炉的正常工作。但单看它们的百分数含量不足以判断对锅炉带来的危害程度,通常引入折算水分 $M_{ar,zs}$ 和折算灰分 $A_{ar,zs}$ 的概念,以便进行比较。折算水分和折算灰分就是在煤的收到基低位发热量中每4 186.81 kJ热量所对应的水分和灰分,可按下式计算

$$M_{ar,zs} = \frac{M_{ar}}{\dfrac{Q_{ar}^{dw}}{4\ 186.8}} \tag{4.2}$$

$$A_{ar、zs} = \frac{A_{ar}}{\dfrac{Q_{ar}^{dw}}{4\ 186.8}} \tag{4.3}$$

当锅炉用煤的水分和灰分增加时,其发热量必然降低,若要锅炉维持它的蒸发量不变,则必须燃用更多的煤,从而也带进更多的水分和灰分。所以,在分析锅炉工作时使用折算水分和折算灰分更为合理,更能看清这些杂质给锅炉工作带来的危害。

若煤的 $M_{ar,zs}$ > 8% 或 $A_{ar,zs}$ > 4%,则分别称为高水分或高灰分的煤。

2. 液体燃料

锅炉常用的液体燃料为重油、渣油和轻柴油。

重油是石油提炼出汽油、煤油和柴油后，剩余各种渣油按不同比例调制而成，也称燃油。

燃油的特点是碳和氢的含量很高（$C_{adf}=85\%\sim88\%$，$H_{adf}=10\%\sim13\%$），水分含量极少，发热量很高，约为 40 600 ~ 43 100 kJ/kg。通常定 $Q_{ar}^{dw}=41\ 686$ kJ/kg（10 000 kcal/kg）的油为标准油。

燃油按其黏度特性分为 20、60、100 和 200 四种牌号。20 号燃油适用于较小油喷嘴（30 kg/h）的燃油炉；60 号燃油用在中等喷嘴的燃油炉上；100 号和 200 号燃油用在具有预热设备的大型喷嘴的锅炉上。

石油炼制过程中得到的残余物统称为渣油，可直接作为燃料使用。渣油没有统一的质量指标，而是随着原油种类及加工工艺而变化。渣油与重油性质相似。

燃油燃烧易于实现自动化，不需运煤除渣设备及煤场灰场，其储存、输送及管理都很方便。但锅炉本体（含自控设备）价格较高，燃料价格较贵，运行费用较高，有些油含硫较多，而且重油中含氢较多，燃烧后生成大量水蒸气，因此重油中所含硫分要比含等量硫分的煤对锅炉的腐蚀更为严重。

燃油的使用特性主要有以下几项：

（1）黏度。燃油的黏度大小反映燃油流动性的高低，直接影响燃油的运输和雾化质量。黏度越大，流动性越差。我国通常采用恩氏黏度来表示油的黏度大小。它是指在一定温度下，200 mL 重油从恩氏黏度计中流出的时间与 20 ℃ 同体积的蒸馏水流出时间的比值，用 °E 表示。黏度与油温有关，油温升高，黏度降低。为了便于运输和提高雾化质量，必须把燃油加热。油的黏度在 80 ~ 30°E 时，才能保证其在油管中顺利输送，所以要求油温预热至 30 ~ 60 ℃，加热温度要根据油质、油路系统各段的不同要求和运行的安全性来确定。100 号重油 $E_{80}=15.5$；200 号重油，$E_{80}=27$，输送及雾化前都要加热。而 0 号轻柴油 $E_{80}=5.4$，流动性很好。

（2）密度。油的密度与其温度有关，一般以 20 ℃ 时的密度作为其标准密度，其他温度时可进行换算求得，燃油的密度一般在 0.92 ~ 1.01 t/m^3 之间。

（3）凝固点。是指燃油丧失流动性开始凝固时的温度。油中含蜡量越高，凝固点越高，如大庆重油凝固点为 33 ~ 48 ℃。在低温时输送凝固点高的油应给予加热。按质量标准，100 号重油、200 号重油和 0 号轻柴油的凝固点分别为不高于 25 ℃、36 ℃ 和 0 ℃。

（4）闪点和燃点。油温升高时，油面蒸发的油蒸气会增多，当油蒸气与空气的混合物与明火接触时发生短暂的闪光，一闪即灭，这时燃油的温度称为闪点。当油蒸气与空气的混合物遇明火能连续燃烧时，此时油的最低温度称为燃点。燃油的闪点一般为 80 ~ 130 ℃，燃点比闪点高出 20 ~ 30 ℃。油的闪点和燃点是油安全性的重要指标，闪点和燃点提高，储存时起火的危险性减小；油的加热温度必须低于油的闪点。按质量标准，100 号重油的闪点（开口）不低于 120 ℃，200 号重油不低于 130 ℃，0 号轻柴油的闪点（闭口）不低于 65 ℃。

3. 气体燃料

锅炉用的气体燃料主要有天然气、高炉煤气和焦炉煤气，还有城市煤气。

除了有天然气源的城市常用天然气作为供热锅炉的燃料外，其他气体燃料用于供热锅炉的较少。

天然气一般分为两类：从天然气田开采出来的煤气，称为天然气；在石油产区和伴随石油一起开采出来的天然气中含有的石油蒸气称为伴生天然气。

天然气主要成分是甲烷，含量可达80% ~ 98%。其次为乙烷等饱和碳氢化合物，还有重碳氢化合物，少量硫化氢及惰性气体等。

天然气发热量较高，一般为 Q_{ar}^{dw} = 33 490 ~ 37 680 kJ/m³。

天然气是宝贵的化工原料和工业燃料，也是理想的民用燃料。

天然气可用管道长距离输送给城市用户直接使用，比如我国的"西气东输"工程。此外，经加压处理成液化天然气，储于高压罐中作为气源，可供生活用燃料或作汽车内燃机的动力燃料，它的优点是能减少废气对环境的污染。

高炉煤气是高炉炼铁的副产品，无色无味，其主要可燃成分是一氧化碳，还有大量的二氧化碳和氮气（占63% ~ 70%），故其发热值较低，仅在3.7 ~ 4.2 MJ/m³之间，高炉煤气中含有较多灰尘，使用前需净化处理，一般要与煤粉或重油掺合使用，高炉煤气常用于冶金炉，只有剩余时才作为锅炉燃料。由于高炉煤气中含有大量CO，在使用时应特别注意防止煤气中毒。

焦炉煤气是炼焦的副产品，其主要成分是氢和甲烷，杂质含量少，发热值在 17 MJ/m³ 左右，它是主要的化工原料，也可作锅炉燃料。

城市煤气比较复杂，除用液化石油气外，常用人工煤气。分为煤制气及油制气两大类多种制气方法。煤气组成也是变化的，有时是两种煤气掺混后供应城市。液化石油气是开采和炼制石油过程中的副产品，其主要成分是丙烷（C_3H_8）、丁烷（C_4H_{10}）、丙烯（C_3H_6）和丁烯（C_4H_8），发热量约为83 740 ~ 113 040 kJ/m³。煤制气中：干馏煤气主要成分是甲烷和氢，发热量 16 750 ~ 20 900 kJ/m³；水煤气或发生炉煤气主要成分是一氧化碳和氢，发热量很低，约为5 440 ~ 10 500 kJ/m³；压力气化煤气主要成分为氢和甲烷，发热量在15 070 kJ/m³ 左右。油制气中：催化裂解气主要成分是氢、甲烷和一氧化碳，发热量在18 840 ~ 23 030 kJ/m³；热裂解气，主要成分是甲烷、乙烯和丙烯，发热量为 41 870 kJ/m³ 左右。气体燃料的品位差异很大，通常将 > 33 494 kJ/m³（8 000 kcal/m³）的煤气称为高热值煤气；Q_{ar}^{dw} = 16 747 ~ 33 494 kJ/m³（4 000 ~ 8 000 kcal/m³）的煤气称为中热值煤气；Q_{ar}^{dw} < 16 747 kJ/m³ 的煤气称为低热值煤气。

锅炉燃用气体燃料的主要优点是：容易点火，燃烧迅速、完全，燃烧设备简单，调整方便，易于实现自动化；便于管道输送，卫生条件好。其含氮量、含硫量、灰分少，是比较清洁的燃料，有利于环境保护。但某些气体具有毒性和使用不当发生爆炸的危险，使用时必须严格遵守有关操作规程和采取安全措施。

4.1.1.2 燃料的元素成分分析

燃料的形成过程极为复杂，其成分也十分复杂；气体燃料的成分一般通过气体分析得出，固体和液体燃料的成分通过燃料分析得出。

固体燃料和液体燃料由碳（C）、氢（H）、氧（O）、硫（S）、氮（N）、水分（M）和灰分（A）组成，但燃料不是这些成分的机械混合物，而是一种极为复杂的化合物。燃料的这种元素组成表示法称为元素分析成分。

气体燃料成分系指组成燃料气的每一种气体，如 CO_2、H_2、CO、N_2、O_2、CH_4、C_2H_6、C_4H_{10} 等。

1. 燃料的元素成分分析

碳（C）：它是燃料中的主要可燃成分。1 kg 纯碳完全燃烧可释放 33 900 kJ 的热量。含碳量高的煤，发热量也高。但碳的着火点高，含碳量高的煤，着火和燃烧均较困难。燃料中的碳不是以单纯形态存在，而是与氢、氧、硫、氮等组成复杂的高分子有机化合物。含碳量随地质年代增长而增多。煤的含碳量约为可燃成分总量的30% ~90%，燃油中含碳量约83% ~86%，在气体燃料中，碳是构成各种烷烃和烯烃的主要元素之一。

氢(H)：它是燃料中重要的可燃成分。1 kg氢完全燃烧能放出125 600 kJ的热量。氢极易着火燃烧，含氢量高的燃料(如重油和天然气)不仅发热量高，而且容易着火燃烧。煤中氢的含量只有2% ~4% 左右。年代越久的煤，含氢量越少。对于气体燃料，氢是构成各种烷烃和烯烃的主要元素，天然气中含氢量极少。

硫(S)：固体燃料中的硫包括三种形态，即有机硫、硫化铁硫和硫酸盐硫。前两种硫能参加燃烧，称为可燃硫，后一种硫不参加燃烧，算在灰分中。一般所谓全硫含量系指可燃硫的含量。可燃硫虽能燃烧，但其放热量很少，仅为9 050 kJ/kg；硫的燃烧产物二氧化硫和三氧化硫气体能与烟气中凝结的水蒸气化合成亚硫酸或硫酸，对锅炉低温受热面会引起腐蚀作用；二氧化硫、三氧化硫随烟气排入大气中，会污染环境，对人体和动植物产生危害，所以燃料中的硫是一种有害成分。液体燃料中硫以元素硫、硫化氢等形式存在，其含量在0.5% ~3% 左右。气体燃料的含硫量很少，且主要包含在硫化氢中。

氧(O)和氮(N)：它们是燃料中的不可燃成分，它们的存在使燃料中的可燃成分相对减少，使燃烧放出的热量降低。氧的含量随燃料地质年代的增长而降低，氧在无烟煤中仅有1% ~3%，在泥煤中可达35% 左右。

氮是一种有害元素。煤燃烧时，部分氮与氧化合生成有害气体NO_x，会污染大气；当NO_x与碳氢化合物在一起受到太阳光紫外线照射时，会产生一种浅蓝色烟雾状的光化学反应剂，当它在空气中的浓度超过一定值后，对人体和植物有害。氮在煤中的含量占可燃成分的0.5% ~2.5%，天然气中含氮量较少。

水分(M)：水分是燃料中的主要杂质。由于它的存在，不仅使燃料中可燃元素相对减少，发热量降低，而且在燃烧时水分蒸发还要吸收热量，使炉膛温度降低，燃烧着火困难，排烟带走的热损失增加，同时还可能加剧尾部低温受热面的低温腐蚀和堵灰。各种固体燃料的水分含量变化很大，在5% ~60% 范围内变动。液体和气体燃料中的水分一般都很少。煤中的水分由外水分和内水分两部分组成。内水分是凝聚或吸附在煤炭内部毛细孔中的水分，也称固有水分。内水分要将煤加热到105 ℃左右并保持一定时间才能除去。外水分是在煤炭的开采、储运过程中受外界因素影响而吸附或凝聚在煤炭颗粒表面的水分，它可以通过自然干燥而除去。

灰分(A)：灰分是燃料中不可燃的固体矿物杂质。由于灰分的存在，使固体燃料的发热量降低，燃料着火、燃烧困难，增加运煤、出灰的工作量和运输费用。此外，灰分中的一部分飞灰在锅炉中随烟气流动，造成受热面和引风机磨损，排入大气污染环境。若灰的熔点过低，会造成炉排和受热面结渣，影响传热和正常燃烧。固体燃料中灰分含量变化很大，一般为5% ~40%。通常将灰分含量超过40% 的煤称为劣质煤。液体燃料中灰分很少，在0.1% 以下，气体燃料基本不含灰分。

2. 燃料成分分析基准

固体燃料和液体燃料的组成成分均用质量分数(ω)来表示：

$$\omega(C)+\omega(H)+\omega(O)+\omega(N)+\omega(S)+\omega(A)+\omega(M)=100\% \qquad (4.4)$$

式中　$\omega(C),\omega(H),\omega(O),\omega(N),\omega(S),\omega(A),\omega(M)$——分别表示燃料中碳、氢、氧、硫、

氮、水分和灰分的质量分数。

由于燃料中的灰分和水分含量是随着开采、运输和储存条件的不同而变化，所以，同一燃料各种成分的质量分数也随之变化。为了更准确地评价燃料的种类和特性，表示燃料在不同状态下各种成分的含量，通常采用4种分析基准对燃料进行分析，即收到基、空气干燥基、干燥基和干燥无灰基。

用炉前准备燃烧的燃料成分总量为基准进行分析得出的各种成分称为收到基成分，用下角标“ar”表示，它计入了燃料的灰分和全水分，其组成为：

$$C_{ar} + H_{ar} + O_{ar} + S_{ar} + N_{ar} + M_{ar} + A_{ar} = 100\% \tag{4.5}$$

用经过自然风干除去外水分的燃料成分总量为基准进行分析得出的成分，称为空气干燥基成分用下角标“ad”表示

$$C_{ad} + H_{ad} + O_{ad} + S_{ad} + N_{ad} + M_{ad} + A_{ad} = 100\% \tag{4.6}$$

以烘干除去全部水分的燃料成分总量为基准分析得出的各种成分称为干燥基成分，用下角标“d”表示，其组成为：

$$C_{d} + H_{d} + O_{d} + S_{d} + N_{d} + M_{d} + A_{d} = 100\% \tag{4.7}$$

以除去水分和灰分的燃料成分总量为基准进行分析得出的成分称为干燥无灰基成分，用下角标“daf”表示，其组成为：

$$C_{daf} + H_{daf} + O_{daf} + S_{daf} + N_{daf} + M_{daf} + A_{daf} = 100\% \tag{4.8}$$

以上4种分析基准各有用途，应根据不同情况加以选用。当锅炉进行热工计算和热平衡试验时，采用收到基成分；为了避免燃料中的水分在分析过程中变化，实验室中进行燃料分析时采用空气干燥基成分；为了表示燃料中的灰分含量，需要用干燥基成分，因为只有在不受水分变化的影响下，才能真实地反映灰分含量；为了表明燃料的燃烧特性和对煤进行分类，常采用比较稳定的干燥无灰基成分。

4.1.1.3 煤的工业分析

如前所述，通过煤的元素分析可以测得煤的各种元素成分含量，但进行元素分析需要比较复杂的仪器和较高的技术，一般单位没有条件进行这项工作。工业分析则比较简单，一般采用煤的工业分析。

煤的工业分析是测定煤的水分(M)、挥发分(V)、固定碳(C)和灰分(A)的含量，用以表明煤的某些燃烧特性。

将原煤试样放在干燥的空气中自然风干后，再放在烘箱中，在102 ~ 105 ℃的温度下干燥，煤样所失去的质量与原煤样质量的百分比，称为该种煤的水分。

把失去全部水分的煤样在隔绝空气条件下继续加热到900 ℃，恒温7 min，这时放出来的气态可燃物质称为挥发物，煤样由于这种挥发物所失去的质量占原煤样质量的百分比，称为这种煤的挥发分，用符号V表示。一般碳化程度浅的煤，挥发分含量高，随着煤的碳化程度加深，挥发分含量逐渐减少。

挥发分主要是氢和碳或碳和氧的气体化合物，它极易着火燃烧。挥发分是煤炭分类的重要依据，对煤的燃烧过程有很大影响。挥发分高的煤，着火温度低，煤容易引燃，而且挥发分析出后，其焦炭孔隙率也大，增加了与空气的接触面积，易于完全燃烧；反之，挥发分低的煤，着火温度高，不易引燃，也不易完全燃烧。

煤样除去水分和挥发分后，剩余的固体物质称为焦炭，它包括固定碳和灰分两部分。将焦

炭放入高温电炉内加热到 800 ℃ 左右灼烧，到质量不再变化时取出来冷却，这时焦炭所失去的质量就是固定碳的质量，剩余部分则是灰分的质量，二者各占原煤样质量的百分比，就是煤中固定碳和灰分的含量。固定碳比煤中含碳量要少，因为挥发分带走了一部分碳。

煤的元素分析和工业分析成分关系见图 4.1。

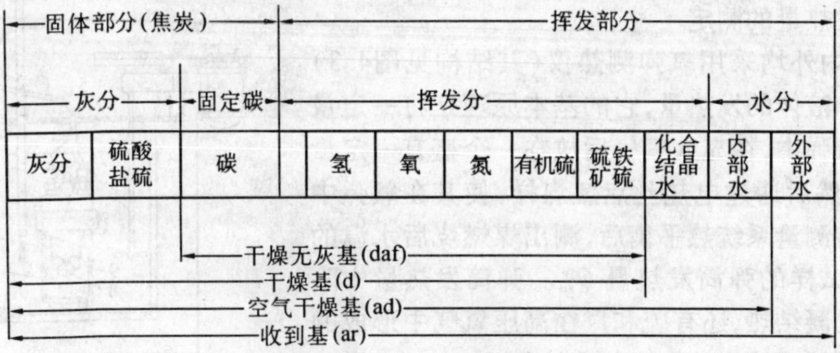

图 4.1　煤的元素分析和工业分析图

焦炭的物理性质随煤种不同而有很大差异，有的比较松脆，有的则结成不同硬度的焦块，通常用焦炭特性来表明煤的焦结性。焦炭呈粉末状的称不焦结性煤，焦炭呈坚硬块状的称强焦结性煤，焦炭呈松散状的则为弱焦结性煤。煤的焦结性是煤的重要特性之一，它对层燃炉的燃烧有显著影响，如在炉排上燃用不焦结性煤，焦炭呈粉状，燃料层厚实，通风不良，若空气流速过大，易被风吹起，造成燃料燃烧不完全，使燃烧工况恶化；强焦结性煤在炉排上会结成焦块，阻碍通风，可燃物难以继续燃烧。

煤的灰熔点与锅炉结渣有密切的关系。灰的熔点过低，容易引起锅炉受热面结渣，影响正常传热；熔化的灰渣会把未燃尽的焦炭包裹住，阻碍正常燃烧。

灰熔点与灰的成分有关。多成分的灰没有明确的熔化温度，煤的灰熔点用 t_1、t_2、t_3 三个特征温度表示。灰熔点用角锥法测得。将用煤灰粉末制成的底边为 7 mm、高为 20 mm 的三角灰锥放入高温电炉内逐渐加温，灰锥尖端开始变圆或开始弯曲时的温度称为变形温度 t_1，见图 4.2(a)；灰锥尖端弯曲到和底盘接触或呈半球时的温度称为软化温度 t_2，见图 4.2(b)；灰锥熔融成液态并能流动时的温度，称为流动温度 t_3，见图 4.2(c)。

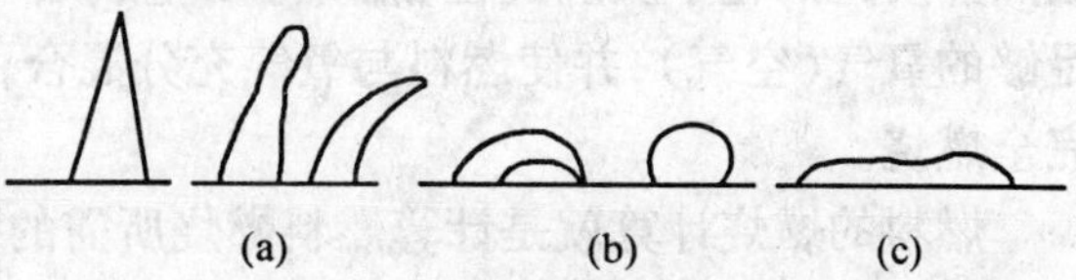

图 4.2　灰的熔化温度的测定

为了避免烟气中所含的灰分在对流管束中结渣，炉膛出口烟温要比 t_1 低 50 ~ 100 ℃，这是锅炉本体设计时应该考虑的。

4.1.1.4　**燃料的发热量**

1. 燃料的发热量

燃料的发热量是指 1 kg 燃料(气体燃料用 m^3)完全燃烧时所放出的热量，单位 kJ/kg (或 kJ/m^3)。

燃料的发热量分为高位发热量和低位发热量。1 kg 燃料完全燃烧时放出的全部热量称为高位发热量，它包含燃料燃烧时产生的水蒸气的汽化潜热，即认为烟气中的水蒸气凝结成水放出的汽化潜热。但是，锅炉实际运行时，烟气具有相当高的温度，烟气中的水蒸气不可能凝结成水而放出汽化潜热，故锅炉实际能利用的热量不包括水蒸气的汽化潜热。从高位发热量中扣除烟气中水蒸气汽化潜热后，称为燃料的低位发热量，实际工程中常利用收到基低位发热量，用符号 Q_{ar}^{dw} 表示。

2. 燃料发热量的测定

目前，国内外均采用氧弹测热仪（其结构见图4.3）来测定固体和液体的发热量，它的基本原理是将一定量的煤样置于氧弹中，在充入氧气后放在一个盛有一定量水的容器中，然后通过电热丝点燃煤样，使其在氧弹中完全燃烧。待测量系统热平衡后，测出煤燃烧后水温的升高值，计算试样的弹筒发热量 Q_{ad}^{dt}。弹筒发热量中除包含水蒸气的凝结热，还有硫和氮在高压氧气中形成的硫酸和硝酸凝结时放出的生成热和溶解热。所以，煤的高位发热量和弹筒发热量有如下关系

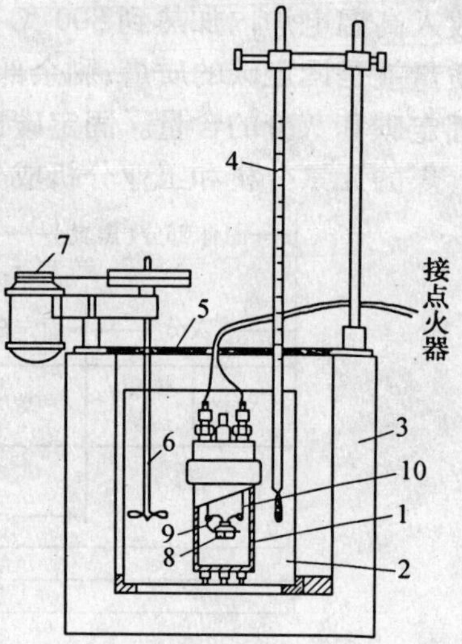

图 4.3　氧弹测热仪

1— 氧弹；2— 水容器；3— 外壳；4— 温度计；5— 测热器盖；6— 搅拌器；7— 电动机；8— 坩埚；9、10— 导电极

$$Q_{ad}^{gw} = Q_{ad}^{dt} - 94.2S_{ad} - aQ_{ad}^{dt}\quad (\text{kJ/kg}) \qquad (4.9)$$

式中　$94.2S_{ad}$—— 硫酸生成热，kJ/kg；

aQ_{ad}^{dt}—— 硝酸生成热，系数 a 对无烟煤和贫煤为 0.001，其他煤种为 0.001 5。

4.1.2　燃料的燃烧计算

燃料的燃烧过程就是燃料中的可燃成分（C、H、S）与空气中的氧在高温条件下发生强烈放热并发光的化学反应过程，燃烧之后生成烟气和灰。要使燃料完全燃烧必须供给燃烧所需足够的氧气（空气），并使燃料与氧气充分混合，同时及时排走烟气和灰，否则就不能保证燃料完全燃烧。

燃料的燃烧计算就是计算燃料燃烧所需的空气量和生成的烟气量。

燃料燃烧所需空气量，可以根据燃料中可燃成分燃烧反应所需氧气量计算得出，作为送风机、送风管道尺寸的选择和确定的依据。

产生的烟气量同理可求，也作为引风机、烟囱和烟道尺寸的选择和确定的依据。

4.1.2.1　燃料燃烧所需空气量

当 1 kg 收到基燃料中可燃元素完全燃烧，烟气中又无剩余氧存在，此时燃烧所需的空气量称为理论空气量，用符号 V^0 表示，单位是 m³/kg（气体燃料为 m³/m³）。

燃料燃烧所需理论空气量等于燃料中各可燃元素完全燃烧所需空气量的总和减去燃料自身所含 O_2 量的折算量。

燃料中可燃元素完全燃烧的化学反应式为

$$C + O_2 = CO_2$$

$$2H_2 + O^{2-} = 2H_2O$$

$$S + O_2 = SO_2$$

设空气和烟气均为理想气体，即每 1 kmol 气体在标准状态下的容积为 22.4 m³。碳、氢、

硫的相对分子量分别为12、1.008和32,则有

$$12\ kg\ C + 22.4\ m^3\ O_2 = 22.4\ m^3 CO_2$$

$$2 \times 2.016\ kg\ H + 22.4\ m^3 = 2 \times 22.4\ m^3\ H_2O$$

$$32\ kg\ S + 22.4\ m^3\ O_2 = 22.4\ m^3 SO_2$$

可见,1 kg碳完全燃烧需要1.866 m^3 氧气,生成1.866 m^3 的 CO_2;1 kg氢完全燃烧需要5.55 m^3 氧气,1 kg硫完全燃烧需要0.7 m^3 氧气。

每1 kg收到基燃料中含碳为 $\frac{C_{ar}}{100}$(kg)。因此,每kg燃料中碳燃烧需要氧气为1.866 $\frac{C_{ar}}{100}$(m^3),同理,硫需要氧气0.7 $\frac{S_{ar}}{100}$(m^3),氢需要氧气5.55 $\frac{H_{ar}}{100}$(m^3),而1 kg燃料中本身含有 $\frac{O_{ar}}{100}$(kg) 氧,其相对分子质量为32,因此,这些氧相当于 $\frac{22.4}{32} \times \frac{O_{ar}}{100} = 0.7 \frac{O_{ar}}{100}$ (m^3/kg)。

则1 kg燃料完全燃烧时所需外界供给的氧气量为

$$V_{O2}^0/(m^3 \cdot kg^{-1}) = 1.866 \frac{C_{ar}}{100} + 0.7 \frac{S_{ar}}{100} + 5.55 \frac{H_{ar}}{100} - 0.7 \frac{O_{ar}}{100}$$

燃料燃烧所需的空气,一般均取自空气,空气中氧的体积分数约为21%。所以理论空气量 V^0 可按下式计算

$$V_k^0 = \frac{1}{0.21}\left(1.866 \frac{C_{ar}}{100} + 0.7 \frac{S_{ar}}{100} + 5.55 \frac{H_{ar}}{100} - 0.7 \frac{O_{ar}}{100}\right) =$$

$$0.088\,9(C_{ar} + 0.375S_{ar}) + 0.265H_{ar}S_{ar} - 0.0333O_{ar} \tag{4.10}$$

在锅炉实际运行时,由于锅炉燃烧技术条件的限制,不可能做到空气与燃料理想的混合,只按理论空气量供给空气是不能达到完全燃烧的,因此,实际供给的空气量要比计算出的理论空气量 V_k^0 多,才能保证完全燃烧。实际空气量与理论空气量之差($V_k - V_k^0$)称为过剩空气量,用 ΔV 表示。而实际空气量与理论空气量的比值,称为过量空气系数,用 a 表示,即

$$a = \frac{V_k}{V_k^0} \tag{4.11}$$

则

$$V_k = aV_k^0 \tag{4.12}$$

过量空气系数是锅炉运行的重要指标之一,见表4.2。其值偏低时,燃料燃烧不完全,其值偏高时,不参与燃烧的大量冷空气吸热升温,并随烟气排入大气而带走热量,使热损失增大。因此,锅炉运行中应控制合理的过量空气系数,使燃料完全燃烧,又使各项热损失最小。

表4.2　炉膛过量空气系数

炉型	链条炉				抛煤机链条炉			煤粉炉			沸腾炉
燃料	褐煤	烟煤	无烟煤		褐煤		烟煤 V_{daf} > 25%	褐煤	烟煤	无烟煤	
			种子块 6 ~ 13 mm	原煤 < 100 mm	$W_{ar} \approx 19\%$ $A_{ar} \approx 24\%$	$W_{ar} \approx 33\%$ $A_{ar} = 22\%$					
α_L'	1.3	1.3	1.3	1.5	1.3	1.3	1.3	1.2 ~ 1.25	1.2	1.2 ~ 1.25	1.05 ~ 1.1

燃烧过程所需的过量空气系数与燃料种类、燃烧方式以及燃烧设备结构的完善程度有关。一般控制炉膛出口处的过量空气系数α_L'',对于层燃炉,α_L''值一般在1.3 ~ 1.5之间。炉膛出口过量空气系数推荐值见表4.2。

对于液体燃料$\alpha = 1.1 \sim 1.2$,对于气体燃料$\alpha = 1.05 \sim 1.1$。

在不知道燃料元素成分,而只知道燃料发热量的情况下,可按下列经验公式计算理论空气量。

对于贫煤及无烟煤($V_{daf} < 15\%$)

$$V_k^0 = \frac{0.239Q_{ar}^{dw} + 600}{990}\ (m^3/kg) \tag{4.13}$$

对于烟煤($V_{daf} > 15\%$)

$$V_k^0 = 0.251\frac{Q_{ar}^{dw}}{1\,000} + 0.278\ (m^3/kg) \tag{4.14}$$

对于劣质煤($Q_{ar}^{dw} < 12\,560$ kJ/kg)

$$V_k^0 = \frac{0.239Q_{ar}^{dw} + 450}{990}\ (m^3/kg) \tag{4.15}$$

对于液体燃料

$$V_k^0 = 0.203\frac{Q_{ar}^{dw}}{1\,000} + 2.0\ (m^3/kg) \tag{4.16}$$

对于气体燃料,当$Q_{ar}^{dw} < 10\,476$ kJ/m³ 时

$$V_k^0 = 0.209\frac{Q_{ar}^{dw}}{1\,000}\ (m^3/m^3) \tag{4.17}$$

当$Q_{ar}^{dw} > 14\,654$ kJ/m³ 时

$$V_k^0 = 0.260\frac{Q_{ar}^{dw}}{1\,000} - 0.25\ (m^3/m^3) \tag{4.18}$$

对天然气

$$V_k^0 = 0.264\frac{Q_{ar}^{dw}}{1\,000} + 0.02\ (m^3/m^3) \tag{4.19}$$

需要指出的是,上述空气量全是按不含水蒸气的干空气计算的,实际上1 kg干空气含有10 g水蒸气,只是因所占比例小而略去不计。

如果缺乏燃料发热量资料,又要估算空气量,可按锅炉蒸发量查表4.3进行估算。

表4.3 产生1.0 t/h蒸汽需要的空气量

燃烧设备	层燃炉	沸腾炉	煤粉炉及油炉
空气量/$(m^3 \cdot h^{-1})$	1 250	1 100	1 000

一般锅炉运行时,炉膛和烟道内处于负压状态,通过炉墙不严密处会漏入一部分空气,漏风量与理论空气量之比称为漏风系数,用Δa表示。炉膛的漏风量应该考虑包含在需要的过剩空气量之中,即向炉膛送风的过量空气系数a等于炉膛出口处过量空气系数a''与炉膛漏风系数之差,$a' = a'' - \Delta a$。

额定负荷下锅炉各段烟道中的漏风系数Δa见表4.4。

上述公式计算的理论空气量是指标准状态下的空气体积,实际所需空气体积,应考虑实际

工作温度的影响和过量空气系数的大小，当锅炉计算燃料消耗量为 B_j(kg/h) 时，每小时锅炉所需空气量 V 应按下式计算

$$V = B_j V_k^0 (a''_L - \Delta a_L + \Delta a_{ky}) \frac{273 + t_k}{273} \tag{4.20}$$

式中　a''_L——炉膛出口处过量空气系数，见表 4.2；

Δa_L——炉膛的漏风系数，见表 4.4；

Δa_{ky}——空气预热器中空气漏入烟道的漏风系数；

t_k——冷空气温度，℃。

表 4.4　额定负荷下锅炉各段烟道中的漏风系数 Δa

	烟道名称		漏风系数 Δa
室燃炉炉膛	煤粉炉		0.1
层燃炉炉膛	机械化及半机械化炉		0.1
	人工加煤炉		0.3
沸腾炉炉膛	悬浮层		0.1
对流烟道	过热器		0.05
	第一锅炉管束		0.1
	第二锅炉管束①		0.05
	省煤器	铁管式	0.1
		铸铁式	0.15
	空气预热器		0.1
除尘器	电除尘器：每级		0.15
	水膜除尘器	带文丘里	0.1
		不带文丘里	0.05
	干式旋风除尘器		0.05
锅炉后的烟道	钢制烟道(每 10 m 长)		0.01
	砖砌烟道(每 10 m 长)		0.005

① 锅炉管束如只有一级，漏风系数取 0.1。

4.1.2.2　燃料燃烧产生的烟气量

燃料燃烧后产生烟气，当燃料完全燃烧时烟气中的成分为：碳和硫完全燃烧时的生成物 CO_2 和 SO_2，燃料本身含有的和空气中的 N_2，过剩空气中未被利用的 O_2，以及氢燃烧生成的及空气带入的和燃料所含水分蒸发生成的水蒸气(H_2O)。

当燃料不完全燃烧时，除了上述成分外，烟气中还将包含有可燃气体，主要是一氧化碳，此外还有微量的甲烷和氢等，后者可忽略不计。一氧化碳的生成，既污染大气，又造成热能损失。

1. 理论烟气量的计算

如供给燃料以理论空气量 V_k^0，燃料又达到完全燃烧，此时，烟气所具有的容积称为理论烟气量(V_y^0)，单位为 m^3/kg。

烟气的容积可以根据烟气各组成成分的容积来计算，至于烟气各组成成分的容积，仍可按燃烧过程的化学反应式计算求得。

1 kg 燃料完全燃烧后产生的各种气体体积：

① 二氧化碳:0.018 66 $C_{ar}m^3/kg$;

② 二氧化硫:0.007 $S_{ar}m^3/kg$;

③ 氮气:包括空气中的氮 0.79 $V_k^0m^3/kg$ 及燃料本身含有的氮 0.008 N_{ar};

④ 水蒸气:包括氢燃烧生成的水蒸气 0.111 $H_{ar}m^3/kg$,燃料中水分形成的水蒸气 0.0124 $M_{ar}m^3/kg$。理论空气量带入的水蒸气 0.0161 $V_k^0m^3/kg$,蒸汽雾化重油带入炉内水蒸气 1.24 $G_{wh}m^3/kg$。

理论烟气量是将上述四种气体体积相加,即

$$V_y^0 = 0.79V_k^0 + 0.018\,66C_{ar} + 0.111H_{ar} + 0.007S_{ar} + 0.008N_{ar} + 0.012\,4M_{ar} + 0.016\,1V_k^0 + 1.24\,G_{wh}(m^3/kg) \tag{4.21}$$

燃料燃烧生成的理论烟气量的经验公式如下:

燃用烟煤、无烟煤及贫煤

$$V_y^0 = 0.249\frac{Q_{ar}^{dw}}{1\,000} + 0.77\ (m^3/kg) \tag{4.22}$$

燃用 $Q_{ar}^{dw} < 12\,560$ kJ/kg 的劣质煤

$$V_y^0 = 0.249\frac{Q_{ar}^{dw}}{1\,000} + 0.54\ (m^3/kg) \tag{4.23}$$

燃用燃油时

$$V_y^0 = \frac{0.27\times Q_{ar}^{dw}}{1\,000} + 1.0\ (m^3/kg) \tag{4.24}$$

对于 $Q_{ar}^{dw} < 10\,467$ kJ/kg 的燃气

$$V_y^0 = 0.173\frac{Q_{ar}^{dw}}{1\,000} + 1.0\ (m^3/kg) \tag{4.25}$$

燃用天然气时

$$V_y^0 = 0.282\frac{Q_{ar}^{dw}}{1\,000} + 0.4\ (m^3/kg) \tag{4.26}$$

2. 实际烟气量计算

实际的燃烧过程是在有过量空气的条件下进行的,烟气中还含有过量空气中氧气、氮气和水蒸气的体积:$0.21(a-1)V_k^0$、$0.79(a-1)V_k^0$、$0.016(a-1)V_k^0$,因此实际烟气量应为理论烟气量和过量空气(包括氧、氮和相应的水蒸气)之和,即

$$V_{py} = V_y^0 + 0.21(a-1)V_k^0 + 0.79(a-1)V_k^0 + 0.016\,1(a-1)V_k^0$$

$$V_{py} = V_y^0 + 1.016\,1(a-1)V_k^0\ \ (m^3/kg) \tag{4.27}$$

烟道中烟气流量 V_y 按下式计算

$$V_y = B_j(V_{py} + \Delta a V_k^0)\frac{273 + t_y}{273}\ (m^3/h) \tag{4.28}$$

式中 t_y—— 尾部受热面后的排烟温度,℃。

由于烟道各部分的过量空气系数 a 不同,烟气量也各不相同,需要分别计算。锅炉出口处排烟的过量空气系数等于炉膛出口处过量空气系数与对流烟道各部分漏风系数之和。

如果没有燃料发热量资料,也可按锅炉的排烟温度和蒸发量按表 4.5 估算燃料燃烧生成的烟气量(m^3/h)。

表 4.5　锅炉每生产 1 t 蒸气所产生的烟气量估算表

燃烧方式		排烟过量空气系数 a_{py}	排烟温度/℃		
			150	200	250
层燃炉		1.55	2 300	2 570	2 840
沸腾炉	一般煤种	1.55	2 300	2 570	2 840
	矸石,石煤	1.45	2 300	2 570	2 840
煤粉炉		1.55	2 100	2 360	2 620

若实际的过量空气系数 a_{py}' 不是表中的 a_{py} 值时,则烟气量应按下式计算

$$V_y^1 = \frac{a_{py}'}{a_{py}} V_y (\mathrm{m^3/h}) \tag{4.29}$$

【例 4.1】某锅炉房设有 SHL6 - 1.25 - AⅡ 型锅炉两台。锅炉燃用Ⅱ类烟煤,灰分 A_{ar} = 27.48,低位发热量 Q_{ar}^{dw} = 19 410 kJ/kg,试用经验公式计算每台锅炉的理论空气量和实际排烟量。

解　1. 理论空气量

$$V_k^0/(\mathrm{m^3 \cdot kg^{-1}}) = 0.251 \frac{Q_{ar}^{dw}}{1\ 000} + 0.278 = 0.251 \frac{19\ 410}{1\ 000} + 0.278 = 5.15$$

2. 理论烟气量

$$V_y^0/(\mathrm{m^3 \cdot kg^{-1}}) = 0.249 \frac{Q_{ar}^{dw}}{1\ 000} + 0.77 = 0.249 \frac{19\ 410}{1\ 000} + 0.77 = 5.6$$

3. 实际排烟量

$$V_{py} = V_y^0 + 1.016\ 1(a-1)V_k^0 = 5.6 + 1.016(1.6-1) \times 5.5 = 8.74$$

4.1.2.3　锅炉的烟气分析

在锅炉实际运行中,由于各种原因燃料是不可能达到完全燃烧的,即烟气中将含有一氧化碳、氢和碳氢化合物等可燃气体。而且,锅炉的燃烧工况和各受热面烟道的漏风情况也会与设计情况不同。为验证和判断锅炉实际的运行工况,需要对正在运行的锅炉进行烟气成分分析,并通过计算可以求出烟气量和过量空气系数,借以判别燃烧工况的好坏和漏风情况,以便进行燃烧调整和采取相应的改进措施,以提高锅炉运行的经济性。

正在运行的锅炉产生的烟气中,氢和碳氢化合物的含量甚微,通常略而不计。这样,实际烟气量 V_y 可由下式计算

$$V_y = V_{RO_2} + V_{N_2} + V_{O_2} + V_{H_2O} + V_{CO} \tag{4.30}$$

式中　$V_{RO_2}, V_{N_2}, V_{O_2}, V_{H_2O}, V_{CO}$——分别为实际烟气中的三原子气体、氮气、氧气、水蒸气、一氧化碳的体积。这些烟气成分和含量可以通过烟气成分分析而求得。

用于烟气成分分析的仪器种类很多,目前在锅炉房现场广泛采用的是奥氏烟气分析仪,如图 4.4 所示。

奥氏烟气分析仪是利用化学吸收法,按体积测定气体成分的一种仪器。它的分析原理是利用具有选择性吸收气体特性的化学溶液,在同温同压下分别吸收烟气中的相关气体成分,从而根据吸收前、后体积的变化求出各组成气体的体积分数。

奥氏烟气分析仪如图 4.4 所示，它主要由量筒、三个吸收剂瓶和一个水准瓶组成，三个吸收剂瓶借带有启闭旋塞的梳形管与量筒上端相通，量筒下端用橡皮软管接通水准瓶。用于吸收三原子气体（二氧化碳和二氧化硫）、氧气、一氧化碳的选择性化学溶液分别是苛性钾或苛性钠溶液、焦性没食子酸的碱溶液和氯化亚铜氨溶液，它们被依次装于吸收剂瓶Ⅰ、Ⅱ、Ⅲ中。测定时，先从需要进行分析测定的受热面烟道中用量筒精确地吸取烟气试样 100 mL，然后打开吸收剂瓶 Ⅰ 上方的旋塞，让其烟气反复多次进入这个吸收剂瓶，待烟气中的二氧化碳和二氧化硫被苛性钾溶液吸收殆尽，利用量筒上刻度即可测知烟气减少的体积，这被减少的体积即为烟气中含有的三原子气体 RO_2 的体积。烟气中的氧气由装在吸收瓶 Ⅱ 中的焦性没食子酸碱溶液吸收；一氧化碳则由装在吸收瓶 Ⅲ 中的氧化亚铜氨溶液吸收。经过这三个吸收剂瓶的吸收后，剩余的气体即为烟气中的氮气。

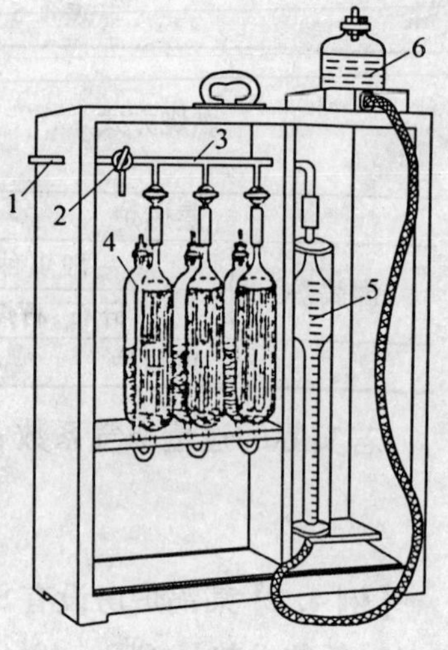

图 4.4　奥氏烟气分析仪

1— 烟气入口；2— 三通旋塞；3— 梳形管；4— 吸收剂瓶；5— 量筒；6— 水准瓶

但需指出，焦性没食子酸碱溶液除了吸收氧气，同时也能吸收二氧化碳和二氧化硫；氯化亚铜氨溶液吸收一氧化碳，同时也吸收烟气中的氧气。所以，在分析测定时吸收顺序不能颠倒，而且在整个测定过程中应保持温度和压力的恒定。此外，由于吸收剂氯化亚铜氮溶液不稳定，而烟气中的一氧化碳量一般又很少，采用奥氏烟气分析仪较难测准。

由于含有水蒸气的烟气在吸入烟气分析仪之后，在量筒中一直和水接触，所以烟气中的水蒸气为饱和蒸气，水蒸气和干烟气的体积比例是一定的。因此在选择性吸收过程中，随着烟气中某一成分被吸收，水蒸气也成比例地被凝结，也即量筒上测得的数值是干烟气各组成气体的体积。如此，即可由下式计算求出烟气各组成气体的体积分数

$$\varphi(RO_2)=\frac{V_{CO_2}+V_{SO_2}}{V_{py}}=\frac{V_{RO_2}}{V_{py}}\times 100\% \tag{4.31}$$

$$\varphi(O_2)=\frac{V_{O_2}}{V_{py}}\times 100\% \tag{4.32}$$

$$\varphi(CO)=\frac{V_{CO}}{V_{py}}\times 100\% \tag{4.33}$$

$$\varphi(N_2)=\frac{V_{N_2}}{V_{py}}\times 100\% \tag{4.34}$$

不完全燃烧时，烟气中干烟气的实际体积为

$$V_{py}=V_{RO_2}+V_{N_2}+V_{O_2}+V_{CO}(m^3/kg) \tag{4.35}$$

通常在烟气分析仪中所测得的是干烟气中各组成气体的体积分数（φ），则有

$$\varphi(RO_2)+\varphi(O_2)+\varphi(N_2)+\varphi(CO)=100\% \tag{4.36}$$

单元二　风烟系统安装

4.2.1　风烟系统基本知识

要保证燃料在锅炉中正常燃烧,必须将燃料燃烧所需的空气连续不断地送入炉膛,并能及时排走燃烧生成的烟气,这一过程被称为锅炉的通风过程。实现通风所采用的管道和设备,构成锅炉房的通风系统。通常把向炉内供应的空气称为送风,把排出烟气称为引风。锅炉通风计算的目的就是计算通风系统的流动阻力,选择合适的通风装置,保证锅炉安全、经济地运行。

4.2.1.1　锅炉的通风方式

根据空气或烟气的流动动力不同,可将锅炉的通风方式分为自然通风和机械通风两种。

自然通风是利用烟囱内热烟气和烟囱外冷空气的密度差形成的抽力作为推动力,来克服通风系统中空气和烟气的流动阻力。由于烟气和空气的密度差有限,这种抽力一般不会太大,所以仅适用于烟风阻力不大、无尾部受热面的小型锅炉的通风,如容量在 1 t/h 以下的手烧炉等。

对于有尾部受热面和除尘装置的锅炉,由于空气和烟气的流动阻力较大,必须采用机械通风,借助于风机所提供的压头克服空气和烟气的流动阻力。

机械通风方式有三种,即负压通风,正压通风和平衡通风。

(1) 负压通风是在通风系统中只装设引风机,引风机和烟囱一起克服风烟道阻力,还要克服燃料层和炉排的阻力,因此沿着风烟系统流程气流均处于负压状态,如果锅炉烟、风道阻力很大,采用这种方式会使炉膛负压过大,使炉膛强风量增加,炉膛温度下降,从而使热损失增加,使锅炉效率降低。这种通风方式只适用于烟、风系统阻力不大的小型锅炉。

(2) 正压通风是在通风系统中只装设送风机(也称为鼓风机)。利用风机的压头和烟囱的抽力克服全部风烟系统阻力,锅炉炉膛及烟道均处于正压状态下工作,提高了燃烧强度和锅炉效率,但也要求炉墙和烟道严密封闭,以防烟气外泄,污染环境,影响工作人员的安全。这种通风方式在某些燃油、燃气锅炉上有所应用。

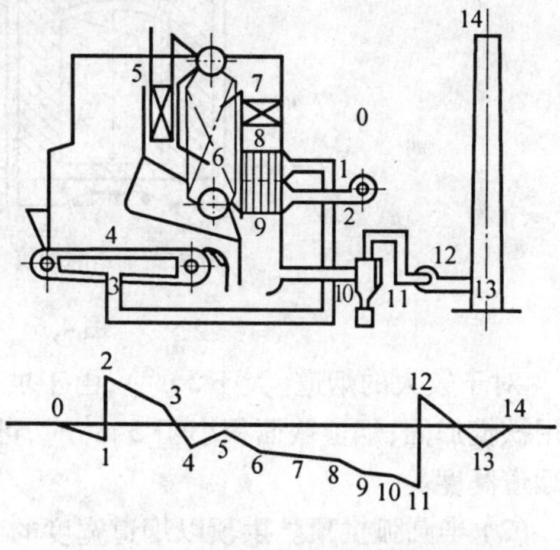

图 4.5　锅炉通风风压变化示意图

(3) 平衡通风是在锅炉的风烟系统中同时装设送风机和引风机,如图 4.5 所示。利用引风机的压头和烟囱的抽力克服从炉膛出口到烟囱出口(包括使炉膛形成负压) 的全部烟气行程的阻力;利用送风机的压头克服风道及燃烧设备的阻力。这种通风方式既能有效地调节送、引风量,满足燃烧的需要,又使锅炉炉膛及烟道处于合理的负压下运行,锅炉房安全及卫生条件较好。因此,这种通风方式在工业锅炉房中应用得最为普遍。

4.2.1.2　风、烟管道的设计

风、烟管道是通风系统的重要组成部分，风、烟管道的设计包括管道的结构、布置及管道断面尺寸的确定。

1. 风、烟管道的结构

锅炉送风管道指从空气吸入口到送风机入口，再从送风机出口到炉膛这段管道；排烟管道指从锅炉或省煤器烟气出口到引风机入口，再从引风机出口到烟囱入口的连接管道，二者统称为风、烟管道。

风、烟管道的截面形状有圆形、矩形，烟道还有圆拱顶形。在同等用料的条件下，圆形截面积最大，相应的风、烟流速及阻力最小，所以应尽量采用圆形风、烟管道。

制作风、烟管道的材料有钢板和砖等。冷风管道用 2 ~ 3 mm 厚度的钢板制作；热风管道和烟道一般采用 3 ~ 4 mm 厚度的钢板制作。矩形钢板风、烟管道应配置足够的加强肋或加强杆，以保证其强度和刚度的要求。

对于砖砌烟道，因烟气温度较高，烟道还应设内衬。当烟气温度小于等于 400 ℃ 时，内衬用 MU10 机制砖砌筑；当烟气温度大于 400 ℃ 时，内衬采用耐火砖和耐火砂浆砌筑。

砖砌烟道拱顶一般采用下列两种形式。

（1）大圆弧拱顶。拱顶净高 h 约为烟道宽度 B 的 15%，如图 4.6 所示。烟道的墙厚为一砖半或两砖，对于室外烟道拱顶可采用钢筋混凝土浇筑而成。

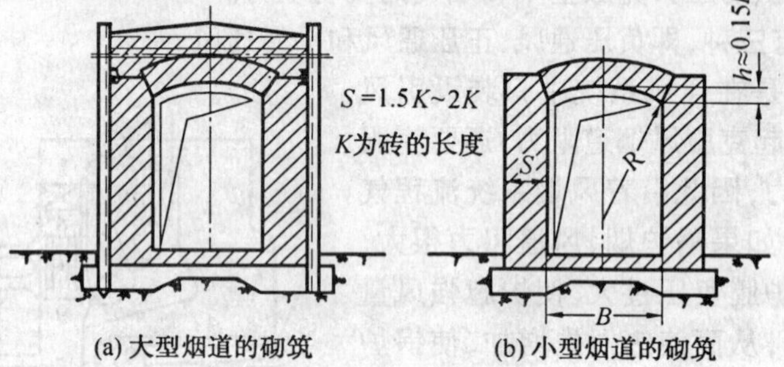

(a) 大型烟道的砌筑　　(b) 小型烟道的砌筑

图 4.6　大圆弧拱顶烟道图

对于较大的烟道（大于 2 m²），由于拱顶受热面膨胀力较大，为防侧墙破裂，每隔一定距离要用铁箍加固；烟道截面积小于 2 m² 时，可不用加铁箍。大圆弧拱顶的有效面积大，可相应降低烟道高度。

（2）半圆弧拱顶。拱顶以烟道宽度的 1/2 为半径，如图 4.7。半圆弧拱顶热膨胀时可自由上下伸缩，不易造成侧墙的破裂，对于大断面烟道也不必加铁箍而节省钢材，故多被采用。

当烟气温度较高或负荷较大时，拱顶宜采用双层，两层间空隙为 20 ~ 30 mm，并填以石棉绳，如此，既可减轻下层静载荷，又可增加上层的安全。由于烟道底部易积灰，使有效面积减小，所以烟道高度应为宽度的 2 ~ 3 倍。

烟道底部结构，采用双层砖，下垫灰渣层。砖的长度方向与气流方向平行，减小阻力。

2. 风、烟管道布置要点

风、烟管道的布置，要力求平直通畅，附件少，气密性好和阻力小。

水平烟道要敷设使烟气抬头走的坡度，避免逆坡，通向烟囱的水平总烟道一般采用3% 以上的坡度。

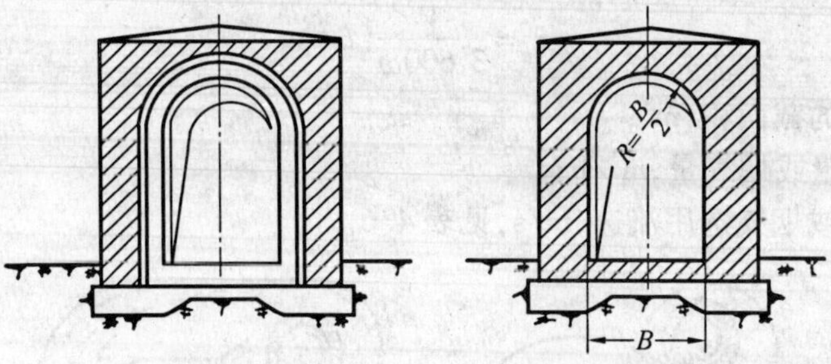

(a) 有衬砌烟道　(b) 无衬砌烟道

图 4.7　半圆弧拱顶烟道

风烟管道应尽量采用地上敷设，其优点是检修方便，降低修建费用，布置时应不妨碍操作和通行；当必须采用地下敷设时，风、烟管道底部应高于地下水位，并应考虑防水及排水措施。

为了便于清灰，减少锅炉房面积，总烟道应布置在室外，如图 4.8 所示，烟道转弯处内壁不能做成直角，以免增加烟气阻力。烟道外表面应加以粉刷，以免冷风及雨水渗入，同时要考虑排除雨水的措施。

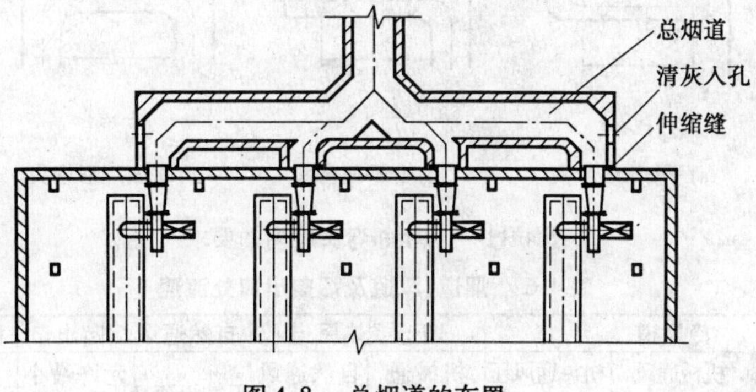

图 4.8　总烟道的布置

烟风道截面积由小变大时，其渐扩管的张开角度取 7° ~ 20°；烟风道截面积由大变小时，其渐缩管的最佳收缩角为 20°。

风机出口处渐扩管道的形状应符合图 4.9(a) 的要求。图 4.9(b) 的渐扩管形状会使阻力明显增加。

风机出口处风烟道的转弯方向应与风机叶轮旋转方向一致，否则气流会形成旋涡而使阻力明显变大，见图 4.10。

管道布置时，两局部阻力配件距离过近，会使阻力明显增加，串联弯头所产生的阻力之和往往大于单个弯头阻力之和，为了减少管道阻力，其相邻距离有一定要求，见图 4.11(图中 d_d 为管道当量直径)。

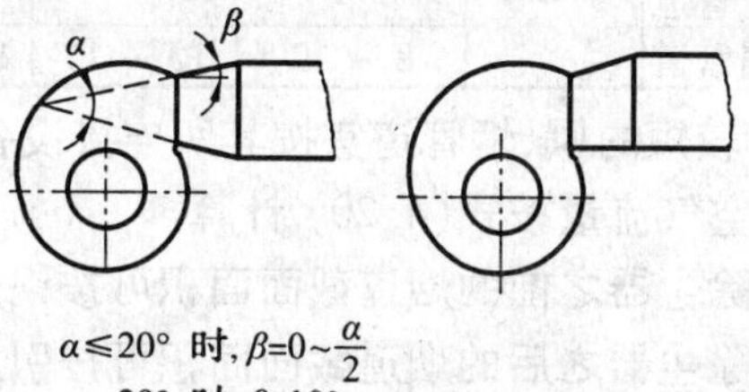

(a) 正确　(b) 不正确

图 4.9　风机出口的渐扩管图

3. 风、烟管道截面面积

风、烟管道的截面面积计算是按锅炉额定负荷进行的，可按下式确定

$$F=\frac{V}{3\ 600\omega}(\mathrm{m}^2) \tag{4.37}$$

式中　F——管道的截面积，m^2；

V——空气量或烟气量，m^3/h；

ω——空气或烟气选用流速，m/s，见表4.6。

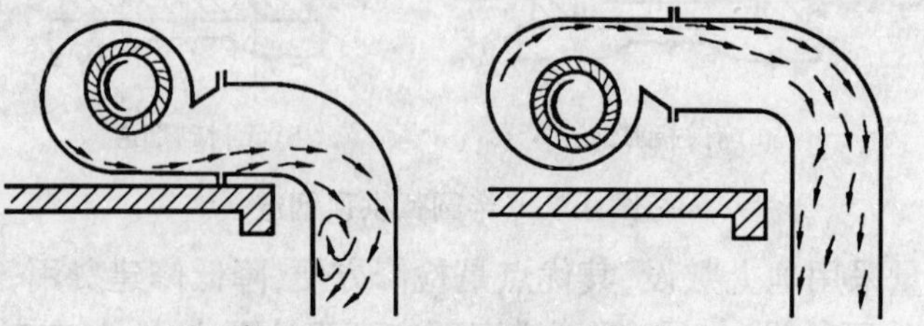

(a) 不正确　　(b) 正确

图4.10　风机出口管道的转向

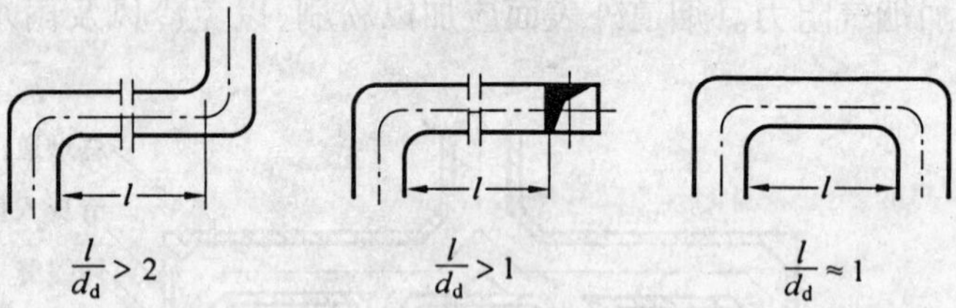

(a) 平面Z形弯头　　(b) 非平面弯头　　(c) 平面门形弯头

图4.11　对相邻弯头距离的要求

表4.6　烟道、风道及烟囱出口处流速

烟道或风道类别	冷风道			烟道或热风道		自然通风烟囱出口		机械通风烟囱出口	
	自然通风流速／($\mathrm{m\cdot s^{-1}}$)	机械通风吸入段流速／($\mathrm{m\cdot s^{-1}}$)	机械通风压出段流速／($\mathrm{m\cdot s^{-1}}$)	机械通风流速／($\mathrm{m\cdot s^{-1}}$)	自然通风流速／($\mathrm{m\cdot s^{-1}}$)	正常流速／($\mathrm{m\cdot s^{-1}}$)	允许最小流速／($\mathrm{m\cdot s^{-1}}$)	正常流速／($\mathrm{m\cdot s^{-1}}$)	允许最小流速／($\mathrm{m\cdot s^{-1}}$)
砖砌或混凝土管道	3～5	6～8	8～10	6～8	3～5	6～8	2.5～3	10～20	4～5
金属管道		8～12	10～15	10～15	8～10	8～10	2.5～3	10～20	4～5

较短的风、烟管道宜按其所连接设备的进出口断面确定尺寸。

空气流量按式(4.20)计算。

除尘器之前的烟道截面面积可按锅炉排烟流量及排烟温度计算。

除尘器之后的烟道截面面积可按引风机处的烟气温度和烟气量计算(式4.28)。

风、烟管道截面积确定之后，可根据确定的断面形状计算出几何尺寸。

对圆形管道，其直径为

$$D=\sqrt{\frac{F}{0.785}}\ (\mathrm{m}) \tag{4.38}$$

对矩形管道，其面积为

$$F=H\cdot B=高\times宽\ (\mathrm{m}^2) \tag{4.39}$$

管道截面积尺寸确定后应核算实际流速。

4.2.1.3　风、烟管道系统阻力计算

空气和烟气在锅炉通风系统中流动所产生的阻力，有风、烟管道的摩擦阻力 Δh_m 和局部阻力 Δh_j，燃烧设备阻力 Δh_r，锅炉本体阻力 Δh_g，省煤器阻力 Δh_s，空气预热器阻力 Δh_k，除尘器阻力 Δh_c 以及烟囱阻力 Δh_{yc}。以下分别叙述各项阻力计算方法。

1. 摩擦阻力 Δh_m

风、烟管道的摩擦阻力相对于系统总阻力数值一般不大，可用近似方法简化计算求得，即取风道或烟道中截面不变和最长 1 ~ 2 段管道，求出其每米长度的摩擦阻力，然后乘以整个风道或烟道的总长度，即可得出管道总的摩擦阻力。当冷空气流速小于 10 m/s 时，Δh_m 可不计算。

风、烟管道的摩擦阻力可按下式计算

$$\Delta h_m = \lambda \frac{l}{d_d} \frac{\omega_{pj}^2}{2} \rho_0 \frac{273}{273 + t_{pj}} \text{ (Pa)} \tag{4.40a}$$

式中　λ—— 摩擦阻力系数，对于金属管道取 0.02，对于砖砌或混凝土管道取 0.04；

l—— 管段长度，m；

ω_{pj}—— 空气或烟气的平均流速，m/s；

ρ_0—— 标准状态下气体的密度，空气为 1.293 kg/m^3，烟气为 1.34 kg/m^3；

t_{pj}—— 空气或烟气的平均温度，℃；

d_d—— 管道当量直径，m，对于圆形管道，也为其直径，对于边长分别为 a、b 的矩形管道，可按公式(4.40b) 换算。

对于管道截面周长为 u 的非圆形管道，可按式(4.40c) 换算。

$$d_d = \frac{2ab}{a + b} \tag{4.40b}$$

$$d_d = \frac{4F}{u} \tag{4.40c}$$

为了简化计算，将动压头 $\frac{\omega^2}{2}\rho$ 制成计算图，计算时可查阅有关手册。

在水平烟道中，当烟气流速为 3 ~ 4 m/s 时，每米长度的 Δh_m 约为 0.8 Pa/m；流速为 6 ~ 8 m/s 时，每米长度的约为 3.2 Pa/m。

2. 局部阻力 Δh_j

风、烟管道的阻力主要为局部阻力，通常按下式计算

$$\Delta h_j = \xi \frac{\omega^2}{2} \rho \text{ (Pa)} \tag{4.41}$$

式中　ξ—— 局部阻力系数；

ω—— 空气或烟气的流速，m/s。

3. 锅炉送风系统总阻力

送风系统总阻力包括风道的摩擦阻力 Δh_{mf} 和局部阻力 Δh_{jf}，燃烧设备阻力 Δh_r，空气预热器空气侧阻力 Δh_{k-k}，即

$$\sum \Delta h_f = \Delta h_{mf} + \Delta h_{jf} + \Delta h_r + \Delta h_{k-k} \tag{4.42}$$

对于层燃炉，燃烧设备阻力包括炉排与燃料层的阻力，它取决于炉子形式和燃料层厚度等

因素，宜取制造厂的测定数据为计算依据，如无此数据，可以参考下列要求炉排下的风压值来代替：往复推动炉排炉 600 Pa，链条炉排 800 ~ 1 000 Pa，抛煤机链条炉排 600 Pa。

对沸腾炉，Δh_r 是指布风板（风帽在内）阻力和料层阻力；对煤粉炉，Δh_r 是指按二次风计算的燃烧器阻力；对燃油燃气锅炉，Δh_r 是指调风器的阻力。

空气预热器中空气在管束外面横向流动，烟气在管内流动。空气预热器空气侧阻力 Δh_{k-k} 及烟气侧阻力 Δh_{k-y} 由制造厂提供。

4. 锅炉烟气系统总阻力

锅炉烟气系统总阻力包括炉膛负压 Δh_1、锅炉本体阻力 Δh_g、省煤器阻力 Δh_s、预热器阻力 Δh_{k-y}、除尘器阻力 Δh_c、烟囱阻力 Δh_{yc}、烟道阻力 Δh_{my} + Δh_{jy}，即

$$\sum \Delta h_y = \Delta h_1 + \Delta h_g + \Delta h_s + \Delta h_{k-y} + \Delta h_c + \Delta h_{yc} + \Delta h_{my} + \Delta h_{jy} \tag{4.43}$$

（1）炉膛负压 Δh_1。即炉膛出口处的真空度，它由燃料的种类、炉子形式及所采用的燃烧方式而定。机械通风时，一般取 Δh_1 = 20 ~ 40 Pa；自然通风时，取 Δh_1 = 40 ~ 80 Pa。

炉膛保持一定负压可防止烟气和火焰从炉门缝隙处向外漏，但负压不能过高，以免冷空气向炉内渗透过多，降低炉温和影响锅炉效率。因此，当燃烧设备阻力过大时，应采用送风机送风。

（2）锅炉本体阻力 Δh_g。锅炉本体阻力是指烟气离开炉膛后冲刷受热面管束所产生的阻力，其数值可由锅炉制造厂家的锅炉计算书中查得。对于铸铁锅炉及小型锅壳锅炉，没有空气动力计算书，其本体烟气阻力估算值可参考表 4.7。

表 4.7　锅炉本体烟气阻力

炉型	锅炉本体烟气阻力 /Pa	炉型	锅炉本体烟气阻力 /Pa
铸铁锅炉	40 ~ 50	水火管组合锅炉	30 ~ 60
卧式水管锅炉	60 ~ 80	立式水管锅炉	20 ~ 40
卧式烟管锅炉	70 ~ 100		

（3）省煤器阻力 Δh_s。由锅炉制造厂提供。

（4）除尘器阻力 Δh_c。与除尘器形式和结构有关，根据厂家提供的资料确定，对于旋风除尘器，其阻力约为 600 ~ 800 Pa；多管水膜除尘器阻力约为 800 ~ 1 200 Pa。

（5）烟囱阻力 Δh_{yc}。锅炉本体风、烟道阻力可参考表 4.8 估算。

表 4.8　锅炉本体风烟道阻力表

名称	锅炉容量 /($t \cdot h^{-1}$)					
	≤4	6	10	20	35	14 (MW)
风道阻力 /Pa	800 ~ 1 000	1 000 ~ 1 500	1 900 ~ 2 300	1 600 ~ 2 200	1 600 ~ 2 200	1 300 ~ 1 500
烟道阻力 /Pa	600 ~ 800	700 ~ 1 080	500 ~ 1 000	650 ~ 1 100	1 000 ~ 1 400	850 ~ 1 000

4.2.2　烟囱选择

4.2.2.1　烟囱的种类和构造要点

烟囱按其材料不同可以分为砖烟囱、钢筋混凝土烟囱和钢板烟囱三种。

砖烟囱具有取材方便、造价低和使用年限较长等优点，在中小型锅炉房中得到广泛的应用。砖烟囱的高度一般不宜超过 10 m，适于地震烈度为七度及以下地区。砖烟囱的缺点是如

设计不当或施工质量低劣时易产生裂缝，影响通风和安全运行。

钢筋混凝土烟囱具有对地震的适应性强、使用年限长等优点，但需耗用较多的钢材，造价也较高。当烟囱超过 80 m 时，钢筋混凝土烟囱的造价较砖烟囱要低。钢筋混凝土烟囱一般适用于烟囱高度超过 60 m 的锅炉房或地震烈度在七度以上的地区。

钢板烟囱的优点是自重轻，占地少，安装快，有较好的抗震性能。但耗钢材较多，而且易受烟气腐蚀和氧化锈蚀，如燃用含硫分高的燃料时，腐蚀会更严重。因此，必须经常维护保养，否则会缩短使用年限。钢板烟囱一般用于容量较小的锅炉、临时性锅炉房，以及要求迅速投产供热的快装锅炉上。钢板烟囱的高度不宜超过 30 m。

烟囱的种类应根据其高度要求及使用场合的具体情况来选定。

砖烟囱和钢筋混凝土烟囱的设计和施工属于土建专业的范围，以下仅就烟囱的构造要点作一介绍。

钢筋混凝土烟囱和砖烟囱的筒身，一般设计成锥度为 2% ～ 2.5% 的圆锥形，以求筒身的稳定。为了防止高温烟气损坏烟囱内壁，筒身内壁应做耐火材料的内衬，筒身与内衬之间通常留出 50 mm 的空气隔热层。筒身支承在烟囱基础上，烟囱底部应设清灰人孔，以便清灰和检修。在烟囱底部应留比水平烟道底部低 0.5 ～ 1.0 m 的积灰坑。

当烟囱除灰量较大，而当地的地下水位较深时，清灰孔可设在与烟囱底部标高相同的地方，以便清灰操作。如烟囱除灰量不大，而当地的地下水位较高时，清灰孔也可设置在地面上。清灰孔的构造简单，施工比较方便，但清灰操作较为不便。图 4.12 为烟囱底部的构造及两种不同的清灰方式。

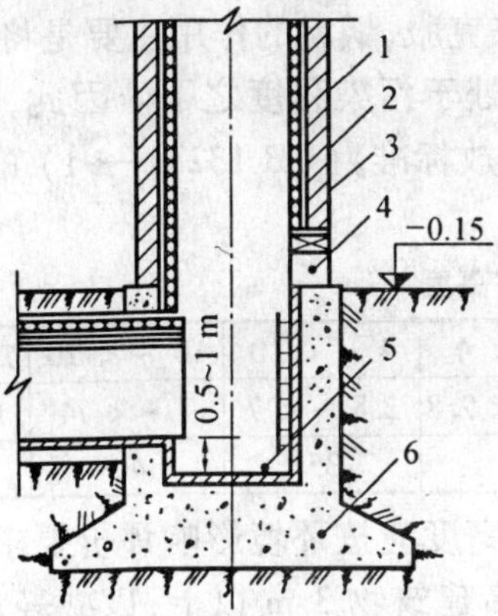

(a) 地下清灰方式

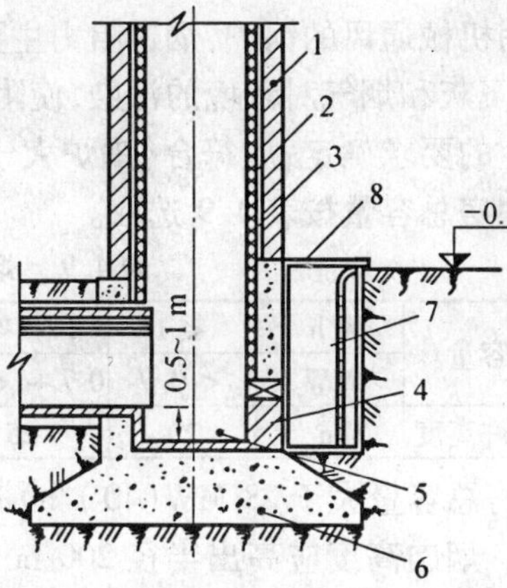

(b) 地面清灰方式

图 4.12　烟囱的构造及清灰方式

1— 筒身；2— 空气隔热层；3— 耐火内衬；4— 清灰孔；

5— 灰坑；6— 烟囱基础；7— 清灰井；8— 防雨盖板

烟囱底部的另一种布置方式见图 4.13，其优点是当锅炉停止运行而烟囱内部温度仍然很高时，即可将清灰孔打开，从外面扒灰。此外，由于烟囱与烟道接合位置提高，使烟囱基础底面也可以相应地提高，因而减少了基础的砌筑量。

烟囱与烟道连接处应有伸缩缝。

烟囱的内衬，当烟气温度高于 500 ℃ 时，应用耐火黏土砖或耐热混凝土预制块砌筑，当烟气温度低于 500 ℃ 时，可用不低于 MU7.5 的红砖砌筑。红砖内衬，当烟气温度低于 400 ℃ 时，用M 2.5 混合砂浆砌筑，当烟气温度在 400 ℃ 以上时，用普通的生黏土和砂子配制的砂浆砌筑。耐火黏土砖内衬用耐火生黏土和黏土熟料粉配制的泥浆砌筑，其配合比为 1 ∶ 2。耐火混凝土预制块用上述泥浆并加 20% 的水泥砌筑。

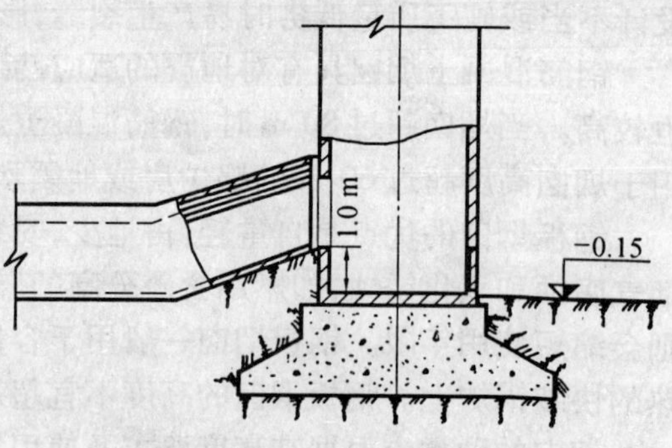

图 4.13　烟窗底部构造图

内衬的厚度，距烟囱底部 20 m 以内一段一般不小于 1 砖，其他各段不得小于半砖。

砖内衬的高度和烟气入口处的温度有关，当烟气温度在 151 ~ 250 ℃ 时，内衬高度不得小于烟囱高度的 1/3；当烟气温度在 251 ~ 400 ℃ 时，内衬高度不得小于烟囱高度的 1/2；当烟气温度高于 400 ℃ 时，内衬和筒身同高。

钢筋混凝土烟囱的内衬应与筒身同高。

为防止烟囱遭受雷击，烟囱外部应设避雷设施。烟囱外部还应设爬梯，供检修烟囱、避雷设施等用。

钢板烟囱由多节钢板圆筒组成，筒身厚度一般为 3 ~ 15 mm。为了防止筒身钢板受烟气腐蚀，可在烟囱内壁敷设耐热砖衬或耐酸水泥。小型锅炉的钢板烟囱可以支承在锅炉的烟箱上，也可支承在屋面梁上或地面烟囱基础上。为了维持烟囱的稳定性，要用钢丝绳来固定。钢丝绳可用三根间隔 120° 对称布置，也可用四根间隔 90° 对称布置。

4.2.2.2　烟囱高度的确定

对于采用机械通风的锅炉，烟道阻力主要由风机来克服，烟囱的作用主要是将烟尘排至高空扩散，减轻飞灰和烟气对环境的污染，使附近的环境处于污染程度之下。因此，烟囱高度要根据环境卫生的要求确定，应符合《锅炉大气污染物排放标准》(GB 13271—91) 的规定，其高度应根据锅炉房总容量按表 4.9 选取。

表 4.9　烟囱最低允许高度

锅炉房总容量	t/h	< 1	1 ~ < 2	2 ~ < 4	4 ~ < 10	10 ~ < 20	20 ~ < 40
	MW	< 0.7	0.7 ~ < 1.4	1.4 ~ < 2.8	2.8 ~ < 7	7 ~ < 14	14 ~ < 28
烟囱最低允许高度	m	20	25	30	35	40	45

当锅炉房总容量大于 28 MW(40 t/h) 时，其烟囱高度应按环境影响评价要求确定，但不得低于 45 m。烟囱高度应高出半径 200 m 范围内最高建筑物 3 m 以上，以减轻对环境的影响。

锅炉房在机场附近时，烟囱高度尚应征得有关部门的同意。

对于采用自然通风的锅炉房，是利用烟囱产生的抽力来克服风、烟系统的阻力。因此，烟囱的高度除了满足环境卫生的要求，还必须通过计算使烟囱产生的抽力足以克服风、烟系统的全部阻力。

烟囱抽力是由于外界冷空气和烟囱内热烟气的密度差的压为差而产生的，即

$$S = gH(\rho_k - \rho_y)\ \text{(Pa)}$$

$$S = gH\left(\rho_k^0 \frac{273}{273 + t_k} - \rho_y^0 \frac{273}{273 + t_{pj}}\right)\ \text{(Pa)} \qquad (4.44a)$$

式中　S—— 烟囱产生的抽力，自然通风时应使 S 大于或等于风烟道总阻力的 1.2 倍，Pa；

H—— 烟囱高度，m；

ρ_k—— 外界空气的密度，kg/m^3；

ρ_y—— 烟囱内烟气平均密度，kg/m；

ρ_k^0, ρ_y^0—— 标准状态下空气和烟气的密度，$\rho_k^0 = 1\ 293\ kg/m^3$，$\rho_y^0 = 1.34\ kg/m^3$；

t_k—— 外界空气温度，℃；

t_{pj}—— 烟囱内烟气平均温度，℃。

烟囱内烟气平均温度按下式计算

$$t_{pj} = t - \frac{1}{2}\Delta tH\ (℃) \tag{4.44b}$$

式中　t—— 烟囱进口处烟气温度，℃；

Δt—— 烟气在烟囱每米高度的温度降，℃/m，按下式计算

$$\Delta t = \frac{A}{\sqrt{D}} \tag{4.44c}$$

式中　D—— 在最大负荷下，由一个烟囱负担的各锅炉蒸发量之和，t/h；

A—— 考虑烟囱种类不同的修正系数，见表 4.10。

表 4.10　烟囱温降修正系数

烟囱种类	无衬铁烟囱	有衬铁烟囱	砖烟囱壁厚（小于 0.5 m）	砖烟囱壁厚（大于 0.5 m）
修正系数	2	0.8	0.4	0.2

烟囱或烟道的温度降也可按经验数值估算，砖烟道及烟囱或混凝土烟囱每米长温降约为 0.5 ℃，钢板烟道及烟囱每米长温度降约 2 ℃。

对于机械通风的锅炉房，为简化计算，烟气在烟道和烟囱中的冷却可不考虑，烟囱内烟气平均温度即按引风机前的烟气温度（近似等于排烟温度）进行计算。

采用自然通风时，风烟道抽力全部由烟囱的抽力克服，所以烟气在烟道及烟囱中的冷却要仔细计算。

计算烟囱的抽力时，对于全年运行的锅炉房，应分别以冬季室外温度和冬季锅炉房热负荷以及夏季室外温度和相应的热负荷时系统的阻力来确定烟囱高度，取二者中较高值；对于专供采暖的锅炉房，也应分别以采暖室外计算温度和相应的热负荷计算的阻力确定烟囱的高度，与采暖期将结束时的室外温度和相应的热负荷计算的系统阻力确定的烟囱高度相比较，取其中较高的值。

烟囱每米高度产生的抽力 S 可由表 4.11 查得。

表 4.11　烟囱每米高度产生的抽力(Pa)

烟囱内的烟气平均温度/℃	在相对湿度 φ = 70%,大气压力为 0.1 MPa 下的空气相对密度										
	1.420	1.375	1.327	1.300	1.276	1.252	1.228	1.206	1.182	1.160	1.137
	空气温度/℃										
	−30	−20	−10	−5	0	+5	+10	+15	+20	+25	+30
140	5.65	5.15	4.70	4.42	4.15	3.91	3.68	3.45	3.20	3.00	2.77
160	5.97	5.50	5.02	4.75	4.51	4.27	4.03	3.81	3.57	3.35	3.12
180	6.31	5.85	5.37	5.10	4.86	4.62	4.38	4.16	3.92	3.70	3.47
200	6.65	6.20	5.72	5.45	5.21	4.97	4.73	4.51	4.27	4.05	3.82
220	6.98	6.50	6.02	5.75	5.51	5.27	5.03	4.81	4.57	4.35	4.12
240	7.28	6.78	6.30	6.03	5.79	5.55	5.31	5.09	4.85	4.63	4.40
260	7.55	7.05	6.57	6.30	6.06	5.82	5.58	5.36	5.12	4.90	4.67
280	7.80	7.28	6.80	6.53	6.29	6.05	5.81	5.59	5.35	5.13	4.90
300	8.00	7.51	7.03	6.76	6.52	6.28	6.05	5.82	5.58	5.36	5.13
320	8.20	7.72	7.24	6.97	6.73	6.49	6.25	6.03	5.79	5.57	5.34

4.2.2.3　烟囱出口直径的确定

烟囱出口内径可按下式计算

$$d_2 = \sqrt{\frac{B_j n V_y'(t_c + 273)}{3\,600 \times 273 \times 0.785 \times \omega_c}}\ (\mathrm{m}) \tag{4.45}$$

式中　B_j—— 每台锅炉的计算燃料消耗量,kg/h,对不同炉型的锅炉应分台计算;

n—— 利用同一烟囱的锅炉台数;

V_y'—— 烟囱出口处计入漏风系数的烟气量,m^3/kg;

t_c—— 烟囱出口处烟气温度,℃;

ω_c—— 烟囱出口处烟气流速,m/s,可按表 4.6 选用。

选用流速时,应根据锅炉房扩建的可能性选用适当数值,一般不宜取上限,以便留有一定的发展余地;烟囱出口流速在最小负荷时也不宜小于 2.5 ~ 3 m/s,以免冷风倒灌。

烟囱出口内径也可参照表 4.12 选取。

表 4.12　烟囱出口内径推荐表

锅炉总容量/($t \cdot h^{-1}$)	≤8	12	16	20	30	40	60	80
烟囱出口直径/m	0.8	0.8	1.0	1.0	1.2	1.4	1.7	2.0

设计时应根据冬、夏季负荷分别计算,如冬、夏季负荷相差悬殊,则应首先满足冬季负荷要求。

烟囱进口处直径 d_1

$$d_1 = d_2 + 2iH\ (\mathrm{m}) \tag{4.46}$$

式中　i—— 烟囱锥度,取 0.02 ~ 0.03。

由公式求得烟囱出口直径后,还应考虑因内壁挂灰使截面缩小的因素,一般应将出口直径适当加大,此值一般不大于 100 mm。

圆形烟囱的出口内径一般不小于 0.8 m,以便于施工时采用内脚手架砌筑。当出口内径较小时,可采用方形或矩形,施工时可采用外脚手架砌筑,钢板烟囱不受此限。

4.2.2.4　**烟囱阻力计算**

烟囱的阻力包括摩擦阻力和烟囱出口阻力。

烟囱的摩擦阻力按下式计算

$$\Delta h_{yc}^{m} = \lambda \frac{H}{d_{pj}} \frac{\omega_{pj}^{2}}{2} \rho_{pj} (\mathrm{Pa}) \tag{4.47}$$

式中　λ——烟囱的摩擦阻力系数，砖烟囱或金属烟囱均取 $\lambda = 0.04$；

d_{pj}——烟囱的平均直径，取烟囱进出口内径的算术平均值，m；

H——烟囱高度，m；

ω_{pj}——烟囱中烟气的平均流速，m/s；

ρ_{pj}——烟囱中烟气的平均密度，kg/m³。

烟囱出口阻力 Δh_{yc}^{c} 可按下式计算

$$\Delta h_{yc}^{c} = \xi \frac{\omega_{c}^{2}}{2} \rho_{c} (\mathrm{Pa}) \tag{4.48}$$

式中　ξ——烟囱出口阻力系数，$\xi = 1.0$；

ω_{c}——烟囱出口处的烟气流速，m/s；

ρ_{c}——烟囱出口处的烟气密度，kg/m³。

烟囱阻力按下式确定

$$\Delta h_{yc} = \Delta h_{yc}^{c} + \Delta h_{yc}^{m} (\mathrm{Pa}) \tag{4.49}$$

4.2.3　除尘器选择

工业锅炉主要是以煤为燃料。煤在锅炉内燃烧后，产生大量的烟尘及硫和氮的氧化物等有害气体，这些有害物排放到大气中，严重地污染了周围的大气环境。尤其工业锅炉大多集中在城市和市郊区，又属于低空排放，对生产、人民生活和人体健康都会造成极大的危害。因此，通过消烟除尘措施，将锅炉排放的烟尘污染降低到国家规定的允许范围内，对改善大气环境质量是至关重要的。

4.2.3.1　**烟尘的危害与排放标准**

1. 烟尘的危害

燃煤锅炉排烟中的烟尘由两部分组成，一部分是煤在燃烧过程中放出的硫及氮的氧化物气体，以及碳氢化合物在缺氧条件下分解和裂化出来的微小炭粒（炭黑），其粒径为0.05～1.0 μm，烟气中炭黑多时即形成黑烟。另一部分是由于烟气的扰动作用而被带走的灰粒和未燃尽的煤粒，也称飞灰，其粒径一般为1～100 μm。

粒径小于10 μm的尘粒能长期飘在空气中，称为飘尘。粒径大于10 μm的尘粒，由于自身重力的作用，在短时间内可以降落在地面上，称为降尘。工业锅炉排出的烟尘中10%～30%是小于5 μm的尘粒。这些微粒具有很强的吸附能力。很多有害气体、液体或某些金属元素（如镍、铬、锌等）都能吸附在烟尘粒子上，随人的呼吸而被带入人体内，刺激呼吸道，造成气管炎、支气管炎、哮喘，以至进入人体肺泡，引起肺气肿和肺心病等，甚至引起肺癌等病症。

烟尘降落在植物叶面上，会妨碍植物的光合作用，造成植物叶片褪绿，农作物产量降低，园林受害。

烟尘使空气污染，降低了空气的可见度，会增加城市交通事故；由于烟尘的遮挡，减弱了太阳紫外线辐射，会引起儿童佝偻病；另外，大量废热排入空中，使空气中的灰尘起到形成水蒸汽凝结核的作用，会使空气的温度、湿度及雨量发生变化。

空气中烟尘浓度大，还将严重影响某些工业如纺织、食品及仪表等产品质量。

总之，锅炉排放的烟尘是一种空气的污染物，对人体健康、环境、生态及经济都有严重的危害，必须加以限制，不能任意排放。

2. 烟气排放标准

锅炉烟尘排放标准是为防止污染，保护环境而对锅炉烟尘排入环境的数量所作的限制规定。

锅炉烟气中的烟尘浓度规定采用 1 m^3 排烟体积中含有烟尘的质量表示，称为烟尘浓度。

根据对环境质量的不同要求，我国对工业锅炉烟尘允许排放浓度按《锅炉大气污染物排放标准》(GB 13271—1999) 中的规定进行选用，见表 4.13。

表 4.13　锅炉烟尘最高允许排放浓度和烟气黑度限值

锅炉类别		适用区域	烟尘排放浓度／($mg \cdot m^{-3}$)		烟气黑度／级(林格曼黑度)
			Ⅰ时段	Ⅱ时段	
燃煤锅炉	自然通风锅炉(＜0.7 MW(1 t/h))	一类区	100	80	1
		二、三类区	150	120	
	其他锅炉	一类区	100	80	1
		二类区	250	200	
		三类区	350	250	
燃油锅炉	轻柴油、煤油	一类区	80	80	1
		二、三类区	100	100	
	其他燃料油	一类区	100	80′	1
		二、三类区	200	150	
燃气锅炉		全部区域	50	50	1

锅炉排出烟尘的初始浓度与燃烧方式、煤质、锅炉炉型及运行管理等多种因素有关。国标 GB 13271—1999 中给出“燃煤锅炉烟尘初始排放浓度和烟气黑度限值”规定，见表 4.14。

表 4.14　燃煤锅炉烟尘初始排放浓度和烟气黑度限值

锅炉类别		燃煤收到基灰分／%	烟尘初始排放浓度／($mg \cdot m^{-3}$)		烟气黑度／级(林格曼黑度)
			Ⅰ时段	Ⅱ时段	
层燃锅炉	自然通风锅炉(＜0.7 MW(1 t/h))	1	150	120	1
	其他锅炉(≤2.8 MW(4 t/h))	$A_{ar} \leqslant 25\%$	1 800	1 600	1
		$A_{ar} > 25\%$	2 000	1 800	
	其他锅炉(≤2.8 MW(4 t/h))	$A_{ar} \leqslant 25\%$	2 000	1 800	1
		$A_{ar} > 25\%$	2 200	2 000	
沸腾锅炉	循环流化床锅炉	——	15 000	15 000	
	其他沸腾锅炉	——	20 000	18 000	
抛煤机锅炉		——	5 000	5 000	1

国标中还给出了锅炉二氧化碳和氮氧化物最高允许排放浓度值，见表4.15。

表4.15　锅炉二氧化碳和氮氧化物最高允许排放浓度

锅炉类别		适用区域	SO_2 排放浓度/($mg\cdot m^{-3}$)		NO_x 排放浓度/($mg\cdot m^{-3}$)	
			Ⅰ时段	Ⅱ时段	Ⅰ时段	Ⅱ时段
燃煤锅炉		全部区域	1 200	900	—	—
燃油锅炉	轻柴油、煤油	全部区域	700	500	—	400
	其他燃料油	全部区域	1 200	900*	—	400*
燃气锅炉		全部区域	100	100	—	400

注：一类区内禁止新建以重油、渣油为燃料的锅炉。

其中本标准按锅炉建成使用年限分为两个阶段，执行不同的大气污染物排放标准。

Ⅰ时段：2000年12月31日前建成使用的锅炉。

Ⅱ时段：2001年1月1日起建成使用的锅炉（含在Ⅰ时段立项未建成或未运行使用的锅炉和建成使用锅炉中需要扩建、改造的锅炉）。

由表4.14和4.15可知，供热锅炉排烟含尘浓度均超过国家允许的排放标准。

在实际燃烧过程中，燃料全部完全燃烧是不可能的，烟气中一点飞灰没有也是不可能的。消烟除尘，一般是指把烟气的黑度和含尘量降低到不会污染环境和危害人体健康的程度。

烟尘中的黑烟，可通过改进燃烧装置及合理的燃烧调节，如在炉内送入二次风，使烟气中的可燃物在炉膛中充分燃烧。对于飞灰，除了改进燃烧装置，进行合理的燃烧调节，使排尘初始浓度降低外，还必须在引风机前装设除尘设备，使锅炉排烟含尘量能符合排放标准。至于烟气中有害气体的净化，目前主要是采用烟气脱硫或流化床内脱硫，其他的净化问题，有待进一步研究解决。

4.2.3.2　**常用除尘设备**

工业锅炉中常用的除尘方式有干法与湿法两种。

(1) 干法除尘。基本上是利用机械方法改变烟气流的方向时产生的惯性力，将灰粒分离出来，使排出的烟气得到净化。常用的有旋风除尘器。

(2) 湿式除尘。一般是利用水膜粘住或吸附烟气中的灰粒，或用喷雾的水使灰粒凝聚随水清洗下来。常用的有水浴式除尘器和麻石水膜除尘器。该种除尘方式除尘效率较高，但耗水量较大，排出的水呈酸性，如不加以处理，对地下水有污染，在寒冷地区还要考虑防冻的措施。因此，湿式除尘受到一定的限制。

1. 旋风除尘器

旋风除尘器是使含尘烟气做旋转运动，从而使尘粒在离心力的作用下从烟气中分离出来的装置。图4.14为旋风除尘器的工作原理示意图。

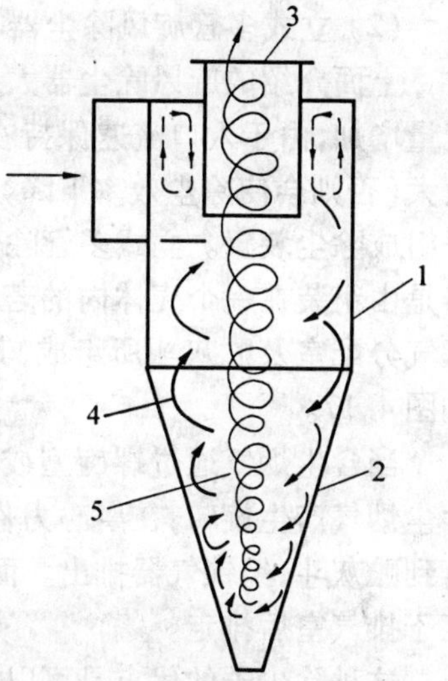

图4.14　旋风除尘器原理图

1—筒体；2—锥体；3—排出管；4—外涡旋；5—内涡旋

含尘烟气以15～20 m/s的速度切向进入除尘器外壳和排气管之间的环形空间，形成一股向下运动的外旋气流。这时，烟气改做强烈的旋转运动，烟气中的尘粒在离心力作用下被甩到筒壁，并随烟气一起沿着圆锥体向下运动，落入除尘器底部灰斗。由于气流旋转和引风机的抽吸作用，在旋风筒中心产生负压，使运动到筒体底部的已净化的烟气改变流向，沿除尘器的轴心部位转而向上，形成旋转上升的内涡旋，并从除尘器上部的排气管排出。

旋风除尘器结构简单，管理方便，处理烟气量大，除尘效率高，是工业锅炉烟气净化中应用最广泛的一类除尘设备。

目前旋风除尘器种类很多，下面介绍几种常用的旋风除尘器。

(1) 立式旋风除尘器

图 4.15 为 XZZ 型旋风除尘器结构示意图，是典型的立式除尘器。

除尘器本体由筒体、烟气进口管、平板反射屏、烟气排出管及排灰口等组成。含尘烟气以 18 ~ 20 m/s 的流速从进口切向引入除尘器后，由上而下在筒体内壁做高速螺旋运动（形成外涡流）。逐渐旋转到底部的烟气，再沿筒体轴心部分向上旋转，呈内涡流形式从筒体上口引出。而烟气中的尘粒在离心力的作用下被甩向筒壁，在重力和下旋气流作用下，沿筒壁落入底部灰斗。

该除尘器由于采用了收缩、渐扩形进口，提高了烟气进口流速，使离心力增大。

由于该设备有合理的气流组织，使已被分离出来的尘粒，有可能完全捕集下来。因此，该除尘器效率较高，热态运行效率达 90% ~ 93%，阻力为 774 ~ 860 Pa。适用于 1 ~ 4 t/h 的层燃锅炉。

除了单筒立式除尘器，还有双筒、四筒或多筒组合体除尘器，以适应不同容量锅炉的需要。

(2) 立式多管旋风除尘器

上面介绍的旋风除尘器大多用于中、小型除尘系统中，当处理烟气量增加，由于入口流速保持在合适的范围内以及出口管尺寸不能太大（否则会使除尘效率下降），因此，必须用多个小型旋风除尘器并联组成除尘装置。立式多管除尘器是为这个目的而设计的。该除尘器是由组装在一个壳体内的若干单个立式小旋风子，烟气进、出管，烟气分配室及贮灰斗所组成，其结构见图 4.16。单个旋风子的结构如图 4.17。

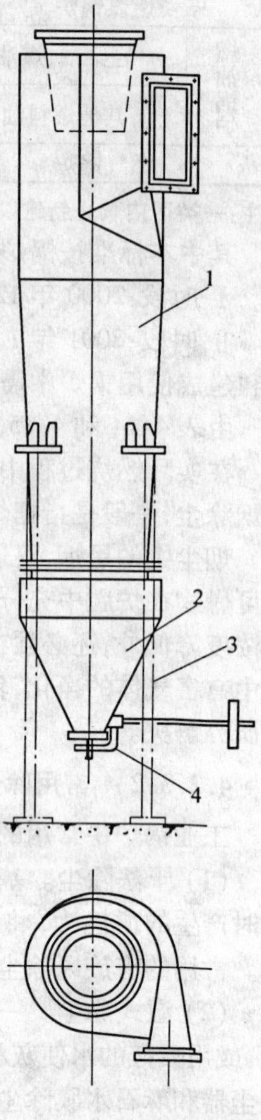

图 4.15　XZZ 旋风除尘器

1— 本体；2— 灰斗；3— 支架；4— 排灰阀

当含尘烟气通过螺旋型或花瓣型导向器进入旋风子内部时，使含尘烟气产生旋转，在离心力作用下，尘粒被抛到壳内壁，沿内壁下落到贮灰斗，经锁气器排出。而净化的烟气在引风机的作用下，形成上升的内涡流，经排气管汇于排气室后排走。

这种除尘器的优点是可以处理较大的烟气量，并具有较高的除尘效率，多个旋风子组成一个整体，便于烟道的连接和设备的布置。缺点是耗费的钢材或铸铁量大，且易于磨损。这种除尘器效率可达 92% ~ 95%，阻力为 500 ~ 800 Pa。

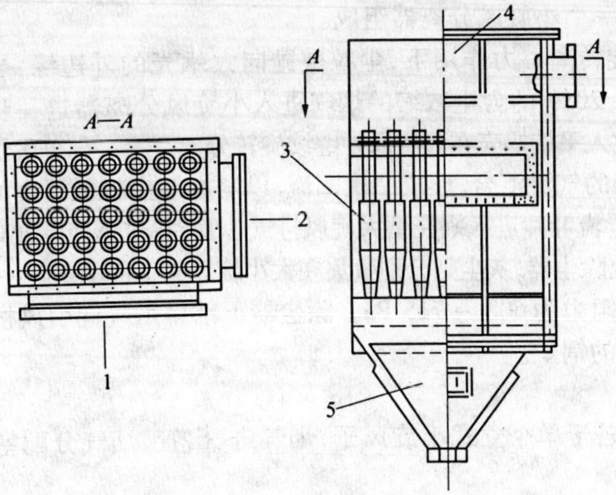

图 4.16　立式多管旋风除尘器

1— 烟气进口;2— 烟气出口;3— 旋风子;4— 排烟室;5— 灰斗

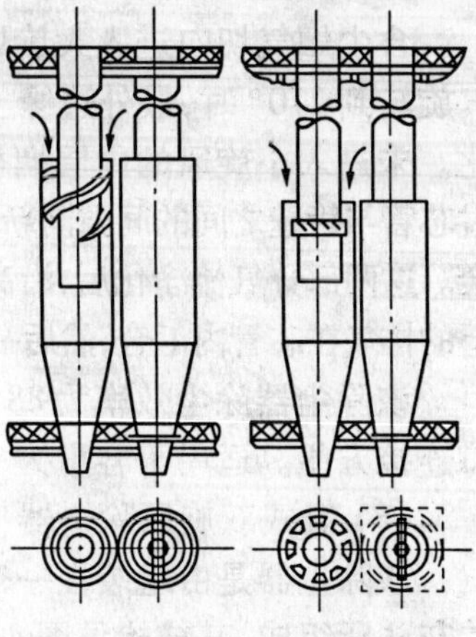

图 4.17　旋风子结构示意图

(3) 卧式旋风除尘器

图 4.18 是卧式旋风除尘器结构简图。

筒体为对数螺旋线的蜗壳,烟气由切向入口进入蜗壳内,使气流均匀地旋转,减少了除尘器内部的涡流。旋转烟气沿内壁向牛角锥尖方向流动,被分离出来的尘粒落入牛角尖处,经锁气器排出。而净化的烟气又从牛角尖部附近以螺旋线旋转返回,由烟气出口排出。其除尘效率可达到 92%,阻力为 725 Pa。由于筒体为卧式,降低了除尘器高度,使安装简便,适用于容量为 1 ~ 4 t/h 的锅炉。

(4) 立式双旋风除尘器

图 4.19 为 XS 型立式旋风除尘器结构简图。

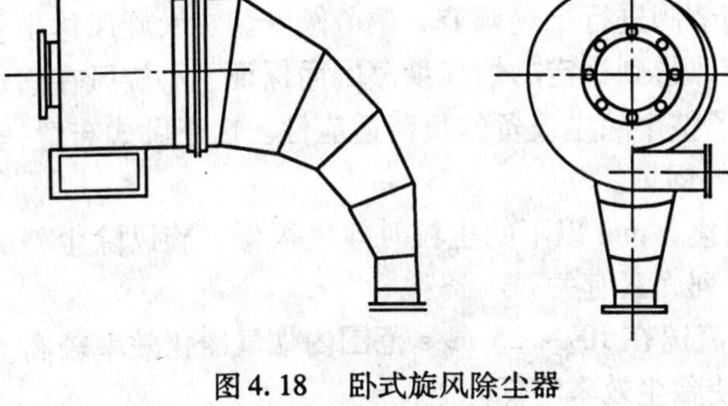

图 4.18　卧式旋风除尘器

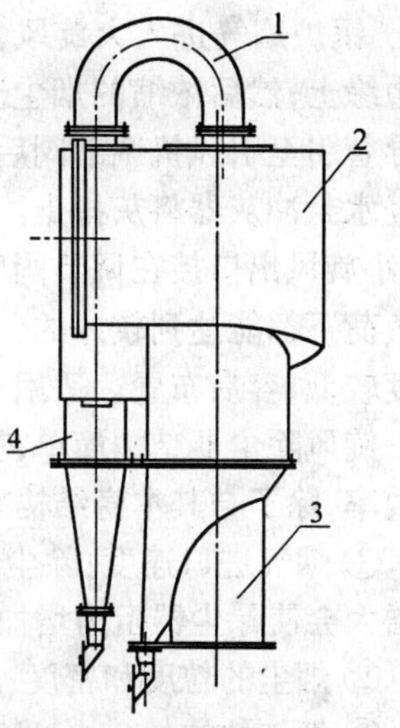

图 4.19　XS 型旋风除尘器

1— 排气连通管;2— 大旋风壳体;

3— 斜锥及排气管;4— 小旋风锥体

这种除尘器是由一个大旋风蜗壳和一个小旋风分离器组成。

含尘烟气切向进入大旋风蜗壳，在旋转离心力作用下，尘粒被抛向大蜗壳的外边缘，当烟气旋转到 270° 时，最外边缘上约 15% ～20% 的含尘浓缩的烟气进入小旋风分离器进一步净化。未进入小旋风的内层烟气，一部分进入平旋蜗壳在大旋风中继续旋转分离。另一部分气流通过芯管与管壁之间的间隙同新进入除尘器的气流汇合，形成二次回流，以增加细尘粒被捕集的机会。这两部分气流净化后，沿高度方向经导流叶片进入蜗壳型大旋风排气芯管，并与小旋风分离器上的排气在芯管内汇合，然后一同向下排出除尘器，灰尘则分别收集在大小旋风筒下部的灰斗中。

该除尘器除尘效率为 88% ～92%，阻力为 608 ～715 Pa。除尘器下部排烟气同引风机进口连接方便。适用于容量为 1 ～20 t/h 的锅炉。

(5) 卧式双旋风除尘器

该除尘器是由组装在一个壳体内的若干单个立式小旋风子，烟气进、出管、烟气分配室及贮灰斗所组成，其结构见图 4.20。

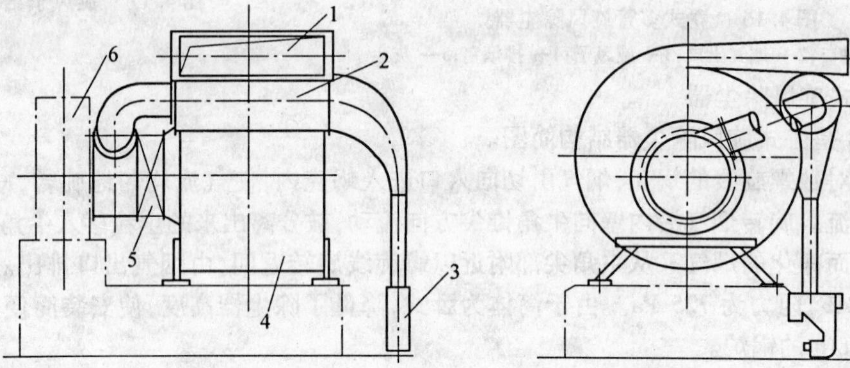

图 4.20 XSW 型旋风除尘器结构简图

1— 含尘烟气进口；2— 小旋风；3— 水封冲灰器；4— 大旋风；5— 引风机调节阀；6— 引风机

锅炉烟气进入大旋风，利用旋转产生的离心力的作用，使烟气中的尘粒浓缩在大旋风的外边缘上，然后浓缩的烟尘进入小旋风，在离心力的作用下，进一步分离。分离后的净化烟气由导管引至引风机调节阀后，与大旋风净化的烟气汇合而进入引风机。小旋风分离出来的尘粒经水封冲灰器将灰排走。利用引风机调节阀进行烟气调节。调节阀安装在大旋风排出管段上，小旋风出口接在调节阀后，这样使小旋风得到稳定的烟气量。因而保证了小旋风在锅炉各种负荷下都能达到较好的分离效率，提高了整个除尘设备的负荷适应性。由于卧式布置，安装高度较低，容易布置。适用于 1 ～20 t/h 的锅炉。

旋风除尘器结构简单，耗电量少，在捕集 5 mm 以下的尘粒时效率很低。旋风除尘器的除尘效率，除了与其本身结构有关外，还与下列因素有关：

① 烟气进口速度：除尘器进口的烟气流速在 10 ～25 m/s 范围内烟气净化效率较高。流速增大会使除尘器阻力增加，流速减小会使除尘效率降低。

② 烟尘的粒度和密度：烟尘粒度越粗，密度越大，除尘效率越高。

③ 烟气的初始含尘浓度：烟气初始含尘浓度高时，一般除尘效率也高。

④ 筒体的绝对尺寸：筒体直径越小，尘粒所受的离心力越大，除尘效率越高。

⑤ 除尘装置的严密性：旋风除尘器一般是在负压下工作，排灰装置漏风会使除尘器效率

下降，当漏风率为5% 时，除尘器效率由原来的90% 下降到50%；当漏风率达到15% 时，除尘效率接近于零。因此，对旋风除尘器的排灰装置（锁气器）的使用应给以足够的重视。

当锅炉容量在1 ~ 2 t/h以下时，可在除尘器排灰口设置固定式灰斗，见图4.21。该种灰斗需定期清灰，而且清灰时应关闭引风机，以免积灰被烟气重新带走。

图4.22所示的翻板式锁气器是利用翻板上的积灰和平衡锤之间的重力平衡作用，达到自动卸灰的目的，两层翻板轮流启用。

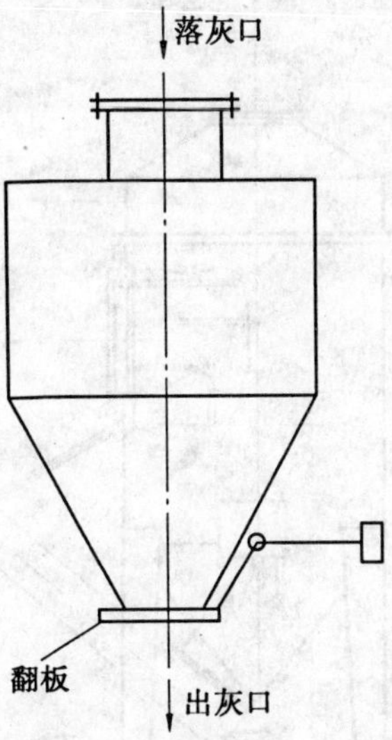

图4.21　固定式灰斗

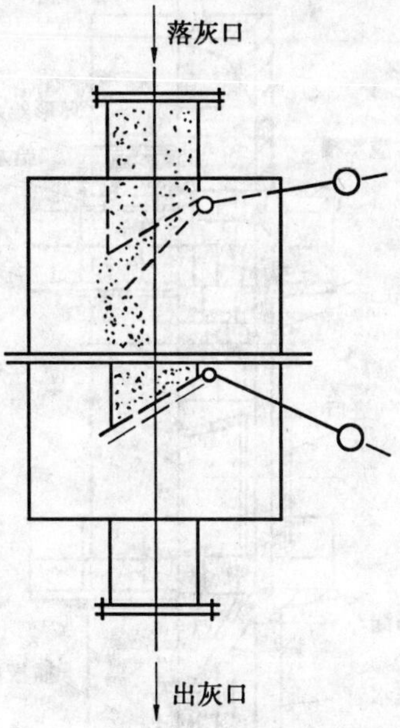

图4.22　翻板式锁气器

在容量较大的锅炉所配的旋风除尘器上，还有采用转动式锁气器、电磁锁气排灰阀和湿式排灰装置的。

2. 麻石水膜除尘器

利用水形成的水膜或水滴与含尘的烟气接触，使尘粒从烟气中分离出来，这是麻石水膜除尘器除尘的基本原理。图4.23为该除尘器的结构简图。

除尘器主要由圆柱形筒体淋水装置、灰斗、烟气进口、烟气出口和排灰装置等组成。

筒体用麻石花岗岩砌筑，壁厚一般为250 mm，砌块高度为500 ~ 700 mm。淋水装置一般采用溢流外水槽式供水，其供水靠除尘器内外的压差溢流来实现。使溢流口与水槽水位保持一定高差，由于除尘器内外压差恒定，只要供水不断，就使得除尘器内壁形成一个均匀、稳定的水膜，使除尘效率稳定。为使供水均匀，在溢水槽上部装设环形给水总管，总管上再接8 ~ 12根短管，向溢水槽供水。

含尘烟气在下部以15 ~ 20 m/s，最大不超过23 m/s的速度切向进入筒体，形成急剧旋转的上升气流，筒体部分烟气流速一般为4 ~ 5 m/s，流速过大，水膜可能破裂而产生水滴。烟尘在离心力的作用下被甩向壁面，并被沿筒壁流下的水膜所湿润和黏附，然后同水一起流入锥形灰斗，经水封和排灰水沟冲到沉灰池，而净化后的烟气从上部出口排出。

由于这种分离出来的烟尘不可能再被烟气第二次带走，所以除尘效率较高。并且利用惯性分离和水膜的湿润与黏附作用原理把尘粒与烟气分离出来，较小的尘粒也能除掉。同时还

能把烟气中的 SO_2 和 SO_3 清除，因此该除尘器的排水呈酸性，筒体采用麻石材料主要是防止设备被腐蚀，对除尘后的含酸废水要配置处理装置。

这种除尘器效率较高，约为 90% ～95%，阻力较小，约为 40 ～90 Pa。结构简单，工作可靠。

3. 自激水泡沫除尘器

图 4.24 为 GZT 型自激水泡沫除尘器结构简图。

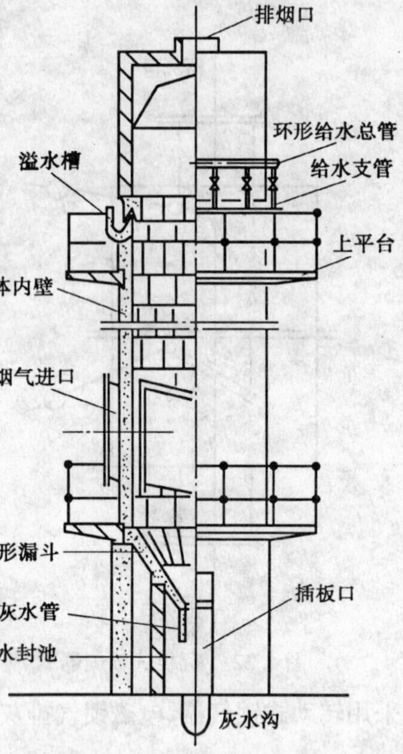

图 4.23　麻石水膜除尘器

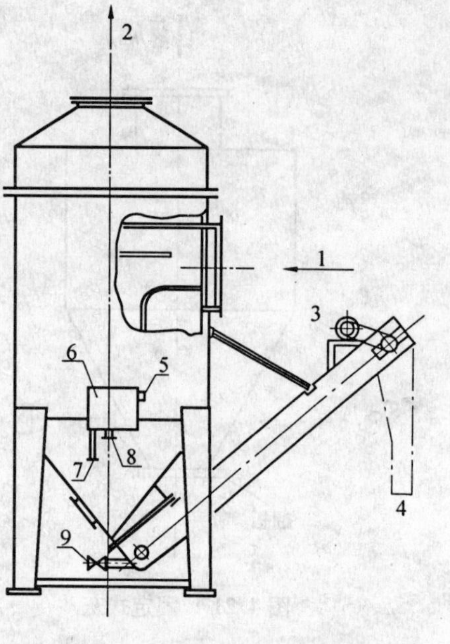

图 4.24　GZT 型自激水泡沫除尘

1— 烟气入口；2— 烟气出口；3— 电机；4— 落灰口；5— 进水管；6— 溶液箱；7— 溢流口；8— 快速进水口；9— 排污口

该设备由烟气冲击室、洗涤反应槽、漂移凝聚室、脱水装置、脱硫液供给装置、刮板除灰机等组成。

基本工作原理是含尘烟气进入塔体经导流装置冲击液面，粗尘粒被液体捕获，细尘粒随气流进入两侧文氏通道，形成射流效应，汽、烟、尘充分混合、接触和反应，完成除尘、脱硫的过程。尘粒和反应生成物沉淀于塔底锥体中，经刮板除灰机排出。净化后的烟气经过脱水装置由除尘器出口排出。

该除尘器设有溶液箱及加药器，溶液箱内放有氢氧化钙水溶液，此脱硫剂进入洗涤反应槽与烟气中的 SO_2 反应，达到脱硫作用。

这种形式的除尘器属于湿式除尘，脱硫效果比麻石除尘器好，且耗水量少，占地小，设备简单。其与旋风除尘器组成干湿结合的二级除尘系统可用沸腾炉及循环流化床锅炉。

该形式除尘器适用于 4 ～35 t/h 锅炉中，除尘效率达 95%。脱硫效率为 50% ～80%，阻力小于 1 400 Pa。

4.2.3.3　除尘器选择

锅炉排烟的除尘设备有多种形式，且都有各自的特点和适用范围。选择除尘器时，必须全面考虑有关因素，如除尘效率、阻力、一次投资、维护管理费用等，其中最主要的是除尘效率。应经过方案比较，选择高效、低阻、设备投资少和运行费用低的除尘器。

对锅炉制造厂配套供应的除尘设备，要针对使用地区的具体情况，加以校核，若不符合当地排放标准，应当重新选择除尘设备。

一般在选择除尘设备时应注意以下几个问题：

1. 排烟含尘浓度

首先应了解当地有关锅炉烟尘允许排放浓度及锅炉排烟的含尘浓度，计算出除尘器应具有的除尘效率，然后选配除尘器的形式和级数。

除尘器的除尘效率 η_x，可按下式计算

$$\eta_x = \left(1 - \frac{C_1}{C_2}\right) \times 100\% \tag{4.50}$$

式中　C_1——除尘前烟气中含尘质量浓度，mg/m^3；

C_2——除尘后烟气中含尘质量浓度，mg/m^3；

含尘烟气净化后排入大气的允许浓度 C_1，应符合排放标准，锅炉出口的烟气浓度 C_2 参见表 4.14。

当采用两级除尘时，总除尘效率为

$$\eta = 1 - [(1 - \eta_1)(1 - \eta_2)] \tag{4.51}$$

式中　η_1, η_2——分别为第一级和第二级的除尘效率。

2. 烟尘的分散度

锅炉排烟的飞灰是由大小不同的尘粒组成的。烟尘的粒径范围一般为 3 ~ 500 μm，通常用烟尘中各种不同粒径尘粒的分组质量分数来表示它的分散度。不同形式的除尘器，对于尘粒的分散度具有不同的适应性。当烟尘粒径在 10 μm 以上占大部分时，离心式除尘器有较高的效率，而在几微米以下的微粒占大部分时，宜选用湿式除尘器。

就同一类型的除尘器而言，捕集尘粒的大小不同，其相应的除尘效率也不一样。实际应用中，常用分级效率为50% 的粒径 d_{c50} 来表示除尘器对不同尘粒的捕集能力，称为分割粒径。分割粒径是反映旋风除尘器性能的一项重要指标，d_{c50} 越小，说明除尘效率越高。锅炉烟尘分散度组成见表 4.16。

通常除尘器的阻力是在不同热态风量、不同烟气温度和不同气压条件下判定的，为了便于比较，将阻力统一到锅炉额定工况时的烟气量（按 1 t/h 蒸发量为 3 000 m^3）、烟气温度为 200 ℃、标准大气压下进行折算，称为折算阻力。

表 4.16　锅炉烟尘分散度组成

粒径范围/μm	锅炉类型						
	手烧炉（自然引风）	手烧炉（机械引风）	往复炉排炉	链条炉	抛煤机炉	煤粉炉	沸腾炉
< 5	1.2	1.3	4.2	3.1	1.5	6.4	1.3
5 ~ 10	4.6	7.6	8.9	5.4	3.6	13.9	7.9
10 ~ 20	14.0	6.65	12.4	11.3	8.5	22.9	13.8
20 ~ 30	10.6	8.2	10.6	8.8	8.1	15.3	11.2
30 ~ 47	16.9	7.5	13.8	11.7	11.2	16.4	15.4
47 ~ 60	9.1	15.6	6.7	6.9	7.0	6.4	10.6
60 ~ 74	7.4	3.2	7.0	6.3	6.1	5.8	11.2
> 74	36.2	50.0	36.4	46.5	54.0	13.4	28.6

3. 烟气量

各种除尘器都有与其相适应的设计处理烟气量。在此烟气量下工作，可使除尘器处于最佳运行工况。实际负荷变化时，将会引起除尘效率的变化。例如旋风除尘器一般没有负荷调整装置，当实际负荷低于设计负荷时的 70% 以下时，由于其进口流速降低，除尘效率将显著下降；当负荷高于设计负荷时，会使除尘器的阻力增加。

工业锅炉运行时烟气量往往变化很大。锅炉高负荷运行时，排烟量增加；低负荷运行时，排烟量小。因此，选定除尘器时，应考虑烟气量及其变化这一因素。

工业锅炉常用配套除尘器型号参见表 4.17。

表 4.17　工业锅炉除尘器配套型型号表

锅炉额定蒸发量/$(t\cdot h^{-1})$	锅炉燃烧方式		除尘器型号
< 1	手烧炉	自然引风	XZS,XZY,XDP
		机械引风	
	下饲式		XZZ,SG
	链条炉排		
	往复炉排		
1	链条炉排		XND - 1,XPX - 1
	往复炉排		XS - 1,XZD - 1
	振动炉排		XZZ - 1,SG - 1
2	链条炉排		XND - 2,XPX - 2
	往复炉排		XS - 2,XZD - 2
	振动炉排		XZZ - 1,SG - 2
4	链条炉排		XND - 4,XPX - 4
	往复炉排		XS - 4,XZD - 4
	振动炉排		XZZ - 4,SG - 4
6	链条炉排		XS - 6,XZD - 6
	往复炉排		双级涡旋(改进型) - 6
6	抛煤机炉		XCX - 6,XWD - 6
	沸腾炉、煤粉炉		双级涡旋(改进型) - 10
10	链条炉排		XS - 10,XZD - 10
	往复炉排		双级涡旋(改进型) - 10
	抛煤机炉		XCX - 10,XWD - 10
	沸腾炉、煤粉炉		双级涡旋(改进型) - 10
20	链条炉排		XCX - 20,XS - 20,XWD - 20 XZD - 20,双级涡旋(改进型) - 20
	抛煤机炉		XCX - 20,XWD - 20,二级除尘
	沸腾炉、煤粉炉		二级除尘
≥ 35	链条炉排		自行协商选配
	抛煤机炉		
	沸腾炉、煤粉炉		

注：对环保要求高的特殊地区不排除用户要求使用二级除尘或湿法除尘的可能。

【例 4.2】对例 2.1 中所选定的锅炉，选择除尘设备，该锅炉的排烟温度为 180 ℃。

解　查表 4.13，SHL6 - 1.25 - AⅡ 锅炉排烟含尘质量浓度为 2 000 mg/m³。该锅炉房位

于二类地区，由表4.13知，锅炉允许排放标准为200 mg/m³。除尘器必需的除尘效率为

$$\eta_x \geqslant \left(1-\frac{C_1}{C_2}\right)\times 100\% = \left(1-\frac{200}{2\ 000}\right)\times 100\% = 90\%$$

锅炉计算燃料消耗量

$$B_j/(\mathrm{kg}\cdot\mathrm{h}^{-1}) = B_{ed}\left(1-\frac{q_4}{100}\right) = 1\ 004\times\left(1-\frac{10}{100}\right) = 903$$

锅炉额定负荷下除尘器进口处的烟气量查表4.2，炉膛过量空气系数α_L''取1.3，查表4.4，炉膛后各段烟道的漏风系数总和$\Delta\alpha = 0.15 + 0.15 + 0.1 = 0.31$，则该除尘器入口处总过量空气系数为$\alpha = \alpha_L'' + \Delta\alpha = 1.3 + 0.31 = 1.61$代入上式，得烟气量为

$$V_y/(\mathrm{m}^3\cdot\mathrm{h}^{-1}) = 903\times[5.6 + 1.016\ 1\times(1.61-1)\times 5.15]\times\frac{273+180}{273} = 13\ 174$$

由于XLD型多管除尘器效率较高，根据本锅炉要求的除尘效率90%，分别布置在锅炉的尾部，其主要技术性能如下：

处理烟气量1 800 m³/h；

除尘效率92%；

折算阻力932 Pa；

分割粒径3.06 μm。

4.2.4　风机选择

4.2.4.1　概述

锅炉的送、引风机一般多采用离心式风机，根据其风压大小，离心式风机可分为：

(1) 低压风机：$\Delta p < 1\ 000$ Pa；

(2) 中压风机：$\Delta p = 1\ 000 \sim 3\ 000$ Pa；

(3) 高压风机：$\Delta p > 3\ 000$ Pa。

风机的外形图见图4.25。引风机的外壳内有时附有一层厚的衬板，以便磨损后更换。

离心式风机的叶轮是由向前弯曲的叶片、锥形前盘和平面后盘（或中盘）焊制而成，并铆接在轴盘上，引风机的叶片较厚，在后盘（或中盘）上的叶片根部焊上增强钢板，以延长使用期限。

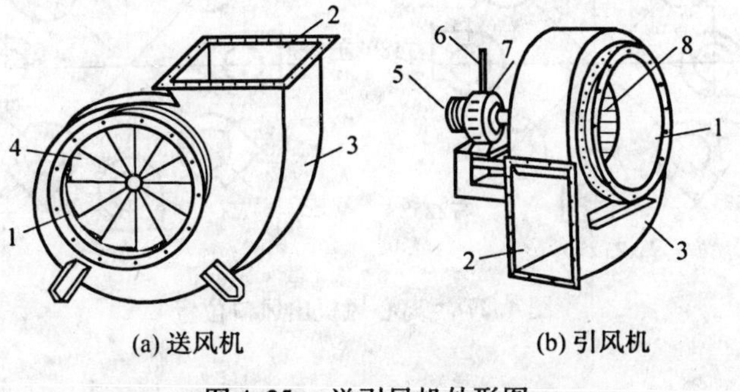

图4.25　送引风机外形图

1—吸风口；2—出风口；3—外壳；4—风量调节器；
5—皮带轮；6—冷却水管；7—轴承座；8—叶轮

风机的传动轴是用优质钢材制成的。引风机在较高的烟温下工作,所以要注意轴承的冷却,通常用油冷却,较大型的风机用水冷却。

为了调节进风量或排烟量,风机进口处设有风量调节器。

风机和电动机的传动方式有六种形式,如图4.26所示。其中A、D、F为直接传动,风机和电动机转速一致。A型连接是风机的叶轮直接固装在风机的轴上;D型与F型为联轴器传动。直接传动构造简单、布置紧凑、传动效率高。图中B、C、E为间接传动,即皮带传动,通过改变风机或电动机的皮带轮直径,可改变风机的转速,有利于调节。E、F型的轴承分布于风机两侧,运转比较平稳,用于较大型风机。离心式风机传动方式代号见表4.18。

表4.18 离心式风机的六种传动方式及其汉语拼音字母代号

代号	A	B	C	D	E	F
传动方式	无轴承电机直联传动	悬臂支承,皮带轮在轴承中间	悬臂支承,皮带轮在轴承外侧	悬壁支承,联轴器传动	双支承,皮带轮在外侧	双支承,联轴器传动

风机有右旋转和左旋转两种方式,从电动机一侧正视,叶轮顺时针方向旋转称为右旋转风机,按逆时针旋转称为左旋转风机,用"右"、"左"来表示。风机出风口位置用右(左)及角度来表示,见图4.27。

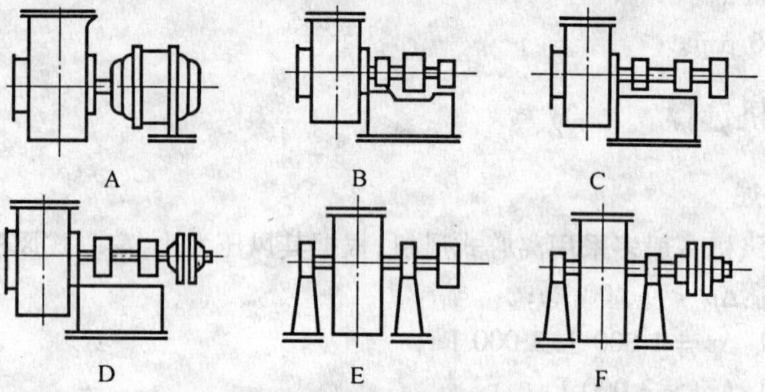

图4.26 风机与电动机的连接方式

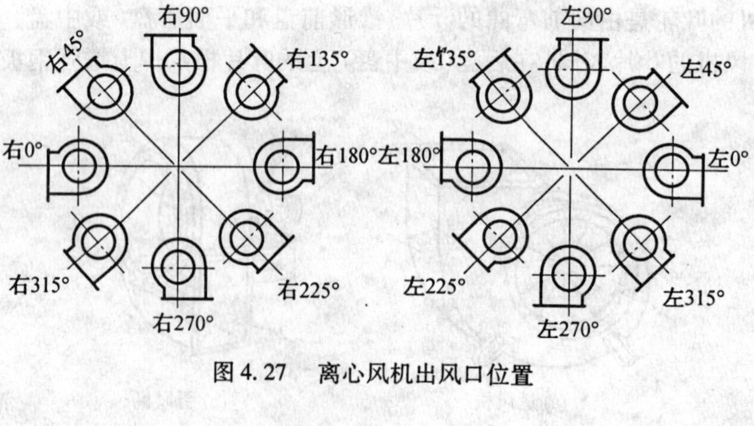

图4.27 离心风机出风口位置

风机型号含义举例如下：

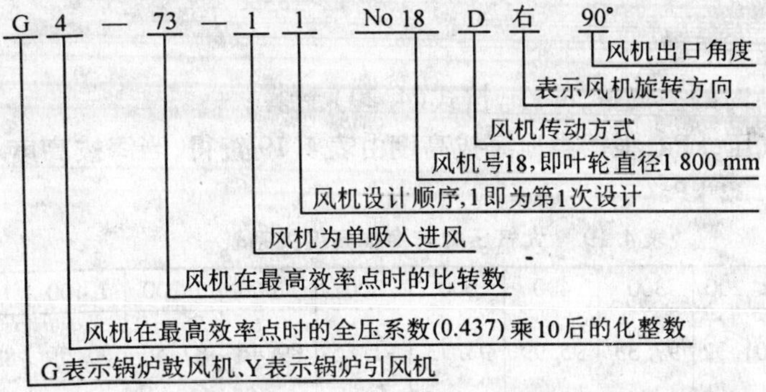

4.2.4.2　风机的选择原则

锅炉的送、引风机宜单炉配置，容量较小的小型锅炉可根据具体情况，确定是单炉还是集中布置风机。

单炉配置风机的特点：

(1) 灵活性大，当一台风机发生故障时，不会影响其他锅炉的运行。

(2) 送、引风系统比较严密，漏风较少。

(3) 随锅炉负荷变化的调节性能较好，能保证风机在较长时间内经济运行，适合于负荷变化较大的情况。

(4) 投资较高，占地面积较大。

集中布置风机的特点与单炉布置风机的特点相反。集中配置风机时，送、引风机不应小于两台，其中各有一台备用，并应使风机符合并联运行的要求。

选择风机时，应使风机经常工作区在其效率较高的范围内，风机样本上列出的性能范围，是指效率不低于该风机最高效率 90% 时对应的性能，可按此数值范围选用。

风机的风量和风压应按锅炉的额定蒸发量进行计算。单独配置风机时，风量的富裕量应为 10%，风压的富裕量应为 20%，集中配置风机时，其风量和风压的富裕量应比单炉配置时适当加大。

选择风机时，必须考虑当地气压和介质温度对风机特性的修正，介质温度不能超过风机的允许工作温度。

风机的调节装置应设置在风机进口处，当两台风机并列运行时，每台风机出口管上也应装设关闭用的闸门，以便检修一台风机时，不致影响锅炉的运行。调节装置一般常用的有闸板、转动挡板和导向器三种。闸板和转动挡板构造简单，但阻力较大，较大容量的风机均用导向器调节，它的阻力较小。

选择风机时，以选择效率高、转速低、寿命长、噪声小、价格低、高效率工作区范围宽的为宜，有条件时，尽量选用调速风机。

4.2.4.3　风机的选择计算

风机的主要参数是流量和风压，当锅炉额定负荷下的烟、风道中介质的流量和阻力确定之后，即可计算所需风机的风量和风压，从而选出合适的风机。

1. 送风机的选择计算

送风机风量按下式计算

$$V_s = 1.1V\frac{101.325}{b}\ (m^3/h) \tag{4.52}$$

式中　1.1——风量储备系数；

V——额定负荷时的空气量，m^3/h，按式(4.20)计算；

b——当地大气压，kPa，根据当地海拔高度由表4.19查得，当海拔高度小于200 m时，可取101.32 kPa。

表4.19　大气压力与海拔高度关系表

海拔高度/m	≤200	300	400	600	800	1 000	1 200	1 400	1 600	1 800
大气压力/kPa	101.32	97.33	95.99	93.73	91.86	89.46	87.46	85.59	83.73	81.88
大气压力/mmHg	760	730	720	703	689	671	656	642	628	614

送风机风压按下式计算

$$H_s = 1.2\sum \Delta h_f \frac{273 + t_k}{273 + t_s} \times \frac{101.325}{b} \times \frac{1.293}{\rho_k^0} \tag{4.53}$$

式中　1.2——风压储备系数；

$\sum \Delta h_f$——风道总阻力，Pa；

t_k——冷空气温度，℃；

t_s——送风机铭牌上给出的气体温度，℃；

ρ_k^0——标准大气压101.325 kPa，温度为0 ℃时的空气密度，$\rho_k^0 = 1.293\ kg/m^3$。

2. 引风机的选择计算

引风机的风量按下式计算

$$V_{yf} = 1.1V_y\frac{101.325}{b}\ (m^3/h) \tag{4.54}$$

式中　V_y——引风机处的烟气流量，m^3/h，按式(4.28)计算。

引风机产品样本上列出的引风机风压，是以200 ℃和101.325 Pa的空气为介质计算的。因此，实际设计条件下所需的风机压头需折算到风机厂家设计条件下的风压。

引风机的风压按下式计算

$$H_{yf} = 1.2\left(\sum \Delta h_y - S_y\right)\frac{1.293}{\rho_y^0} \times \frac{273 + t_{py}}{273 + t_y} \times \frac{101.325}{b}\ (Pa) \tag{4.55}$$

式中　$\sum \Delta h_y$——烟道总阻力，Pa；

S_y——烟囱产生的抽力，Pa；

ρ_y^0——标准状态下烟气的密度，1.34 kg/m^3；

t_{py}——排烟温度，℃；

t_y——引风机铭牌上给出的温度，℃。

送、引风机的风量也可参照表4.3、表4.5进行估算。

3. 风机所需电动机的功率

风机所需功率按下式计算

$$N = \frac{VH}{3\ 600 \times 10^3 \eta_f \eta_c} \text{ (kW)} \tag{4.56}$$

式中　N—— 风机所需功率，kW；

V—— 风机风量，m^3/h；

H—— 风机风压，Pa；

η_f—— 风机在全压下的效率，小型锅炉风机为0.6 ~ 0.7，大型工业锅炉风机可达0.9；

η_c—— 机械传动效率，当风机和电动机直联时，$\eta_c = 1.0$，当风机与电动机用联轴器连接时，$\eta_c = 0.95 \sim 0.98$，用三角皮带传动时，$\eta_c = 0.9 \sim 0.95$，用平皮带传动时，$\eta_c = 0.85$。

电动机功率按下式计算

$$N_d = \frac{N_k}{\eta_d} \text{ (kW)} \tag{4.57}$$

式中　η_d—— 电动机效率，一般为0.9；

K—— 电动机贮备系数，按表4.20取用。

表4.20　贮备系数

电动机功率/kW	储备系数 K	
	皮带传动	同一转动轴或联轴器连接
至0.5	2.0	1.15
至1.0	1.5	1.15
至2.0	1.3	1.15
至2.5	1.2	1.10
大于5.0	1.1	1.10

4. 二次风机的选择设置

一般 $D > 35$ t/h 的工业锅炉为加强燃烧，层燃炉的前、后拱处有设二次风喷嘴的；对于超宽炉排，为克服和解决燃烧不均，也应设置二次风，以利调整燃烧。二次风风量约占总风量的8% ~ 15%，煤种的挥发分高时取高值，挥发分低时取较小值；二次风风压较高，一般为2 500 ~4 000 Pa。

在保证风机效率不变的情况下，离心风机的性能与转数有如下关系

$$V = V_0 \frac{n}{n_0} \text{ (}m^3/h\text{)} \tag{4.58a}$$

$$H = H_0 \frac{\rho}{\rho_0}\left(\frac{n}{n_0}\right)^2 \text{ (Pa)} \tag{4.58b}$$

$$N = N_0 \frac{\rho}{\rho_0}\left(\frac{n}{n_0}\right)^3 \text{ (kW)} \tag{4.58c}$$

式中　V, H, N, ρ—— 分别为转数为 n 时风机的风量、风压、功率和介质密度；

V_0, H_0, N_0, ρ_0—— 分别为转数为 n_0 时风机的风量、风压、功率和介质密度。

由上式可见当风机转数增加一倍时，风量增加一倍，风压增加4倍，而功率增加8倍，因此，增加转数，会使风机所需功率大大增加，使耗电量增加，这时要考虑电机容量是否足够。提高转速，一般不超过10%，否则还会损坏风机。

锅炉引风机考虑到烟尘对叶片的磨损，一般转数不宜超过980 r/min；如采用高效除尘器，

也不宜超过 1 450 r/min。

按以上公式计算出风机的风量和风压后,根据产品样本中风机性能表,选择满足风量和风压要求的风机,同时根据计算的电动机功率选择合适的电动机。

选型时,有时计算的风量和风压不能完全符合要求,通常是使风量基本符合,选用的风压稍高于计算值,运行时用阀门调节多余的风压,或者选配变频调速电机或变速电机。

4.2.4.4　风机的布置

1. 送风机的布置

送风机集中布置时,应力求对每台锅炉送风均匀。风机可布置在锅炉前面两侧或专设的风机室内,如在锅炉前向两侧各设一台风机,送风管中设闸门,使两台风机同时运行时不会相互干扰,见图 4.28。

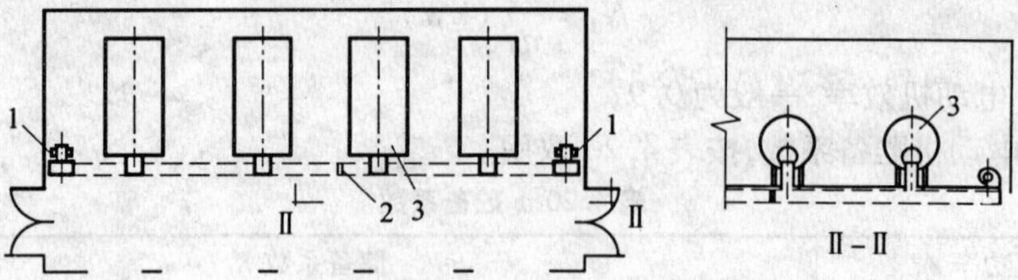

图 4.28　送风机布置图

1—送风机;2—风道闸门;3—锅炉

如果锅炉房单层布置,送风机位置应不妨碍司炉人员操作,风道可设在地下;如锅炉房楼层布置,送风机应设于底层,重量较轻的小型风机,也可以放置在土建柱子上,以节省风管,减少管道阻力,但管理和操作不便,见图 4.29。

二次风机的转速高,振动和噪声都较大,宜布置在底层,若布置在操作层楼板上,则应将风机放置在梁上,并设减振装置,以减轻振动,见图 4.30。

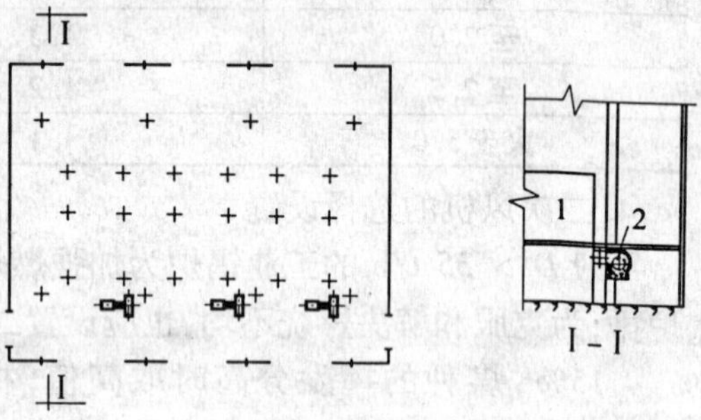

图 4.29　送风机柱上布置图

1—锅炉;2—送风机

送风机进风管应接到锅炉房上部温度较高处,这样可利用顶部热空气的热量,又能在夏季加强室内通风,有利于降温。但在北方地区,冬季如吸走大量室内热空气,必然增加采暖设备,这样做也不经济。因此可将进风口做成三通形式,如图 4.31 所示,运行时可根据室外气温变化情况,吸取室内或室外空气。

风机进风口设网格,以免吸入大块杂物损坏风机,网格通路面积不得小于进风口截面积。

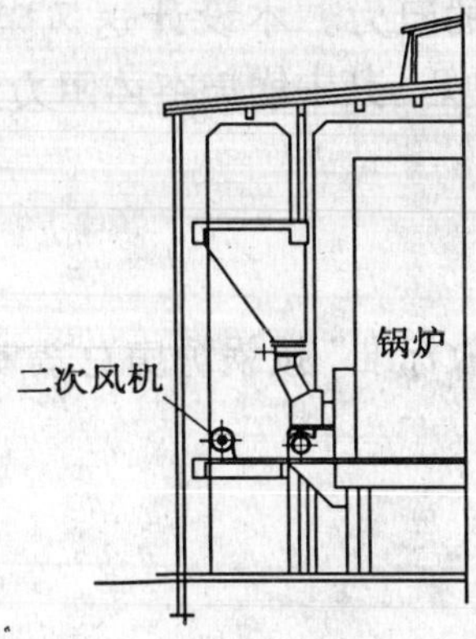

图 4.30　二次风机布置在楼板梁上

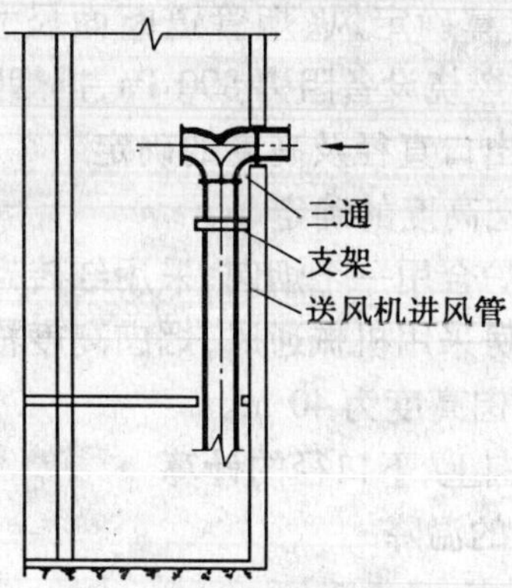

图 4.31　鼓风机进风管

2. 引风机的布置

引风机按烟气流程应布置在除尘器后面,以减轻烟尘对风机叶片和壳体的磨损。

如果引风机单炉布置,则应尽量使引风机靠近锅炉除尘器烟气出口;如果引风机集中布置,即多台炉配一套引风机,应力求使风机对每台锅炉的抽力均衡。

引风机宜布置在锅炉房后面的附属间,这样操作及管理均较方便,但基建投资较高。对于双层布置的锅炉房,引风机也可以设于锅炉房底层,靠近后墙的地面上,必要时引风机也可以露天布置,但必须考虑防雨、防腐和保温等措施。

引风机如设水冷却轴承,则轴承冷却水出口应做成开口漏斗式,便于随时观察和检查冷却水是否正常。

引风机露天布置时,如轴承冷却水管道有冻结的可能,则必须采取措施。

烟囱的位置应布置适当,力求对每台锅炉的抽力均衡,同时考虑锅炉房的扩建。烟囱与后墙的间距应满足工艺布置的要求,并应使烟道尽量缩短,同时还应考虑到烟囱基础下沉时不致影响建筑物的基础。一般当烟囱与后墙之间不布置设备时,间距可取 6 ~ 8 m,见图 4.32。

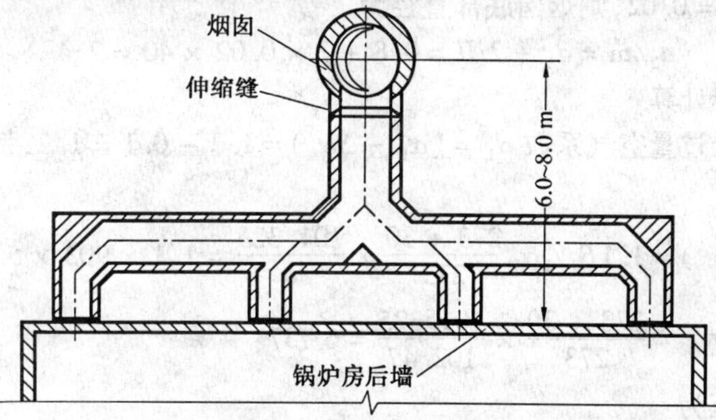

图 4.32　烟囱的布置

【例 4.3】　按例 2.1 给出的条件,确定该锅炉房的烟囱高度及出口直径,选择送、引风机(当地大气压 b = 102 470 Pa)。

解　本锅炉房采用平衡通风,单炉配置风机。初步确定锅炉、除尘器及风机在平面上的位置,然后计算确定风、烟管道断面尺寸,计算风、烟道的阻力。本设计送风阻力计算得出980 Pa,其中燃烧设备阻力800 Pa,排烟阻力计算为1 600 Pa,其中锅炉本体阻力为450 Pa。

1. 烟囱出口直径及高度的确定

(1) 烟囱高度的确定

两台锅炉合用一个烟囱,采用红砖砌筑。

本锅炉房采用机械通风,烟囱高度根据"锅炉烟尘排放标准"按锅炉房总蒸发量12 t/h查表4.9,取烟囱高度为40 m。

(2) 烟囱上、下口径的计算

① 烟囱的温降

$$\Delta t/℃ = \frac{A}{\sqrt{D}}H = \frac{0.4}{\sqrt{12}} \times 40 = 4.6$$

② 烟囱出口烟温

$$t_c/℃ = t_{py} - \Delta t = 180 - 4.6 = 175.4$$

③ 烟囱出口处烟气流量

$$V_y = nB_j[V_y^0 + 1.016\,1(\alpha - 1)V^0]\frac{t_c + 273}{273}$$

除尘器之前烟道的总过量空气系数为1.61,除尘器及以后的烟道的漏风系数之和为0.05 +0.2 = 0.25,则该锅炉烟囱出口处总过量空气系数$\alpha = \alpha + \Delta\alpha = 1.61 + 0.25 = 1.86$,代入上式得

$$V_y/(m^3 \cdot h^{-1}) = 2 \times 903 \times [5.6 + 1.016\,1 \times (1.86 - 1) \times 5.15] \times \frac{175.4 + 273}{273} = 29\,961$$

④ 烟囱出口内径

$$d_1/m = \sqrt{\frac{V_y}{3\,600 \times 0.785 \times \omega_c}} = \sqrt{\frac{29\,961}{3\,600 \times 0.785 \times 18}} = 0.767,取0.8\ m$$

⑤ 烟囱下口直径

若取烟囱锥度$i = 0.02$,则烟囱底部直径为

$$d_2/m = d_1 + 2iH = 0.8 + 2 \times 0.02 \times 40 = 2.4$$

2. 送风机的选择计算

已知炉膛入口处过量空气系数$\alpha_L = (\alpha_L - \Delta\alpha_L) = 1.3 - 0.1 = 1.2$,每台锅炉送风机的风量为

$$V_s/(m^3 \cdot h^{-1}) = 1.1B_jV_k^0\alpha_1\frac{273 + 30}{273} \times \frac{101.325}{b} = 1.1 \times 903 \times 5.15 \times 1.2 \times \frac{273 + 30}{273} \times \frac{101.325}{102.47} = 6\,737$$

送风机所需风压为

$$H_s/Pa = 1.2\sum\Delta h_f\frac{273 + t_k}{273 + t_s} \times \frac{101.325}{b} \times \frac{1.293}{\rho_k^0} = 1.2 \times 980 \times \frac{273 + 30}{273 + 20} \times \frac{101.325}{102.47} \times \frac{1.293}{1.293} = 1\,203$$

根据计算结果,选用4 - 72 - 11No.4.5A型风机两台,风量8 500 m^3/h,风压2 176 Pa,电

动机功率7.5 kW。

3. 引风机的选择计算

锅炉排烟温度180 ℃,计入除尘器的漏风系数 $\Delta\alpha = 0.05$ 后,引风机入口处过量空气系数 $\alpha = 1.66$,则引风机所需流量为

$$V_y/(\mathrm{m^3 \cdot h^{-1}}) = 1.1B_j[V_y^0 + 1.0161(\alpha - 1)V^0]\frac{273 + t_y}{273} \times \frac{101.325}{b} =$$

$$1.1 \times 930 \times [5.6 + 1.0161\ (1.66 - 1) \times 5.15] \times \frac{273 + 180}{273} \times$$

$$\frac{101.325}{102.470} = 14\ 756$$

$t_k = -4$ ℃,烟囱每米高度的抽力由表4.11查得 $S_y = 5.05$ Pa。

烟囱抽力 $S_y/\mathrm{Pa} = S_y'H = 5.05 \times 40 = 202$,引风机所需风压为

$$H_{yf}/\mathrm{Pa} = 1.2(\sum \Delta h_y - S_y)\frac{1.293}{\rho_y^0} \times \frac{273 + t_{py}}{273 + t_y} \times \frac{101.325}{b} =$$

$$1.2 \times (1\ 600 - 202) \times \frac{1.293}{1.34} \times \frac{273 + 180}{273 + 200} \times \frac{101.325}{102.470} = 1\ 533$$

根据计算结果,选用Y5－47No.8C型引风机两台,风量20 400 $\mathrm{m^3/h}$,风压2 283 Pa,电机功率22 kW,$n = 1\ 820$ r/min。

4.2.5　风机的安装

4.2.5.1　轴承座及风机的安装

1. 轴承座的安装

先将基础表面清理干净,划好中心线,将确定的垫铁位置凿平,放好垫铁。然后把风机、轴承座吊放到垫铁上,调整中心线及粗调标高,直至风机、轴承座呈水平状态。用垫铁细调风机底座的标高,直至符合设计要求。安放地脚螺栓并对地脚螺栓孔灌浆。另外,如果轴承座分布在风机的两侧时,需通过拉钢丝的方法,调整两轴承的中心线在一条直线上。

灌浆时要松开地脚螺栓,灌浆后应加以养护,至少经过4天水泥干固后,即可拧紧螺栓。

2. 风机外壳安装

对于转子和轴承座组合在一起的风机,先将风机外壳下半部就位,然后再就位转子和轴承座。对于转子和轴承座不能一起就位的,先将轴承座找正和固定,再将外壳下部就位,转子就位后,就可以进行风机上部外壳的安装。

3. 转子的安装

对于叶轮和主轴分离的转子,应先将叶轮安装在主轴上,然后将转子安装在已经找好的轴承座上。

4.2.5.2　轴承与轴颈间隙及轴承同心度的检查

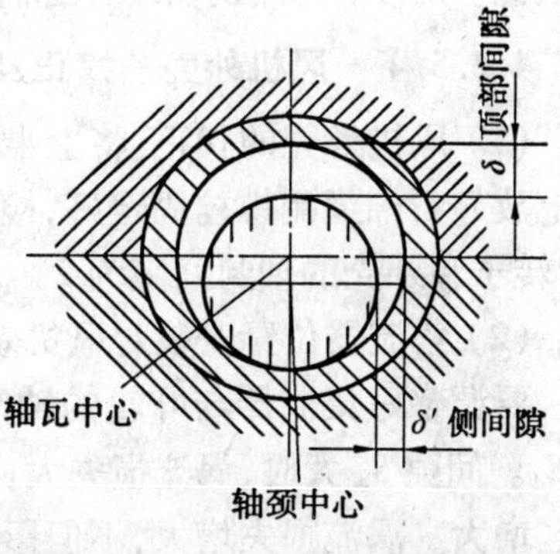

图4.33　滑动轴承的径向间隙

滑动轴承与轴颈的间隙分径向和轴向两种。径向间隙又有顶部间隙 δ 和侧间隙 δ',如图4.33所示。

顶部间隙数值一般控制在(1/1 000～2/1 000)d 之

间，d 为主轴直径，侧间隙约等于顶间隙的一半。径向间隙的作用主要是为了保证润滑油膜的形成，达到液体摩擦的作用。顶部间隙的作用是保证润滑油流到轴颈与轴瓦之间；侧间隙的作用是积聚和冷却润滑油。径向间隙越小，运转中的精度就越高，但如果过于小的话，就接近机械摩擦而不能达到液体摩擦的作用。但是如果间隙过大，就不可能形成油膜造成运转精度降低。

轴向间隙是指轴肩与轴承端面之间沿轴线方向的间隙，又叫窜动间隙，分推力间隙和膨胀间隙，如图 4.34 所示。前者是为允许窜动而留的间隙，后者是为轴承承受径向负荷，为转动自由膨胀而留的间隙。推力间隙过小，轴转动时可能被咬死，间隙过大，轴窜动量增大，产生撞击。

轴承与轴颈的间隙一般用塞尺来检查。径向间隙除用塞尺检查外，还可用压铅丝法来检查，这种方法较用塞尺检查准确。如果轴瓦与轴颈不符合要求时，需对轴瓦进行刮削。滚动轴承与轴承盖配合不应有紧力，其间应有 0.05 ~ 0.10 mm 的间隙。这是由于风机运行时，滚动轴承会随着轴的热膨胀而移动，过紧则会使轴承径向间隙消失，卡住滚珠。如果装配时，间隙不够，可在轴承盖接合面上加垫片调整。

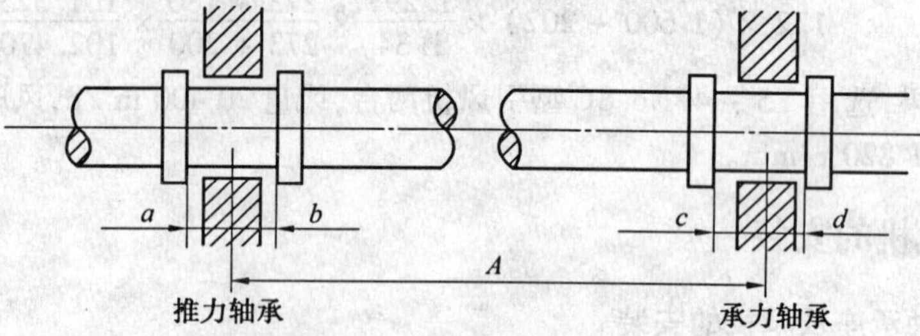

图 4.34　滑动轴承的轴向间隙

轴承安装好后，加入占空间 2/3 的润滑油脂。对于采用稀油润滑的轴承，油位线在最下部滚珠直径 1/3 处。

4.2.5.3　轴承同心度的检查

两轴承的轴向中心线重合，称为轴承同心。

对于球面支撑的滑动轴承，因其具有调心作用，无需检查；对于不是球面支撑的滑动轴承，则应检查轴瓦与轴的接触情况，如果接触不好，运转时会导致轴承发热而损坏，这时需重新修刮轴瓦。对于滚动轴承来说，当轴承放入轴承座后，如果接触良好，则认为是同心。

4.2.5.4　风机外壳的找正及集流器的安装

(1) 风机外壳的找正：将上半部风机外壳装在已初步找正的下半部风机外壳上，并在接触面上放好石棉绳用螺栓固定好，检查叶轮、轴径向、轴向与风机外壳的间隙符合规范的要求，其中，转子和外壳的轴封间隙为 2 ~ 3 mm。

(2) 集流器位置安装对风机效率和性能影响很大。

要调整好集流器与叶轮的轴向间隙 S_2、径向间隙 S_3，以及叶轮后轮盘穿越风机外壳的间隙 S_4。间隙 S_4 大时，涡流损失大；S_3 大时，则回流损失大。欲减小 S_3 必然增大 S_2，并使风道的死区增大。涡流损失增大，不但影响风量和风压，还要影响功率和效率。间隙过小也不行，容易引起动、静部分摩擦，甚至造成振动。因此，S_2、S_3 要严格按照风机说明书要求尺寸调整。S_4

要在风机外壳法兰密封槽内加毛毡，使四周均匀，间隙松紧适宜，以不碰轴为原则。由于集流器是固定在风机外壳上的，调整 S_2 和 S_3 主要是改变风机外壳的位置和标高。一般情况下，S_2 大于或等于叶轮直径的1%，而径向间隙 S_3 不大于叶轮直径的0.5% ~ 1%。

4.2.5.5　电动机的安装及基础二次灌浆

(1) 将电动机座放置在垫铁上，放好地脚螺栓，以风机联轴节找正电机，其余方法与泵的电机安装方法相同。

(2) 电动机找正后，可以对整个风机基础进行二次灌浆。达到强度后，即可使用。需注意的是二次灌浆前要注意检查垫铁的位置有无松动、位移的情况，发现情况及时修改。

4.2.5.6　风机转子的平衡

风机转子的重心应与轴的几何中心重合。但是，由于加工的精确度不高而造成转子不平衡，这是风机产生振动的主要原因。

1. 转子静平衡

如果转子不平衡，重量分布在通过轴心线的同一平面上，且在轴心线的同一侧，当转子静止时，其不平衡重量必有转向最低位置的趋势，这种现象，我们称之为静不平衡。在施工时，可用手盘动叶轮几次，标出每次静止时的最低部位，可以检查静不平衡问题。

2. 转子的动平衡

如果转子的不平衡重量分布在通过轴心线的同一平面上，而不在轴心线的同侧，这种不平衡称之为动不平衡。在施工现场，因为这种不平衡只有在转子转动时才明显地表现出来，若转速达到产生共振的转速时，可能孕育严重的事故。所以动不平衡问题，需到专门的检测中心测试。

4.2.5.7　风机试运转

1. 试运转前的检查

首先对风机的内部外部进行清理。检查地脚螺栓是否紧固合适；检查轴承冷却水分流是否畅通；轴承内润滑油是否加好；检查角行程器运转、控制是否灵活。其次检查各项监测仪表是否到位；转动叶轮应灵活无摩擦声等异常现象；转动部分保护罩已安好；最后使电机单独试运转2 h，电动机转向应与风机的转向相符，且无异常现象；关闭风机进气调节门，待联动。

2. 试运转的步骤及要求

(1) 开启冷却水循环系统。

(2) 启动电动机，各部位应无异常现象和摩擦声响，方可进行运转。

(3) 风机启动达到正常转速后，应首先在调节门开度为0° ~ 5°之间小负荷运转，待达到轴承温升稳定后连续运转时间不应小于20 min。

(4) 小负荷运转正常后，应逐渐开大调节门，但电动机电流不得超过额定值，直至规定的负荷为止，连续运转时间不应小于2 h。

(5) 具有滑动轴承的大型通风机，负荷运转2 h后应停机检查轴承，轴承应无异常，当合金表面有局部刮伤时，应进行修整，再连续运转时间不小于6 h。

(6) 试运转中，滚动轴承温升不超过环境温度40 ℃；滑动轴承温度不得超过65 ℃；轴承部位的振动速度有效值不应大于6.3 mm/s。

(7) 试运转合格后，办理试运转签证手续。

4.2.5.8 风机常见的问题及其防治

1. 风机在运转中擦碰

主要因为机壳与叶轮间隙不均，风机在运转中间隙小处易发生这种现象。一般情况下，轴向间隙为叶轮外径的1/100，径向间隙为叶轮外径的1.5/1 000 ~ 3/1 000，沿圆周均匀分布。

2. 风机转子振动过大

如果叶轮本身有缺陷，例如动不平衡或静不平衡，应送至测试中心检测后，进行调整；安装精度不够时，应重新安装。

3. 风压不足

及时清理风机叶轮、机壳内部，检查是否有杂物缠绕。

4. 风机负荷超载

及时检查炉管、过热器、省煤器及空气预热器是否损坏，否则会导致停机甚至烧毁电机。

5. 引风机不得长时间汽态运转。

4.2.5.9 风机安装质量检验评定

风机安装质量检验评定标准见表4.21。

表4.21 风机安装质量检验评定标准

项别	项目	质量标准	检验方法	检查数量
保证项目	1. 离心式风机轴承水平度	质量标准纵、横向水平度的允许偏差不得大于0.1/1 000	用水平仪在轴承水平中分面上检查	按一个厂房、车间或站内风机的台数检查20%（其中应包括各组别中的大型风机），但不得少于1台
	2. 轴流式风机机身水平度	机身纵、横向水平度的允许偏差不得大于0.1/1 000	用水平仪在轴承水平中分面上检查	
	3. 罗茨式和叶式鼓风机机身水平度	机身纵、横向水平度的允许的偏差不得大于0.2/1 000	用水平仪在机壳水平中分面上或外露的主轴上检查	
	4. 罗茨式和叶式鼓风机转子间的间隙、转子机壳间隙	必须符合设备技术文件的要求	用塞尺插试检查	
	5. 试运转 离心式和轴流式通风机不少于2 h，罗茨式和叶式鼓风机不少于4 h。正常运转后，调整至公称压力下，电动机的电流不得超过额定值。如无异常现象，将风机调整到最小负荷（罗茨式和叶式除外，继续运转到规定时间为止）	必须达到下列要求： (1) 运行平稳，转子与机壳无摩擦声音； (2) 轴承振动速度有效值不大于63 mm/s； (3) 轴承温度，如无规定，滑动轴承最高温升不得超过35 ℃，最高温度不得超过75 ℃；滚动轴承最高温升不得超过40 ℃，正常工作温度不大于70 ℃，瞬时最高温度不得超过95 ℃； (4) 油路、水路不得漏油、漏水	检查试运转记录或试车检	

续表 4.21

项别	项目			质量标准	检验方法	检查数量
基础项目	1. 地脚螺栓			应垂直，螺母应拧紧，扭力矩一致。螺母与垫圈和垫圈与设备底座的接触应紧密	用扳手拧试和观察检查	
	2. 垫铁			垫铁组应放置平稳，位置正确，接触紧密，每组不应超过 3 块	用小锤转击和观察检查	
	3. 消音和防震装置皮带轮组装			应符合设计要求	观察检查	
	4. 皮带轮组装			三角皮带的张力应适当，松紧程度应一致	用扳手拧试和观察检查	
	5. 联轴器组装			联轴器同轴度的允许偏差和检验方法见 GB 50275—1998 的规定	用塞尺和专用工具检测	
	6. 离心式通风机轴承座			轴承座与底座应紧密，局部间隙不应大于 0.05 mm	用塞尺插试检查	
	7. 离心式通风机机壳中心线重合度			机壳中心线与转子中心线重合度的允许偏差不应大于 2 mm	以轴承洼窝为准，拉中心线网钢桥尺检测	按一个厂房、车间或站内风机的站台数抽查 20%（其中应包括各组别中的大型风机），但不得少于 1 台
	8	离心式通风机	机壳进风口接管	叶轮进风口与机壳进风口接管的间隙应符合设备技术文件的要求	用塞尺插试检查	
	9	离心式通风机	主轴与轴瓦组装	轴颈与轴瓦的间隙应符合设备技术文件的要求，如无规定顶间隙应为轴颈直径的 20/10 000 ~ 30/10 000	用压铅法和塞尺插试检查或检查施工记录	
基本项目	10	轴流式通风机		（1）轴承与轴颈的间隙、叶轮与主体风筒的间隙，应符合设备技术文件的要求	用压铅法和塞尺插试检查或检查施工记录	
				（2）主体风筒上部接缝、前后风筒和扩散筒的连接法兰均应接合严密。前后风筒与扩散筒应与基础连接牢固	观察检查	
	11	清洗		（1）润滑系统和轴承应清（吹）洗干净； （2）离心式和轴流式通风机的机壳、轴承箱和转子应拆下清洗。直连传动的风机可不清洗； （3）罗茨式和叶式鼓风机的机壳、齿轮箱及齿轮、叶轮和机壳内部应清洗干净。如有齿轮油泵和过滤器亦应清洗干净	观察检查或检查清洗记录	
允许偏差项目	1	安装基准线	与建筑轴线距离	允许偏差　±20 mm	用钢卷尺检查	
	2	安装基准线与设备	平面位置	允许偏差　±10 mm	用水准仪和钢板尺检查	
	3	安装基准线与设备	标高	允许偏差　+20 −10 mm	用水准仪和钢板尺检查	

学习任务五　水处理系统安装

【教学目标】通过项目教学活动，培养学生具有确定水处理系统方案的能力，能选择合理的设备；具有水处理系统主要设备安装基本能力；培养学生良好的职业道德、自我学习能力、实践动手能力和分析、解决、处理实际问题的方法能力，以及诚实、善于沟通和合作的专业素养。

【知识目标】

1. 掌握锅炉给水的水质指标和水质标准、离子交换软化原理及除铁原理；
2. 掌握常用交换软化设备的结构特点、选择计算及运行操作步骤；
3. 掌握给水除氧的原理和常用设备；
4. 掌握给水设备的选择计算；
5. 掌握排污量的计算及常用排污设备的选择。

【主要学习内容】

单元一　水处理系统选择

5.1.1　水处理系统基本知识

在锅炉房使用的各种水源中，无论是天然水，还是自来水，都有一些杂质，不能直接用于锅炉给水，必须经过处理，符合锅炉给水水质标准后才能供给锅炉使用，否则会影响锅炉的安全经济运行。因此，锅炉房要设置给水处理设备。

5.1.1.1　水中杂质及其危害

天然水（无论是地面水还是地下水）在自然界的循环运动过程中，溶解和混杂了大量杂质。这些杂质按其颗粒大小可以分为三类：颗粒最大的称为悬浮物，其次是胶体，最小的是离子和分子，即溶解物质。

（1）悬浮物是指水流动时呈悬浮状态的物质，其颗粒直径在 10^{-4} mm 以上，通过滤纸可以分离出来。主要是黏土、砂粒、植物残渣、工业废物等。

（2）胶体物质是许多分子和离子的集合体，其粒径在 $10^{-4}\sim10^{-6}$ mm 之同。水中胶体物质有铁、铝、硅等的化合物，以及动植物有机体的分解产物——有机物。

（3）天然水中的溶解物质主要是钙、镁、钾、钠等盐类以及氧和二氧化碳等气体。这些盐类在水中多以离子状态存在，其颗粒直径小于 10^{-6} mm。水中溶解的气体则以分子状态存在。

悬浮物会造成沉积物，污染树脂，堵塞管道，悬浮物过多会使锅水起沫。胶体物质会污染树脂，影响出水质量，进入锅炉，会产生大量泡沫，引起汽水共腾。

天然水中的悬浮物和胶体物质通常是在水厂里通过混凝和过滤处理后大部分被清除。如果将这看起来澄清，仍含有杂质的水不经处理直接供给锅炉，水中的一部分溶解盐类（主要是钙、镁盐类）就会析出或浓缩沉淀出来。沉淀物的一部分比较松散，称为水渣；而另一部分附着在受热面内壁，形成坚硬而质密的水垢。水垢的存在对锅炉安全，经济运行危害很大，主要是：

（1）水垢的导热系数比钢小 30～50 倍，锅内结垢后会使受热面传热情况显著变坏，使排烟温度升高，耗煤量增加，从而使锅炉效率降低，根据试验，受热面内壁附着 1 mm 厚的水垢，就要多消耗煤 2% ~3% 左右。

(2)由于水垢导热性差，会使受热面金属壁温升高而过热，使其机械强度显著下降，导致管壁起疱，甚至爆管。

(3)锅炉水管内结垢后，会减小管内流通截面积，增加水循环的流动阻力，破坏正常的水循环，严重时会将水管完全堵塞，使管子烧损。

(4)水垢附着在锅内受热面上，特别是管内，很难清除，清除水垢不仅耗费较多的人力、物力，造成停产，而且还会使受热面受到损伤，缩短锅炉的使用年限。

汽锅中的水随着不断蒸发、浓缩，其所含的悬浮物和盐分的浓度也会随之增加，当其浓度达到某一限度时，会使蒸发面上形成一层泡沫层，严重时会造成汽水共腾。汽水共腾会使蒸汽夹带较多的水分、盐分，严重影响蒸汽的品质，同时还会造成过热器中积盐和结垢现象，使蒸汽过热器壁温升高，以致烧损。当锅水的相对碱度大，同时锅炉锅筒的胀管口等应力集中处有裂缝时，会引起受热面金属晶间腐蚀（苛性脆化），造成裂管甚至爆炸事故。

水中含有的溶解氧和游离 CO_2 会使给水管路、受热面金属产生化学腐蚀。锅炉的给水和锅水又都是电解质，金属在电解质中会产生电化学腐蚀作用，氧气和二氧化碳的存在会加速腐蚀。这两种腐蚀均为局部腐蚀，严重时会使管壁穿孔，造成停炉事故。

由此可见，为了保证工业锅炉的安全、经济运行，锅炉给水必须经过处理，即降低水中钙、镁盐类的含量（软化），减少水中的溶解气体（除氧），使其符合规定的水质标准要求，防止锅内结垢，减轻对受热面金属的腐蚀。

锅炉用水，根据其所处的部位和作用不同，可分为以下几种：

(1)原水：是指锅炉的水源水，也称生水。原水主要来自江河水、井水或城市自来水。一般每月至少化验 1 次。

(2)软化水：原水经过水质软化处理，硬度降低，符合锅炉给水水质标准的水。

(3)回水：锅炉蒸汽或热水使用后的凝结水或低温水，返回锅炉房循环利用时称为回水。

(4)补给水：无回水或回水量不能满足供水需要，必须向锅炉补充供应的符合标准要求的水称为补给水。

(5)给水：送入锅炉的水称为锅炉给水，通常由回水和补给水两部分组成。

(6)锅水：锅炉运行中在锅内吸热、蒸发的水。

(7)排污水：为除掉锅水中的杂质，降低水中杂质含量，从汽锅中放掉的一部分锅水，称为锅炉排污水。

5.1.1.2　水质指标与水质标准

1. 水质指标

用来表示水中杂质含量的指标称为水质指标。水质指标用以表明水的品质，主要指标如下：

(1)悬浮物：表示水中不溶解的固态杂质含量，即将水样过滤分离出的固形物。它的含量通常用 mg/L 表示。

(2)溶解固形物：将滤出悬浮物后的水样进行蒸发和干燥后所得的残渣，单位为 mg/L。溶解固形物包括水中所含的有机物在内，是表示水中含盐量的近似指标。

(3)硬度(H)：指溶解于水中能够形成水垢的两种主要盐类——钙、镁盐类的总含量。因此,把水中钙、镁离子的总浓度称为总硬度(H),其含量是以 1 L 水中含有硬度物质的毫摩尔来表示,即 mmol/L。

水的硬度又可分为碳酸盐硬度和非碳酸盐硬度。

①碳酸盐硬度(H_T) 溶解于水中的重碳酸钙 $Ca(HCO_3)_2$、重碳酸镁 $Mg(HCO_3)_2$ 和钙、镁的碳酸盐形成的硬度称为碳酸盐硬度。但一般天然水中钙、镁的碳酸盐含量很少,所以可将碳酸盐硬度看做是钙、镁的重碳酸盐形成的。这些盐类很不稳定,在水加热至沸腾后可分解生成沉淀物析出,即

$$Ca(HCO_3)_2 \xlongequal{\triangle} CaCO_3\downarrow + H_2O + CO_2\uparrow$$

$$Mg(HCO_3)_2 \xlongequal{\triangle} MgCO_3\downarrow + H_2O + CO_2\uparrow$$

$$MgCO_3 + H_2O \xlongequal{\triangle} Mg(OH)_2\downarrow + CO_2\uparrow$$

所以又称其为暂时硬度。

②非碳酸盐硬度(H_{FT})。指水中的氯化钙 $CaCl_2$、氯化镁 $MgCl_2$、硫酸钙 $CaSO_4$、硫酸镁 $MgSO_4$ 等非碳酸盐的含量。这些盐类在加热至沸腾时不能立即沉淀析出,所以又称其为永久硬度。

显然总硬度又等于暂硬和永硬之和,即

$$H = H_T + H_{FT}$$

(4)碱度(A):是指水中碱性物质的总含量。例如,氢氧根 OH^-、碳酸盐 CO_3^{2-}、重碳酸盐 HCO_3^- 及其他一些弱酸盐类都可以用酸中和,都是水中常见的碱性物质。碱度的单位用 mmol/L 表示。

水中不可能同时存在氢氧根碱度和重碳酸根碱度,因为二者相遇会发生反应,即

$$HCO_3^- + OH^- \longrightarrow CO_3^{2-} + H_2O$$

另外,水中的暂时硬度是钙、镁与 HCO_3^- 和 CO_3^{2-} 形成的盐类,也属于水中的碱度。当水的碱度较高时,水中常有钠盐碱度,水中有钠盐碱度存在时,它能使永久硬度消失,即

$$CaSO_4 + Na_2CO_3 \xlongequal{\quad} CaCO_3\downarrow + Na_2SO_4$$

可见水中也不能同时有钠盐碱度与永久硬度共同存在,所以又称钠盐碱度为“负硬”。

因此,水中碱度和硬度之间的内在关系可归结为下列三种情况:

①若总硬度大于总碱度,水中必有永硬,而无钠盐碱度,则 $H_T = A$,$H_{FT} = H - A$;

②若总硬度等于总碱度,水中无永硬,也无钠盐碱度,则 $H = H_T = A$;

③若总硬度小于总碱度,水中无永硬,而有钠盐碱度,则 $H = H_T$,$A - H =$ 负硬度。

(5)相对碱度:指锅水中氢氧根碱度折算成游离 NaOH 的量与锅水中溶解固形物含量的比值。相对碱度是为防止锅炉苛性脆化而规定的一项技术指标。我国规定的相对碱度必须小于 0.2 是一个经验数值。

(6)pH 值:指水中氢离子浓度的负对数,用来表示水的酸碱性,见表 5.1。

表 5.1 水的酸碱性与 pH 值的关系

pH 值	<5.5	5.5 ~ 6.5	6.5 ~ 7.5	7.5 ~ 10	>10
酸碱性	酸性	弱酸性	中性	弱碱性	碱性

呈酸性的水会对金属产生酸性腐蚀，因此锅炉给水要求 pH>7；当水的 pH>13 时，容易将金属表面的 Fe_3O_4 保护膜溶解，加快腐蚀速度，故锅水的 pH 值要求控制在 10～12。

(7)溶解氧(O_2)：指溶解于水中的氧气含量，单位为 mg/L。水中溶解氧能腐蚀锅炉设备及给水管路，所以给水中的溶解氧应尽可能除去，因而规定溶解氧为给水水质的控制指标。

(8)含油量：天然水中一般是不含油的，但回水可能带入油类物质，故规定了给水含油量指标，其单位为 mg/L。含油量不作为运行控制项目，只作为定期检测项目。

(9)磷酸根(PO_4^{3-})：天然水中一般不含磷酸根，但有时为了消除给水带入锅内的残余硬度或为了防止锅炉内壁苛性脆化，向锅内加入一定数量的磷酸盐。磷酸根大于 30 mg/L 时，容易生成磷酸盐沉淀，黏附在金属壁上，形成水垢。因此，磷酸根也作为锅水的一项控制指标。

(10)亚硫酸根(SO_3^{2-})：给水中的溶解氧可用化学药剂亚硫酸钠去除，这时亚硫酸根也是锅水的一项控制指标。

2. 水质指标的单位换算

水质指标中硬度、碱度的法定计量单位为毫摩尔/升(mmol/L)，它以一价离子作为基本单元，对于二价离子则以其 1/2 作为基本单元；硬度单位是以 $1/2Ca^{2+}$ 和 $1/2Mg^{2+}$ 为基本单元的毫摩尔/升；碱度单位是以 H^+ 为基本单元，这样用 mmol/L 表示物质浓度时，在数值上与过去常用(现已废止)的毫克当量/升(mg/L)表示法相符。

3. 水质标准

为了防止锅炉由于结垢、腐蚀及锅水起沫而影响锅炉的安全、经济运行，锅炉给水及锅水均要求达到一定的水质标准。

我国现行的(低压锅炉水质)标准(CB 1576—96)中规定：锅炉给水应采用锅外化学水处理，对于 $D<2$ t/h，且 $P\leqslant 1.0$ MPa 的锅炉可采用锅内加药处理，水质标准要符合表 5.2 的规定。

表 5.2　锅内加药处理的锅炉水质指标

项目	给水	锅水
悬浮物/($mg \cdot L^{-1}$)	≤20	
总硬度/($mmol \cdot L^{-1}$)	≤4	
总碱度/($mmol \cdot L^{-1}$)		8～26
pH 值(25 ℃时)	≥7	10～12
溶解固形物/($mg \cdot L^{-1}$)①		<5 000

注：①当锅炉额定蒸发量大于等于 6 t/h 时应除氧，额定蒸发量小于 6 t/h 的锅炉如发现局部腐蚀时应采取除氧措施，对于供汽轮机用汽的锅炉给水含氧量应小于等于 0.05 mg/L。

当蒸汽锅炉采用锅外化学水处理时，其水质标准要符合表 5.3 的规定。热水锅炉的水质标准应符合表 5.4 的规定。

表5.3　蒸汽锅炉锅外化学水处理的水质指标

项目		给水			锅水		
额定蒸汽压力/MPa		≤1.0	>1.0 ≤1.6	>1.6 ≤2.5	≤1.0	>1.0 ≤1.6	>1.6 ≤2.5
悬浮物/$(mg \cdot L^{-1})$		≤5	≤5	≤5			
总硬度/$(mmol \cdot L^{-1})$		≤0.03	≤0.03	≤0.03			
总碱度/$(mmol \cdot L^{-1})$	无过热器				6~26	6~24	6~16
	有过热器					≤14	≤12
pH(25 ℃时)		≥7	≥7	≥7	10~12	10~12	10~12
溶解氧/$(mg \cdot L^{-1})$①		≤0.1	≤0.1	≤0.05			
溶解固形物/$(mg \cdot L^{-1})$	无过热器				<4 000	<3 500	<3 000
	有过热器					<3 000	<2 500
SO_4^{2-}/$(mg \cdot L^{-1})$						10~30	10~30
PO_4^{3-}/$(mg \cdot L^{-1})$						10~30	10~30
相对碱度						<0.2	<0.2
含油量/$(mg \cdot L^{-1})$		≤2	≤2	≤2			

表5.4　热水锅炉的水质指标

项目	锅内加药处理③		锅外化学处理	
	给水	锅水	给水	锅水
悬浮物/$(mg \cdot L^{-1})$	≤20		≤5	
总硬度/$(mmol \cdot L^{-1})$	≤4		≤0.6	
pH(25℃时)	≥7	10~12	≥7	10~12②
溶解氧/$(mg \cdot L^{-1})$①			≤0.1	≤0.1
含油量/$(mg \cdot L^{-1})$	≤2		≤2	

注:①锅炉额定热功率大于等于4.2 MW时应除氧,额定热功率小于4.2 MW的锅炉应尽量除氧;
②通过补加药剂使锅水pH值控制在10~12;
③锅炉额定热功率小于等于2.8 MW的热水锅炉可以采用锅内加药处理,但必须对锅炉的结垢、腐蚀和水质加强监督,认真做好加药工作。

5.1.2　给水过滤

工业锅炉房用水一般由水厂供给。如果原水的悬浮物含量较高,为了减轻软化设备的负担,必须进行原水的过滤处理。对于顺流再生固定床离子交换器,悬浮物质量浓度大于等于5 mg/L的原水应经过滤;进入逆流再生固定床离子交换器或浮动床交换器的原水,悬浮物质量浓度大于等于2 mg/L时应先经过滤;悬浮物质量浓度大于20 mg/L的原水或经石灰处理后的水均应混凝、澄清后经过滤处理。

工业锅炉房常用的过滤设备是单流式机械过滤器,也是最简单的一种过滤器,见图5.1。

单流式机械过滤器管路系统简单,运行稳定,过滤速度为4~5 m/h,运行周期一般为8 h。

单流式机械过滤器本体为密闭的钢制圆柱形容器,设有进水、排水管路,过滤器内装填过滤材料,常用的有石英砂、大理石、无烟煤等。石英砂不宜用于过滤碱性水,因为石英砂在水中溶解产生硅酸对锅炉有害;无烟煤、大理石适用于带碱性的水。滤料直径为0.5~1.5 mm。

原水进入过滤器过滤层时,水中悬浮物被吸附和阻留在过滤层的表面和缝隙中,使水得到净化。为了提高过滤速度,要求进水保持一定的压力,所以又称之为压力式过滤器。

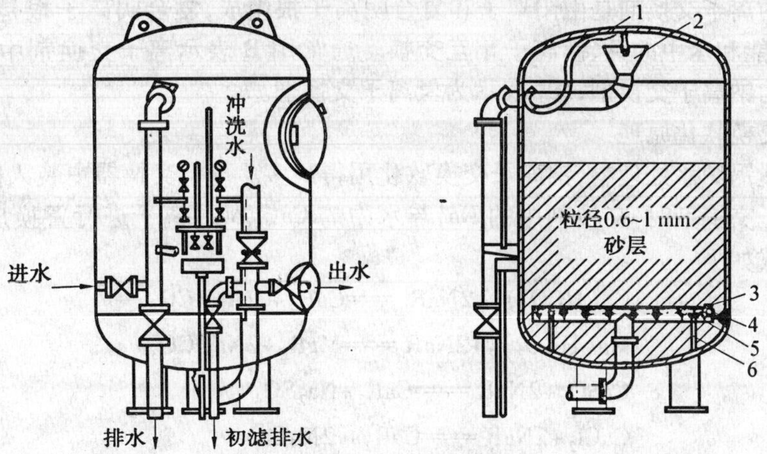

图5.1　单流式过滤器

1—放气管;2—进水分配漏斗;3—水帽;4—配水支管;5—配水母管;6—混凝土

当原水通过过滤层的压力降达到0.05~0.06 MPa时,应停止过滤,进行反冲洗,把滤料层中截留的污泥冲洗掉,以恢复其正常工作能力。反洗强度为15 L/(s·m^2),冲洗时间为10 min,最后正洗至出水合格,就可以重新进行过滤。

采用压力式机械过滤器过滤原水时,台数不宜少于2台,其中1台备用。每台每昼夜反洗次数可按1~2次设计。

较大型的过滤装置多采用无阀滤池。

5.1.3　给水软化

5.1.3.1　阳离子交换软化及除碱

水中的悬浮物和胶体物质通常经过水厂的沉淀、过滤等处理后大部分被去除。但水中的硬度、碱度等杂质仍然存在,为了满足锅炉给水水质要求,需要对锅炉给水进行处理。工业锅炉房水处理的主要内容是软化和除氧,即除去水中的钙、镁离子,降低给水的含氧量。利用不产生硬度的阳离子(如Na^+、H^+)将水中的Ca^{2+}、Mg^{2+}置换出来,从而达到使水软化的目的,这种方法称为阳离子软化法,又称离子交换软化法。离子交换软化是通过离子交换剂实现的。

1.离子交换剂

不溶于水,但可用自己的离子把水溶液中某些同种电荷的离子置换出来的颗粒物质称为离子交换剂,它是一种高分子化合物。离子交换剂的种类很多。常用的有机离子交换剂有磺化煤和合成树脂两种。磺化煤由于其交换容量小,化学稳定性差,机械强度小,已逐步被合成树脂所代替。

合成树脂又称离子交换树脂,是人工合成的高分子化合物。合成树脂内部具有较多的孔隙,变换反应不但在颗粒表面,而且在颗粒内部进行,其交换能力大,机械强度高,工作稳定性较好,因而近年来被广泛采用。离子交换树脂分为四大类:强酸阳离子型、弱酸阳离子型、强碱阴离子型、弱碱阴离子型。采用氢离子及钠离子交换软化水时,一般都采用强酸阳离子型树脂。

常用的阳离子交换法有钠离子、氢离子交换等方法。

阳离子型的离子交换剂是由阳离子和复合阴离子根组成,复合阴离子根是稳定的组成部分,而阳离子则能和水中的钙、镁离子相互交换。通常用 R 表示离子交换剂中的复合阴离子根。NaR 表示为钠离子交换剂,HR 表示为氢离子交换剂。

2. 钠离子交换软化原理

目前在工业锅炉水处理中,钠离子交换软化用得最多。离子交换器中装入阳离子交换剂,原水流过钠离子交换剂时,交换剂中的 Na^+ 与水中的 Ca^{2+}、Mg^{2+} 离子进行置换反应,使水得到软化。其反应式如下

$$Ca(HCO_3)_2+2NaR \longequal CaR_2+2NaHCO_3$$

$$Mg(HCO_3)_2+2NaR = MgR_2+2NaHCO_3$$

$$CaSO_4+2NaR = CaR_2+Na_2SO_4$$

$$CaCl_2+2NaR = CaR_2+2NaCl$$

$$MgSO_4+2NaR = MgR_2+Na_2SO_4$$

$$MgCl_2+2NaR = MgR_2+2NaCl$$

由以上各式可见,钠离子交换既可除去水中的暂硬,又可除去永硬,但不能除碱,因为构成天然水碱度主要部分的暂时硬度按照等物质量的规则转变为钠盐碱度 $NaHCO_3$;另外,按等物质量的变换规则 1 mol Ca^{2+}(40.08 g)与 2 mol(45.98 g)的 Na^+ 进行交换反应,使得软水中的含盐量有所增加。

随着交换软化过程的进行,交换剂中的 Na^+ 逐渐被水中的 Ca^{2+}、Mg^{2+} 所代替,交换剂由 NaR 型逐渐变为 CaR_2 或 MgR_2 型。当软化水的硬度超过某一数值后,水质已不符合锅炉给水水质标准的要求时,则认为交换剂已经“失效”,此时应立即停止软化,对交换剂进行再生(还原),以恢复交换剂的软化能力。常用的再生剂是食盐 NaCl。其方法是让质量分数为 5% ~ 8% 的工业食盐水溶液流过失效的交换剂层进行再生,再生反应如下

$$CaR_2+2NaCl = 2NaR+CaCl_2$$

$$MgR_2+2NaCl = 2NaR+MgCl_2$$

再生生成物 $CaCl_2$ 和 $MgCl_2$ 易溶于水,可随再生废水一起排掉。再生后,交换剂重新变成 NaR 型,又恢复其置换水中 Ca^{2+}、Mg^{2+} 的能力。

理论上每置换 1 mol 的钙、镁需要消耗 2 mol NaCl 即 117 g,但实际食盐耗量应为理论耗盐量的 1.2 ~ 1.7 倍才能使还原完全。一般采用食盐耗量为 140 ~ 200 g/mol。

3. 离子交换除碱

钠离子交换软化的主要缺点是不能除碱,对于暂硬高的碱性水,采用此法往往会使锅水碱度过高,增加锅炉排污水量和热量损失。采用氢-钠离子交换及部分钠离子交换等系统就能达到降低锅水碱度的目的。

(1)氢-钠离子交换原理系统

阳离子交换剂如果不用食盐水而用酸(HCl 或 H_2SO_4)溶液去还原,则可得到氢离子交换剂(HR),原水流经氢离子交换剂层后,同样可以得到软化,其反应如下:

对碳酸盐硬度

$$Ca(HCO_3)_2+2HR = CaR_2+2H_2O+2CO_2\uparrow$$

$$Mg(HCO_3)_2+2HR = MgR_2+2H_2O+2CO_2\uparrow$$

对非碳酸盐硬度

$$CaSO_4+2HR =\!=\!= CaR_2+H_2SO_4$$

$$CaCl_2+2HR =\!=\!= CaR_2+2HCl$$

$$MgSO_4+2HR =\!=\!= MgR_2+H_2SO_4$$

$$MgCl_2+2HR =\!=\!= MgR_2+2HCl$$

由此可见,经氢离子交换后的水质发生了下列变化:

①水中的暂硬转变成水和 CO_2,在去除硬度的同时降低了水的碱度和含盐量,其除盐、除碱的量与原水中的暂硬的量相等。

②在消除永硬的同时生成了等量的酸。

氢离子交换软化法,从碱度清除和含盐量降低来看,具有明显的优越性,然而由于出水为酸性和用酸作为再生剂,故氢离子变换器及其管道要有防腐措施,且处理后的水不能直接送入锅炉,因此它不能单独使用。通常它和钠离子交换器联合使用,即氢-钠离子交换,使氢离子交换产生的游离酸与经钠离子交换后水中的碱相中和而达到除碱的目的,即

$$H_2SO_4+2NaHCO_3 =\!=\!= Na_2SO_4+2H_2O+2CO_2\uparrow$$

$$HCl+NaHCO_3 =\!=\!= NaCl+H_2O+CO_2\uparrow$$

中和所产生的 CO_2 可用除 CO_2 器除去,这样既消除了酸性,降低了碱度,又消除了硬度,并使水的含盐量有所降低。

失效的氢离子交换剂还原时,用质量分数为2%左右的硫酸,或不超过5%的盐酸。氢-钠离子交换软化一般适于处理暂硬较高的碱性水。

氢-钠离子交换有并联、串联、综合等几种组合方式。

并联系统,原水按一定比例一部分经过钠离子交换器,其余的水则经过氢离子交换器,然后两部分软化水汇集后,经除 CO_2 器除去生成的 CO_2,软水存入水箱由水泵送走。为了保证软水混合后不产生酸性水,根据生水水质计算水量分配比例时,应使混合后的软水仍带有一定的碱度,通常为0.3~0.5 mmol/L。

串联系统,进水也分为两部分,一部分原水进入氢离子交换器,其出水与另一部分原水混合,出水中的酸度和原水中的碱度中和,中和反应产生的 CO_2 由除气器去除,再经钠离子交换器,除去未经氢离子交换器的另一部分原水中的硬度,其出水即为脱碱了的软化水。

氢-钠串联离子交换软化脱碱系统中,一定要先除去 CO_2 后,再经钠离子交换,以免 CO_2 形成碳酸后再流经钠离子交换器使出水中又重新出现碱度。其反应为

$$NaR+H_2CO_3 =\!=\!= HR+NaHCO_3$$

同样,为保证出水不呈酸性,应使出水具有一定的残留碱度。

5.1.3.2　离子交换设备及其运行

离子交换设备种类较多,有固定床、浮动床、流动床等。浮动床、流动床离子交换设备适用于原水水质稳定、软化水出力变化不大、连续不间断运行的情况,固定床则无需上述要求,是工业锅炉房常用的软化设备。

1.固定床钠离子交换器及其运行

固定床离子交换器,是指运行时变换器中的交换剂层是固定而不流动的,一般原水由上而下经过交换剂层,使水得到软化,简称固定床。

固定床离子交换按其再生运行方式不同,可分为顺流再生和逆流再生两种。

(1)顺流再生钠离子交换器及其运行

顺流再生是指再生液的流动方向和原水流向相同，一般均由上向下。顺流再生固定床离子交换器结构如图5.2所示。它由交换器壳体、进水装置、再生液分配装置、底部排水装置和顶部排气管等组成。

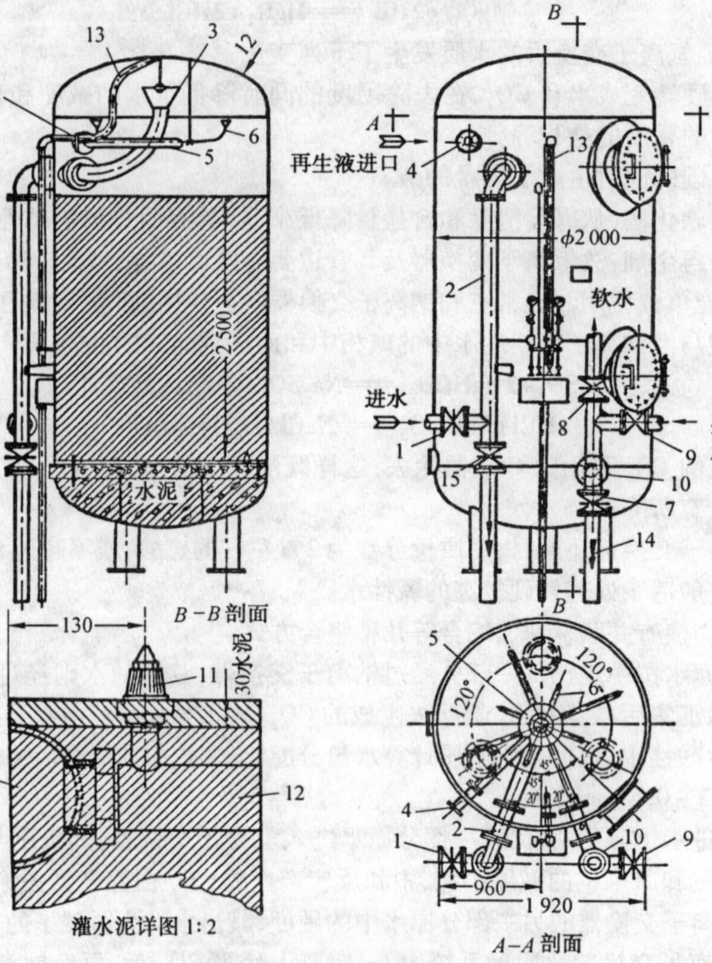

图5.2　钠离子交换器

1—进水阀；2—进水管；3—分配漏斗；4—法兰；5—环形管；6—喷嘴；7—排水阀；8—软水出水阀；9—冲洗水进水阀；10—三通；11—泄水帽；12—集水管；13—排气管；14—排水管；15—排水阀；16—泄水管

交换器常用的规格有 ϕ500、ϕ700、ϕ750、ϕ1 000、ϕ1 200、ϕ1 500 及 ϕ2 000 等几种，壳体内壁必须涂内衬，以防树脂中毒和罐体腐蚀，交换剂层高有1.5 m、2 m、2.5 m。

新树脂投入使用之前，要先用其体积二倍的质量分数10%的 NaCl 溶液浸泡18～20 h，以便使树脂从出厂的形式转换成生产中所需要的 Na 型，同时也可防止树脂因贮运过程中脱水，遇水急剧膨胀而碎裂。此外，树脂贮存时间不宜过长，最好不超过一年。树脂贮存温度5～40 ℃，贮存时一定要避免与铁容器、氧化剂和油类物质直接接触，以防树脂被污染或氧化降解而造成树脂劣化。壳体内壁可做橡胶衬里、涂环氧树脂涂料或涂聚氨脂涂料。

离子交换器工作运行时按软化、反洗、再生（还原）、正洗四个步骤操作。

①软化：见图5.3，开启阀门1和2，其余阀门全关，原水由阀1进入交换器内分配漏斗淋下，自上而下均匀地流过交换剂层，使原水软化，软水由底部集水装置汇集，经过阀门2送往软化水箱。软化时，必须对水质进行化验：出水的氯根及碱度可每班分析一次，原水的氯根、硬度和碱度最好也每班分析一次；出水的硬度每隔2 h化验1次；当残余硬度达到50 mmol/L以上时，则要每小时化验一次；当交换器接近失效时，应每半个小时，甚至更短的时间化验一次。当出水硬度达到规定的允许值时，应立即停止软化，进入反洗阶段。

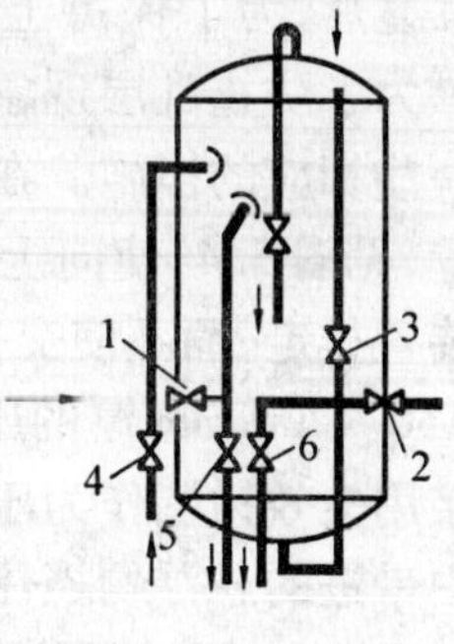

图5.3　顺流再生离子交换操作示意图

②反洗：反洗的目的是松动软化时被压实了的交换剂层，为还原液与交换剂充分接触创造条件，同时带走交换剂表层的污物和杂质。当交换剂失效后，立即停止软化，进行反洗。此时开启阀门3和5，其余阀门全关，反洗水自下而上经过交换剂层，从顶部排出，反洗水质应不致污染交换剂，反洗强度以不会冲走完好的交换剂颗粒为宜，一般为15 m/h，反洗应进行到出水澄清为止。反洗时间一般需10～20 min。

③再生(还原)：其目的是使失效的交换剂恢复软化能力，此时开启阀门4和6，其余阀门全关。盐液由顶部多个辐射型喷嘴喷出，流过失效的交换剂，废盐液经底部集水装置汇集，由阀门6排走，再生流速4～6 m/h。

④正洗：废盐液放尽后，开始正洗，其目的是清除交换剂中残余的再生剂和再生产物。正洗水耗通常为3～6 m^3/m^3(树脂)，流速为15～20 m/h，通常可将正洗后期阶段的含盐分的正洗水送入反洗水箱贮存起来，供下次反洗使用，以节省用水量和耗盐量。正洗结束，即可投入软化运行。

顺流再生固定床的优点是结构简单，运行维修方便，对各种水质适应性强。但缺点是再生效果不理想。因为新再生液首先接触到的是上部饱和度较高的交换剂层，这一部分交换剂能得到较好的再生，随着盐液向下流动使盐液中含的Ca^{2+}、Mg^{2+}离子逐渐增多，当盐液与交换器中部或底部接触时，盐液中会有相当数量的Ca^{2+}、Mg^{2+}，影响离子交换剂的再生，因此，越在下面的交换剂，再生程度越差，直接影响到软化水出水水质，为了提高下部交换剂的再生程度，需要增加盐液耗量。为了克服顺流再生的交换器底部交换剂再生程度较低的缺点，通常采用逆流再生方式。

(2)逆流再生钠离子交换器及运行

所谓"逆流再生"，就是再生时再生液的流向和水软化运行的流向相反。通常是盐液从交换器下部进入，上部排出。因此，新鲜的再生液总是先与交换器底部尚未完全失效的交换剂接触，使其得到很高的再生程度，随着再生液继续向上流动，交换剂的再生程度逐渐降低，但较顺流再生工艺慢得多(下部交换剂的饱和程度比上部小，再生液中置换出来的Ca^{2+}、Mg^{2+}少)。当再生液与上部完全失效的交换剂接触时，再生液仍具有一定的"新鲜性"，仍能起还原作用，再生液能被充分利用。

软化运行时，原水先接触上部再生程度较低的交换剂，但水中的Ca^{2+}、Mg^{2+}浓度较高，还能进行离子交换，水中的Ca^{2+}、Mg^{2+}含量随水流向下越来越少，而越向下交换剂的再生程度越高，所以能使交换器出水水质较好。

由此可见，逆流再生离子交换器具有出水质量高，盐耗低等优点，所以在生产中被广泛采用。

显然,为了保持上述优点,就必须保持交换剂平整不乱层。为了防止乱层现象,逆流再生交换器在结构上和运行上都有一些相应的措施。在结构上,在交换剂表面层设有中间排水装置,见图5.4,使向上流动的再生液或冲洗水能均匀地从排水装置排走,而不使交换剂层发生扰动,另外在交换剂表面铺设150~200 mm厚的压实层,可用25~30目的聚乙烯白球或直接用失效树脂作为压实层。压实层还可以起过滤的作用,把水中带进的悬浮物挡住,保护交换剂。

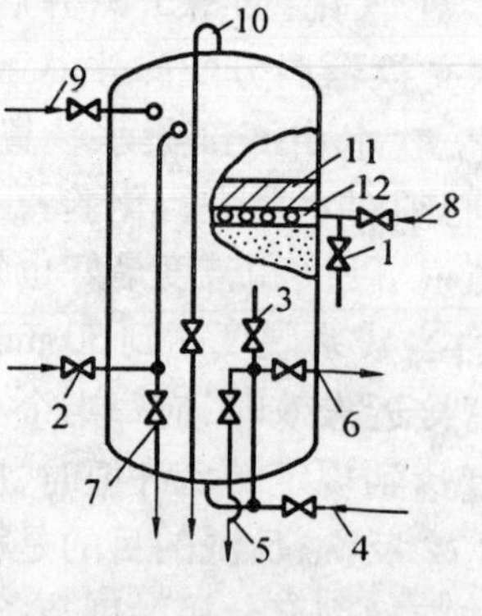

图5.4　逆流再生离子交换器

1—废再生液出口;2—进水阀;3—反洗水阀;4—再生液进管;5—排水;6—软化出水;7—排水;8—小反洗进水;9—进气管;10—排气管;11—压实层;12—中间排水装置

在运行中,小型交换器常采用低流速再生法来防止乱层。即再生和反洗时流速控制在1.6~2 m/h(对磺化煤为3~5 m/h),保持如此低的流速,增加了再生时间。要提高流速又不乱层,常用干压实层、压缩空气顶压及水顶压等方法。

干压实层法是将压实层装设高度加大,$h \geq 200$ mm,再生时先将中排装置上部的水放净,使压实层保持干态,同时保证再生时中排装置排液通畅,否则废液排出不及时,会使液面上升,造成乱层。此法可使逆流再生的流速提高到4 m/h(树脂)。

压缩空气顶压法是从上部送入压缩空气来防止乱层,气压维持在0.03~0.05 MPa,可使逆流流速提高到4~7 m/h而不乱层,但需增加空压机设备。

水顶压法的压实层高度与空气顶压法一样,一般为120~150 mm,不过是用水代替压缩空气顶压。关键是控制上部顶压水流量和再生液流量的比例,水压为0.05 MPa。此法再生流速可达4 m/h(树脂)。

压缩空气顶压法逆流再生操作步骤如下:

①小反洗。交换器运行失效时停止运行,反洗水从中排装置引进,经进水装置排走,以冲去积聚在表面层及中排装置以上的污物,也可以在几个循环后做一次。反洗流速控制在5~10 m/h,时间3~5 min,见图5.5(a)。

②排水。开启空气阀和再生液出口阀,放掉中排管上部的水,使压实层呈干态,见图5.5(b)。

③顶压。关闭空气阀和排再生液阀,开启压缩空气阀,从顶部通入压缩空气,并维持0.03~0.05 MPa的顶压,以防乱层,见图5.5(c)。

④再生。在顶压情况下,开启底部进再生液阀门,使再生液以2~5 m/h的流速从下部送入,随适量空气从中排装置排出,见图5.5(d),再生时间一般为40~50 min。

⑤逆流冲洗。当再生液进完后,关闭再生液阀门,开启底部进水阀,在有顶压的状态下,进水逆流冲洗,从中排装置排水,见图5.5(e)。冲洗到出水指标合格为止,时间一般为30~40 min。要用质量好的水,以免影响底部交换剂的再生程度。

⑥小正洗。停止逆流冲洗和顶压,放尽交换器内的剩余空气,从顶部进水,由中间排水装置放水,以清洗渗入压实层中及其上部的再生液,见图5.5(f),流速10~15 m/h,时间约为10 min,如开始的出水水质已符合控制指标,可以省去小正洗。

⑦正洗水由上部进入,向下进行正洗,见图5.5(g),直到出水符合给水标准,即可投入运行。

一般在交换器运行20个周期之后,要进行一次大反洗,以除去交换剂层中的污物和破碎

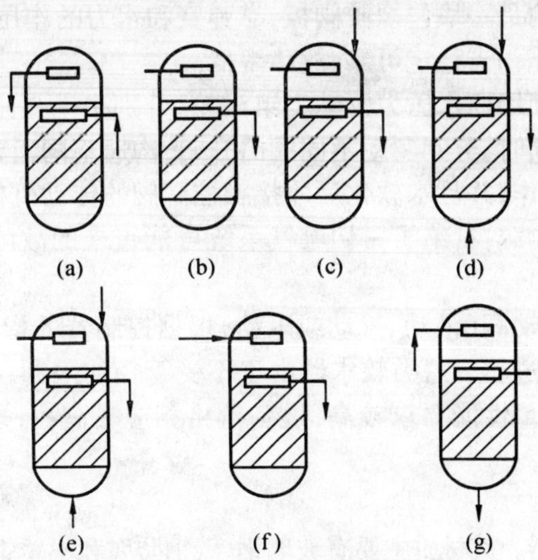

图 5.5　气顶压法逆流再生操作示意图

的交换剂颗粒,此时从交换器底部进水,从顶部排水装置排水。由于大反洗松动了整个交换剂层,所以大反洗后第一次再生时,再生剂用量应加大一倍。

水顶压法的操作过程为:小反洗、水顶压、再生、逆流冲洗、正洗、运行、定期大反洗。水压维持在 0.05 ~0.1 MPa,顶压水流量为再生液流量的 1 ~1.5 倍。

低流速法去掉步骤②、③,其余相同,逆流流速控制在 1.6 ~2 m/h。

干压实层法去掉顶压步骤,注意逆流速度适当降低,再生液流速 2 ~3 m/h,其他步骤相同。

(3) 全自动软水器

近年来,随着微电脑和自控技术的发展,市场上全自动钠离子交换器日益增多,由于其全自动操作,减轻了水质化验人员的劳动强度,运行稳定可靠,占地面积小,提高了软化水设备的经济性,因而受到用户的好评。

全自动软水器一般由控制器、控制阀(多路阀或多阀)、树脂罐、盐液箱组成。

①控制器

控制器是指挥软水器自动完成全部运行、再生过程的控制机构,分时间型和流量型两种。时间型控制器配时钟定时器,到达指定的时间时,自动启动再生过程;流量型控制器配流量监测系统完成控制过程。当软水器处理到指定的周期产水量时,启动再生并完成再生过程。

②控制阀

控制阀主要分多路阀和多阀系统。

a. 多路阀:是在同一阀体内设计有多个通路的阀门。根据控制器的指令自动开、断不同的通路,完成整个软化过程。以下简要介绍四种多路阀的特点。

机械旋转式多路阀:有平板旋转和锥套旋转式两种,即利用两块对接平板或内外锥套旋转来沟通不同的通路,从而完成整个工艺过程。它结构简单,制造容易,但因为它的密封面同时又是旋转面,不可避免地要出现磨损、划沟、卡位现象。

柱塞式多路阀:由多通路阀体和一根柱塞组成。当电动机带动柱塞移动到不同的位置时,就沟通或切断不同通路,从而完成全部运行过程。这种结构与旋转多路阀有相似之处,即密封面有移动磨损,但因其结构上的区别,磨损、划沟、卡位现象已有了相当程度的改善。

板式多路阀：主要结构是一块包橡胶阀板，靠弹簧和水力的作用，直接开断不同的通路，它对杂质的适应性很强，性能相当稳定可靠，故障率低。

水力驱动多路阀：是利用原水压力驱动 2 组涡轮，分别带动 2 组齿轮，推动水表盘和控制盘的旋转，在计量流量的同时，分别驱动不同阀门开闭，沟通不同通路，自动完成软水器的循环过程。由于阀门靠水压动作，并且水软化后才接触控制阀的传动机构，确保水力多路阀几乎没有磨损；又由于该阀不用电源，杜绝了一切电气系统可能带来的故障。因此，这种多路阀具有很高的稳定性和耐用性。

b. 多阀系统由多个自动阀（液动、气动或电动）根据控制器的指令，完成各个通路的开断，自动完成运行与再生的全过程。这类软水器由于不受管径的限制，控制条件比较灵活。但该系统对控制器自动阀的质量性能要求较高，设备价格相应较高，一般适用于 40 t/h 以上的软水处理场合。

③树脂罐

树脂罐即钠离子交换器。其材质主要有玻璃钢、碳钢防腐和不锈钢三种。玻璃钢材质防腐性能好，质轻，价廉；碳钢必须严格做好内衬防腐处理；不锈钢外观好看，但价格较贵，不是理想的材质。

多路阀系统可以是 1 个控制阀配 1 个树脂罐和 1 个盐液箱系统，也可以用 1 个控制阀配 2 个树脂罐和 1 个盐液箱，一备一用，实现连续供水。应注意入口水压不能满足要求（一般>0.2 MPa）时需加设管道泵加压。

④盐液箱

盐液箱内设有盐液阀控制盐液量。盐液是靠控制阀内设置的文丘里喷射器负压吸入，因而不必另设盐液泵，减少了占地面积。

图 5.6 是一种柱塞式多路阀系统示意图。

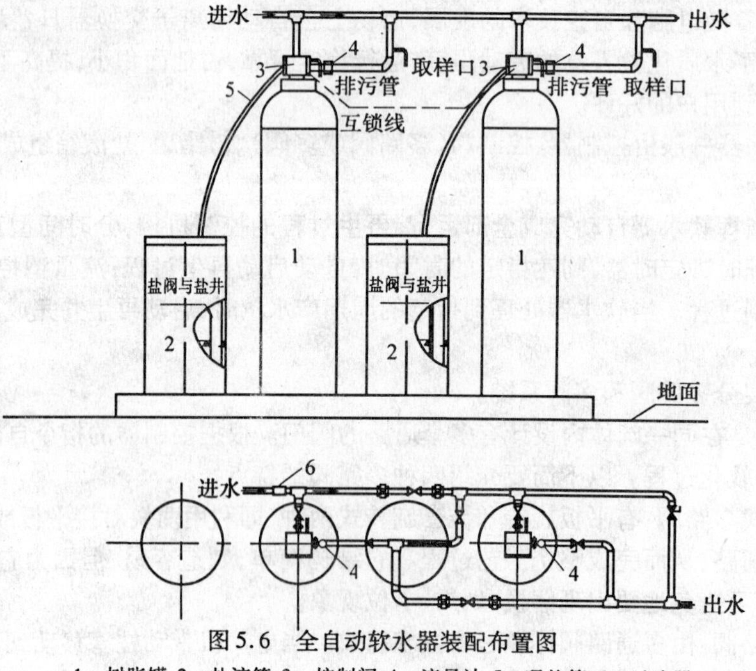

图 5.6　全自动软水器装配布置图

1—树脂罐；2—盐淀箱；3—控制阀；4—流量计；5—吸盐管；6—过滤器

全自动软水器要有专人管理，管理人员应会设置调节并对水质定期化验，及时发现问题加以解决。自动软水器每运行1～2年，要将树脂彻底清洗一次，即用盐酸、氢氧化钠交替浸泡并用水洗至中性（体外清洗），以免因反洗不彻底导致树脂结块和偏流。

5.1.3.3　离子交换设备的选择计算

1. 资料的搜集

进行锅炉水处理设计时，首先应搜集以下设计计算所需的有关资料：

(1)原水的水质资料

应取得原水水质的全部分析资料，如条件不具备，至少应有下列几项数据：悬浮物、硬度、碱度、溶解固形物、pH值、溶解氧含量。

(2)用户对水质的要求

根据热媒的种类、参数及锅炉容量，采用现行的低压锅炉水质标准，查出相应的锅炉给水及锅水的水质标准。

(3)选用离子交换剂的种类、特性及离子交换器的工艺指标。

2. 离子交换剂的性能

离子交换剂主要技术性能是它的交换容量。交换容量是衡量离子交换剂交换能力大小的指标，有全交换容量和工作交换容量之分。

全交换容量是指单位质量的离子交换剂完全失效时所能吸收硬度物质的量，单位为mmol/g。

实际工作时，对软水出水硬度有一定的要求，达到此硬度时，虽然尚有部分交换剂具有一定的交换能力，也要停止交换而进行再生，按此时计算的交换能力称为工作交换容量，单位为mol/m^3（树脂）。显然，工作容量比全交换容量要低。工作交换容量，即使对同一类型的交换剂，也是个变值，它与许多因素有关：原水水质和软水控制标准，交换剂粒度和交换剂层高度，再生方式，交换器的构造及运行条件等。为了在选型时把上述有关因素及相互制约的关系对工作交换容量的影响都考虑进去，设计部门总结运行数据，制定了交换器的工艺计算指标，指导选型设计。

3. 软化水量的确定

锅炉在正常运行时，每小时需要的补给水量即是需要软化的水量，也称为水处理设备的出力。软化水量可按下列各项损失消耗量计算确定：

(1)蒸汽用户的凝结水损失；

(2)蒸汽锅炉排污水损失，一般不大于锅炉额定蒸发量的10%；

(3)锅炉房自用蒸汽的凝结水损失；

(4)室外蒸汽管道和凝结水管道的漏损；

(5)热水供热系统的补给水量；

(6)其他用途的软化水量；

(7)水处理设备的自耗软水量；

(8)水处理装置的富裕量。

5.1.3.4　食盐溶液制备系统

工业锅炉房常用的盐液制备系统有以压力溶盐器为主要设备和盐液池配盐液泵两种系

统。

1. 盐溶解器

压力式盐溶解器为密闭钢制容器，内涂防腐层，内装滤料(石英砂，大理石或无烟煤)，有溶解食盐和对盐水过滤的双重作用，其构造如图5.7所示。

盐溶解器的容量常以可溶食盐量表示，选用时也按需溶食盐量进行选择。

盐溶解器设备简单，但盐液浓度变化大，不易控制，开始时盐液浓度高，而后浓度降低，适用于小型离子交换器。

为了控制盐液浓度，也有采用盐溶解器配盐溶液池的，以便在其中配制标定的浓度。

图5.8中的盐液泵既可将再生液送入盐液过滤器，又可对稀盐液池进行搅动，使盐液浓度均匀。

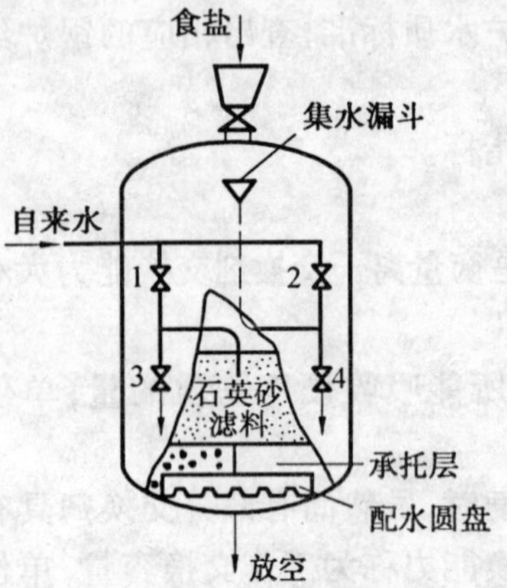

图5.7 食盐溶解器

1—反洗水；2—进水；

3—食盐水出口；4—反洗排水

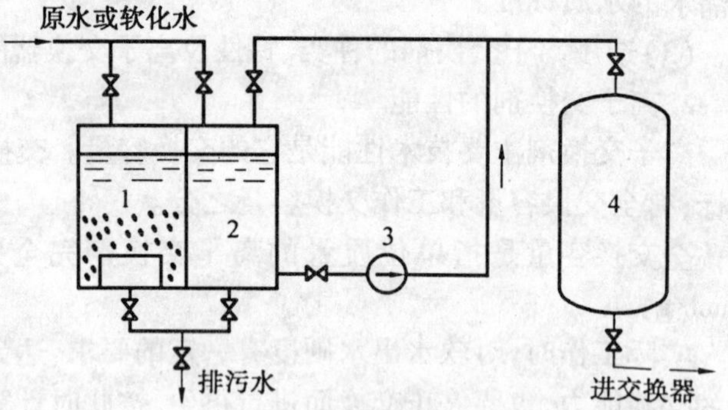

图5.8 泵输送的盐液再生系统

1—食盐溶解槽；2—稀盐液计量箱；

3—盐液泵；4—盐液过滤器

2. 食盐溶液池系统

食盐溶液池的盐液制备系统是当前工业锅炉房用得最多的系统。盐溶液池包括浓盐液池和稀盐液池各1个。浓盐液池用于湿法贮存并配制饱和浓度的盐溶液(室温时浓度为23%～26%)。其有效容积按运输条件考虑，一般为5～15天的食盐消耗量(当浓盐池底部设有慢滤层时，应扣除这部分容积)。稀盐液池用来配制所需浓度的盐液，其有效容积至少应能满足最大一台钠离子交换器再生一次所用的盐液量。盐溶液池一般用混凝土制作，两池可采用多孔隔板连通溶液或用底部连通管连通。为了防腐在池内壁贴瓷砖，或用玻璃钢、塑料板做内衬，也有水处理设备厂家配套供应塑料盐液箱的。

配制盐液时，先将食盐放入浓盐液池加水(最好是软水)溶解，盐液经浓盐液池底部的砂石过滤层过滤，经连通管流到稀盐液池，用比重计指示加水量，使稀盐液调节到所需要的浓度。

由于浓盐液基本是饱和溶液，在一定温度下有固定的百分比含量，故可以用体积比的关系，使每次浓盐液渗到稀盐液池的量恒定，同时也使加入稀盐液池的水量恒定，就可以使配制工作简化。

盐液泵为耐腐蚀塑料泵，一般不设备用泵。

盐溶液池容积及盐液泵容量的确定方法如下：

(1)稀盐液池的有效容积 V_1

$$V_1 = 1.2V_y \quad (m^3) \tag{5.1}$$

式中 V_y——再生一次稀盐液体积,m^3。

(2)浓盐液池的有效容积 V_2

$$V_2 = \frac{24B_yK}{T\rho_y} \ (m^3) \tag{5.2}$$

式中 K——存盐天数,一般为 5 ~ 15 天;

ρ_y——食盐的视密度,按 800 kg/m^3 计算;

B_y——再生一次耗盐量,kg/台;

T——交换器延续运行的时间,h。

(3)盐液泵的容量 Q_y

$$Q_y = \frac{1.2B_y \times 60 \times 100}{1\,000t_2C_y\rho_y} = \frac{7.2B_y}{t_2C_y\rho_y} \ (m^3/h) \tag{5.3}$$

式中 C_y——盐液质量分数,%;

t_2——还原时间,min;

ρ_y——盐液的密度,t/m^3。

盐液泵的扬程取 0.10 ~0.2 MPa(10 ~20 m 水柱)。

5.1.3.5 锅炉给水的其他软化法

工业锅炉给水的软化处理,除了离子交换软化方法之外,还有许多方法,这些方法在锅炉软化过程中都各有特点和适应性。

1.简易沉淀软化法

在"水质指标"中曾介绍过,OH^-和 HCO_3^- 在水中不能共同存在,所以增加 OH^-碱度可去除暂时硬度,OH^-可以通过外加石灰乳 $Ca(OH)_2$ 来提供,用石灰乳进行软化的方法称为"石灰法"。其反应过程为

$$Ca(HCO_3)_2+Ca(OH)_2 = 2CaCO_3\downarrow +2H_2O$$
$$Mg(HCO_3)_2+Ca(OH)_2 = 2CaCO_3\downarrow +Mg(OH)_2\downarrow +2H_2O$$
$$MgCl_2+Ca(OH)_2 = Mg(OH)_2\downarrow +CaCl_2$$
$$MgSO_4+Ca(OH)_2 = Mg(OH)_2\downarrow +CaSO_4$$
$$CO_2+Ca(OH)_2 = CaCO_3\downarrow +2H_2O$$

用石灰软化,只能消除暂硬,所以常用石灰与纯碱(碳酸钠)联合处理,去除永硬。其反应如下

$$CaSO_4+Na_2CO_3 = CaCO_3\downarrow +Na_2SO_4$$
$$MgCl_2+Na_2CO_3 = MgCO_3\downarrow +2NaCl$$
$$MgCO_3+Ca(OH)_2 = CaCO_3\downarrow +Mg(OH)_2\downarrow$$

2.锅内加药处理

锅内加药处理就是向锅炉(或给水箱)内投加药剂,使水中结垢物质生成松散的水渣,通过排污排除,以达到防止或减轻锅炉结垢和腐蚀的目的。

(1)纯碱法

纯碱是工业碳酸钠 Na_2CO_3 的俗称。纯碱进入汽锅后在高温下水解,可使锅水的 pH 值保持在 10 ~ 12 范围内,并保持锅水中过剩的 CO_3^{2-},原水中的暂硬在锅内受热分解,在碱性环境中生成松散的沉渣随排污排出。水中的永硬可与 Na_2CO_3 解离生成 CO_3^{2-} 和水解生成的 OH^- 结合,分别生成 $CaCO_3$ 和 $Mg(OH)_2$ 的水渣排出,达到防垢的目的。

纯碱处理主要是降低锅水中非碳酸盐的硬度及补充锅水碱度的损失和不足。碳酸盐硬度在锅内自行分解处理,加药后不计这部分硬度,故加药量可按下式计算

$$G_0 = 53(H - A - A_0) \times W \tag{5.4}$$

$$G_1 = 53(H - A - A_0P) \tag{5.5}$$

$$G_2 = 53(A_0 - A_{测}) \times W \tag{5.6}$$

式中 G_0—— 锅炉开始运行时的加碱量,g;

G_1—— 锅炉正常运行时的加碱量,g/m³;

G_2—— 锅水碱度低于正常值时的加碱量,g;

W—— 锅水的标准水容积,m³;

H—— 给水硬度,mmol/L;

A—— 给水碱度,mmol/L;

A_0—— 水质标准规定的锅水碱度,mmol/L;

$A_{测}$ —— 实际测定的锅水碱度,mmol/L;

P—— 锅炉排污率,%。

锅炉每日用碱量

$$G_3 = nQ \cdot G_1 + G_2$$

式中 G_3—— 锅炉运行时,每天加药量,g;

n——24 小时,h;

Q—— 锅炉给水量,t/h。

纯碱法适用于 0.2 MPa< P <1.3 MPa 的锅炉,当锅水碱度为 8 ~ 20 mmol/L,pH 值为10 ~ 12 时,用纯碱处理效果较好,可以防止新垢生成使老垢脱落。处理费用低,加药设备简单,操作方便,运行可靠。

(2)有机胶法

国内常用的橡椀栲胶、柞木、烟秸都属于有机胶体之类,其中含有单宁(苯鞣酸)。有机胶体加入锅水中后有以下几种作用:

①能在金属表面形成电中性的绝缘保护膜,从而破坏金属和钙、镁盐类之间的静电吸引作用,钙、镁盐类只能以水渣的形式沉淀下来。

②含有单宁的有机胶体物质在碱性溶液中能与氧结合,减少氧对金属的腐蚀。

③有机胶体包围在钙盐质点的外层,形成隔离薄膜,抑制质点的生长增大,使其易生成沉淀。

锅内加入胶体物质的剂量,不需要按水质精确计算,可以根据锅炉运行经验而定。

(3)综合防垢剂法

将氢氧化钠、磷酸三钠和栲胶几种药剂配合使用组成综合防垢剂。视锅炉给水水质情况,按不同配比混合后投入锅炉进行锅内处理。综合防垢剂利用了几种药剂的综合效应,所以防垢效果比较明显。

锅内加药方法有两种:一是间断加药,二是连续加药。小锅炉采用间断加药较多,即每隔一定时间(例如每天或每班一次或数次)向锅水或给水加药。

锅内加药水处理设备简单,投资少,操作方便,适用于额定蒸发量小于 2 t/h 的锅炉,或额定热功率小于等于 2.8 MW 的热水锅炉。锅炉运行中要加强排污管理,以免锅炉底部出现泥渣堵塞现象。必须先排污后加药,不可加药后立即排污。

5.1.4 给水除氧

锅炉金属的腐蚀主要是电化学腐蚀。锅炉的给水和锅水都是电解质,因为锅炉的金属壁不是纯铁,总要含有其他杂质,这样,在纯铁与杂质之间就会产生电位差,纯铁部分放出电子而成为阳极,铁离子不断溶到锅水中;锅炉金属壁的杂质部分成为阴极,其得到电子会与锅水中离子(如 H^+)结合而不断被除去。

如果腐蚀产物(如 Fe^{3+})积聚在阳极,或电子 e 积聚在阴极未被除去,则两极间电位差减小而使腐蚀滞缓或停止,这种现象称为“极化”。反之,消除极化(称为“去极化”现象),会使腐蚀加速。

$pH<7$ 时,水中有较多的 H^+,H^+是阴极的去极化剂,会加速腐蚀:

$$2e+2H^+ \longrightarrow H_2\uparrow$$

同时,酸性水会使金属氧化保护层溶解,也加速腐蚀。

水中溶解氧也是阴极去极化剂,加速腐蚀:

$$O_2+4e^-+2H_2O \longrightarrow 4OH^-$$

可见,为了避免和减轻锅炉金属的电化学腐蚀,除了保持锅水一定的碱度,还要对给水进行除氧。

从气体溶解定律可知,气体在水中的溶解度与该气体在气水界面上的分压力成正比,与水温成反比。在敞开的设备中将水加热,随着水温升高,气水界面上的水蒸气分压力也增大,其他气体的分压力降低,当水达到沸点时,水界面上的水蒸气分压力与外界压力相等,其他气体的分压力都趋于零,水中溶解气体的含量也趋于零。这是热力除氧的工作原理。

也可采用抽真空的方法(真空除氧)使水温达到沸点。

还可使界面上的空间充满不含氧的气体来使界面上的氧气分压力降低(即解吸除氧)。

此外,还有采用加药法清除水中溶解氧(化学除氧)的。

5.1.4.1 热力除氧

用加热的方法除氧的设备称为热力除氧器。工业锅炉房蒸汽锅炉常采用的是大气式热力除氧器,即除氧器内的压力略高于大气压(一般为 0.02 MPa,工作温度 104 ℃),以便于逸出的气体能够排出。

常用的喷雾填料式热力除氧器如图 5.9 所示。除氧器由除氧头和除氧水箱两部分组成。给水由除氧头上部的进水管进入,进水管又与互相平行的几排带有喷嘴的喷水管连接,水通过喷嘴被喷成雾状,要求喷嘴进水压力为 0.15~0.2 MPa 左右。除氧头下部有两层孔板,孔板之间装有不锈钢填料(也称 Ω 元件),雾状水滴经填料层后落到水箱里。

蒸汽由除氧头下部的进汽管进入向上流动,析出的气体及部分蒸汽经顶部的圆锥形挡板折流,由排气管排出。排气阀开度要合适,过大会造成蒸汽浪费,过小会影响除氧效果,因此需通过反复调整,维持其最佳开度。

给水在除氧器内先是被喷成雾状加热，具有很大的表面积，有利于氧气从水中逸出，后又在填料层中呈水膜状态被加热，与蒸汽有较充分的接触，且填料还有蓄热作用，所以除氧效果较好，对负荷的波动适应性强。

除氧器进水管设有水位调节阀自动调节给水量，保持连续均匀地进水，使水位维持在正常范围内；为了保持除氧头内压力稳定，进口蒸汽管上装设蒸汽压力自动调节阀，自动调节进入的蒸汽量；除氧器上还设有安全阀，以防止除氧器内压力超过规定值。

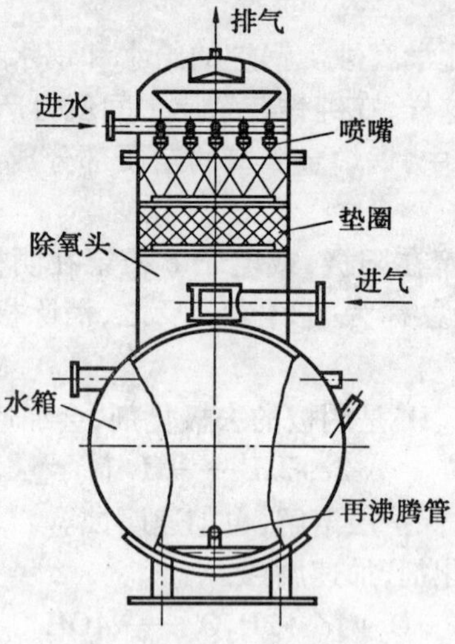

图 5.9　喷雾填料式除氧器

与除氧头相连的水箱内设有辅助蒸汽加热管，将残余气体进一步分离出来，辅助加热管用汽量一般为除氧头加热用汽量的 10% ~20% 或更多些。

对进水温度的要求见表 5.5。

表 5.5　各类热力除氧器对进水水压、水温的要求

热力除氧器类型	水压/MPa	水温/℃
溅盘式		70
喷雾式（部分补给水）	0.15 ~0.2	40
喷雾式（全部补给水）	0.15 ~0.2	20

大气式热力除氧器应设置在锅炉给水泵的上方，除氧水箱最低水位与给水泵中心线间的高差一般不应小于 6 ~7 m，以免水泵入口处发生汽化现象。

大气式热力除氧的耗汽量 D_q 可按下式计算

$$D_q = \frac{G(h_2 - h_1)}{(h_q - h_2) \times 0.98} + D_x \tag{5.7}$$

式中　G—— 除氧器最大进水量，kg/h；

h_1，h_2—— 除氧器进、出口水的焓，kJ/kg；

h_q—— 进入除氧器蒸汽的焓，kJ/kg；

0.98—— 除氧器效率；

D_x—— 排汽中蒸汽损失量，kg/h（具有排汽冷却器时为总耗汽量的 5% ~ 10%，当无排汽冷却器时不超过 1%）。

5.1.4.2　真空除氧

真空除氧是利用抽真空的办法使水面上的压力低于大气压(如真空度 80 ~93 kP),从而降低了水的沸点,使水在常温(35 ~60 ℃)下沸腾,水中溶解气体析出,从而达到除氧的目的。显然,真空度越高,水中残余气体越少。

除氧器内的真空度可借蒸汽喷射器或水喷射器来达到。图 5.10 所示为低位水喷射真空除氧系统。待除氧的软化水由水泵加压,经过换热器,加热到与除氧头内相应压力下的饱和温度以上 0.5 ~10 ℃,然后进入除氧器,由于被除氧水有过热度,故一部分被汽化,其余的水处于沸腾状态,水中的溶解气体便解析出来,气体随蒸汽一起被喷射器引出器外,送入敞开的循环水箱中,喷射用水可循环使用。除氧水通过引水泵机组引出,由锅炉给水泵送入锅炉。图5.11 是整体式低位水喷射真空除氧器。它将除氧器及进水加热器、水喷射器、循环水箱等部分组成一个整体,占地面积小,安装费用少;采用真空泵引水,可实现低位安装,节省投资,安装维修方便;设备配置无触点液位自控报警器,温度调节器,负压变送显示仪,可在控制柜上直接观察设备的运行状况及运行效果。设备运行稳定可靠,不需专人操作,使用方便。

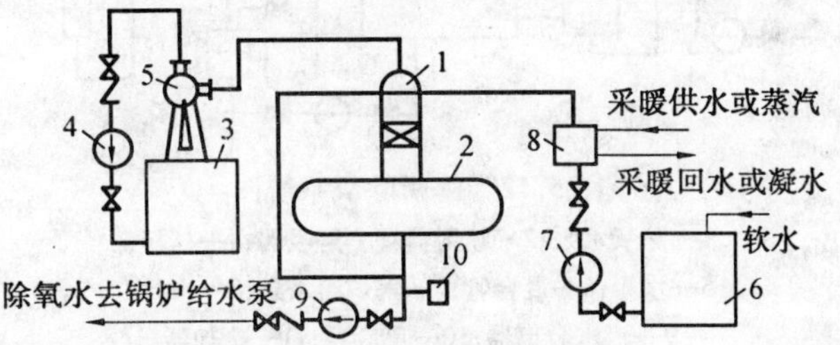

图 5.10　低位水喷射真空除氧系统

1—真空除氧器;2—除氧水箱;3—循环水箱;4—循环水泵;5—水喷射器;
6—软化水箱;7—软化水泵;8—换热器;9—引水泵机组;10—溶解氧测定仪

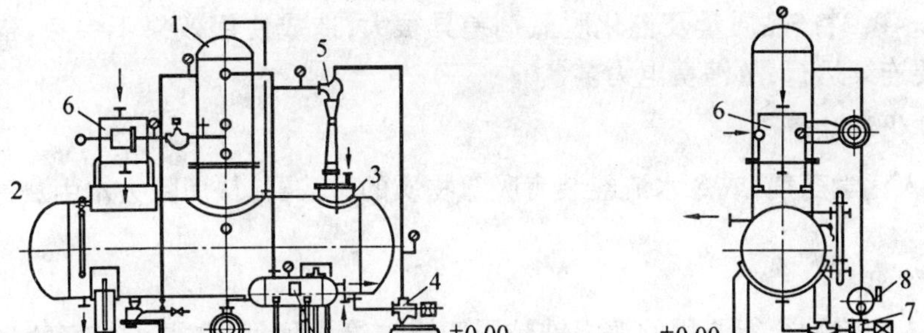

图 5.11　整体式低位水喷射真空除氧器

1—真空除氧器;2—除氧水箱;3—循环水箱;4—循环水泵;5—水喷射器;
6—换热箱;7—引水泵机组;8—溶解氧测定仪

与大气式热力除氧相比,真空除氧的优点是:蒸汽用量少或不用蒸汽,蒸汽锅炉出力可全部利用,解决了无蒸汽场合的除氧问题;给水温度较低,便于充分利用省煤器,降低锅炉的排烟温度;可实现低位安装,节省投资。只要负荷稳定或自控仪表可靠,系统严密,一般都能取得较好的效果。

5.1.4.3 **解吸除氧**

解吸除氧是将不含氧的气体与待除氧的给水强烈混合，使水中的溶解氧析出扩散到无氧气体中去，从而使给水得以除氧。

图5.12所示为解吸除氧系统。软水经水泵加压，送至喷射器高速喷出，将由反应器来的无氧气体吸入并与水强烈混合，软水中的氧气向无氧气体中扩散，然后流入解吸器中，水与气体分离，挡板4用以改善分离过程，减少水分的携带。无氧水从解吸器流入无氧水箱5，含氧气体从解吸器上部经冷却器、汽水分离器后，进入反应器中。反应器中装有催化脱氧剂，采用自动控制温度电加热至300 ℃左右。在反应器中氧气与催化脱氧剂反应，将氧气消耗，形成 CO_2，不含氧气体被喷嘴吸走，往复循环工作。无氧水箱可用胶囊密封，保证无氧水不与空气接触。

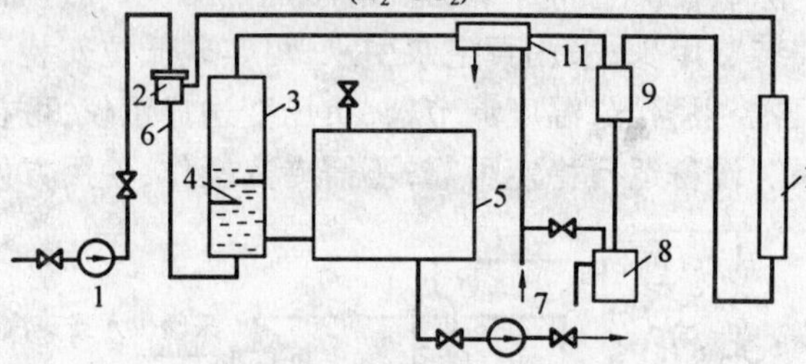

图5.12 解析除氧系统图

1—除氧水泵；2—喷射器；3—解吸器；4—挡板；
5—水箱；6—混合管；7—锅炉给水泵；8—水封；
9—汽水分离器；10—反应器；11—冷却器

解吸除氧可在常温下除氧，初投资和运行费用较低。要求喷射器前水压在0.3 MPa以上，水温为40～60 ℃，解吸器内水位不超过其高度的1/3。

解吸除氧存在以下问题：只能除氧，不能除其他气体，除氧后水中的 CO_2 含量有所增加，pH值降低0.2～0.3；产品质量及催化脱氧剂差异很大，造成使用效果不一致；锅炉要间歇补水，但除氧器要连续运行，故浪费电力。

5.1.4.4 **化学除氧**

向水中加入化学药剂，或令水流经装有吸氧物质的过滤器，从而除去水中氧气的方法称为化学除氧。

1. 薄绵铁除氧

最近几年人们将冶金行业用的海绵铁粒用于锅炉给水除氧，取得了较好的效果。将多孔疏松的海绵铁粒装入过滤器，水经过过滤器后水中的氧与铁粒氧化而除氧。出水带有少量的二价铁（Fe^{2+}），再经钠离子交换层除去水中 Fe^{2+}，由于出水 Fe^{2+} 含量很少，所以钠离子交换层的运行周期比较长。其定型产品有过滤器与交换器组合为一体的，用管道串联，下室为过滤器，上室为离子交换器，铁粒不需再生，仅适时补充。还有过滤器与交换器并列放置，用管道串联的采用微电脑自控的组合装置。

海绵铁除氧可对常温水除氧，装置简单，节省初投资；操作简单，运行费用较低；出水无毒，除氧剂无毒，不需除油、活化、再生。但在运行中要注意海绵铁粒板结，避免出水含 Fe^{2+}。

2. 亚硫酸钠除氧

亚硫酸钠除氧是中、小型锅炉常用的一种除氧方法。亚硫酸钠(Na_2SO_3)是白色结晶状粉末,易溶于水,与水中氧反应生成无腐蚀性的硫酸钠,使水中氧消失,但含盐量增加。

$$2Na_2SO_3+O_2 \longrightarrow 2Na_2SO_4$$

为使反应完全,必须使用过量的药剂,使锅水保持一定浓度的亚硫酸根离子(一般为10~20 mg/L)。

亚硫酸钠除氧水温要在40 ℃以上,否则反应缓慢,使出水达不到水质标准。若在亚硫酸钠中加入少量催化剂(比如硫酸铜、硫酸锰、氯化钴),就可以加快反应速度,在常温下使除氧水的含氧量达到标准。催化剂的加入量很少,如工业用硫酸铜($CuSO_4 \cdot 5H_2O$)只需加入0.07×10^{-6}即可。

通常将亚硫酸钠配制成质量分数为2%~10%的溶液用加药器将药液加入给水泵前(或直接打入锅筒中),投加的药剂量用下式计算

$$A = 16[O_2]a + K \ (\text{mg/L 或 g/t})$$

式中　A—— 工业亚硫酸钠投药量,mg/L;

$[O_2]$—— 给水含氧量,mg/L;

a—— 工业亚硫酸钠纯度,一般为88%以上;

K—— 工业亚硫酸钠过剩量,mg/L。

亚硫酸钠长期和空气接触,会发生氧化反应而丧失除氧能力。因此采购时要注意药剂是否因贮存过久及保管不善使药剂变质,购进的亚硫酸钠要妥善保管,以防变质。

亚硫酸钠除氧设备简单,投资少,操作方便,除氧效果稳定,但除氧水的含盐量增加。它适用于中、小型锅炉除氧或大型锅炉的辅助除氧。

3. 氧化还原树脂除氧

20世纪80年代中期,原电子工业部第十二研究所研制了Y-12-06型氧化还原树脂,并设计了树脂除氧器。这种树脂以强酸阳离子交换树脂为载体,用硫酸铜处理后,再络合上肼,使其具有氧化还原能力,待除氧水流过树脂时,树脂与氧反应而除氧。树脂失效后,还可用还原剂水合肼再生,恢复其氧化能力,故树脂可循环使用。

氧化还原树脂除氧的特点是低温除氧(在0 ℃以上即可除氧),其运行成本低,除氧完全(残余氧量为5~15 μg/L),操作方便,但出水含微量肼,含量已低于排放标准,但尚未达到饮用标准,不能用于供食堂用汽的锅炉给水除氧,它适用于热水锅炉、低压蒸汽锅炉及小氮肥厂的冷却水除氧。

5.1.5　给水除铁

工业锅炉遇到的除铁问题多数是含铁地下水的除铁。

由于地层对地下水的自然过滤作用,一般含铁地下水中只含有溶解性的铁的化合物,主要是二价铁的重碳酸盐,由于重碳酸亚铁是强电解质,能在水中充分离解,所以二价铁在地下水中主要是以二价铁离子(Fe^{2+})形式存在的。含铁地下水的pH值多数在6.0~7.5之间,随着pH值的增加,水中二价铁浓度降低,水中二价铁的浓度多数在14~0.45 mg/L之间。三价铁在pH>5的水中溶解度很小,故在地下水中含量很少。

在工业锅炉水处理中,水中铁离子比钙、镁离子更易被树脂吸附,且不易被低浓度的再生

液取代,积累在树脂颗粒内部,会降低树脂交换容量,恶化出水水质,俗称“树脂中毒”;铁质会沉淀在供水管道内形成垢,减小水流通断面积,严重时会堵塞管道,所以对于含铁离子浓度大于0.3 mg/L的原水应进行除铁处理。

天然锰砂除铁是一种接触催化除铁工艺,主要由曝气和天然锰砂过滤两个过程组成。

当水与空气接触(曝气)时,水中二价铁被氧化成三价铁,氧化生成的三价铁因在水中的溶解度极小,故以 $Fe(OH)_3$ 形式在水中沉淀析出。天然锰砂含有高价锰的氧化物 MnO_2,能对水中二价铁的氧化反应起催化作用,从而大大加速了其反应速度。天然锰砂不仅对水中二价铁的氧化反应有接触催化作用,而且又能起到对水中铁质的截留分离作用,所以曝气后的含铁地下水只经天然锰砂一次过滤,就能完成全部除铁过程。

$$4Fe^{2+}+O_2+2H_2O \longrightarrow 4Fe^{3+}+4OH^-$$

工业锅炉常用的射流泵曝气压力式锰砂除铁系统见图5.13。曝气装置采用水气射流泵,过滤装置采用压力式锰砂除铁罐。

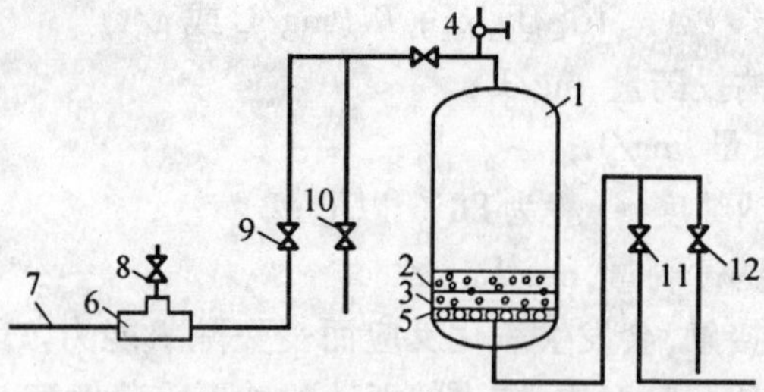

图5.13 射流泵曝气压力式锰砂除铁系统

1—压力式锰砂除铁罐;2—锰砂滤料层;3—垫料层;
4—排气管;5—配水装置;6—射流泵;7—生水管;
8—进气阀;9—进水阀;10—反冲洗排水阀;
11—出水阀;12—反冲洗进水阀

含铁地下水经深井泵送来,流过射流泵6时由进气阀8吸入空气与水混合后送入锰砂除铁罐1中,与锰砂料层接触加速氧化反应,使二价铁生成沉淀,并被截留。除铁水由底部排水装置收集,经出水阀11流出。

滤料采用天然锰砂,粒径一般为0.6~2.0 mm,垫料层可用天然锰矿石,也可用河卵石代替。锰砂除铁罐一般用除铁水进行反冲洗,反冲洗的强度应能使滤层全部悬浮起来,其数值应通过实验确定,反冲洗时间一般为5~10 min。

反冲洗时,打开冲洗阀,冲洗用水经底部配水装置,分配到整个断面上,利用水的反冲流速,使滤料相互摩擦,滤料中的铁泥被清洗出来,随水流从上部排出,滤料冲洗干净后再进行除铁过滤过程。

5.1.6 锅炉排污

锅炉给水虽然经过水处理后已经符合锅炉给水标准,但在蒸汽锅炉中,随着水的不断蒸发、浓缩,锅水中的杂质浓度将不断增加,残留在水中的少量硬度物质又有结成水渣和水垢的能力。另外,锅水含盐浓度过高会使铝水表面张力减小,容易发生起沫和汽水共腾现象。

通常采用经常放掉一部分锅水,同时补入等量的给水,即锅炉排污的方法来降低锅水的含盐量,控制锅水的水质符合规定的标准。

锅炉运行时,锅水会产生不少水渣,水渣在锅内沉积过多会形成水垢,甚至堵塞管子。锅炉排污除了保持水质,还有排除水渣的目的。为此,锅炉排污方式有定期排污和连续排污两种。

5.1.6.1 **定期排污**

定期排污主要是排除沉积在底部的水渣和沉积物,同时排放出一部分锅水,当然也有降低锅水含盐量的作用。每台锅炉都必须设有定期排污,中、大型蒸汽锅炉兼有定期排污和连续排污,其降低锅水含盐量的任务主要由连续排污来承担。

4 t/h 以下的锅炉一般无连续排污装置,仅有定期排污。此时定期排污承担排除水渣和沉积物及降低锅水含盐量的双重任务。

定期排污管设在锅筒(锅壳)、水冷壁各下集箱的最低处,也称为底部排污。

定期排污也可用来作为迅速降低锅水含盐量,或迅速降低水位。新安装的锅炉投入运行的初期,或停炉保养后初次启动,要加强排污,以排除锅水中的铁锈和积存的水渣等物。

定期排污量 V_d 的计算式

$$V_d = ndhl\ (\mathrm{m}^3) \tag{5.8}$$

式中 n—— 上锅筒个数;

d —— 上锅筒直径,m;

l—— 上锅筒的长度,m;

h—— 水位计中水位下降的高度,一般为 0.1 m。

5.1.6.2 **连续排污**

连续排污是连续不断地排除锅水中的盐分杂质,由于上锅筒蒸发面附近的盐分浓度较高,所以连续排污管设在上锅筒低水位下面,也称表面排污。在锅外的排污管上串联两个阀门,用来控制排污量的大小。连续排污调节锅水浓度时,可使锅水的含盐量等平稳地保持在水质标准规定的限值内,排污量少,比较经济,并有利于排污水的利用。

工业锅炉房的连续排污量的大小以保持锅水标准为原则,故可以碱度或含盐量来计算。含碱量平衡关系式为

$$D_bA_b + D_hA_q = D_pA_g + DA_q$$

式中 D—— 锅炉的蒸发量,t/h;

D_p—— 锅炉的排污水量,t/h;

D_h—— 锅炉凝结水回收量,t/h;

D_b—— 锅炉的补给水量,t/h;

A_b—— 锅炉的补给水碱度,mmol/L;

A_q—— 蒸汽带走的碱度,mmol/L;

A_g—— 锅水允许的碱度,mmol/L。

因蒸汽及凝结水中的含碱量很小,与补给水中的含碱量相比可以忽略不计。锅炉补给水量 D_b 为凝结水损失量 αD 与排污损失量 D_p 之和,如果利用排污扩容器可以减少部分排污水损失,其排污水损失则为 $(1-\beta)D_p$,不考虑定期排污损失,则上式可写成

$$[\alpha D + (1-\beta)D_p]A_b = D_pA_g$$

用排污率 p_1 表示

$$p_1 = \frac{D_p}{D} \times 100\% = \frac{\alpha A_b}{A_g - A_b(1-\beta)} \times 100\% \tag{5.9a}$$

式中 α—— 凝结水损失率，即凝结水损失量与蒸发量之比；

p_1—— 以碱度计算的排污率，即排污量对蒸发量的百分比，%；

β—— 排污扩容器分离系数，即分离出的二次汽量占排污量的比例。

在不设排污扩容器的条件下(即 $\beta = 0$)，上式的形式即为

$$p_1 = \frac{\alpha A_b}{A_g - A_b} \times 100\% \tag{5.9b}$$

同样，排污率也可按含盐量平衡关系来计算

$$p_2 = \frac{\alpha S_b}{S_g - S_b} \times 100\% \tag{5.10}$$

式中 p_2—— 按含盐量计算的排污率，%；

S_b—— 补给水含盐量，mg/L；

S_g—— 锅水允许的含盐量，mg/L。

计算排污率时，应分别按碱度和含盐量求出 p_1 和 p_2 后，取其中较大的数值。对于工业锅炉，排污率应控制在 10% 之内，如排污率过大，使热量损失加大，不经济，此时选择水处理方式时要考虑除盐或除碱措施，采用何种措施，要先进行技术经济比较。

5.1.7 锅炉水处理方法选择

对额定蒸发量小于等于 2 t/h，额定出口蒸汽压力小于等于 1.0 MPa 的各类锅炉，以及额定热功率小于等于 2.8 MW 的热水锅炉可以采用锅内加药处理。

蒸发量在 2 t/h 以上时，一般采用水管锅炉。这种锅炉的热效率较高，对水质的要求也较高，要采用锅外水处理。

当锅炉额定蒸发量大于等于 6 t/h 时应设除氧装置，额定蒸发量小于 6 t/h 的锅炉如发现局部腐蚀时应采取除氧措施；锅炉额定热功率大于等于 4.2 MW 时应除氧，额定热功率小于 42 MW 的热水锅炉应尽量除氧。

快装锅炉在出厂前就整体组装好，这种锅炉受热面蒸发率较高，体积小，热效率较高，锅炉结垢后，内部清除较困难，必须用化学清洗，因此，对水质要求较严格。

燃油锅炉和燃气锅炉运行过程采用自动控制，水处理和除氧可采用全自动设备。

不同的水源水质，要求不同的水处理方法。一般而言，未受污染的地表水，其硬度、碱度都较低，往往只需软化；地下水的差异较大，其共同特点是碱度较高，因此，除软化外常需考虑除碱；工业锅炉一般都不除盐，只有含盐量很高的水，一般软化、除碱不能解决时，才考虑除盐；含铁浓度高的地下水则需除铁。

锅炉水处理方法的选用要根据炉型、水质、工程实际情况选用适当的水处理方法和系统。在保证处理后的水质达到要求的前提下，既考虑该项技术的先进性和用户对该项技术掌握的程度，也要考虑初投资和运行费用，通过技术经济比较选定最适合的水处理方法和系统。

单元二　水泵安装

5.2.1　水泵安装准备

在锅炉房中使用的水泵的种类并不多,主要分为两类:一种是常用的中、低压离心泵;另一种是蒸汽往复泵。离心泵和蒸汽往复泵在安装工艺上大致相同,下面我们主要介绍离心泵的安装。

5.2.1.1　安装前的清点和检查

根据安装图纸及设备随机文件(清单)对泵体、各零部件逐一清点,数量、型号与设计要求、文件目录是否一致,产品合格证是否齐全。

清点同时进行质量检验:

(1)泵的外壳:不得有裂纹、砂眼,刮部分漆检查是否为新设备,另用0.05 mm塞尺检查泵壳底脚与泵座之间接触是否良好。

(2)转子:用手盘动联轴节检查是否转动灵活而无明显的摩擦阻感及异响,泵轴光滑无损伤、裂纹。叶轮、导翼和诱导轮应清洁、无损伤、裂纹。叶轮与轴套装配应紧密,叶轮转向应与泵壳上标定一致。

(3)油位计安装正确。

清点及检验合格后,会同甲方代表填写产品开箱清单,详细记录检查结果,并与甲方代表办理验收手续。

5.2.1.2　基础的验收

向土建部门索取基础测量报告并进行复检。首先对基础进行外观检验,不得有裂纹、剥落面、钢筋裸露、基础下沉的现象,清理预留孔。并根据基础测量报告及设计图纸、随机文件对基础进行实测检查:

(1)基础外形尺寸中心线及位置应符合要求;

(2)基础地脚孔间距、尺寸大小、深度都应符合设计要求及随机文件的要求;

(3)检查基础表面水平度,应符合安装垫铁高度的要求;

(4)对基础表离心面凿出麻面,便于二次灌浆。

5.2.2　水泵安装

5.2.2.1　泵的就位

(1)将泵运至基础附近,最好用机械搬运,条件不允许时,常用拍子和滚杆,但是不得直接将泵体放在滚杠上运输。

(2)标定基础的纵、横向中心线,合理布置垫铁的位置。垫铁的布置应符合现行国家标准《机械设备安装工程施工及验收通用规范》的规定。

(3)清洗:对于整体出厂的泵在防锈保证期内,其内部不宜拆卸,只清洗外表。如超过防锈保证期或有明显缺陷需拆卸时,其拆卸、清洗和检查应符合设备技术文件的规定。如无规定,则需清洗叶轮部件、冷却水管管路以保持清洁,管道泵不应拆洗。

对于解体出厂的泵应对泵的主要零件、部件和设备表面清洗洁净后应去除水分,并将其表面涂上润滑油按装配的顺序分类放置。

(4)将泵体放置在垫铁上,按基础上所标定的中心线进行找正,并用水平仪在底座水平加工面上和泵出水口法兰面进行测量,调整水平与标高。整体安装的泵,纵向水平安装偏差不应大于0.1/1 000,横向安装水平偏差不应大于0.2/1 000,解体安装的泵纵向和横向水平偏差不应大于0.05/1 000,并同时在水平中分面、轴的外露部分进行测量。

以上情况符合要求后进行灌浆固定,经过4天水泥凝固后,进行电机的安装。

5.2.2.2　联轴器的找正

在所有的泵,其电机均未进行过微调找正。因此,除了找正泵体外,还要对联轴节进行找正,以保证泵与电机同心。其同心度、两轴水平度、两联轴节端面之间的间隙以设备技术文件为根据。

找正的方法有多种,例如:用卡箍及塞尺找正法、卡尺及塞尺找正法、百分表和接长架测量法、用磁座百分表架找正法等,如图5.14所示。

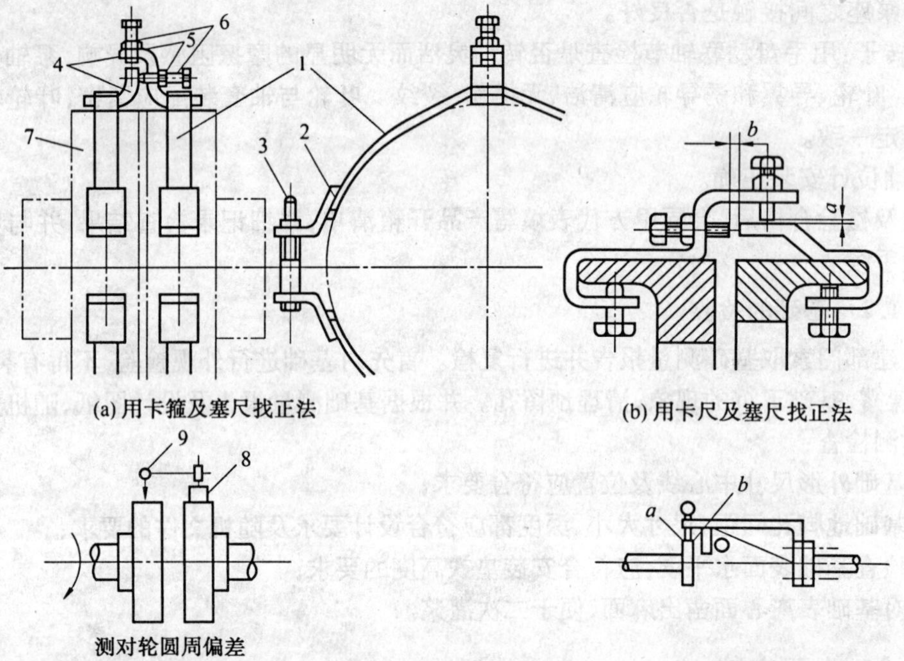

(a)用卡箍及塞尺找正法　(b)用卡尺及塞尺找正法
(c)用磁座百分表架找正法　(d)用百分表和接长架测量法

图5.14　联轴器找正常用的夹具和量具

1—卡箍;2—角钢;3—夹紧螺丝;4—卡子;5—螺母;6—测点螺钉;7—联轴器;8—电磁底座;9—百分表

找正时,在两轮外圆上划出四等分,同时转动两轴,用量具在轴每转90°时测量a、b的数值,每个位置上,外圆只记一个径向读数a就可以了,但在端面记录两个轴向读数b_1、b_2,取其和的一半做记录,为确保测量的准确性,可多测几次如图5.15所示。几点上的测量数据如不同,需在电机座与泵座接触面上增加铜片予以调整直至数值相等。如果电机轴a值均大于泵轴a值,这时就应对电机座或泵座接触面进行处理。

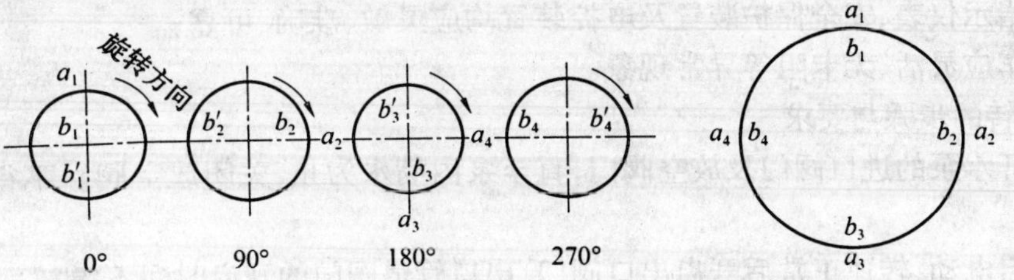

图 5.15　联轴器转动四个位置的读数

5.2.2.3　泵的解体装配

一般情况下，泵在出厂前都经过严格的检验，一般不需进行解体重新装配，但如随机文件有解体要求时，则应进行这一程序。

1. 轴封填料环

轴封填料环是用来防止或减少从泵内泄漏液体及空气进入泵内。在装填料前，清洗填料盒后选用适合于填料盒规格的填料。并同时将填料切成和盘轴的周长相等的长度，切口面为45°角搭口，填料环压入填料盒时，接口处稍留一点间隙。另外要注意几点：一是填料挡套和轴套之间有 0.3 ~0.5 mm 的间隙，不能过大；二是填料环的外缘和填料盒的内壁之间的径向间隙应为 0.1 ~0.2 mm，不宜过大。

2. 泵的轴封

填料密封装置见图 5.16。

水封环的位置对准水封管的封口。以防止水向外流出及空气吸入泵腔内而影响正常工作。一般在新装填料时，可把水封环的位置稍微装在外面一些，这样，压紧填料环时就能正好对准引水管孔口。

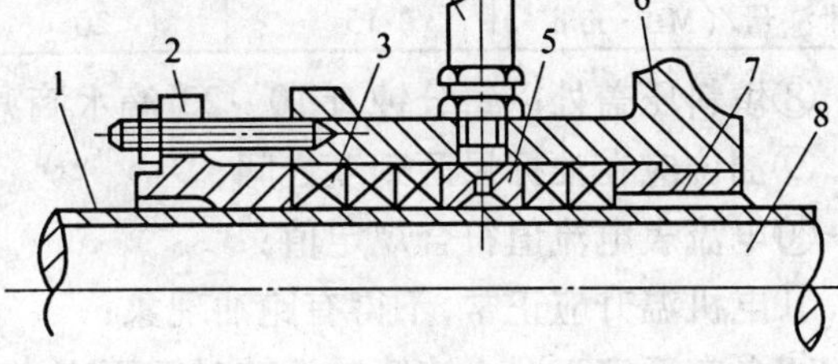

图 5.16　填料密封装置

1—轴套；2—填料压盖；3—填料；4—水封管；5—水封环；6—填料盒；7—填料挡套；8—轴

3. 其余各部位的装配间隙应符合《机械设备安装工程施工及验收规范规定》。

5.2.2.4　二次浇灌

在泵安装、装配工作完成后可进行基础的二次浇灌。砂浆配合比为 1 : 2（体积比）。

（1）基础表面清理干净。浇灌要密实，不得有空鼓现象，抹面平整。

（2）灌浆 3 昼夜即可。

5.2.3　水泵试运转

5.2.3.1　离心泵的试运转

1. 试运转前的检查

（1）电动机转向与泵转向相符；

（2）各固定连接部位无松动；

（3）电机单独试运转不少于 2 h，无异常现象；

（4）各润滑部位加注润滑剂的规格和数量符合设备技术文件的规定；

(5)各指示仪表、安全保护装置及电控装置均应灵敏、准确、可靠；

(6)盘车应灵活、无卡阻等异常现象。

2. 试运转的步骤与要求

(1)打开水泵的进口阀门及放空阀门，直至泵内满水为止，关闭放空阀。不得在泵内无液体时启动。

(2)开启电动，转速正常后开启出口阀门，出口管道阀门的开启时间不得超过3 min，将泵调节到设计工况，不得在性能曲线的驼峰处运转。

(3)泵试运转时应符合下列要求：

①各固定连接部位不应有松动；

②转子及各运动部件运转正常，不得有异常响动和摩擦现象；

③附属系统的运转正常，管道连接应牢固无渗漏；

④滑动轴承的温度不应大于70 ℃，滚动轴承的温度不应大于80 ℃；

⑤各润滑点的润滑油温度、密封液和冷却水的温度均应符合设备技术文件的规定，润滑油不得有渗漏和雾状喷油现象；

⑥泵的安全保护和电控装置及各部分仪表均应灵敏、正确、可靠；

⑦填料密封的泄漏量应符合表5.6的规定；

表5.6　填料密封的泄漏量

设计流量/($m^3 \cdot h^{-1}$)	≤50	50~100	100~300	300~1 000	>1 000
泄漏量/($ML \cdot min^{-1}$)	15	20	30	40	60

⑧填料压盖处以每分钟有10~20滴水滴漏为宜；

⑨油位应在油标尺两刻度之间；

⑩电流表电流值符合规定值；

⑪电机温升应正常，不得有跑油现象；

⑫泵在额定工况点连续试运转时间不应小于2 h。

(4)泵停止试运转的要求：

①关闭泵的入口阀门，待泵冷却后再依次关闭泵的附属系统的阀门；

②长时间不使用时，应放尽泵体内积存的液体，防止锈蚀和冻裂。

3. 离心泵常见的问题及其防治

(1)严格按设计规范架设管道及管道支架，以防由于管道和阀门的重量压在泵体上造成泵体断裂、损坏。

(2)有时水泵不吸水，压力表指针剧烈摆动时，要注意启动前应给水泵注满水；检查吸水管是否堵塞和有漏气处；水泵电机转速是否低；水泵旋转方向是否正确。

(3)水泵运转时振动过大：①水泵与电机同轴度超出偏差；②固定好进、出水管；③拧紧地脚螺栓；④修理或更换水泵轴、叶轮。

(4)轴承过热：①仔细清理轴承；②加油、换油，修整或更换油环；③ 重新调整轴承间隙。

(5)水泵电机电流过大：①电机启动时，应关闭水泵出口阀门；②平衡环板倾斜太大，及时检查调整。

(6)电机过热时要注意电机是否超载运行。

5.2.3.2 蒸汽往复泵的安装及试运转

1.安装

蒸汽往复泵的就位与离心泵的就位基本相同,另有一些具体的安装要求如下:

(1)蒸汽往复泵的找正应以机身滑道、轴承座、轴外露部分或其他加工面为基准进行测量。泵的纵横向不水平度不超过0.1/1 000。

(2)气阀出厂已调整好,无需再调。

2.试运转

泵的安装找正、清洗工作完成后,汽、水管路系统连接好后,开始试运转。

(1)启动前把蒸汽缸的全部放水阀门打开,放去凝结水。

(2)开启水缸进出口水阀,打开气旋塞和放水旋塞。

(3)将进汽阀门稍开,先进行暖缸,待放水旋塞冒出蒸汽后将放水旋塞关闭。

(4)将蒸汽阀逐步开大,待水缸放水及放气旋塞中有水流出后,关闭放水旋塞和放气旋塞。开启给水阀门,向锅炉给水。

(5)及时注意水缸内是否有气,可定期打开水缸空气阀进行排放,以免水缸产生气阻,而影响进水。

(6)试运转过程按下列程序进行:无负荷运转不少于15 min,正常后按工作压力1/4、1/2、3/4运转不少于0.5 h,最后在工作压力不连续运转不少于8 h,在前一压力仍未合格时,不能进行后一压力级的运转。

(7)泵的流量调节应采用旁路调节或调节进汽阀门的开度来实现,而不能采用调节出口阀门的方法进行调节。

(8)停机时应先关蒸汽阀门,然后关闭进水阀门,并开启放水阀门,然后开启汽缸和水缸下部的放水旋塞,把缸内积水排净。

(9)泵在额定排出压力时,其进汽压力不应超过规定值。进汽、排汽压力差应保持在规定的范围内。

(10)对双缸蒸汽往复泵,其两缸行程差不应超过额定行程的5%。

(11)液压端液缸密封处的泄漏量不应大于20滴/min。

3.蒸汽往复泵常见问题及其防治

(1)启动后不出水:①打开进水管阀,检查进水管是否堵塞;②吸水管尺寸、高度、安装是否符合设计规范;③水缸式汽缸的活塞环是否损坏而漏气;④吸水管中存在气堵现象。

(2)水泵不动作:①蒸汽压力偏低;②放气阀及蒸汽阀门是否打开;③阀杆密封过紧及机械部分变形或被卡住。

(3)水泵运转时突然停机:①排出管上的阀门关住了或排水阀卡住;②活塞杆是否损坏。

(4)打开汽阀但无动作:①排汽管堵塞;②出水管道上阀门未开。

(5)水泵运行中有冲击声:①活塞的运动速度过快;②阀门损坏;③活塞连接部件脱落。

5.2.4 泵的安装质量检验评定标准

泵的安装质量检验评定标准见表5.7。

表 5.7　泵的安装质量检验评定标准

项别	项目			质量标准	检验方法	检查数量
保证项目	1	离心泵泵体	水平度	允许偏差每米不得大于 0.1 mm	用水平仪在泵的底座、泵壳水平中分面、轴颈或主轴外露部分检查	按一个厂房、车间或站内泵的台数抽查 20%（其中应包括各组别中的大型泵），但不得少于 1 台
	2		铅垂度			
	3	往复泵	泵体水平度	泵体纵、横向水平度的允许偏差不得大于 0.1/1 000	用水平仪在机身滑道，水（气）缸镜面或其顶端平面、轴承座或其他光洁平面检查	
	4		轴瓦与轴颈间隙	轴瓦与轴径的径向间隙（顶间隙和侧间隙）和轴向间隙必须符合设备技术文件的要求	用压铅法和塞尺插试检查或检查施工记录	
	5		同轴器同轴度	电动机、减速器、泵体曲轴与联轴器相连接，其同轴度的允许偏差必须符合设备技术文件要求	用塞尺或专用工具检测	
	6		轴颈水平度	轴颈水平度的允许偏差不得大于 0.1/1 000	用水平仪检查	
	7		曲轴中心垂直度	曲轴中心与机身滑道中心线垂直度的允许偏差必须符合设备技术文件的要求	以机身滑道为准，拉中心线用内径百分尺检查	
	8	往复泵	活塞组装	活塞在水（气）缸内两端死点的间隙，必须符合设备技术文件的要求： (1)运转中无较大振动，声音正常，各连接部分不得松动或泄漏； (2)滚动轴承最高温度不得超过 70 ℃，滑动轴承不得超过 60 ℃		按一个厂房、车间或站内泵的台数抽查 20 %（其中应包括各组别中的大型泵），但不得少于 1 台
	10		往复泵（在轻负荷下运转 10 min，在 1/2 和 3/4 公称压力各运转 1 h，最后在公称压力下运转不少于 8 h）	(1)连接法兰和密封装置不得有渗漏现象； (2)润滑油温度不得超过 60 ℃，压力不得低于设备技术文件的要求值； (3)各运转部件不得有不正常的声响和摩擦现象； (4) 冷却水供应正常，进出口水温不得超过设备技术文件的要求； (5)电动机的电流不得超过额定值	用压铅法检查或检查施工记录	

续表5.7

<table>
<tr><th>项别</th><th colspan="3">项目</th><th>质量标准</th><th>检验方法</th><th>检查数量</th></tr>
<tr><td rowspan="7">基本项目</td><td>1</td><td colspan="2">地脚螺栓</td><td>质量标准应垂直，螺母应拧紧，扭力矩一致。螺母与垫圈和垫圈与设备底座的接触应紧密</td><td>用手拧试和观察检查</td><td rowspan="10">按一个厂房、车间或站内泵的台数抽查 20%（其中应包括各组别中的大型泵），但不得少于1台</td></tr>
<tr><td>2</td><td colspan="2">垫铁</td><td>垫铁组应放置平稳，位置正确，接触紧密，每组不应超过3块</td><td>用小锤轻击和观察检查</td></tr>
<tr><td rowspan="3">3</td><td colspan="2" rowspan="3">离心泵及轴流泵解体组装</td><td>(1)叶轮吐出口的中线与涡室的中线应对准，多级泵在平衡盘与平衡环张紧的情况下，叶轮吐出口外缘的位置应在导翼进口宽度范围内</td><td>用钢板尺和观察检查</td></tr>
<tr><td>(2)叶轮和密封环或轴流泵叶片外圆与泵壳的间隙应均匀，每侧径向实际最小间隙，不应小于设备技术文件要求值的40%，但径向两侧间隙之和不应大于要求的最大值。输送含有固体颗粒悬浮物质的离心泵，叶轮壁两侧与涡室的间隙，应调整到设备技术文件的要求值</td><td>用塞尺插试检查</td></tr>
<tr><td>(3)填料环应对准水封管。填料压盖与泵轴的间隙应均匀，不应互相摩擦</td><td>用塞尺插试和观察检查</td></tr>
<tr><td>4</td><td colspan="2">底座与传动轴、泵管</td><td>底座与传动轴、泵管的中心线应垂直，与泵管的连接法兰应对准，螺栓紧固</td><td>用水平仪、扳手拧试和观察检查</td></tr>
<tr><td>5</td><td colspan="2">电动机轴孔间隙</td><td>电动机转子轴孔与传动轴的间隙应均匀</td><td>用塞尺插试检查</td></tr>
<tr><td rowspan="3"></td><td>6</td><td rowspan="3">往复泵</td><td>轴瓦与轴颈接触面</td><td>接触面不应小于60°，接触面积不应小于接触弧面的70%，接触点分布均匀</td><td rowspan="2">用着色法检查或检查施工记录</td></tr>
<tr><td rowspan="2">7</td><td rowspan="2">十字头、滑块和连杆</td><td>(1)连杆大头轴瓦与轴柄销和连杆小头轴瓦(套)与十字头销的接触面积，分别不应小于大头轴瓦和小头轴瓦(套)面积的80%。
(2)滑块与机身滑道接触面积，不应小于滑块面积的60%，接触点分布均匀</td></tr>
<tr><td>(3)全部连接螺栓应拧紧，全部锁紧装置应锁牢</td><td>用扳手拧试和观察检查</td></tr>
</table>

续表 5.7

<table>
<tr><th>项别</th><th colspan="5">项目</th><th>质量标准</th><th>检验方法</th><th>检查数量</th></tr>
<tr><td></td><td>8</td><td colspan="4">清洗</td><td>(1)离心泵只清洗外表面和组装件。出厂时已装配完善的部件不应拆卸清洗；
(2)往复泵组装部分和润滑系统的油箱、油管、阀件、过滤器和部件中的油路等应清洗干净</td><td>观察检查和检查清洗记</td><td rowspan="4">按一个厂房、车间或站内泵的台数抽查 20%(其中应包括各组别中的大型泵)，但不得少于1台</td></tr>
<tr><td rowspan="3">允许偏差项目</td><td>1</td><td rowspan="3">安装基准线</td><td colspan="3">与建筑轴线距离</td><td>允许偏差 ±20 mm</td><td>用钢卷尺检查</td></tr>
<tr><td>2</td><td rowspan="2">与设备</td><td colspan="2">平面位置</td><td>允许偏差 ±10 mm</td><td rowspan="2">用水准仪和钢板尺检查</td></tr>
<tr><td>3</td><td colspan="2">标高</td><td>允许偏差 +20 mm
−10 mm</td></tr>
</table>

学习任务六　汽、水系统安装

【教学目标】通过项目教学活动，培养学生具有确定汽、水系统方案的能力，能选择合理的设备；具有汽、水系统主要设备安装基本能力；培养学生良好的职业道德、自我学习能力、实践动手能力和分析、解决、处理实际问题的方法能力，以及诚实、善于沟通和合作的专业素养。

【知识目标】

1. 掌握锅炉房汽、水系统组成；
2. 掌握锅炉房汽、水系统主要设备的选择。

【主要学习内容】

单元一　蒸汽锅炉房汽、水系统

6.1.1　给水系统

对于蒸汽锅炉，锅炉房的汽、水系统包括蒸汽、给水、排污三部分。将给水送入锅炉的设备、管道和附件等，称为给水系统；将蒸汽从锅炉送出经分汽器（分汽缸）引出锅炉房的管道和附件，称为蒸汽系统；将锅炉排污水引出锅炉房的管道、设备及附件组成了排污系统。

对于热水锅炉，则有热水系统及补给水系统。

6.1.1.1　锅炉房的给水系统

1. 给水系统的组成

蒸汽锅炉房的给水系统由给水箱、锅炉给水泵、水处理设备、凝结水回收设备、给水管道及阀门、附件等组成。

工业锅炉房一般均采用多台锅炉集中（母管制）给水系统。

蒸汽锅炉房的给水方式应根据热网回水方式和水处理方式确定。当凝结水采用压力回水时，可将回水和软化补给水汇入一个水箱，然后由软水加压泵送至除氧器，除氧水再经给水泵送入锅炉。

当凝结水采用自流回水时，凝结水箱一般可设在地下室内。回水进入凝结水箱后由凝结水泵送至给水箱，再经软水加压泵送入除氧器，除氧水经给水泵进入锅炉。

当锅炉房有不同压力的回水时，可在高压回水管道上设扩容器，使回水压力降低产生二次蒸汽，然后再进入结水箱。

2. 给水管道

由除氧水箱或给水箱接至锅炉给水泵入口的管道称为吸水管道；由给水泵出口到锅炉给水阀之间的管道，称为压水管道，二者总称为锅炉的给水管道。

蒸汽锅炉房一般采用单母管给水系统。这种系统运行可靠，管道简单，维修方便。但对于常年不间断供汽的锅炉房和给水泵不能并联运行的锅炉房，锅炉给水母管宜采用双母管给水或采用单元制锅炉给水系统（即1泵对1炉另加1台公共备用泵）。双母管给水，两根管道同时使用，每根管道的管径均按不小于锅炉最大给水量来确定。

给水泵吸水母管由于水压较低，一般采用单管。

考虑到给水管道的泄水和排气,安装时给水管道应设有不小于0.003的坡度,坡度方向与水流方向相反。在管道最高点应设放气阀,在管道最低点应设放水阀。

每台锅炉给水泵出口应装设截止阀,在截止阀和水泵之间设止回阀,以防止水倒流,避免给水泵停泵时水泵因受到过大压力而损坏。给水泵入口应装设切断阀,一般采用闸阀,以减小水流阻力。汽动泵出口处可不设止回阀。

锅炉的每个进水口处都应装设截止阀和止回阀,两阀应紧密相连接,截止阀紧靠锅炉,此处截止阀一般只作启闭用。

每台锅炉给水管上应装供调节用的阀门,手动调节阀应设在司炉操作处,以便控制。对于蒸发量大于4 t/h的锅炉,应采用给水自动调节装置,同时也应能进行人工调节。

离心式给水泵如必须于短期内在低负荷下运行时,可在给水泵的出口管至止回阀之间接出一根循环管,使有足够的水量通过水泵,经调节阀后返回给水箱中,以免因离心式水泵送水量过少,叶轮与水摩擦生热引起水温升高,使泵内汽化而断水。循环管上应设减压孔板或调压阀。循环管管径可按循环水量计算。

省煤器应有给水旁通管,无旁通烟道的省煤器出口应有接至给水箱的循环水管。

6.1.1.2　**给水系统的设备**

为了保证锅炉安全、可靠、连续地运行,必须保证不断地向锅炉供水,因此,必须选择合适的给水设备。给水系统的设备包括给水、凝结水回收设备和水处理设备。

1. 给水泵的选择原则

工业锅炉房常用的给水设备有电动离心式水泵、汽动活塞式水泵,小型锅炉也有用蒸汽注水器的。

电动离心式水泵广泛应用于工业锅炉房给水系统。常用的有IS型单级单吸离心泵,XA型单级单吸离心泵,D型和DG型多级分段式离心泵和GC型多级分段式离心泵。对于要求流量小、扬程高的给水泵,常选W型旋涡泵来满足这种要求。

汽动泵虽然工作可靠,操作简单,便于调节给水量,但因其结构笨重,出水量不均匀,且耗汽量大,因此一般作为备用泵。

根据离心泵特性曲线,在增加水泵流量时,会使水泵扬程减小,而给水管道的阻力会增加。

因此,在选用电动离心泵时,应以最大流量和对应最大流量的扬程为准,在正常负荷下工作时,剩余的压力可由阀门的节流来消除。水泵的进水温度应符合水泵技术条件所规定的给水温度。

给水泵台数的选择,应能适应锅炉房全年负荷变化的要求,且不少于2台,并使水泵能在高效率下运行。应选效率较高,尺寸较小,质量较轻的水泵,要以节能为重点。

给水泵应设置备用泵,以便检修时能保证锅炉房正常供汽。当最大一台给水泵发生故障而停止运行时,其余并联运行的给水泵的总流量,应能满足所有运行锅炉在额定蒸发量时所需给水量的110%。

以电动给水泵为主的蒸汽锅炉,宜采用汽动给水泵作为事故备用泵,其流量应满足运行锅炉在额定蒸发量时所需给水量的20%～40%,采用汽动给水泵作为电动给水泵的工作备用泵时,汽动泵的流量不应小于最大一台电动给水泵的流量;当其流量为所有运行锅炉在额定蒸发量所需给水量的20%～40%时,不应再设置事故备用泵。

具有一级电力负荷，或停电后锅炉停止运行，且不会造成锅炉缺水事故的锅炉房，可不设置事故备用汽动给水泵。

2. 电动离心式给水泵的选择计算

(1) 给水泵扬程的计算

给水泵提供的压力，应能够克服锅筒内蒸汽的压力、省煤器和给水管路的阻力，以及锅筒中水位与给水箱水位差产生的静压力，此外，为了供水的安全可靠，还应有一定的备用压力。

锅炉给水泵的设计扬程 H 应按下式计算

$$H = H_1 + H_2 + H_3 + H_4 (\text{MPa}) \tag{6.1}$$

式中 H_1—— 锅炉锅筒在设计的使用压力下安全阀的开启压力，MPa；

H_2—— 省煤器及给水管路的水流阻力，MPa；

H_3—— 给水系统的水位差，MPa；

H_4—— 附加扬程，通常取 0.05 ~ 0.1 MPa；

一般在设计中可按经验公式计算

$$H = P + (0.1 \sim 0.2)(\text{MPa}) \tag{6.2}$$

式中 P—— 锅炉工作压力，MPa。

对有省煤器的锅炉，上式取较高值。

(2) 离心式水泵电动机功率

离心式水泵电动机功率 N 可按下式计算

$$N = K\frac{QH}{3.6\eta_1\eta_2} (\text{kW}) \tag{6.3}$$

式中 Q—— 水泵流量，m^3/h；

H—— 水泵扬程，MPa；

η_1—— 水泵效率，按水泵样本采用；

η_2—— 水泵传动机构的机械效率，直接传动时 $\eta_2 = 1.0$；三角皮带传动时 $\eta_2 = 0.95$；联轴器传动时 $\eta_2 = 0.98$；

K—— 电动机容量安全系数，见表 6.1。

表 6.1 电动机容量安全系数

电机功率/kW	K	电机功率/kW	K	电机功率/kW	K
< 1.0	1.7	5 ~ 10	1.3 ~ 1.25	60 ~ 100	1.1 ~ 1.08
1 ~ 2	1.7 ~ 1.5	10 ~ 25	1.25 ~ 1.15	> 100	1.08
2 ~ 5	1.5 ~ 1.3	25 ~ 26	1.15 ~ 1.1		

(3) 离心式给水泵所需的灌注头和允许吸上高度

给水箱最低水位高出给水泵中心线的高度称为水泵所需灌注头(也称正水头)H_g，为了防止水在给水泵进水口处发生汽化，必须保证水泵进水口处叶轮所受的水压大于该处水温下的饱和压力，所以水泵的最小正水头 H_g 为

$$H_g \geq \Delta h - \frac{(\rho_b - \rho_v)}{\rho g} + \sum h_c (\text{m}) \tag{6.4}$$

式中 Δh—— 样本提供的水泵允许汽蚀余量，m；

p_b—— 给水箱中液面的绝对压力,kPa;

p_v—— 水泵进水口处水的汽化压力,kPa,见表 6.2;

ρ—— 在工作温度下的密度,kg/L;

g—— 重力加速度,m/s^2;

$\sum h_c$—— 水泵吸水管路的总阻力,m。

表 6.2　不同水温下的汽化压力

给水温度/℃	kPa	mH_2O	给水温度/℃	kPa	mH_2O
10	1.17	0.12	60	19.80	2.02
20	2.35	0.24	70	31.07	3.17
30	4.21	0.43	80	47.24	4.82
40	7.35	0.75	90	69.97	7.14
50	12.25	1.25	100	101.23	10.33

由于厂家产品样本提供的性能数据是在标准状态下经试验得出的,水泵试验时为大气压力 101.3 kPa,水温 20 ℃,水的密度 $\rho_0 = 1.0$ kg/L。当水温或密度变化时,按下式换算

$$Q_1 = Q_0, H_1 = H_0 \frac{\rho_1}{\rho_0}, N_1 = N_0 \frac{\rho_1}{\rho_0}$$

式中　Q_0, H_0, N_0—— 水象性能表给出的流量、扬程、功率;

ρ_0—— 水的密度。

当水箱低于水泵设置时,为了保证水泵正常运转而不发生汽蚀,水泵的吸水高度(水泵中心线至水箱最低水面的垂直距离)H_s 按下式确定

$$H_s \leqslant \frac{(p_b - p_v)}{\rho_g} - \sum h_c - \Delta h \ (\mathrm{m}) \tag{6.5}$$

3. 凝结水泵的选择计算

回收厂区未被污染的凝结水不仅可以回收热能,节约燃料,而且可以减少锅炉给水系统的水处理量,降低设备的初投资和运行费用。因此,应尽可能回收凝结水。

通常把从软水箱吸出软化水,送入除氧器中或锅炉中的水泵,称为软化水泵(除氧水泵)或给水泵;把从凝结水箱吸水加压送入软化水箱或除氧器的水泵,称为凝结水泵。

凝结水泵至少应选两台,其中 1 台备用。凝结水泵的容量应按进入凝结水箱的最大小时水量和水泵的运行工况来考虑。当凝结水和软化水分别输送时,凝结水泵应按间断工作考虑,允许合用一台备用泵,当一台凝结水泵停止运行时,其余凝结水泵的总流量不应小于凝结水回收量的 110%;如为混合输送时,仍须设一台备用泵,当任何一台泵停止运行时,其余水泵的总流量应能满足所有运行锅炉额定蒸发量时所需给水量的 110%,凝结水泵的耐温限度须能适应凝结水温的要求。凝结水泵的扬程可按下式计算确定

$$H = \tilde{P} + (H_1 + 10H_2 + H_3) \tag{6.6}$$

式中　P—— 水泵出口侧接收设备内的工作压力,MPa,喷雾式热力除氧器 = 0.15 ~ 0.2 MPa,解吸除氧器不小于 0.3 MPa,真空除氧器不小于 0.2 MPa,开式水箱为 0;

H_1—— 凝结水管路系统阻力,kPa;

H_2—— 凝结水箱最低水位至凝结水接收设备进口之间的标高差,m;

H_3—— 附加压头，一般取 50 kPa。

软化水泵应有一台备用，当任何一台水泵停止运行时，其余水泵总流量应满足锅炉房所需软水量的要求。软化水泵的扬程可参照上式确定。

4. 汽动活塞式水泵及锅炉注水器

汽动活塞式水泵又称蒸汽泵，是以蒸汽为动力的锅炉给水泵，一般只作为停电时的备用泵，蒸汽泵所能提供的扬程与进汽压力和排汽压力之差有关，并随其改变而相应地改变。未经制造厂同意不得任意提高进汽压力。

锅炉注水器是利用锅炉本身蒸汽的能量将水注入锅炉的简易给水装置。

注水器结构简单、体积小、价格低廉、操作方便。但给水温度一般不得高于 40 ℃，耗用蒸汽量大，给水调节困难。它适用于额定蒸发量小于等于 1 t/h，工作压力小于等于 0.7 MPa，给水温度小于 40 ℃ 的小型锅炉给水或备用给水装置。

注水器主要由外壳、蒸汽嘴、吸水嘴、混合嘴和射水嘴等部分组成。注水时先将蒸汽阀稍开，使少量蒸汽进入注水器内，由蒸汽喷嘴喷出，蒸汽嘴附近的空气随蒸汽由溢水阀排出，使注水器形成真空，水箱内的水因受大气压力作用，由吸水管进入注水器内。然后再开大蒸汽阀，使较多的蒸汽进入混合嘴内与水混合。混合水得到蒸汽的动能，以高速度进入射水喷嘴。随着射水嘴直径逐渐扩大，混合水的速度逐渐减小，水的动压转换为静压，水的压力逐渐增大，当其压力增至高于锅内汽压时，即推开止回阀进入锅炉内。

注水器安装一般距地面0.8 ~ 1.0 m高处，并使其牢固固定。注水器与锅炉间的进水管道上应装截止阀和止回阀，止回阀离注水器的距离一般为 150 ~ 300 mm。如果注水器已自带止回阀，则不受此限。注水器应单炉设置。

5. 给水箱和凝结水箱

(1) 给水箱

锅炉房给水箱是贮存锅炉给水的设备。锅炉给水是由凝结水和经过处理后的补给水组成。如给水除氧，则作为给水箱的除氧水箱应有良好的密封性；如给水不除氧，给水箱也可以采用开口水箱。

锅炉房宜设置1个给水箱或除氧水箱，常年不间断供热的锅炉房或容量大的锅炉房应设置2个。如果在给水箱内加药软化给水时，宜设置2个给水箱，以便轮换清洗，或1个可分别清洗的分隔式水箱。两个水箱间应有连通管，以备相互切换使用。

给水箱的总有效容量，一般为所有运行锅炉在额定蒸发量时所需 20 ~ 60 min 的给水量；对于小容量的锅炉，给水箱容积可适当加大。当锅炉房只设1台固定床离子交换器时，水箱容积应满足交换器再生时间所需的锅炉给水量。

给水箱有圆形和方形两种，容量在 20 m³ 以上的大型水箱宜采用圆形水箱，以节省钢材。当水箱布置不方便时，才可采用矩形水箱。

一般给水箱(凝结水箱) 应设置下列附件：

开式水箱上应设置水位计、温度计、水封溢流管、泄水管、进出水管、排气管以及人孔等附件。当水箱高度超过 1.5 m 时，还应设置内外扶梯。水箱可按国家标准图集 R101 及 R102 选用。水箱附件可根据设计情况和接管数量布置在水箱配管图上。

除氧水箱上应设有水位计、远距离水位计、水位调节器、温度计、溢流水封、排污管、进出水管等附件。两台并联运行的除氧水箱之间应设置汽连通管和水连通管，使各台除氧器运行工况一致。

水箱制作完毕后，应在内外表面进行防腐处理。外表面一般刷红丹漆两遍；内表面当水温在30 ℃以下时，可刷红丹防锈漆两遍；当水温在30 ~ 70 ℃之间时，可刷过氧乙烯漆4 ~ 5遍；水温在70 ~ 100 ℃时，可刷汽包漆4 ~ 5遍。

水温高于50 ℃的水箱需做保温，使保温层外表面温度小于40 ~ 50 ℃。

安装时，水箱底部应设置支座，地面上设置的水箱，可用砖砌支座，并在支座上铺上油毡，防止腐蚀水箱底部。放置在楼板上的水箱，采用木制或钢筋混凝土支座。

给水箱或除氧水箱的布置高度应满足在设计最大流量和水箱处于最低水位的情况下保证给水泵不发生汽蚀，即必需的正水头和吸水高度。

(2) 凝结水箱

凝结水箱是贮存凝结水的设备。凝结水箱一般应设2个，也可将1个矩形水箱分隔为2个，两个水箱间应有水连通管，以备检修切换使用。专供采暖用的凝结水箱也可只设1个。

若厂区为闭式凝结水系统时，凝结水箱应为闭式水箱；若厂区为开式凝结水系统时，凝结水箱应为开式水箱。

凝结水箱的总有效容量t可按最大流量20 ~ 40 min的水量。小型锅炉房可将凝结水箱和给水箱合为一个，这样可以减少凝结水的二次蒸汽热损失，并能将补给水加温，此时，水箱容积按给水箱考虑。

开式水箱可采用圆形或方形水箱。开式凝结水箱顶部应设放汽管，以便将凝结水中的二次蒸汽及窜逸蒸汽直接排至大气。闭式水箱用安全水封控制箱内压力，一般控制压力为10 ~ 30 kPa(约1 ~ 3 mH_2O)。闭式水箱宜采用带封头圆形卧式水箱。

凝结水箱应设置自动控制水位装置，使水泵可以自动起动或停止运行，并有声光信号传送到水泵间。凝结水箱的支座、附件、防腐和保温要求与给水箱相同。

6.1.2　蒸汽系统

6.1.2.1　蒸汽系统的组成

锅炉房内的蒸汽管道可分为主蒸汽管和副蒸汽管。由锅炉至分汽器(分汽缸)之间的蒸汽管道称为主蒸汽管；由锅炉引出直接用于锅炉本身，如吹灰、带动汽动泵或注水器的蒸汽管道称为副蒸汽管。主蒸汽管、副蒸汽管及其上的设备附件等，总称为蒸汽系统。

每台锅炉与锅炉房蒸汽总管之间的管道上应安装两个阀门，以防止某台锅炉停炉检修时蒸汽从关闭失灵的阀门倒流而入。其中一个阀门应安装在紧靠蒸汽锅炉蒸汽出口处，另一个阀门则安装在紧靠蒸汽总管便于操作处。两个阀门之间应有通向大气的疏水管和阀门，其内径不得小于20 mm。对于单台锅炉，也可只装设一个阀门。

对于工作压力不同的锅炉，不能合用一根蒸汽总管或一台分汽器，而应分别设置蒸汽管路。锅炉房内连接相同参数锅炉的蒸汽管道宜采用单母管，对常年不间断供汽的锅炉房可采用双母管。

蒸汽管道应有0.002的坡度，其坡向与蒸汽流动方向相同。在蒸汽管道的最高点，应设放气阀，以便管道水压试验时排除空气；在蒸汽管道的最低点必须装设疏水器或放水阀，以便排除凝结水。放水管公称直径不应小于20 mm蒸汽管道应考虑热膨胀补偿。

6.1.2.2　分汽器(分汽缸)

采用多管供汽的锅炉房,应设置分汽器(分汽缸)。蒸汽进入分汽缸后,由于流速突然降低,使蒸汽中的水滴分离出来,为了及时排除这些水滴,分汽缸应设0.01的坡度,在最低点应接疏水器。

分汽缸上接出的蒸汽管道应设置阀门。分汽缸上不需设置安全阀,但应设置压力表,当工作介质为过热蒸汽时,则应设温度计。

分汽缸的直径一般按筒体内断面上的流速确定,蒸汽流速按8 ~ 12 m/s计算。分汽缸直径要比蒸汽总管直径大2号以上。可按支管最大管径的1.5 ~ 3倍估算分汽缸直径。

筒体 $D < 300$ mm时采用20无缝钢管,$D \geqslant 300$ mm时采用20 g热轧钢板卷制。

筒体长度根据筒体接管数确定,但不得大于3 m。筒体长度的确定见图6.1,筒体接管中心距,根据接管直径和保温层厚度确定,一般可按下表选用:

表6.3

L_1	$d_1 + 120$
L_2	$d_1 + d_2 + 120$
L_3	$d_2 + d_3 + 120$
⋮	⋮
L_n	$d_{n-1} + 120$

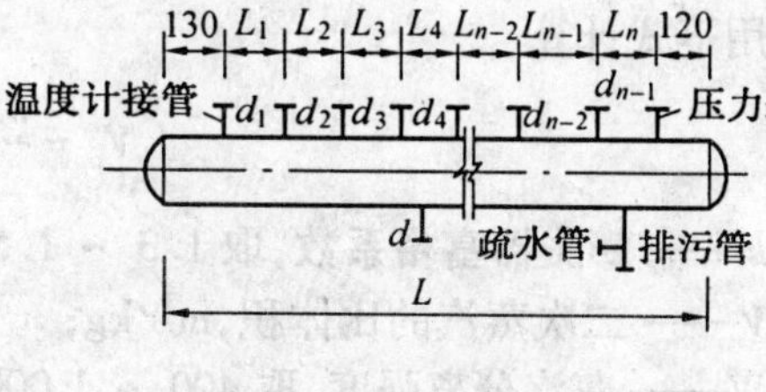

图6.1　汽水集配器长度计算

如接管不保温,则接管中心距必须 $\geqslant \dfrac{d_1 + d_2}{2} + e$,$e$ 值查表6.4。

表6.4　e 值

筒体直径/mm	159	219	273	300	350	400	450
e/mm	53	71	84	86	92	114	122

分汽缸应安装在便于管理和操作的地方,一般设于锅炉间的固定端,有时也设于锅炉的后部,一般靠墙布置,并离墙面有一定距离,以便于检修。分汽缸保温层外表面到墙面距离一般不小于150 mm,分汽缸前面要有足够的阀门操作位置,一般从阀门手柄外端算起,要有1.0 ~1.5 m的操作空间。分汽缸的安装方式有落地式支架和挂墙悬臂式支架两种。

6.1.3　排污系统

锅炉房排污系统包括连续排污、定期排污的管道及其设备等。

定期排污由于排污时间短,余热利用价值较小,一般将它引入排污降温池中与冷水混合后排入室外排水管道。

连续排污水的热量,可按具体情况加以利用。一般是设连续排污膨胀器,使排污水进入膨胀器降压而产生二次蒸汽,二次蒸汽可引入热力除氧器或给水箱中加热给水,也可用来加热生活用水。排污膨胀器中的高温水则可通过热交换器加热软水或排入排污降温池后排入室外排水管网。

6.1.3.1　连续排污膨胀器

连续排污膨胀器见图6.2。

1. 排污膨胀器产生的二次蒸汽量的计算

$$D_{2q}=\frac{D_{1p}(h\eta_0-h_1)}{(h_2-h_1)x}\ (\mathrm{kg/h}) \tag{6.7}$$

式中 D_{2q}—— 二次蒸汽量,kg/h;

η_0—— 排污管热损失系数,一般取 0.98;

h—— 锅炉饱和水焓,kJ/kg;

h_2—— 二次蒸发汽的焓,kJ/kg;

h_1—— 膨胀器出水的焓,kJ/kg;

x—— 二次蒸汽的干度,一般取 0.97;

D_{1p}—— 排污水量,kJ/kg。

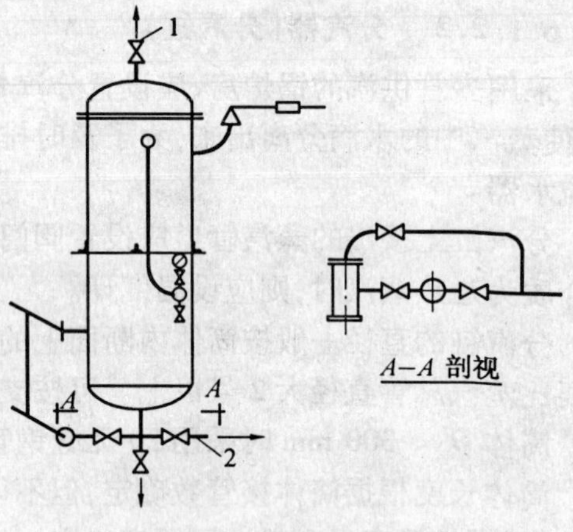

图 6.2 填料密封装置

1— 二次蒸发汽出口阀;2— 排污水出水管

2. 膨胀器容积的计算

膨胀器的型号根据其容积选择,所需要的容积 V_p 可用下式计算

$$V_p=\frac{kD_{2q}V}{W}\ (\mathrm{m^3}) \tag{6.8}$$

式中 k—— 膨胀器富裕系数,取 1.3 ~ 1.5;

V—— 二次蒸汽的比体积,$\mathrm{m^3/kg}$;

W—— 蒸汽分离强度,取 400 ~ 1 000 $\mathrm{m^3/(m^3\cdot h)}$。

6.1.3.2 排污系统

锅炉排污水具有较高的温度,在排入城市排水管网前应采取降温措施,使温度降至 40 ℃ 以下。一般在室外设排污降温池,用冷水混合冷却。图 6.3 所示为虹吸式降温池。当降温池设于室内时,降温池应密闭,并设有人孔和通向室外的排气管。图 6.4 是连续排污系统示意图,从锅炉上锅筒连续排污管接至排污膨胀器的排污管道必须采用无缝钢管,膨胀器进口处应设一个截止阀,排污扩容器的水位可用液位调节阀控制。2 ~ 4 台锅炉宜合用一台连续排污膨胀器。每台锅炉的连续排污管道应单独接至连续排污膨胀器进口。连续排污膨胀器应设安全阀。在锅炉接出的连续排污管上,应装设节流阀。

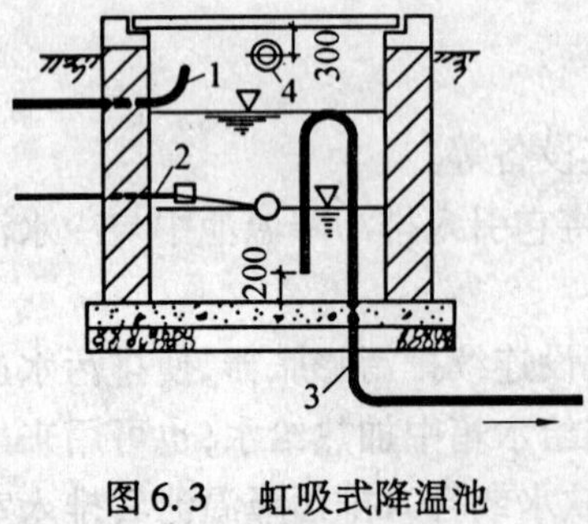

图 6.3 虹吸式降温池

1— 锅炉排污水;2— 冷却水;3— 排水;4— 透气管

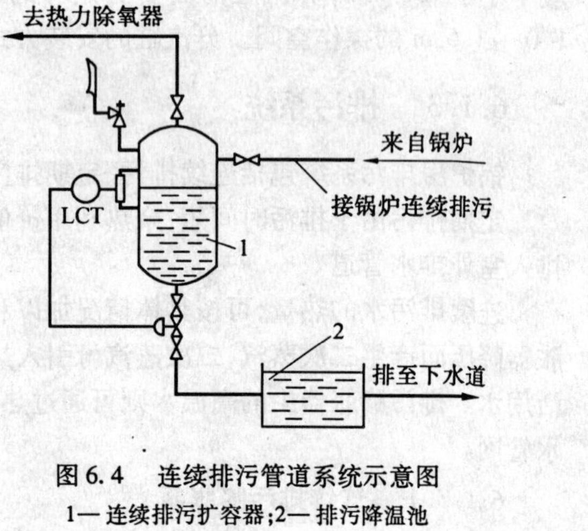

图 6.4 连续排污管道系统示意图

1— 连续排污扩容器;2— 排污降温池

锅炉的定期排污管上一般设置快速排污阀和截止阀串联使用，在靠近排污口处装设截止阀，其后串联快速排污阀，以保护快速排污阀。

一般每台锅炉必须单独装置定期排污管，排污水经室外降温池冷却后排入下水道。当几台锅炉合用排污总管时，在每台锅炉接至排污总管的支管上必须装设切断阀，在该阀前宜装设止回阀，排污总管上不得装有任何阀门，各排污管不得同时进行排污。

为了保证工作安全，排污管不应采用铸铁管件，锅炉的排污阀及其管道不应采用螺纹连接，排污管道应减少弯头，保证排污通畅。

单元二　热水锅炉热力系统

对于热水锅炉，则有由供热水管道、回水管道及其设备组成的热水系统，以及补给水系统，如图 6.5 所示。

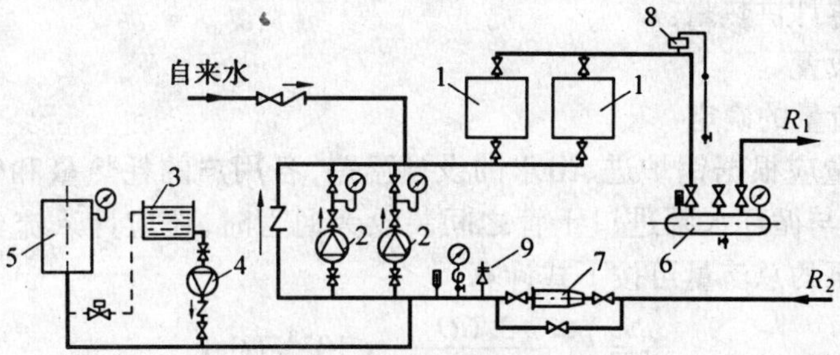

图 6.5　热水锅炉系统示意图

1— 热水锅炉；2— 循环水泵；3— 补给水箱；4— 补给水泵；5— 稳压罐；6— 分水器；7— 除污器；8— 集气罐；9— 安全阀

确定热水锅炉热力系统时应考虑以下因素：

1. 热水锅炉运行时的出口水压，不应小于锅炉最高供水温度加 20 ℃ 相应的饱和压力，以防止锅炉发生汽化（用锅炉自生蒸汽定压的热水系统除外）。

2. 采用多管供热和多管回水的锅炉房设置分水器和集水器，其直径按 1.5 ~ 3 估算。

3. 应有防止或减轻因系统循环水泵突然停运后造成锅水汽化和水击的措施。

因停电使水泵停止运行，为防锅水汽化，可将自来水引入锅炉，同时在锅炉出水管的放汽管上缓慢排出汽和水，直到消除炉膛余热为止。

为了防止突然停泵造成的水击，应在循环水泵进、出口干管之间装设带有止回阀的旁通管作为泄压管；在进水干管上，应装设安全阀。当停泵使回水管压力升高时，止回阀开启，网路循环水从旁路通过，从而减少了水的冲击力。

4. 热水系统的附件设置

（1）每台锅炉的进水管上应装有截止阀和止回阀。当几台并联运行的锅炉共用进出水干管时，在每台锅炉的进水管上应装水流调节阀。在回水干管上应设除污器。

（2）每台锅炉的热水出水管上应装截止阀（或闸阀）。

（3）锅炉的下列部位应装排气放水装置：在热水出水管的最高部位装设集气装置、排气阀和排气管；在省煤器上联箱应装排气管和排气阀；在强制循环锅炉的锅筒最高处或其出水管上应装设内径不小于25 mm的放水管和排水阀(此时,锅筒或出水管上可不再装排气阀)。

(4) 安全阀的设置要求

① 额定热功率大于等于1.4 MW的热水锅炉,至少应装两个安全阀;额定热功率小于1.4 MW的锅炉,至少应装一个安全阀。

② 额定出口热水温度小于100 ℃的热水锅炉,当其额定热功率小于等于1.4 MW时,安全阀直径不应小于20 mm;当额定热功率大于1.4 MW时,安全阀直径不应小于32 mm。

(5) 监控仪表的设置

① 每台锅炉进水阀的出口和出水阀的入口处都应装压力表和温度计。

② 额定热功率大于等于14 MW的热水锅炉,在锅炉出水口处应装配记录式测温仪表。

③ 额定出口热水温度大于等于120 ℃的锅炉,以及额定出水温度小于120 ℃,但额定热功率大于等于4.2 MW的热水锅炉,应装超温报警装置。

④ 分水器、集水器上应设压力表和温度计。热水系统宜根据热用户的具体情况配置热量计测量瞬时流量和累计供热量。

5. 循环水泵的设置

(1) 循环水泵流量的确定

循环水泵的流量应根据锅炉进、出水的设计温差,各用户的耗热量和管网损失等因素确定,在锅炉出口干管与循环水泵进口干管之间装设旁通管时,还应计入流经旁通管的循环水量。各运行循环水泵的总流量可按下式计算

$$G = K_1 \frac{3.6Q}{C(t_1 - t_2)} \times 10^{-3}(\mathrm{t/h}) \tag{6.9}$$

式中　K_1——管网热损失系数,$K_1 = 1.05 \sim 1.10$;

Q——供热系统总热负荷,W;

C——热水的平均比热容,kJ/(kg·℃);

t_1,t_2——供、回水温度,℃。

(2) 循环水泵扬程的确定

在闭式热水供暖系统中,计算循环水泵的扬程仅考虑克服整个系统的阻力,因此,循环水泵的扬程不应小于下列各项之和:

① 锅炉房或热交换站中设备及管道的压力降。如估算时,可参考下列数值:热交换站,50 ~ 130 kPa;锅筒式水管锅炉系统,70 ~ 150 kPa;直流热水锅炉系统,150 ~ 250 kPa。

② 室外热网供、回水干管的压力降,估算时取单位管长压力降(比摩阻)0.06 ~ 0.08 kPa/m。

③ 用户内部系统的压力降。估算时可参考下列数值:一般直接连接时取50 ~ 120 kPa;无混水器的暖风机采暖系统20 ~ 50 kPa;无混水器的散热器采暖10 ~ 20 kPa;有混水器时80 ~ 120 kPa;水平串联单管散热器采暖系统50 ~ 60 kPa;间接连接时可估取30 ~ 50 kPa。

④ 循环水泵的台数应按系统规模和运行调节方式确定。对于纯质调节一般不应少于2台,当其中1台停止运行时,其余水泵的总流量应能满足最大循环水流量的需要。对于采用分阶段改变流量调节的系统,循环泵不宜少于3台,可不设备用泵。

⑤ 水泵并联工作时,要根据绘制的水泵特性曲线和管路特性曲线叠加图确定水泵的扬程和流量。并联运行的循环水泵,宜选用G－H特性曲线平缓、相同或近似的泵型。

⑥ 循环水泵耗电输热比

为了控制循环水泵的动力消耗，有关节能标准规定了循环水泵的耗电输热比指标，即设计条件下输送单位热量的耗电量 *EHR*，它是衡量水泵电能利用率的指标。其值越少，电耗越小，电能利用率就越高。如果水泵的流量和扬程选得过大，超过实际需要，必然造成电能的浪费。所以选择水泵时，还要计算 *EHR* 看是否符合要求，如不符合，则需重新选择水泵。*EHR* 值应不大于按下式计算的所得值

$$EHR = \frac{\varepsilon}{\sum Q} = \frac{\tau \cdot N}{24q \cdot A} \leqslant \frac{0.005\,6(14 + a\sum L)}{\Delta t} \tag{6.10}$$

式中　EHR——设计条件下输送单位热量的耗电量，无因次；

ε——全日理论水泵输送耗电量，kW · h；

$\sum Q$——全日系统供热量，kW · h；

τ——全日水泵运行时数，h；

N——水泵铭牌轴功率，kW；

q——采暖设计热负荷指标，kW/m；

A——系统的供热面积，m^2；

Δt——设计供回水温差，对于一次网，$\Delta t = 45 \sim 50$ ℃；对于二次网，$\Delta t = 25$℃；

$\sum L$——室外管网主干线（包括供回水管）总长度，m；

a——系数，当 $\sum L \leqslant 500$ m 时，$a = 0.0115$；500 m $< \sum L <$ 1 000 m 时，$a = 0.009\,2$；$\sum L \geqslant 1\,000$ m 时，$a = 0.006\,9$。

6. 补给水设备

为了保证热水系统正常运行，对管网系统水的泄漏必须随时补充，因而锅炉房内应设置补给水泵及补给水箱。

（1）补给水泵的选择

补给水泵的流量，应该是热水系统正常补给水量和事故补给水量之和，一般按系统水容量的 4% ~ 5% 计算。补给水泵的扬程，应不小于补水点压力加 30 ~ 50 kPa 的富裕量。补给水泵不宜少于 2 台，其中 1 台备用。

（2）补给水箱选择要求

补给水箱的有效容量，应根据系统的补水量和软化水设备的具体情况确定。当软化水设备可以不间断供应软化水时，补给水箱的有效容积可按 1 ~ 1.5 h 的正常补水量考虑。常年供热的锅炉房，补给水箱宜采用带中间隔板，可分开清洗的分隔式水箱。

7. 恒压装置

为了使热水供暖系统正常运行，必须设恒压装置，通常设在锅炉房内。恒压装置和加压方式应根据系统规模、水温和使用条件等具体情况确定。一般低温热水供暖系统可采用高位膨胀水箱或补给水泵加压；高温热水系统可采用氮气加压或补给水泵加压装置。

（1）采用氮气或蒸汽加压膨胀水箱作恒压装置时，恒压点无论接在循环水泵出口还是入口处，循环水泵运行时，应使系统不汽化；恒压点设在循环水泵进口端，循环水泵停止运行时，宜使系统不汽化。

(2) 采用补给水泵作恒压装置时，当引入锅炉房的原水压力高于热水系统静压线，在循环水泵停止运行时，宜用原水保持系统静压；间歇补水时，补给水泵停止运行期间，补水点的压力必须保证系统不汽化；系统中应设置泄压装置。

(3) 采用高位膨胀水箱作恒压装置时，高位膨胀水箱的膨胀管宜设置在循环水泵进口母管上；为了防止系统停运时发生倒空使系统吸入空气，高位膨胀水箱的最低水位应高于热水系统最高点 1 m 以上，并宜使循环水泵停止运行时系统不汽化；设置在露天的高位膨胀水箱及其管道应有防冻措施；膨胀管上不应装设阀门。

(4) 运行时用补给水箱作恒压装置的热水系统，补给水箱的安装高度，应以保证系统不汽化为原则；当补给水箱的安装高度低于热水系统静压线时，补给水箱与系统连接的管道上应装设止回阀；系统中应设置泄压装置；在系统停运时，可采用补给水泵或自来水的压力建立静压，以防止系统倒空或汽化。

(5) 当热水系统采用锅炉自生蒸汽定压时，在上锅筒引出饱和水的干管上，应设置混水器。进混水器的降温水，在运行时不应中断。

单元三　汽水管道设计

汽水管道的设计应根据热力系统和锅炉房工艺布置进行。应使计算正确，选材符合设计参数要求，布置合理，疏水通畅，支吊稳固，保温合适，造价低廉，扩建方便和整齐美观。

(1) 汽水管道的布置要求

应便于安装、操作和检修；管道宜沿墙和柱敷设；管道敷设在通道上方时，离地净距不小于 2 m；不影响采光和门窗开启；应满足装设仪表的要求；应考虑热膨胀补偿，尽量利用管道自然补偿。

(2) 锅炉房汽水管道的管径应按推荐流速选择。

(3) 汽水管道的支吊架设计，应考虑管道、阀门与附件的重量，管内水重，保温结构质量和管道膨胀的作用力。

管道应合理布置支吊架，支吊架间距应符合规范要求。

管道离墙柱的间距应符合规范要求。

与水泵等设备连接的管道，应有独立牢固的支架，以防止设备振动沿管道系统传递。并防止设备承重管道的荷重。

(4) 管道及设备保温

当管道、管道附件和设备表面温度大于 50 ℃ 均需保温。

疏水管、排污管、废汽管、安全阀排汽管和取样管等可不保温，但敷设在可能烫伤人的地方时，应采取隔热措施。

保温材料选择应就地取材，宜采用成型制品，保温层外的保护层应具有阻燃性。

(5) 锅炉房内管道表面(或保温层表面) 涂色标志、管道间距满足规范要求。

学习任务七　保温与防腐

【教学目标】通过项目教学活动，培养学生具有确定保温防腐方案的能力，能选择合理的材料，能编制施工组织方案。培养学生良好的职业道德、自我学习能力、实践动手能力和分析、解决、处理实际问题的方法能力，以及诚实、善于沟通和合作的专业素养。

【知识目标】

1. 掌握保温、防腐材料的知识；

2. 掌握保温、防腐材料的选择方法。

【主要学习内容】

单元一　保温工程

7.1.1　保温工程基本知识

7.1.1.1　保温的目的

热能是能量许多形式中的一种，当它在设备及管道中储存或输送过程中，如果设备和管道中的介质温度高于周围环境温度，热量将会由设备和管道内散失到周围的环境中，造成散热损失，为了减少散热损失或降低设备和管道外表面的温度，需要用一种隔热材料将设备和管道内热量与外界隔离起来，为此而采取的措施，称为保温。根据在不同情况下保温所起的作用，可将保温分为以下三种类型：

(1)热力保温：也可称为保存热量的保温，主要是从节能的角度出发，考虑介质是否有回收热量的价值，当介质温度高于 50 ℃时，有必要加以回收，通过保温可使散热损失减少80%～90%左右。

(2)防冻、防凝露保温：当冬期环境温度较低时，一些露天的水管道，油管道内的介质停止流动后可能结冰，一些直径较小的仪表管路也容易结冰，必须通过保温来防止或延迟结冰的过程，以避免管道损坏，如果停运时间较长，还需采取专门的预防措施，如在完全放净管内存水后加装自动调温电伴热装置，对燃油管道通常须设伴热防冻保温等。

(3)防烫伤保温：设备及管道外表面温度超过 60 ℃时，对操作运行人员有烫伤的危险，应有保护层保护，以保证人身安全。

除了上述三种作用以外，保温也起到改善环境条件，防止夏期锅炉房室温过高，影响工作人员身体健康的作用，此外在设备及管道的保温层与保护层外的标志。可便于运行人员识别设备及管道的介质、流向，便于操作管理。

7.1.1.2　保温的基本规定

为了达到上述目的，在锅炉房设备及管道的设计、安装与运行维护中，应参照下列规定进行有关的保温工作。

1. 应进行保温的设备及管道

(1)外表温度高于 50 ℃，且需减少散热损失者；

(2)要求防冻防凝露或延迟介质凝结者,对下列管道可根据当地气象条件和布置环境设置防冻保温:

①工业水管道,冷却水管道、疏放水管道、补给水管道、消防水管道、汽水取样管道,对锅炉启动循环水泵轴承冷却水管应保温。

②安全阀管座、控制阀旁路管、一次表管。

③金属煤粉仓,靠近厂房外墙的或外露的原煤仓和煤粉仓。

④燃油管道应根据当地气象条件和燃油特性可进行伴热防冻保温。

(3)工业生产中不需保温,但其外表面温度超过 60 ℃,而又无法采取其他措施防止烫伤人员的部位。需防止烫伤部位应在下列范围设置防烫伤保温:

①管道距地面或平台高小于 2 100 mm;

②靠操作平台水平距离小于 750 mm。

2. 可不进行保温的设备及管道

除防烫伤要求保温的部位外,下列设备、管道及其附件可不保温。

(1)排汽管道、放空气管道。

(2)直吹式制粉系统中,介质温度小于 80 ℃的煤粉管道(寒冷地区除外)。

(3)输送易燃易爆介质时,要求及时发现泄漏的设备和管道上的法兰、人孔等附件。

3. 设备和管道的油漆

为了防止腐蚀,对不保温的和介质温度低于 120 ℃的保温的设备管道及其附件以及支吊架平台扶梯应进行涂漆。

为了识别,在管道外面(对不保温的)或保温结构外表面(对保温的)应涂刷色环,介质名称和介质流向箭头,在设备外表面只涂刷设备名称。

4. 保温应达到的要求

设备管道保温后应达到以下要求:当环境温度不高于 27 ℃时,设备和保温结构外表面温度不应超过 50 ℃。环境温度高于 27 ℃ 时,保温结构外表面温度比环境温度高 25 ℃。对于防烫伤保温,保温结构外表面温度不应超过 60 ℃。

如果保温后达不到以上要求,应检查原因从对保温材料的选用、保温层的厚度、保温结构的选取等方面考虑,采取相应的措施使其达到要求的标准。运行一段时间如保温层老化失效,应进行修补,保持其保温效果。

7.1.2 保温工程材料选择

7.1.2.1 保温层材料选择

为达到保温目的而设置的隔离层称保温层。

选择保温层的材料时,应注意保温层材料及其制品的最高使用温度应比设备和管道的设计温度或介质的最高温度高 10 ~ 20 ℃,对于要进行吹扫的管道,应高于吹扫介质温度。在保温材料的理化性能能满足工艺要求的前提下,应选用导热系数小、密度小、造价低、施工方便的保温材料。保温层材料宜按下列规定选择:

(1)介质温度 350 ~ 600 ℃范围内的设备和管道的保温层材料宜选择硅酸钙制品,技术经济比较合理时也可采用硅酸铝复合保温。

(2)介质温度小于 350 ℃的设备和管道的保温层材料宜选择岩棉制品、矿渣棉制品等。

(3)阀门、弯头等异形件的保温层材料,可选择软质保温材料或保温涂料。

(4)外径小于38 mm管道的保温层材料宜选择管状软质保温材料或普通硅酸铝纤维绳。

(5)潮湿环境中的低温设备和管道的保温层材料宜选择憎水性材料。

硬质保温制品采用干砌或湿砌施工。干砌时接缝处应铺设或嵌塞导热性能相近的软质保温材料进行严缝处理;湿砌时接缝处须用导热性能接近的保温胶泥进行严缝处理。设备和管道的伸缩缝和膨胀间隙的填塞材料应根据介质温度选用软质纤维状材料。高温时选用普通硅酸铝纤维,中低温时选用岩棉、矿渣棉或玻璃棉等。

7.1.2.2　保护层材料选择

保护层是保温结构的重要组成部分,对保温层起到遮风挡雨、防水隔潮以及防止外来碰撞的保护作用,有的保护层还兼有密封保温,改善工厂环境的作用。保护层材料的选择对保温结构的使用年限影响很大,故要求保护层材料性能符合下列要求:

(1)防水、防潮、抗大气腐蚀性能好;

(2)材料本身化学性能稳定,使用年限长,不易老化变质;

(3)强度高,在温度变化及振动情况下不开裂,外形美观;

(4)燃烧性能应符合不燃材料(A级)的要求;

(5)抹面保护层的密度应小于800 kg/m^3,抗压强度大于0.8 MPa,烧失量(包括有机物和可燃物)小于12%,抹面干燥后不得产生裂缝,脱壳等现象。

根据上述要求,对于高温高压锅炉或者对环境条件要求较高,投资充裕的锅炉房的主蒸汽管道、高压给水管道、送粉管道和制粉管道、室外布置的汽水管道、烟风道宜采用金属保温层,此外对可拆卸式保温结构,有特殊要求的部位(如布置在油系统设备和油管道附近的或电缆附近的高温蒸汽管道等)亦宜采用金属保护层。

金属保护层宜选用镀锌薄钢板。采用镀锌薄钢板时可选用0.35~0.50 mm厚度的钢板,设备和矩形截面烟风道可选用0.50~0.70 mm厚度钢板。采用铝合金板时,管道可选用0.50~0.70 mm厚度钢板,设备和矩形烟风道可选用0.60~1.0 mm厚度钢板,对大截面矩形烟风道的金属保护层应采用压型板。

贮存或输送易燃易爆介质的设备和管道,以及此类管道邻近的管道,必须采用不燃类材料(A级)做保护层。硅酸钙制品采用抹面保护层时,应选用硅酸钙专用抹面材料。

7.1.2.3　保温层结构的规定

1.保温结构支撑件

(1)立式设备和管道,水平夹角大于45°的斜管和卧式设备的底部,其保温层应设支撑件。对有加固肋的烟风道和设备,应利用其加固肋作为支撑件。

(2)支撑件的位置应避开阀门、法兰等管件。对设备和立管,支撑件应设在阀门、法兰管件的上方,其位置不应影响螺栓的拆卸。

(3)支撑件宜采用普通碳素钢或型钢制作。

(4)介质温度小于450 ℃时,支撑件可采用焊接承重环;介质温度高于450 ℃时,支撑件应采用紧箍承重环。当不允许直接焊于设备或管道上时,应采用紧箍承重环。

(5)采用软质保温材料及半硬质制品时,为了保证金属保护层外形美观,应设置金属骨架以支撑金属保护层。

(6) 凡施焊后须进行热处理的设备，其上焊接支撑件宜在设备制造厂预焊。

(7) 支撑件的支撑面宽度比保温层厚度少 10 ~ 20 mm 。

(8) 支撑件的间距：对设备或平壁可为 1.5 ~ 2 m；对管道，高温时可为 2 ~ 3 m，中低温时可为 3 ~ 5 m ；管道采用软质毡、垫保温时为 1 m ；卧式设备应在水平中心线处设支撑件。

2. 保温结构的固定件

(1) 管道、平壁和圆筒设备的保温层，硬质材料保温时，宜用钩钉或销钉固定；软质材料保温时，宜用销钉和自销垫片固定。

(2) 保温层固定用的钩钉、销钉应选用 $\phi3 \sim \phi6$ 的低碳圆钢制作。

(3) 硬质或半硬质保温制品保温时，钩钉、销钉宜根据制品几何尺寸设在缝中作攀系保温层桩柱之用，钉之间距 300 ~ 600 mm；软质材料保温时，钉之间距不应大于 350 mm，每平方米面积上钉的个数，侧面不应少于 6 个，底部不应少于 8 个。

(4) 对有振动的地方，钩钉或销钉应适当加粗、加密。

3. 保温结构捆扎件

(1) 保温层应采用镀锌钢丝或镀锌钢带捆扎，符合表 7.1 的规定。

表 7.1　捆扎件规格

管道保温层外径/mm	硬质保温制品	软质材料及其半硬质制品
<200	$\phi0.8 \sim \phi1$ 镀锌钢丝	$\phi1 \sim \phi1.2$ 镀锌钢丝
200 ~ 600	$\phi1 \sim \phi1.2$ 镀锌钢丝	$\phi1.2 \sim \phi2$ 镀锌钢丝
600 ~ 1 000	$\phi1.2 \sim \phi2$ 镀锌钢丝	$\phi2 \sim \phi2.5$ 镀锌钢丝或 12×0.5 镀锌钢带
>1 000	$\phi2 \sim \phi2.5$ 镀锌钢丝或 12×0.5 镀锌钢带	12×0.5 镀锌钢带
平面	$\phi0.8 \sim \phi1$ 镀锌钢丝和 12×0.5 镀锌钢带	$\phi0.8 \sim \phi1$ 镀锌钢丝和 20×0.5 镀锌钢带

(2) 捆扎间距：硬质保温制品不应大于 400 mm，半硬质保温制品不应大于 3 mm，软质保温材料不应大于 200 mm，每块保温制品上至少要捆扎两道。

(3) 保温层分层敷设时，应逐层捆扎。

(4) 对有振动的部位应适当加强捆扎。

4. 保温层伸缩缝的设置

采用硬质保温制品的保温层应设置伸缩缝，并应符合下列规定：

(1) 伸缩缝应设置在支吊架、法兰，加固肋，支撑件或固定环等部位。

(2) 伸缩缝间距：高温可为 3 ~ 4 m，中低温可为 5 ~ 7 m，伸缩缝宽度宜为 20 ~ 50 mm，缝间塞满软质保温材料。

(3) 分层保温时各层伸缩缝应错开，错缝间距不应大于 100 mm。

(4) 高温管道的伸缩缝外应设置独立的保温结构。

5. 保温层间隙留设

(1) 管道阀门、法兰连接处，保温层留设拆卸螺栓的间隙，间隙中应满塞软质保温材料。

(2) 高温蒸汽管道的蠕胀测点处，保温层应留设 200 mm 的间隙，间隙中应满塞软质保温材料。

(3)补偿器和支架附近的管道保温层应留设膨胀间隙。

(4)两根相互平行或交叉的管道,其膨胀方向或介质温度不相同,两管道保护层之间应留间隙。

(5)采用硬质保温制品遇到焊缝时,应按焊缝宽度在硬质保温制品的内壁相应部位抠槽。

6. 其他要求

(1)使用纤维状或颗粒状松散保温材料时,应根据材料的最佳保温密度或保证其在长期运行中不致塌陷的密度而规定其施工压缩量。

(2)管道弯头可采用软质保温材料或保温涂料保温。当采用硬质或半硬质保温制品时,制品宜做成虾米弯或半圆瓦(外径小于76 mm管道的弯头可采用直角弯),弯头两端的直管段上应各留一道伸缩缝。

(3)安全阀后对空排汽管道的保温层应采取加固措施。

(4)当矩形大截面烟风道和转动机械的保温层厚度小于加固肋的高度时,应对保温层厚度进行调整,也可设留置空气层的保温结构。

(5)噪声超过85 dB(A)的设备应采用吸声材料保温或设置具有隔声作用的保温结构。

7.1.2.4　保护层结构的规定

1. 灰泥抹面保护层

灰泥抹面保护层宜采用硅酸盐水泥等作黏结剂,膨胀珍珠岩粉等作骨料,纤维和麻刀等作连接材料。在保证质量的前提下,按照因地制宜、就地取材的原则确定抹面的配方。管道保温层外径小于200 mm时,抹面厚度宜为15 mm,管道外径大于200 mm时,抹面层厚度宜为20 mm;平面(平壁)保温时,抹面层厚度宜为25 mm。

2. 玻璃布保护层

玻璃布保护层不应在室外使用。室内玻璃布保护层可采用聚醋酸乙烯树脂作为玻璃布与抹面间的胶黏剂,玻璃布表面应涂防水,耐候性涂料。玻璃布环向、纵向至少应搭接50 mm。对于水平管道,环向接缝宜顺管道坡向、纵向接缝宜置于管道两侧,缝口朝下。

外径小于38 mm管道的保温层为紧密缠绕单层或多层(多层时应反向回绕,缝隙错开)纤维绳时,应在纤维绳外用ϕ1.2镀锌钢丝反向缠绕加固,再外包0.1 mm厚的纸碱玻璃布作保护层。

3. 金属保护层

金属保护层的接缝应根据具体情况,选用搭接、插接或咬接形式:

(1)硬质保温制品的金属保护层纵向接缝可采用咬接;软质保温材料及其半硬质制品的金属保护层纵向接缝可采用插接或搭接。插接缝用自攻螺钉或抽芯铆钉固定,搭接缝用抽芯铆钉固定。钉之间距宜为200 mm。保温层外径大于600 mm时,纵向接缝也可做成凸筋结构用抽芯铆钉固定。

(2)金属保护层的环向接缝可采用搭接或插接。搭接时一端压出凸筋(室内用单凸筋,室外用重叠凸筋),搭接尺寸不得小于50 mm,对垂直管道和斜管用自攻螺钉或抽芯铆钉固定,钉之间距为200 mm,每道缝不应小于4个钉。当金属保护层采用支撑环固定时,钉孔应对准支撑环。

(3)水平管道的纵向接缝应设置在管道的侧面,水平管道的环向接缝应按坡度高搭低茬;垂直管道的环向接缝应上搭下茬。

(4)金属保护层应有整体防水功能。室外布置或潮湿环境中的设备和管道,应采用嵌填密封剂或胶泥严缝,安装钉孔处应采用环氧树脂堵孔。安装在室外的支吊架管部穿出金属保护层的地方应在吊杆上加装防雨罩。

直管段上为热膨胀而设置的金属保护层环向接缝,应采用活动搭接形式。活动搭接余量应能满足热膨胀的要求,且不小于100 mm,其间距应符合下列规定。

①硬质保温材料,活动环向接缝应与保温层的伸缩缝设置相一致。

②软质保温材料及其半硬质制品,活动环向接缝间距应符合表7.2规定。

表7.2　活动环向接缝间距

介质温度/℃	<100	100~320	>320
间距/m	7~10	4~6	3~4

7.1.2.5　**防潮层规定**

需要防潮的管道应在保温层外包沥青胶玻璃布。防水冷胶料玻璃布或改性沥青油毡作防潮层。条件许可时,也可采用聚氯乙烯防水卷材或其他防水材料作防潮层。沥青胶玻璃布和防水冷胶料玻璃布防潮层应由两层沥青胶或防水冷胶料中间夹一层低碱粗格玻璃布组成。

防潮层外不得再设镀锌钢丝或钢带等硬质捆扎件。

室外布置的大截面矩形烟风道的保护层顶部应设排水坡度,双面排水。

7.1.3　保温工程施工

7.1.3.1　保温工程施工

1.保温施工应具备的条件

(1)需要保温的设备和管道应安装完毕,经焊接检验和严密性试验合格。

(2)预保温的设备及管道已采取预留焊缝或对焊缝作渗油试验等措施。

(3)设备和管道表面上的灰尘、油垢、铁锈等杂物已清除干净,如设计规定涂防腐剂时,在防腐剂完全干燥后方可施工。

(4)用于设备及管道上的固定件,支撑件应符合规定。

2.主保温层施工的要求

(1)采用成型保温材料的主保温层厚度大于100 mm时应分层,一层应错缝,二层应压缝,方形设备四角保温应错接,缝隙用软质高温保温材料充填,绑扎应牢固。并应按要求留设伸缩缝和间隙,主给水管、主蒸汽管的焊缝位置应明确标志在保护层外;管道及设备保温层的重量应符合设计的规定,避免支架的荷重过大,重量偏差不大于原设计的10%。

(2)采用矿纤硬纸板,半硬质板合垫作主保温层,单层保温应错缝,双层应压缝,接缝必须平整、密实;主保温层无论采取何种固定方式均应确保固定牢靠。

(3)采用松散材料直接填充作保温层时,保温材料应填充均匀,密度应符合设计规定,包扎保温材料的钢丝网(或镀锌薄钢板)装置应正确,以保证保温材料的厚度;并应有防止保温材料沉陷的可靠技术措施。

(4)主保温层镀锌钢丝网的包扎和抹面层的施工要求,与炉墙保护层施工相同。

7.1.3.2　保温工程施工质量要求

保温层的允许偏差,见表7.3。

表 7.3　保温层的允许偏差

项目		允许偏差/mm	检测方法
表面平整度	抹面层或包缠层	5	用 1 m 长靠尺进行检查
	金属保护层	4	
厚度	硬质制品	+10 -5	—
	软质或半硬质	厚度+10%，且不大于+10 厚度-5%，且不小于-10	
伸缩缝宽度		+5 0	—

单元二　防腐工程

1. 防腐的目的与要求

锅炉房的设备与管道的防腐有两种：一是对保温面的防腐，即指在保温面层外进行油漆。主要是露天布置的设备和管道，采用非金属保护层结构时，为了防止雨水对保温层的侵入，一般都要进行防腐。另一种是对金属表面的油漆，一般分底漆和面漆两种。前者主要是防止金属腐蚀，后者是为了防止外界因素的侵袭和装饰的目的。下列情况必须按不同要求进行外部防腐。

(1) 不保温的设备、管道及其附件。

(2) 介质温度低于 120 ℃的保温设备、管道及其附件。

(3) 现场制作的支吊架，平台扶梯等。

对上述三种情况，对不同的设备、管道应根据防腐工艺要求和油漆的性能选用油漆的种类、涂刷度数和油漆的颜色，油漆的种类和涂刷度数的要求见表 7.4，油漆的颜色见表 7.5。

表 7.4　设备和管道油漆的种类和度数

分类	名称	先刷油漆的名称和度数	再刷油漆的名称和度数
不保温的设备和管道	1. 室内布置的设备及管道	2 度防锈漆	1～2 度油性调和漆
	2. 室外布置的设备和冷水管道	2 度环氧底漆	2 度醇酸磁漆或环氧磁漆
	3. 室外布置的气体管道	2 度云母氧化铁酚醛底漆	2 度云母氧化铁面漆
	4. 油管道和设备外壁	1～2 度醇酸底漆	1～2 度醇酸磁漆
	5. 油箱、油罐内壁	2 度环氧底漆	1～2 度铝粉缩醛磁漆或环氧耐油漆
	6. 管沟中的管道	2 度防锈漆	2 度环氧沥青漆
	7. 循环水管道、工业水管道、工业水箱等设备	2 度防锈漆	2 度沥青漆
	8. 直径较大的循环水管道内壁	2 度环氧富锌底漆	—
	9. 排汽管道	1～2 度耐高温防锈漆	—
	10. 制造厂供应的设备和支架（需补刷者）	1 度颜色相同的油漆	—

续表 7.4

分类	名称	先刷油漆的名称和度数	再刷油漆的名称和度数
保温设备	11. 介质低于 120 ℃设备和管道表面	2 度防锈漆	—
	12. 有温度的水箱（如除氧器水箱，疏水箱等）的内壁	2 度耐高温油漆	—
其他	13. 现场制作支吊架	2 度防锈漆	1 ~ 2 度银灰色调和漆
	14. 室内钢制平台扶梯	2 度防锈漆	1 ~ 2 度银灰色调和漆
	15. 室外钢制平台扶梯	2 度云母氧化铁酚醛底漆	2 度云母氧化铁面漆

表 7.5　油漆颜色

名称	面漆颜色	色环颜色	名称	面漆颜色	色环颜色
主蒸汽管道	—	无环	热网水管道	—	褐
其他蒸汽管道	—	红	二氧化碳、氧气管道	浅灰	红
凝结水管道(保温)	—	浅绿	乙炔管道	白	无环
凝结水管道(不保温)	浅绿	无环	硫酸亚铁和硫酸铝管道	褐	无环
给水、疏放水、排水管道	—	绿	盐水管道	白	雪青
除盐水、化学补充水管道	浅绿	白	氯气管道	深绿	白
工业水、冲灰水循环水管道	黑	无环	氨气管道	黄	黑
防水管道	红	无环	联氨	橙黄	红
油管道	黄	无环	酸液	浅灰	橙
冷风道	浅蓝	无环	碱液	浅灰	雪青
热风道，除尘器加热风道	—	蓝	磷酸三钠溶液	绿	红
烟道	—	无环	石灰浆	浅灰	白
原煤管道	黑	无环			
制粉、送粉管道(保温)	—	黑	埋地管道	黑	无环
送粉管道(不保温)	浅灰	黑	工业水箱	黑	—
天然气高炉燃气管道	蓝	黑	除盐水箱、补水箱	浅绿	—
空气管道	天蓝	无环	支吊架	银灰	—
氧气管道	蓝	红	平台扶梯	银灰	—
氢气管道	橙	无环			

为了便于识别，管道的色环，介质名称及介质流向箭头应符合下列要求：

(1) 管道弯头、穿墙处及管道密集，难以辨别的部位，必须涂刷色环，介质名称及介质流向箭头。介质名称可用全称或化学符号标识，见图 7.1。

(2) 主蒸汽管道，上监视焊缝处及蠕胀测点应在保护层外设浅蓝色环。

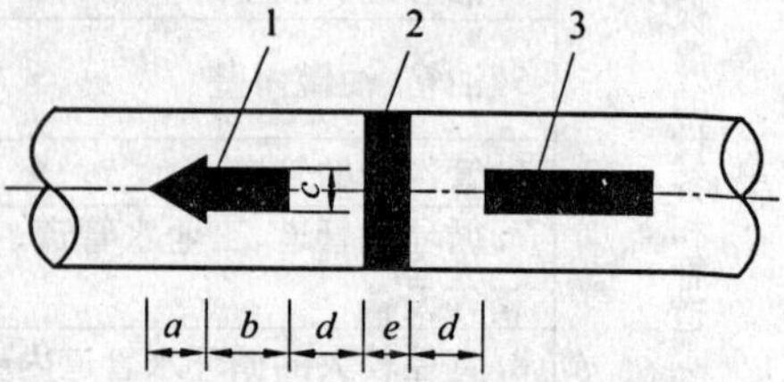

图 7.1　管道的色环、介质名称和介质流向箭头的位置和形状

1—介质流向箭头；2—色环；3—介质名称

(3)管道的色环、介质名称和介质流向箭头的位置和形状如图7.1所示;图中尺寸数值见表7.6,介质流向箭头的夹角为60°。

表7.6　管道色环及箭头尺寸(mm)

管道外径或保温层外径	*a*	*b*	*c*	*d*	*e*
≤100	40	60	30	100	60
101~200	60	90	45	100	80
201~300	80	120	60	150	100
301~500	100	150	75	150	120
>500	120	180	90	200	150

(4)当介质流向有两种可能时,应标出两个方向的流向箭头。

(5)介质名称和流向箭头可用黑色或白色油漆涂刷。

(6)对于外径小于76 mm管道,当在管道上直接涂刷介质名称及介质流向箭头不易识别时,可在需要识别的部位挂设标牌。标牌上应标明介质名称,并使标牌的指向尖角指向介质流向。

2.防腐材料

(1)油漆的分类及编号

油漆分类是以其主要层膜物质为基础,我国将油漆划分为18个类别和99种编号。

油漆的型号分三部分,第一部分是成膜物质,第二部分是基本名称,第三部分是序号。

油漆按成膜物质的分类见表7.7。

表7.7　油漆分类表

序号	代号	名称	序号	代号	名称	序号	代号	名称
1	Y	油脂	7	Q	硝酸纤维	13	H	环氧树脂
2	T	天然树脂	8	M	纤维脂及醚	14	S	聚氨酯
3	F	酚醛树脂	9	G	过氯乙烯树脂	15	W	元素有机聚合物
4	L	沥青	10	X	乙烯树脂	16	J	橡胶类
5	C	醇酸树脂	11	B	丙烯酸树脂	17	E	其他
6	A	氨基树脂	12	Z	聚酯树脂	18		辅助材料

油漆按基本名称的编号见表7.8。

表7.8　油漆编号

代号	名称	代号	名称	代号	名称	代号	名称
00	清油	14	透明漆	40	防污、防蛆漆	63	涂布漆
01	清漆	20	铅笔漆	42	甲板漆	64	可剥漆
02	厚漆	22	木器漆	43	船壳漆	65	粉末涂料
03	调和漆	23	罐头漆	44	船底漆	80	地板漆
04	磁漆	30	绝缘漆(浸渍)	505	耐酸漆	81	鱼网漆
05	烘漆	31	绝缘漆(覆盖)	15	耐碱漆	82	锅炉漆
06	底漆	32	绝缘漆(磁、烘)	2	防腐漆	83	烟窗漆
07	腻子	33	绝缘漆(黏合)	53	防锈漆	84	黑板漆
08	水溶漆、乳胶漆	34	漆色绒漆	54	耐油漆	85	调色漆
09	大漆	35	硅钢片漆	55	耐水漆	86	标志、路线漆
10	锤纹漆	36	电容器漆	60	防火漆	98	胶液
11	皱纹漆	37	电阻、电位器漆	61	耐热漆	90	其他
12	裂纹漆	38	半导体漆	62	变色漆		

举例：Y53-1——红丹油性防锈漆。

F83-1——黑酚醛烟囱漆。

(2)常用油漆的特性

①防锈油漆(见表7.9)。

表7.9　防锈漆成分和特性

型号	名称	主要特性	用途
Y53-1	红丹油性防锈漆	1.有良好的防锈及涂刷性； 2.干燥较慢漆膜软	用于室外钢铁物表面防锈打底用
Y53-2	铁红油性防锈漆	防锈性较好	用于室外要求不高的钢铁物件表面作为打底用
Y53-4	黑铁油性防锈漆	有良好的耐晒性和一定的防锈性	用于室内外钢铁结构的涂装打底，也可作面漆用
Y53-5	锌灰油性防锈漆	耐候性能好	用于涂装已涂防锈漆的表面，作防锈面漆，也可单独使用
Y53-2	锌醋胶防锈漆(灰防锈漆)	具有一定的防锈性	用于涂刷室内外金属构件，也作防锈底漆或涂刷于红丹防锈漆上作为面漆
Y53-1	红丹、灰酚醛防锈漆(磁性防锈漆)	防锈性能好，比Y53-1干燥得快	1.用于涂刷钢铁构件防锈打底用； 2.不能用在铝板、锌板或镀锌板上
Y53-2	灰酚醛防锈漆(灰防锈0号、00号、1号、TB-28)	防锈性能较好	用于涂刷钢铁物件防锈打底
Y53-10	云母酚醛防锈漆	防锈性能好	用于涂刷钢铁物件防锈打底
Y53-1	红丹过氯乙烯(G06-6)红丹过氯乙烯底漆	防锈和防水性能良好	用于钢铁器材金属结构和建筑物的表面作防锈涂层

②调和漆(见表7.10)。

表7.10　调和漆

型号	名称	主要特性	用途
Y03-1	各色醇胶调和漆(磁性调和漆)	比Y03-1干燥快、硬度大，有一定耐水性	用于涂刷室内外一般金属、木材物件及建筑物表面以及保温层外壳表面
F03-1	各色酚醛调漆(磁性调和漆)	光亮鲜艳、有一定的耐候性	用于涂刷室内外一般金属、木质物件和刷保温层外壳表面

③锅炉与烟囱漆(见表7.11)。

表7.11　锅炉与烟囱漆

型号	名称	主要特性	用途
F82-1	黑酚醛锅炉漆(黑锅炉漆)	干燥快，有一定耐水及耐热性能	用于涂刷蒸汽锅炉内外部分
F83-1	黑酚醛烟囱漆(烟囱漆)	能耐短时400 ℃高温而不易脱落	用于涂饰烟囱外壁及蒸汽锅炉和火车头，作防锈防腐用
C83-1	各色醇酸烟囱漆(耐温漆、黑烟囱漆)	漆膜有一定的耐热性，户外耐久性也较好	用于烟囱表面

3. 防腐施工技术要求

设备和管道及其保温表面的防腐施工,应在该部分设备、管道及金属结构的安装结束后进行,保温层表面的油漆应在保温材料干燥才能进行,施工必须在较干燥的气候条件下进行,涂刷油漆前应配制油色样板,色泽和油质符合要求后才能大量调制油料,进行施工。

涂刷金属表面油漆时,应符合下列要求:

(1)金属表面的油垢,灰尘及铁锈必须清除干净;

(2)金属表面应先涂一层防锈漆;

(3)在多层涂刷操作中,必须注意各层有必要的干燥时间,层间结合应严密,不得有分层现象;

(4)涂刷后表面色调应均匀一致,不得有透底斑迹,裂纹应补平并打磨光滑。

涂刷保温层表面的油漆时,应注意将保温层表面上的积灰和灰疤清理干净,裂纹应补平并打磨光滑,油漆后表面色调应均匀一致,不得有透底斑迹。

各种规格的油漆不能随意混合,要有专门存放各类油漆的容器,要注意油漆的贮存时间,一经开封的油漆要及时使用,不能放置时间过长。涂刷最后一遍油漆时,一般不得在油漆中掺入催干剂。已经施工的油漆表面在干燥前应防止刷裂的温度变化和高温空气的侵袭。

设备管道油漆的耗量见表7.12,支吊架和平台扶梯的耗漆量可按其钢材重量的2% ~3%取值。

表7.12　单位面积油漆耗量表(kg/m^2)

底漆名称	耗量	面漆名称	耗量
防锈漆	0.20	油性调和漆	0.12~0.20
环氧底漆	0.20	环氧磁漆	0.18
醇酸底漆	0.20	醇酸磁漆	0.15
云母氧化铁酚醛底漆	0.20	环氧耐油漆	0.20
沥青底漆	0.90	云母氧化铁面漆	0.18
环氧富锌底漆	0.25	沥青漆、环氧沥青漆	0.21
汽包漆	0.20	聚醋酸乙烯树脂	0.25~0.45
耐高温防锈漆	0.22	氧磺化聚乙烯	0.8~1.7
清漆(稀释防漆锈用)防锈漆	10%	松香水(稀释调和漆用)调和漆	10%

学习项目三　锅炉试运行

【知识目标】

1. 掌握锅炉试运行的方法、程序；
2. 掌握锅炉施工的验收程序。

【能力目标】

1. 能进行烘炉、煮炉及试运行工作。
2. 能进行锅炉验收与交工工作。

任务八　锅炉的试运行、验收与交工

单元一　锅炉试运行

根据《工业锅炉安装工程施工及验收规范》(GB 50273—1998)和《电力建设施工及验收技术规范、锅炉机组篇》(DL/T 5047—1995)的规定,锅炉设备在基本完成了锅炉本体安装并经水压试验合格,完成了炉墙的砌筑与保温,完成了辅助设备和附属系统的安装和分部试运以后,要为锅炉机组带负荷连续试运行和工程总体验收做好准备。为此,还应进行下列试验、调整和检查工作:

(1)锅炉内外与承压部件的全面检查;

(2)转动机械和附属设备的单机试运;

(3)锅炉的保护及联锁试验;

(4)炉膛及烟风道的严密性试验(漏风试验);

(5)烘炉;

(6)煮炉;

(7)管道的冲洗和吹扫;

(8)锅炉的严密性试验。

上述程序都合格的完成以后,锅炉才能进行安全阀的调整和带负荷连续48 h或72 h的试运行。

8.1.1　漏风试验

8.1.1.1　漏风试验的目的

锅炉机组在投产前应在冷态下对锅炉的燃烧系统、冷热风系统、烟气系统的严密性进行一次全面的检查,找出漏风之处并予以消除。此项检查试验通常叫做漏风试验或密封试验,锅炉漏风会在运行中产生下列危害:

(1)使锅炉过剩空气过多,炉膛温度降低,增加热损失,降低锅炉热效率;

(2)导致燃烧不正常,炉内结渣或堵灰严重时,将减少锅炉的蒸发量;

(3)锅炉排烟量增大,使引风机电耗增大;

(4)炉膛正压燃烧时,会向外冒烟,跑灰,破坏环境卫生与工作条件,严重时会发生炉门喷火、受热面过热、炉墙被烧坏等现象;

(5)由于烟道漏气,会造成旋风除尘器效率下降,除尘器下端落灰管不严,将使下落净化的灰尘随外面进入的空气返回向上混入气流进入烟囱,引起排烟含尘量超标。因此,在锅炉点火前,必须进行漏风试验。经验证明,防止漏风,可使锅炉运行效率提高2% ~3%。

8.1.1.2 漏风试验的条件

进行漏风试验,必须具备以下条件:

(1)送引风机经单机试运转合格,风道烟、道安装工作全部结束;

(2)炉膛等处的人孔、门等齐全,并封闭;

(3)喷嘴一、二次风门操作灵活,开闭指示正确(指煤粉炉或燃油、气炉);

(4)空气预热器、冷热风道、烟道经内部检查合格,内部无杂物;

(5)炉墙、炉排及排灰渣装置安装结束;

(6)试验所需的人员、工具、材料及仪表均已准备齐全。

8.1.1.3 漏风试验的方法

1. 燃烧室和烟道的严密性试验

在冷态下检查燃烧室和烟道是否漏风,一般可用下列两种方法:

(1)正压试验法:正压试验法是使燃烧室(旋风炉的旋风筒、二次室)和烟道保持正压,检查其是否漏风,具体作法是:将引风机入口挡板和各炉门全部关闭,在送风机入口处放置燃着的烟幕弹,随后启动送风机,则烟幕弹的烟被送入炉膛(旋风炉的旋风筒、二次室)和烟道中,同时保持20 ~50 Pa的正压范围,这时如果有漏风的地方,烟就会从这些地方逸出并留下痕迹,试验后可按漏风处留下的痕迹进行堵塞。

(2)负压试验法:负压试验法是使燃烧室(旋风炉的旋风筒、二次室)和烟道保持负压、检查其是否漏风,具体作法是:首先启动引风机,使燃烧室(旋风炉的旋风筒、二次室)和烟道保持100 ~150Pa的负压,然后用火把或蜡烛靠近炉墙和烟道的外表面处移动,在不严密处,火焰就会被负压吸向该处,此时,检查人员应立即将不严密处划上记号,待试验完毕后将其堵塞。

2. 空气预热器、风道和挡板的试验

检查空气预热器、风道和挡板是否严密,一般是采用正压试验法,具体步骤如下:

(1)负压试验法试验完毕后,适当调整引风机挡板,使炉膛保持10 ~20Pa的负压。

(2)将送风机入口挡板及各风门全部关闭,启动送风机,待其达到正常转速时,记录电动机的电流,然后缓慢开大送风机入口挡板,观察电动机的电流变化情况。如果此时电动机电流与送风机空转时电流相等或接近,则表明送风机至空气预热器直至各风门严密不漏,如果电动机的电流增大,则说明这个区域有不严密的漏风处。此时应该对全系统进行全面检查,将漏风之处均划上记号,待试验结束后,彻底消除。为查清预热器的漏风地点,可以进入预热器两端的烟道,如果空气预热器管头有空气喷出则表明这根预热器管有漏泄,画上记号,试验完毕后予以处理。

8.1.1.4　试运时的漏风检查与漏风标准

对安装后新投产的锅炉，除作上述冷态漏风试验外，根据需要对试运中的锅炉的漏风情况还需进行检查和测试，检查和测试是利用烟气分析器，分析各处烟气中的二氧化碳或氧的含量，以测定各部漏风情况，如检查某段烟道漏风情况，可根据该段烟道出入口烟气中二氧化碳或氧含量，计算出该段烟道出入口的过量空气系数，其差值即为该段烟道的漏风系数。与规定的漏风系数相比较，如果超出标准规定，则该段烟道漏风率为不合格。

额定蒸发量下锅炉各烟道漏风系数见表8.1。

表8.1　额定蒸发量下锅炉各烟道的漏风系数

烟道名称	结构特性	$\Delta\alpha$	烟道名称	结构特性	$\Delta\alpha$
固态排渣炉膛	燃烧室带有金属护板	0.05	直流炉过渡区		0.03
	燃烧室不带金属护板	0.10	省煤器每一级	D_e>50 t/h	0.02
液态排渣炉膛		0.05	空气预热器	D_e>50 t/h 管式的每一级	0.03
燃油、燃气炉膛	带金属护板	0.05			
	不带金属护板	0.08		D_e>50 t/h，回转式	0.20
负压旋风炉		0.03		板式的每一级	0.10
凝渣管		0	除尘器	D_e>50 t/h，电气式	0.10
屏式过热器		0		旋风式、多管式	0.05
对流过热器		0.03	炉后烟道	钢制的每10 m长	0.01
再热器		0.03		砖砌的每10 m长	0.05

8.1.1.5　消除漏风的措施

对已查出的漏风处，应按不同的情况采取不同的措施予以消除：

(1)对于金属烟道、空气预热器、除尘器等焊缝处发生渗漏，要铲剔去缺陷后重新补焊。

(2)法兰处渗漏时应将法兰螺栓松开，加垫片或石棉绳重新紧固。

(3)对于炉门、孔处的漏风应将接合面修平，密封槽内认真装好密封材料。

(4)炉墙漏风应将漏风部分拆除，按砖缝标准保证灰浆饱满。

(5)膨胀缝与穿墙管处漏风，要将石棉绳严密塞紧。

8.1.2　烘炉

8.1.2.1　烘炉的目的及作用

炉墙是用成型材料砌筑、浇注或涂抹而成，这就给炉墙结构内部带进大量的水分。炉墙内部的水分必须在锅炉试运行以前排除，这个排除炉墙中水分的过程，即称为烘炉。如果炉墙升温速度过快，很可能使炉墙出现裂缝、错位、凸起等不正常的变形。这是因为升温过快，炉墙内部水分急剧蒸发，产生蒸汽，超过了墙体空隙及砖组织微孔体积，而又无法排出，导致较大压力，挤坏灰缝；此外当炉墙烘烤温度不均匀，引起炉体各部分热膨胀不一致，也会使炉墙受到破坏。

8.1.2.2　烘炉前的准备工作

(1)锅炉本体及其附属装置，工业管道全部安装完毕，水压试验合格，炉墙砌筑和管道保温防腐全部结束,并经检验合格。炉膛、烟风道膨胀缝内部清理干净,无杂物,外部脏物已清除干净。

(2)烘炉所需的风机水泵等附属设备已试运完毕,能随时投入运行。热工及电气仪表安装完毕,单校合格,模拟联校合格。

(3)锅筒和集箱上的膨胀指示器已经装好并调到零位,如设备未带有膨胀指示器,应在锅筒和集箱上便于检查的地方装设临时性膨胀指示器。

(4)在炉墙施工阶段及砌筑完后,应打开各处门孔,进行自然干燥,达到时间要求。

(5)按技术文件的要求选好炉墙的测温点和取样点,并准备好温度计及取样工具,如设备技术文件中对测温点无特殊规定时,应设在如下位置:燃烧室侧墙中部,炉排上方1.5~2 m处;过热器或相应炉膛口两侧墙中部;省煤器或相应烟道后墙中部。

(6)有旁通烟道的省煤器应关闭主烟道挡板,使用旁通烟道,无旁通烟道时,省煤器循环管路上阀门开启。

(7)向锅炉注水前,打开锅炉上所有排汽阀和过热器集箱上疏水阀,向锅炉注入经过处理的软化水至正常水位;水位计应清晰、正确。

(8)准备好木柴、煤等燃料,用于链条炉炉排上的燃料不得有铁钉、铁器,准备好各种工具。

(9)编制好烘炉方案及烘炉曲线,向参加烘炉人员交底,备好记录用表报。

8.1.2.3　烘炉的方法

1. 蒸汽烘炉

蒸汽烘炉,就是采用蒸汽通入被烘锅炉的水冷壁管中,以此来加热炉墙,达到烘炉目的。

(1)利用蒸汽加热被烘锅炉的炉水进行烘炉,具体做法是将新安装的锅炉水冷壁等受热面充满水后,由运行锅炉引来0.3~0.4 MPa的饱和蒸汽将炉水加热。被烘的锅炉充满除盐水或软化水,使汽包保持最低水位,然后由水冷壁下联箱通入蒸汽使炉水升温至90 ℃左右,控制过热器处两侧空气温度,直到炉墙湿度达到合格为止(利用炉墙取样法测定湿度)。在烘炉过程中一般不启动引风机,利用风门的开关将炉膛内产生的潮湿气体排出,烘炉期间将汽包上的空气门及过热器联箱,主汽阀外疏水阀打开,如果发现汽包水位过高,可适当放水,以保持水位。

(2)利用蒸汽通过过热器出口联箱直接引入,经过过热器、集汽包、大汽包再分别送至水冷壁及省煤器系统。利用蒸汽凝结水不断排放的办法使炉墙接受水冷壁传给的热量后炉墙逐渐干燥,必要时可启动引风机调整炉膛温度,同时排除炉膛内部的湿气,直到炉墙所含的水分合格为止。

蒸汽烘炉的优点是:对受热面均匀加热,使炉墙各部分均匀受热,烘炉质量较好,冬期施工时,蒸汽烘炉还可以防止在砌筑过程中结冻,同时又起到了取暖的效果,其缺点是在新建工程第一台炉试运时,没有邻炉提供蒸汽,另外消耗大量蒸汽,这些蒸汽的热量未被完全利用就被排出,很不经济。采用蒸汽烘炉的后期宜补用火焰烘炉。新建锅炉一般不宜采用蒸汽烘炉法。

2. 火焰烘炉

火焰烘炉亦称为燃料烘炉,是用木柴、重油或柴油、煤块等燃料燃烧产生的热量来进行烘炉,这种方式对各种类型的锅炉都适用。在链条炉的炉排上或煤粉炉的冷灰斗上架设临时的篦子,初期先烧木柴,然后引燃煤块,开始时,小火烘烤,自然通风,炉膛负压保持20~30 Pa,渐渐燃烧旺盛。加强燃烧,提高炉膛负压,以烘干锅炉后部炉墙,必要时,可启动引风机。

图 8.1 给出一台重型炉墙锅炉火焰烘炉时的升温曲线,图中纵坐标为炉膛温度,横坐标为烘炉的天数,开始烘炉到第一天后温度上升至 50 ℃,由第 2 天至第 9 天,温度逐渐平稳上升至 210 ℃,平均每天上升 20 ℃,由第 9 天至第 14 天温度控制在 210 ~ 220 ℃之间,第 15 天烘炉结束炉温下降至 200 ℃以下。

图 8.2 则给出了一台轻型炉墙火焰烘炉时的升温曲线。由开始烘炉到第一天后,炉温上升到 80 ℃,至第 4 天炉温上升到 155 ℃,平均每天升高 25 ℃,由第 4 天到第 7 天维持炉温在 155 ~ 160 ℃之间,然后停止升温至第 9 天结束烘炉时,炉温在 150 ℃左右。

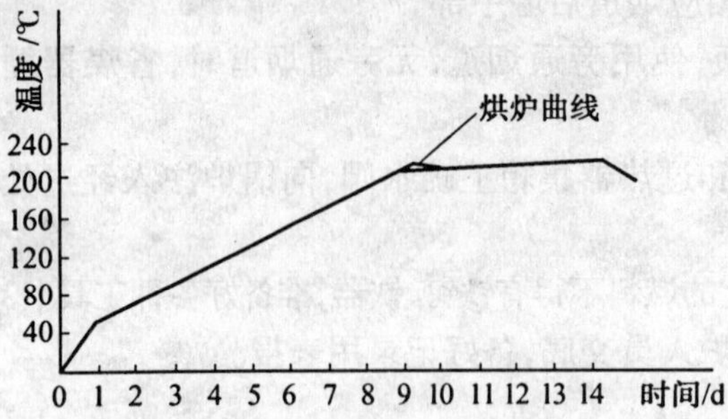

图 8.1　重型炉墙火焰烘炉升温曲线

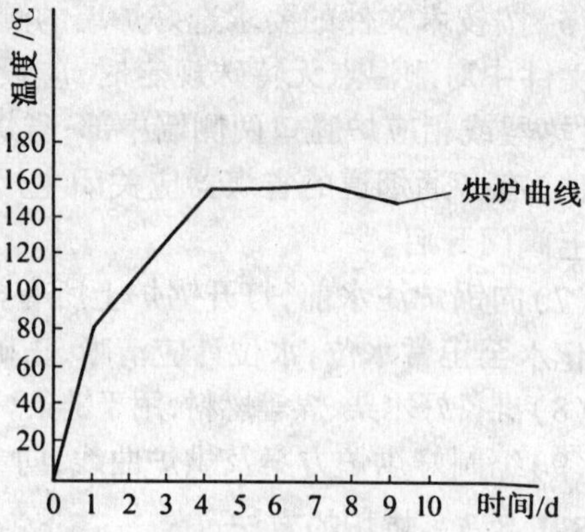

图 8.2　轻型炉墙火焰烘炉升温曲线

8.1.2.4　烘炉的时间及标准

烘炉时间应根据锅炉的类型、砌体温度和自然通风的干燥程度确定。当采用蒸汽烘炉时,烘炉的时间,对于轻型炉墙为 4 ~ 6 天,对于重型炉墙为 14 ~ 16 天;当采用火焰烘炉时,可参照表 8.2 进行。

表 8.2　火焰烘炉的烘炉时间与温度控制

炉墙形式	烘炉时间/d	过热器后(或相当位置)烟气温度/℃			备注
		第 1 天温升	以后每天温升	最后温升	
重型炉墙	7 ~ 14	≤50	≤20	≤220	
砖砌轻型炉墙	3 ~ 7	≤80	—	≤160	
耐火烧注料炉墙			≤10(℃/h)	≤160	养护期满后开始

对于整体安装的锅炉,烘炉时间宜为 2 ~ 4 天,对于特别潮湿的炉墙,应适当减慢升温速度,延长烘炉的时间。

判断烘炉是否合格,通常有两种方法:

(1)炉墙灰浆试样法:在燃烧室两侧墙中部,炉排上方 1.5 ~ 2 m 处,或燃烧器上方 1 ~ 1.5 m处和过热器两侧墙的中部,取黏土砖、红砖的丁字交叉缝处的灰浆样品各 50 g 测定,其含水率均应小于 2.5%。

(2)测温法:在燃烧室两侧墙的中部,炉排上方 1.5 ~ 2 m 处,或燃烧器上方 1 ~ 1.5 mm 处,测定红砖墙表面向内 100 mm 处的温度应达到 50 ℃,并继续维持 48 h,或测定过热器两侧墙黏土砖与绝热层接合处温度应达到 100 ℃,并继续维持 48 h,测定炉墙温度时,玻璃温度计测量炉墙温度插入的方法如图 8.3。

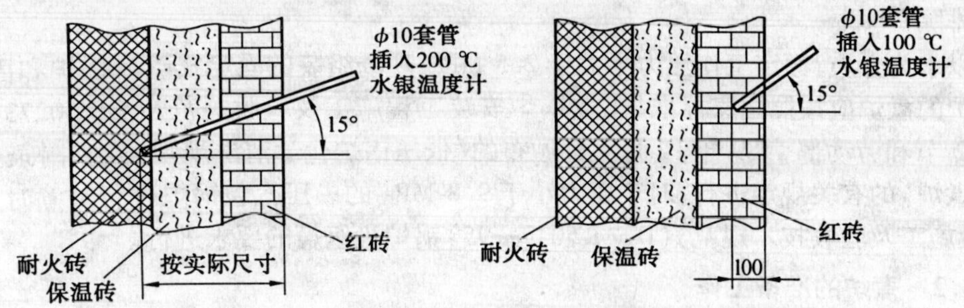

图 8.3　玻璃温度计测量炉墙温度的插入方法

8.1.2.5　烘炉注意事项

(1)烘炉应按事先制定和批准的烘炉方案和烘炉升温曲线进行,如图 8.4 所示。根据炉墙的温度来确定升温的速度和烘炉时间的长短。

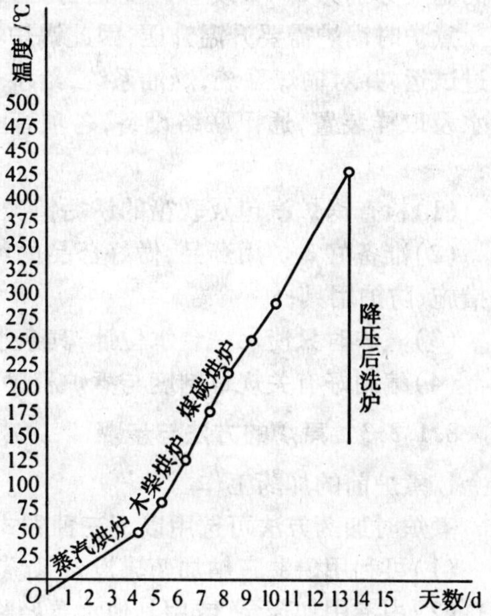

图 8.4　蒸汽—木柴—煤块烘炉升温曲线

(2)烘炉时温度应缓慢升高,按烘炉升温曲线要求变化,链条炉排采用火焰烘炉时,应将燃料分布均匀,不得堆集在前后拱处,以免前后拱温升过快发生裂缝,烘炉过程中应转动炉排和除渣机,以免顶坏炉排和卡塞除渣机。

(3)烘炉时锅炉水位保持正常,对锅炉汽包及各联箱膨胀应监视和记录。

(4)重型炉墙在烘炉前应在锅炉上部耐火砖与红砖的间隙处开设临时湿气排出孔。

(5)烘炉时应经常检查炉墙情况,不得有裂纹或凹凸等缺陷,如发现缺陷应及时补救。

(6)冬期烘炉,应保持锅炉间室温在 5 ℃以上。

(7)烘炉时应作烟气温度记录,并符合事先绘制的曲线的要求。

8.1.3　煮炉

8.1.3.1　煮炉的目的和依据

锅炉在制造、运输和安装过程中,其受热面会被油垢、灰尘和其他一些杂物污染,这些污物不清除将直接影响蒸汽和热水的品质,而且分解后还会腐蚀受热面,引起汽水共腾现象,受热面内壁被氧化而产生铁锈,这些氧化铁及硅化合物等杂质聚集在受热面上,会直接影响传热,因此投产前必须进行煮炉。

煮炉,是用碱性溶液进行的,实际上是用氢氧化钠、磷酸三钠或无水磷酸钠进行化学处理,利用这些碱性物质可使锅炉内游离油质产生一种皂化作用,使游离物之间的结合力减弱,然后用给水或软化水来冲洗,锅炉内壁的铁锈、水垢在碱性溶液中脱落,也将随炉水温度与负荷的增加而增加。这些脱落的水垢、铁锈将大部分沉积在锅炉下部的集箱中,然后可以利用排污的方法加以排除。

对于以水为介质，额定工作压力不大于2.5 MPa，现场组装的固定式蒸汽锅炉和固定式承压热水锅炉的煮炉应按照国家标准《工业锅炉安装工程施工及验收规范》(GB 50273—1998)第九章第2节和劳动部1989年12月7日颁布的《低压锅炉化学清洗规则》及其附录三《新安装锅炉的煮炉》的有关规定进行，对于压力小于9.8 MPa的中压汽包锅炉进行碱煮时，应按照《电力建设施工及验收技术规范》(DL/T 5047—95)锅炉机组篇的要求进行。

8.1.3.2 煮炉的准备工作

在烘炉末期，当炉墙红砖灰浆含水率降到10%时，或用测温法测得燃烧室与过热器的侧墙的温度分别为50 ℃或100 ℃时，即可进行煮炉。

煮炉时锅炉需要升温升压，因此锅炉本体，各辅助设备，附属系统均应安装完毕，转动机械经过试运，并对输煤系统，燃油系统，给水、软化水系统及热工仪表远方操作装置，加药、排污、疏水及取样装置，通讯联络设备，各项音响光色信号等安装校验完毕。煮炉前应检查下列项目：

(1)检查锅炉汽包及联箱的锈垢情况，并确定煮炉时的加药量；

(2)准备好煮炉用药品，做好药品的纯度分析，准备好加药的工具，及防止药品伤人的安全措施、防护用具；

(3)煮炉时只使用一台水位计，其余水位计，一次阀关闭，以避免汽水管路同碱水接触；

(4)编制好有关规章制度与煮炉程序，绘制好系统图并悬挂于现场。

8.1.3.3 煮炉的方法与步骤

1. 煮炉前的加药工作

煮炉时加药方法可选用以下三种方式：

(1)可利用磷酸三钠加药罐设备系统将药加入锅炉；

(2)用专用加药泵，或用其他水泵经临时管路从水冷壁下联箱或省煤器放水阀进锅炉；

(3)有的锅炉汽包上没有φ50 mm的自用蒸汽短管，配有带法兰的高压阀门，可借用此阀门的法兰在其上安装一个有盖子的临时加药箱，加药箱的底部焊有短管和法兰，用该法兰与汽包相连接，在加药箱底短管处设有过滤网。

煮炉时的加药配方见表8.3。

表8.3 煮炉时的加药配方

药品名称	加药量(kg/m^3 水)	
	铁锈较薄	铁锈较厚
氢氧化钠(NaOH)	2～3	3～4
磷酸三钠($Na_3PO_4 \cdot 12H_2O$)	2～3	2～3

注：①药量按100%纯度计算；

②无磷酸三钠时，可用碳酸钠代替，用量为磷酸三钠的1.5倍；

③单独使用碳酸钠煮炉时，每立方米水中加6 kg碳酸钠。

加药时，锅炉水位保持在水位计最低水位指示处(煮炉时保持在接近最高水位)。

加药前，药品应溶解成溶液后方可加入炉内，溶液应搅拌均匀，其浓度为20%不得将固体药品直接加入炉内。

加药时，所用药品应一次加完，但对拆迁的锅炉存有水垢时，可将所用的磷酸三钠先加入

50%，在煮炉过程第一次排污后，再加入其余的50%。

8.1.3.4　煮炉程序

加药完毕后即可开始升压煮炉，煮炉时间宜为2～3天，煮炉的最后24 h宜使压力保持在额定工作压力的75%，各类煮炉程序（阶段划分，相应压力和时间）可参见表8.4。

表8.4　煮炉升压时间表

顺序	煮炉升压程序	煮炉时间/h		
		铁锈较薄	铁锈较厚	拆迁炉
1	加药	3	3	3
2	升压到0.3～0.4 MPa	3	3	3
3	在0.3～0.4 MPa负荷为额定出力的5%～10%下煮炉，并紧螺丝	12	12	12
4	降压并排污（排污量为10%～15%）	1	1	1
5	升压到1.0～1.5 MPa负荷为额定出力5%～10%下煮炉	8	12	24
6	降压到0.3～0.4 MPa下进行排污（排污量为10%～20%）	2	2	2
7	升压到2.0～2.5 MPa，负荷为额定出力的5%～10%下煮炉（中、低压炉升压到工作压力的75%～100%，但不超过2.5 MPa）	8	12	24
8	保持2.0～2.5 MPa压力下进行多次排污换水，直到运行标准碱度，同时投入连续排污	16	16	36
9	共计	53	61	105

当在较低的压力下煮炉时，可适当地延长煮炉时间。

8.1.3.5　煮炉注意事项

（1）煮炉过程中各处排污门应全关，排污时全开时间不得超过0.5～1 min，以防水循环被破坏。

（2）煮炉时炉水不许进入过热器。

（3）保持炉水的碱度，定期从汽包和下联箱取水化验，若炉水碱度低于4.5 mol/L时，应补充加药。

（4）煮炉结束后的换水，应带压力进行，并冲洗药液接触过的疏水阀、放水阀；检查排污阀，应无堵塞现象。

（5）煮炉后的恢复工作应尽量紧凑。

（6）煮炉后打开人孔、手孔检查；汽包及联箱内壁应无油污，擦去附着物金属表面应无锈斑，并应清除锅筒、集箱内的沉积物。

（7）煮炉工作结束后，应交替进行持续上水和排污，直到水质达到运行标准，然后应停炉排水。

8.1.4　管道的冲洗和吹扫

8.1.4.1　管道冲洗和吹扫的目的与范围

新安装的中压及高压锅炉范围内的给水，减温水和主蒸汽管道系统，在供水与供汽之前必须进行冲洗和吹扫。以清除管道内的杂物和锈皮，尤其是对蒸汽管道更应重视，否则，锅炉启动后杂物将随蒸汽带到各处，造成阀门结合面损坏，更为严重的是杂物一旦被蒸汽带进汽轮机（在火力发电站），就会引起调速汽门故障或损坏汽轮机叶片等重大事故。

锅炉范围的给水管道一般与给水管道同时冲洗。冲洗范围包括给水操作台直到省煤器前，减温器一般不参加冲洗，以免杂物堵塞。

蒸汽管路的冲洗，一般均在煮炉后进行，吹洗是利用蒸汽压力产生高速汽流，也就是利用高速汽流的冲刷力将杂物冲走。另一方面，依靠冲洗时的高温蒸汽或管壁温度的升高和变化，使附着于管路内壁的杂物脱落并吹出。

用水进行冲洗时，其水质宜为除盐水或软化水，水力冲洗应连续进行，并尽量加大管内流量，一般情况下，管内的平均流速不应低于 1 m/s，大口径管不能满足要求时宜采用密闭循环的水力冲洗方式，管内流速应达到或接近管道正常运行的流速。

8.1.4.2　主蒸汽管吹洗前的准备工作

（1）将蒸汽管路的末端安装一段临时管路，作为脏污蒸汽排入大气之用，临时管路的截面积应大于或等于被吹管的截面积，否则节流过大或使蒸汽流速降低，不能达到冲洗的效果。

（2）临时管路应通到室外，并安装牢固，排汽管口应朝上 30°～45°向大气排放，一直排放到合格为止，排放时间宁可长而不可短。

（3）管路上的流量表（流量孔板）吹管前不要安装，否则将使吹洗效果降低并损伤孔板。

（4）检查吹洗管路与不吹洗的管路之间应加以隔绝。

（5）对管路进行全面检查，安装应牢固，连接方式应正确，除控制阀门外吹洗管路上的阀门应在全开位置。

（6）按要求装好质量检查用的靶板。

8.1.4.3　吹管的方法与质量标准

管道的冲洗和吹扫应参照电建规锅炉机组篇（DL/T 5047—1995）管道的冲洗和吹洗和电建规管道篇（DL 5031—1994）管道系统的清洗规定中有关要求进行。

对于一般中小型锅炉，吹洗管路一般采用降压法，利用锅炉工质，金属及炉墙的蓄热短时释放出来，提高吹洗流量的方法。吹洗时，锅炉升高到一定压力后，保持一定的燃料，尽快全开控制阀（最好采用电动阀）利用压力降产生的附加蒸发量增大冲洗流量，当压力降下降到一定值后，关闭控制阀重新升压，准备再次冲洗。其缺点是时间短，次数多。吹洗过程中，至少应有一次停炉冷却（时间 12 h 以上）冷却过热器及其管道，以提高吹洗效果。

通过对装在临时排汽管内（或排汽口处）的靶板检查，以判断冲洗质量，靶板一般用铝板制作，宽度为装设靶板处管道内径的 10% 左右，长度等于管子内径，装设方向应对正汽流冲击方向。在保证吹管系数至少大于 1 的前提下，连续两次更换靶板检查，靶板上冲击斑痕粒度不大于 0.8 mm，且肉眼观察斑痕不多于 8 点即认为吹洗合格。

管道冲洗和吹扫完后，应整理记录，办理签证。

8.1.5　严密性试验及安全阀调整

8.1.5.1　严密性试验的目的与步骤

严密性试验是指对锅炉的汽水系统承压部件的严密性的检查和试验。实际上它是分两个阶段进行的。在锅炉本体安装完毕，炉墙砌筑保温之前进行的水压试验，是在冷态下利用高压水来检查锅炉各承压部件的严密性和强度。而本节所叙述的严密性试验，则是在烘炉、煮炉及管道冲洗和吹扫之后，锅炉在点火升压后的热状态下，对锅炉的承压部件再一次进行的严密性检查，对蒸汽锅炉是利用蒸汽压力进行的，而对热水锅炉则是利用被加热至工作温度下的热水进行的，锅炉的承压部件只有在冷热状态下的严密性检查试验都合格以后，才能确保投入运行后的安全可靠性。

严密性试验的步骤为：试验前的检查与准备，锅炉点火；锅炉升压；额定工作压力下的检查，安全阀的调整与试验各个阶段。

新安装并准备投产的锅炉的点火、升压及达到额定压力下的调整等有关检查操作应根据制造厂提供的设备使用说明书而编制好的锅炉运行操作规程和锅炉连续带负荷试运行方案的操作步骤进行。

8.1.5.2　严密性试验的要求

锅炉升压至0.3～0.4 MPa时，应对锅炉范围内的法兰、人孔、手孔和其他连接螺栓进行一次热状态下的紧固。

当锅炉升至工作压力进行严密性试验时，应重点检查下列部位：

(1)锅炉范围内的焊口、人孔、手孔和其他法兰连接螺栓进行一次热状态下的紧固，达到严密不漏的要求。

(2)继续升高额定工作压力时，应检查各人孔、手孔、阀门、法兰和垫片等处的严密性。

(3)同时观察锅筒、集箱、管路的热膨胀情况及其支座、吊杆、吊架和弹簧的受力，移位和伸缩情况是否正常，是否有妨碍膨胀之处。

检查中，如对轻微泄漏难以判断时，可用一块温度、湿度较低的玻璃片或光洁的铁片靠近怀疑有泄漏的部位，若有泄漏，在玻璃片或铁片上会有水珠凝聚，上述检查不合格时，应停炉进行处理，直到合格为止。

有过热器的蒸汽锅炉，应采用蒸汽吹洗过热器，锅炉压力宜保持在额定工作压力的75%，同时应保持适当的流量，吹洗时间不应小于15 min。

严密性试验及处理情况应作详细的记录，试验合格后应办理签证，并进行安全阀的最终调整和准备带负荷连续运行。

8.1.5.3　安全阀调整

安全阀在安装前，应逐个进行严密性试验，合格后，才可安装。并进行热态调试、整定，确保安全阀起跳灵敏、准确。

蒸汽锅炉安全阀按规定的开启压力进行整定。

热水锅炉安全阀起座压力按下列规定整定：

起座压力较低的应为工作压力的1.12倍，且不小于工作压力加0.07 MPa；起座压力较高的安全阀应为工作压力的1.14倍，且不应小于工作压力加0.1 MPa。

弹簧式安全阀靠调节螺丝调节压力的高低；杠杆式安全阀靠移动重锤的远近调节压力的高低；静重式安全阀，用增减铁盘来调节压力的高低。在整定压力下，安全阀应无泄漏和冲击现象。调整时应先调整开启压力最高的，然后依次调整压力较低的安全阀。

定压工作结束后，应在工作压力下再做一次排汽试验，若合格则调整后的安全阀应立即加锁或铅封，并做好记录。

安全阀调整后，锅炉应全负荷连续运行48 h，整体出厂锅炉应为4～24 h，经检查和试验各部件及辅助设备运行正常时，即为合格。

8.1.6　锅炉启动与正常运行

8.1.6.1　锅炉的启动

新装或大修后的锅炉，必须经过专业技术人员进行内外部检验，合格后方可启用。

1. 锅炉启动前的准备与检查

锅炉点火前，要求对锅炉本体、辅助设备及各附件进行一次全面检查，检查内容如下：

(1)检查锅筒、集箱、管子等内部有无杂物、水垢及遗留的工具等。

(2)密闭所有的人孔和手孔。

(3)检查炉墙、烟道的膨胀缝是否与图纸相符；烟道阀门是否严密，操作是否灵活；出灰门是否严密不漏气。

(4)检查所有电动机的旋转方向是否正确，联轴器螺栓连接是否牢固，轴承油箱内润滑油是否充足。

(5)链条炉排的活动部分与固定部分有无必要的间隙；炉排所有转动部分的润滑情况，启动电机对炉排各挡速度进行空转试验，检查炉排松紧是否适当；炉排、炉排片和其他零件是否完整。

(6)检查水位表、压力表、安全阀及其他流量、控制仪表是否完整、有效、灵活。

(7)试验指示灯、警报器、电气方面及电气联锁装置是否正常，将全部照明设备试行开亮一次。

(8)煤斗存煤是否充足；燃油、燃气或煤粉锅炉所配燃烧器是否正常。

(9)锅炉本体各阀门是否调整好开关位置。

检查工作完毕后，用软化水向锅炉进水，进水温度以45～50 ℃为宜，给水应缓缓进入锅炉，以免进水速度太快，使锅筒壁引起不均匀膨胀而产生热应力。进水时间夏季控制为1 h，冬季不少于2 h，小容量的锅炉进水时间可适当缩短。进水时，应打开锅筒上的空气阀或抬起一个安全阀，以排除空气。进水时，应检查锅炉的人孔盖、手孔盖、法兰接合面等处，如有泄漏应及时修理。

当锅筒水位升至水位计最低水位指示线时，停止进水，观察半小时，锅筒水位应维持不变，如水位升高或降低，应迅速查明原因，及时修理，保证各受压部分及水位表、压力表、排污阀等无漏水现象。

此时，低水位计、远传水位计、高低水位警报器均可开启，有关阀门也应准备投入运行，检查其是否漏水，是否起作用。

点火之前，应对炉膛和烟道彻底通风，排除炉膛及烟道积存的可燃性气体，以免点火时发生爆炸。自然通风时应不少于15 min，用风机通风时间不少于5 min。对于燃油或燃气锅炉通风时间不得少于10～15 min。

2. 点火和升压

完成以上工作，应由负责生产的领导签发点火命令，之后方可进行点火，锅炉点火要按不同的燃烧设备所规定的方法进行，应注意以下几点：

(1)燃煤锅炉可用木柴或其他易燃物引火。注意木柴中应去掉铁钉，以免铁钉卡住炉排引起故障。严禁用挥发性强烈的油类或易爆物引火，以免受热后产生可燃性气体而引起气体的爆炸。

(2)油炉和煤粉炉可用煤油或煤气引火。点火时，要注意防爆。一次没点着，不得接着点火，须停止送燃料，进行充分通风后，再重新点火。

点火后，燃烧要缓慢加强，升温不能太快，以免使锅炉各部分受热不均，损坏锅炉部件或炉墙。当蒸汽从空气阀中冒出时，应将空气阀关闭或放好安全阀阀芯，并注意锅炉压力的上升，如装有两支压力表，应该检验二者所指示的压力是否相符。从点火到升压达到工作压力所需要的时间：火管锅炉一般为 5 ~6 h，水管锅炉一般为 2 ~3 h，快装锅炉一般为 1 ~2 h。

当汽压上升到工作压力的 2/3 时，应微开锅炉主汽阀进行蒸汽管道的暖管工作。即用蒸汽将常温下的蒸汽管道、阀门均匀加热，并把加热冷凝水排出去，以防止送汽时发生水击事故和过大的热应力而损坏管道、阀门及法兰。暖管应注意疏水，暖管的时间根据管道直径的大小、长度、蒸汽温度和季节气温的不同而定，一般对工作压力为 0.7 MPa 以下的锅炉，暖管时间约为半小时左右。

在升压过程中，为防止非沸腾式省煤器中产生蒸汽使省煤器损坏，如无旁通烟道，应打开再循环管，使省煤器内有水流动，这部分水通过省煤器后返回水箱；如有旁通烟道，可让烟气通过旁通烟道，而不加热省煤器。

锅炉房内如果有几台锅炉同时运行，蒸汽母管内已由其他锅炉输入蒸汽，再将新升火锅炉内的蒸汽合并到蒸汽母管的过程称为并汽(又称并炉)，并汽前应减弱燃烧，开启蒸汽母管上的疏水阀，并再次冲洗水位计。并汽应在锅炉汽压比蒸汽母管汽压低 0.05 ~0.02 MPa 时进行。先缓开主汽阀(有旁通阀的先开旁通阀)，等到蒸汽管中听不到汽流声时，才能逐渐开大主汽阀，主汽阀全开后，再倒转半圈，以免长时间受热卡死，关不动。然后关闭旁通阀。并汽时要注意汽压、水位的变化，若管道内有水击现象，应加强疏水后再并汽。

并汽后，关闭省煤器旁通烟道，开启省煤器烟道挡板，或关闭再循环管，使省煤器正常运行；各锅炉的给水应配合锅炉蒸发量，使锅炉维持正常水位；同时打开连续排污阀进行表面排污。

最后对所有仪表再检查一次。此外，再试验一下高低水位警报器、自动给水装置和蒸汽流量计后，即可投入生产。

8.1.6.2　锅炉的正常运行

1. 运行调节

为保证锅炉安全运行，需做好运行调节工作，主要是对锅炉的水位、汽压、汽水质量和燃烧情况的变化进行监视和控制，使水位、汽压和燃烧工况稳定，提高效率，减少环境污染。

(1)控制水位：锅炉在正常运行中，锅水不断蒸发，水位下降，运行人员应不间断地通过水位表监视锅内水位并注意及时给水。为了防止锅炉发生缺水和满水事故，应尽量做到均衡给水，以保持锅炉的正常水位。运行中的正常水位一般是锅筒中心线附近之下约 30 mm 处，在运行中随负荷大小进行调整。锅炉在低负荷运行时，水位应稍高于正常水位线，以免增负荷时造成低水位；锅炉在高负荷运行时，水位应稍低于正常水位线，以免减负荷时造成高水位。水位允许变动范围，一般不超过正常水位线±50 mm。为了防止出现假水位，水位表应经常冲洗，每班一般 2 ~3 次。

在负荷变化较大时，可能出现暂时的虚假水位，即当负荷突然增加时，蒸发量不能很快跟上，造成汽压下降，水位会因锅筒内汽、水两相的压力不平衡而出现先上升再下降的现象；反之，当负荷突然降低时，压力会上升，水位先下降而后上升。因此，在监视和调整水位时，要注意判断这个暂时的假水位，以免误操作。锅炉水中含盐量过高，也会产生由于汽水共腾而使水位偏高的假水位，因此要使连续排污保持正常。

控制锅筒水位的高低是靠改变给水调节阀的开度来改变给水量而达到的。大型锅炉采用给水自动调节器来自动调节送入锅炉的给水量。调节器的电动执行机构除能投入自动外，还可切换为远方(遥控)手动操作。

无给水自动调节装置或自动装置失灵的锅炉，操作给水阀使给水量与蒸发量保持平衡。

(2)调整汽压：要注意使压力表经常指示在正常压力范围内，不得超过最高允许压力的红线，超过红线时，安全阀开始排汽，若不能排汽，必须用人工方法开启安全阀。安全阀每星期做一次手动排汽试验，每月做一次自动排汽试验。压力表每半年至少校验一次。

锅炉汽压的变化，反映了蒸发量与蒸汽负荷之间的平衡关系的变化。当蒸发量大于热用户需要时，汽压就上升，反之则下降。所以汽压调节，也就是蒸发量的调节。但是，蒸发量的大小又取决于燃烧的情况，强化燃烧时，蒸发量就增加，减弱燃烧时，蒸发量就减少。因此，当负荷减少时，应相应减弱燃烧，负荷增大时则应强化燃烧，这样才能保持锅炉汽压稳定。

当负荷增加时，汽压降低，如果这时水位高，应先减少或暂停给水，再增加给煤量和送风量，加强燃烧，提高蒸发量，使汽压和水位保持正常；如果水位低时，应先增加给煤量和送风量，在强化燃烧的同时，逐渐增加给水量。

当负荷减少时，汽压升高，如果锅炉内的实际水位高时，先减弱燃烧，再适当减少给水量；如果这时锅炉内的水位低时，应先加大给水量，等水位恢复正常后再根据负荷及汽压的变化，适当调整燃烧和给水量。

手烧炉负荷变化时，要用调节加煤间隔时间和送、引风来调节燃烧，不要用投煤量来调节，要保持煤层厚度不变。

链条炉一般用调整炉排速度的方法(煤层厚度不变)来满足负荷变化的需要。

锅炉负荷不变时，如果汽压降低或升高，应及时检查燃烧情况，调整给煤量及风量以保持汽压正常。

分段送风的锅炉，炉排小风门的开度应视燃烧情况及时调节。锅炉正常运行时，炉排前后两端的风门可以关闭，在火焰小处可稍开，在炉排中部燃烧旺盛区，风门要开大些。

(3)控制水质：锅炉正常运行中应认真执行低压锅炉水质标准及按其制定的水质管理制度，做好水质管理工作和日常记录，把锅水含盐量的调节控制作为日常的重要工作，含盐浓度靠调节连续排污量，即调节排污阀开度来控制，阀门开度根据化验结果来确定。锅内沉积物由定期排污排除。设有连续排污的小型锅炉，也靠定期排污减少锅水含盐量。定期排污应在高水位低负荷时进行，一般每班至少要排污一次，排污时间不超过半分钟。排污时，先慢慢打开离锅炉较近的阀门，此阀称为慢开阀，再开快速排污阀。排污结束时，先关闭快速排污阀，然后再关慢开阀。这样可以保护慢开阀，而且当快开阀受损更换时，可不必停炉。为了排除两阀之间积水，可再开快速排污阀排尽积水后关闭。

(4)炉膛负压的调节：锅炉正常运行时，炉膛负压维持在 20 ~ 30 Pa(2 ~ 3 mm 水柱)。负压过高，容易吸入过多的冷空气，降低炉膛温度，增加热损失；负压过低，易使火焰烟气向外喷出，损坏设备，烧伤人员，污染环境。

炉膛负压的大小,主要取决于风量。风量的大小取决于炉膛燃烧工况的需要。当送风量大而引风量小时,炉膛负压小;送风量小而引风量大时,炉膛负压大。在增加风量时,应先增加引风,后增加送风;在减少风量时,应先减少送风,后减少引风。

2. 热水锅炉的运行

(1)热水锅炉的启动

热水锅炉是满水运行,因而无水位调节问题,燃烧调节与蒸汽锅炉相同,因其与室外热网连接,锅炉启动、水温调节及水压控制与蒸汽锅炉不同。

1)启动前的准备

①网路系统的清洗:对新投入或长期停运的锅炉及外网,应先进行冲洗,去除管路系统中的铁锈、杂物等,防止运行中堵塞管路和散热设备。

冲洗分为粗洗和精洗两个阶段,见“煮炉”内容。

②网路系统充水:冲洗结束后,重新向网路系统充入符合水质要求的软水。充水顺序为锅炉—外网—热用户。向锅炉充水一般由下锅筒下联箱送入,顶部放气阀冒出水为止;向管路充水从回水管开始,至各排气阀出水为止;向用户充水至各系统顶部排气阀出水时,关闭顶部放气阀。充水完毕后停1~2 h,还应再打开一次顶部放气阀,排出残存的空气。充水完毕后,应对网路进行全面检查,确认无泄漏,对各辅助设备如膨胀水箱、除污器、循环泵、分水器等确认无异常。

③调整、检查定压设备。其他有关锅炉及辅助设备的启动准备与蒸汽锅炉相同。

2)点火启动程序

锅炉点火前,应先启动循环水泵,使系统中的水循环流动起来(停炉时,不得立即停泵,只有当锅炉出口水温降到50 ℃以下时才能停泵)。热水锅炉的点火操作及燃烧调节要求,与蒸汽锅炉基本相同。其他运行操作应注意:

①启动循环泵前应先开启网路末端的1~2个热用户系统,或开启末端给、回水之间的短路循环阀。

②对于容量较大的循环水泵,应在关闭其出口阀门的情况下启动,以防止电动机启动电流过大,而后逐渐开启水泵出口阀门。

③在启动循环泵过程中,应注意网路系统的压力变化,随时调节分支给水阀,保持压力稳定。

④以先远后近的顺序开启热用户系统,一般先开启回水阀,再开给水阀,注意给水和回水阀门的开度调节。

(2)热水锅炉的运行

①供水温度的控制:如果供水温度过高,会引起锅水汽化,大量锅水汽化会导致超压以至爆炸事故。因此,运行时应控制热水锅炉的出水温度,使其低于运行压力下相应饱和温度20℃以下。

操作人员应牢记所操作锅炉的最高允许温度值,当水温接近最高允许温度值时,应采取减弱燃烧的措施,一旦出水温度超过允许值应立即紧急停炉。

②运行压力的控制:热水锅炉运行时应随时监视与控制锅水压力、回水压力,并应经常观察循环水泵出、入口压力及补水泵出口压力。锅炉本体上的压力指示值总是大于分水器上压力表的指示值,而且两块压力指示的压差应当是恒定的,当二者压差不变但数值下降时,说明

系统中的水量在减少，这时，应增加补水。经补水压力仍然不能恢复正常，说明系统中有严重的泄漏，应立即采取措施，如锅炉压力不变而回水管压力上井，说明系统有“短路”现象。

循环泵出口与入口压力表示值之差为循环泵的扬程。通过循环水泵出、入口上的压力表指示值可以判断水泵的工作是否正常。

③炉膛负压的调整：锅炉正常运行时，一般维持20 Pa的炉膛负压，与蒸汽锅炉一样，炉膛负压的大小，主要取决于引风量和送风量的匹配。风量是否适当，也可通过观察炉膛火焰和烟气颜色大致作出判断。风量适当时，火焰呈亮黄色，烟气呈灰白色；风量过大时，火焰白亮刺眼，烟气呈白色；风量过小时，火焰呈暗黄或暗红色，烟气呈黑色。

④排污与除污：热水锅炉上接有定期排污管。排污最好在停泵时进行，此时锅水水流平稳，排污效果好。当锅水温度大于100 ℃时，严禁排污，以免大量锅水排出会造成压力急剧下降，引起锅水汽化。排污一般可每周进行一次。如采用锅内加药处理或水质较差时，可适当增加排污次数。一台锅炉上同时有几根排污管时，必须对所有排污管轮流排污。多台锅炉同时使用一根排污总管，而每台锅炉排污管又无止回阀时，严禁同时排污，防止污水倒流入相邻的锅炉。

热水供热系统在回水干管上都设有除污器，以防止回水将管网与用户中的污物杂质带入锅炉。一般除污器除污可每月进行一次。除污时应先打开除污器的旁通阀门，切断除污器与系统的联系，使系统水绕过除污器，经旁通管进入循环水泵。然后放掉除污器中的积水，打开除污器清除污物。清除后用清水将除污器冲洗干净，重新投入运行。

除了进行以上操作外，司炉人员需及时了解用户情况，根据室外气温变化情况，及时调整供热量，供热系统的运行调节见《供热工程》。

8.1.7 停炉及保养

8.1.7.1 压火停炉

锅炉暂时不供汽时(一般不超过12 h)，可以进行压火。压火前应先减少风量和给煤量，逐渐降低负荷，停止给煤，然后停止送、引风机，根据不同燃烧设备的操作，使火处于不着不灭的状态，并关闭主汽阀，开启过热器疏水阀和省煤器旁通烟道，如无旁通烟道，应打开省煤器的再循环管阀门，使省煤器内有水循环冷却。

压火期间应经常监视水位和汽压变化情况，防止炉火熄灭或复燃。

8.1.7.2 正常停炉

锅炉在定期检修、节假日期间或供暖季节结束时需要停炉，为正常停炉。正常停炉一般按如下顺序进行：

(1)逐渐降低负荷，给水自动调节阀应改为手动调节；停止给煤，停止送风，减小引风；关闭主汽阀，开启过热器疏水阀和省煤器旁通烟道，关闭给水阀。

(2)当燃煤燃尽时，停止引风，关闭烟道挡板，清除灰渣，关闭炉门、灰门，并注意水位和排汽泄压。

(3)待锅内无汽压时，开启空气阀，以免锅内发生真空；停炉6 h后，开启烟道挡板、灰门、炉门等进行通风，并少量换水；当锅水温度降到70 ℃以下时，放出全部锅水，并清洗和铲除锅内水垢。

8.1.7.3　紧急停炉

锅炉运行中遇到下列情况之一时，应立即采取紧急停炉措施：

(1)锅炉水位低于水位表最低可见水位；

(2)锅炉水位超过最高可见水位；

(3)不断加大给水量及采取其他措施，但水位仍继续下降；

(4)给水泵全部失效、给水系统发生故障，不能向锅炉进水；

(5)水位表或安全阀全部失效；

(6)锅炉元件损坏，危及运行人员安全；

(7)燃烧设备损坏，炉墙倒塌或锅炉构架被烧红等严重威胁人身或设备的安全运行；

(8)危及锅炉安全运行的其他异常情况。

紧急停炉的操作方法是：

(1)发出事故信号，通知用汽单位；

(2)停止给煤和送风，迅速扒出炉火或把燃煤放入灰渣斗，引水浇熄；

(3)将锅炉与蒸汽母管完全隔断，开启空气阀、安全阀、过热器疏水阀，迅速排放蒸汽，降低压力；

(4)炉火熄灭后将烟、风挡板、炉门、灰门打开，以便自然通风加速冷却；

(5)因缺水事故而紧急停炉时，严禁向锅炉给水，不得用与开启空气阀或安全阀有关的排汽处理办法，以防事故扩大。如无缺水现象，可采取排污和给水交替的降压措施；

(6)如遇满水事故时，应停止给水，开启排污阀放水，使水位适当降低，同时开启主汽管、分汽器、蒸汽母管上的疏水阀，防止蒸汽大量带水使管道发生水击。

(7)对燃油、燃气炉，停止燃烧器的运行，打开烟道挡板，对炉膛及烟道内进行换气冷却。

8.1.7.4　停炉保养

锅炉停用后，放出锅水，锅内湿度很大，受热面内表面形成一层膜，水膜的氧气和铁起化学作用生成铁锈，使锅炉受到腐蚀。被腐蚀的锅炉投入运行后，在高温下又会加剧腐蚀。锅炉表面金属被腐蚀后，机械强度降低，缩短锅炉的寿命，因此，必须做好锅炉的停炉保养工作。

工业锅炉常用的停炉保养主要有干法保养和湿法保养。

1. 干法保养

干法保养适用于停炉时间较长，特别是夏季停用的采暖热水锅炉。锅炉停用后，将锅水放尽，利用锅内余热，使金属表面烘干，清除水垢和烟灰，关闭蒸汽管(供热水管)、给水管和排污管道上的阀门，与其他运行着的锅炉完全隔绝。然后将干燥剂放入锅筒及炉排上，以吸收潮气。最后关闭所有人孔、手孔。放入干燥剂约一周后，检查干燥剂的情况，以后每隔一个月左右检查一次，并及时更换失效的干燥剂。

干燥剂的用量：氧化钙(又称生石灰)按每立方米锅炉容积加 2～3 kg，或无水氯化钙按每立方米锅炉容积加 2 kg。

2. 湿法保养

湿法保养是利用碱性溶液在一定浓度下具有防锈作用的原理来防止锅炉金属腐蚀的。一般适用于停炉期限不超过一个月的锅炉。

锅炉停炉后，放尽锅水，清除水垢、烟灰，关闭所有的人孔、手孔、阀门等，锅炉送入软化水至最低水位线，用专用泵把配制好的碱性保护液注入锅炉。再将软化水充满锅炉（包括省煤器和过热器），直至水从开启的空气阀冒出。然后关闭空气阀和给水阀，为使溶液混合均匀，可用专用泵进行水循环，还要定期取样化验，如果碱度降低，应补加碱液，冬季要采取防冻措施。

碱液成分：每吨锅水加入氢氧化钠（又称火碱）5 kg，或碳酸钠（又称纯碱）20 kg，或磷酸三钠 10 kg。

当锅炉恢复使用时，应将全部锅水放出，或放出一半再上水稀释，直至合乎锅水标准为止。

8.1.8 锅炉事故

8.1.8.1 锅炉事故的分类

锅炉设备在运行中发生异常情况而造成损坏的事件称为锅炉设备的事故。锅炉事故按设备损坏的程度可以分为三类，即爆炸事故、重大事故和一般事故。

（1）爆炸事故

爆炸事故指锅炉的主要受压部件在运行中突然发生破裂，使锅炉压力瞬间降到等于外界大气压力的事故。

这是所有锅炉事故中最严重、破坏性最大的事故。因为在锅炉爆炸的一瞬间，蒸汽和锅水由于压力的瞬间下降，体积急剧膨胀，使大量汽水混合物几乎全部冲出炉外，形成巨大的冲击波，能将锅炉抛出几十米，甚至几百米，同时也能摧毁和震坏建筑物，造成严重的破坏和人员伤亡。因此，要特别防止这类事故的发生。

（2）重大事故

重大事故指锅炉由于受压部件的烧损变形、爆管或炉膛爆炸等引起炉墙倒塌，钢架严重变形造成被迫停止运行进行修理的事故。

（3）一般事故

一般事故指锅炉损坏程度不严重，不需停炉就可以进行修理的事故。

8.1.8.2 锅炉事故产生的原因

锅炉事故有锅炉爆炸、锅内缺水、锅内满水、炉管爆破、汽水共腾、炉膛爆炸及热水锅炉汽化等。之所以会发生各种事故，除了锅炉本身的先天性缺陷外（如结构不合理，焊接质量不良，安装不合理等），还因为管理不严，运行人员纪律松弛，擅离岗位；司炉人员技术不熟练，误操作；安全附件不全或附件失灵；锅炉水处理管理不善，给水不良等。

8.1.8.3 锅炉事故处理时的注意事项

（1）锅炉一旦发生事故，运行人员一定要镇定，不可惊慌失措，全面分析事故现象，判断事故的原因，才能采取相应的措施，防止事故扩大。

（2）立即报告锅炉主管人员及有关领导。

（3）运行人员在事故发生和处理过程中，应坚守岗位，事故处理完毕之前，不得擅自离开工作岗位。

（4）事故之后，应做详细记录。

（5）如发生爆炸事故，重大事故，除了为制止事故不再扩大和抢救伤员而采取必要措施之外，应保护好现场。经由公安局、检察院、劳动部门组成的检查组调查完毕并同意后，方能清理现场。

8.1.8.4　工业锅炉常见事故产生的原因及处理方法

1. 锅内缺水

当锅内水位低于最低允许水位称为锅内缺水。造成锅炉爆炸的原因主要是由于锅内缺水。因此，锅内缺水事故应引起足够的重视。

锅内缺水的原因很多，主要是由于司炉人员劳动纪律松弛与误操作所致。例如，长期忘记上水；排污后忘了关闭排污阀或关闭不严；水位表不按时冲洗，使汽水连通管堵塞形成假水位等。另外，也可能由于其他故障，给水自动调节阀失灵，或水源突然中断，停止给水等。

当发现锅内缺水时应立即停止供煤或降低负荷，冲洗水位表，并用"叫水法"检查缺水的程度。即先打开水位表的放水阀，关闭汽连通阀，然后慢慢关闭放水阀，观察水位表内是否有水位出现。（"叫水法"只用于水连通管高于最高火界的锅炉。对水位表的水连通管低于最高火界的锅炉，如卧式快装锅炉等，一旦在玻璃水位计内看不到水位时不允许用"叫水法"，而必须紧急停炉。因为即使叫出了水，水位也已低于安全水位，烟管水管等受热面已露出水面而被干烧，再进水势必扩大事故）。如经"叫水"后水位能重新出现的，称轻微缺水；水位若不能出现的，说明水位已降到水连通管以下了，称为严重缺水。"叫水"后要将汽连通管上的阀门开启。必须注意，这两种情况的处理方法是不同的。

如是轻微缺水，应减少给煤和送风，减弱燃烧，并缓慢地向锅炉进水，同时要迅速查明缺水的原因，如给水管、炉管、省煤器管是否漏水或排污阀门未关严或泄漏等，及时处理。待水位恢复到最低水位线上以后，再增加给煤和送风，加强燃烧。

如是严重缺水，绝不能向锅炉进水。因为这时由于缺水，钢管过热甚至烧红，水接触烧红的炉管便产生大量蒸汽，汽压猛增就会引起锅炉爆炉事故，这是非常危险的。所以锅内严重缺水时，严禁向锅炉进水，而应采取紧急停炉措施。并将情况迅速报告有关负责人。等锅炉冷却后，对各部件进行详细技术检查，做妥善处理并经鉴定合格，方可继续使用。

2. 锅内满水

锅内满水是指锅内的水位超过了最高允许水位，因而蒸汽空间的垂直距离缩小，造成蒸汽大量带水，使过热器中的过热蒸汽温度下降。过热器内结积盐垢，严重满水时，还能使蒸汽管道发出水冲击声。

锅内满水的原因有：司炉人员疏忽大意，对水位监视不够；给水自动调节器失灵；水位表的汽、水连管阻塞或放水旋塞漏水，造成水位指示不正确，使司炉人员误操作。

当发现锅内满水时，应立即冲洗水位表，检查是否有假水位，确定满水程度。如果看不到水位，则用"叫水法"判断是轻微满水还是严重满水。满水"叫水"方法是：冲洗水位表后，关闭水连通阀，再开放水阀，如看到水位从水位计的上边下降，可判定是轻微满水，否则是严重满水。

如是轻微满水，在减弱燃烧的同时，要停止给水，开启排污阀门放水，直至水位正常时，关闭所有放水阀后，再恢复正常运行。

如是严重满水，则应紧急停炉。停止给水，加强排污阀门放水，加强疏水阀的疏水，待水位恢复正常后，关闭各排污阀及疏水阀，再恢复升火运行。

3. 汽水共腾

汽水共腾是锅筒内水位波动的幅度超出正常情况，表现为水位表内出现泡沫，水面剧烈波动,难以看清水位;过热蒸汽温度急剧下降,锅中含盐量过大;蒸汽管道内发生水冲击、法兰处向外冒汽。

发生汽水共腾会使蒸汽带水,降低蒸汽品质,造成过热器结垢及水击振动。形成汽水共腾的主要原因是锅水含盐过高,一般是由于不注意锅炉的经常排污,造成碱度增大,悬浮物增多,同时又不经常对锅水进行化验,使锅水品质变差。

发生汽水共腾时的处理方法:减弱燃烧,降低锅炉负荷,关小主汽阀;全开锅炉连续排污阀;开启过热器及蒸汽管道上的疏水阀排除存水;适当开启底部排污阀,同时加强给水,防止水位过低;取水样化验,待锅水品质合格,汽水共腾现象消失后,方可恢复正常运行,故障排除后要彻底冲洗水位表。

4. 炉管爆破

炉管指水冷壁管和对流管束,炉管爆破表现为炉膛或烟道内有明显的爆破声和喷汽声;水位、蒸汽压力、排烟温度迅速下降;炉膛内负压变为正压;炉烟和蒸汽从各种门孔喷出;给水流量明显大于蒸汽流量;炉内火焰发暗,燃烧不稳定,甚至灭火。

发生炉管爆破的原因主要有:水质不合标准,使管壁结垢或腐蚀,造成管壁过热,强度降低;水循环不良,使管子局部过热而爆破;管壁被烟灰长期磨损减薄;升火速度过快,或停炉过快,管子热胀冷缩不匀,造成焊口破裂;管子材质和安装质量不好,如管壁有分层、夹渣等缺陷,或焊接质量低劣,引起焊口破裂。

炉管爆破时,破口由小到大,汽水大量喷出,在很短时间造成锅炉缺水,使事故扩大,严重威胁锅炉的安全运行。发生炉管爆破时的处理方法:炉管轻微破裂,如尚能维持正常水位,故障不会迅速扩大时,可短时间减少负荷运行,等备用锅炉升火后再停炉;如果不能维持正常水位和汽压,则必须按程序紧急停炉;有数台锅炉并列运行时,应将故障锅炉与蒸汽母管隔断。

5. 炉膛爆炸

炉膛爆炸事故多发生于燃油、燃气和煤粉锅炉,在点火、停炉或处理其他事故的过程中,当炉膛内可燃物质和空气混合浓度达到爆炸极限范围时,遇明火就会发生炉膛爆炸,炉膛爆炸时会造成炉墙倒塌,炉体损坏,甚至造成人员伤亡事故。

炉膛爆炸的主要原因有:运行中灭火,没有及时中断燃料的供给;点火前没有先开引风机,通过通风清除炉内残余的可燃物质;正常停炉没有遵守先停燃料后停鼓、引风机的原则。

炉膛爆炸的处理方法:立即停止向炉内供给燃料,停止送风;如果炉墙倒塌或有其他损坏,应紧急停炉,组织抢修。

6. 热水锅炉常见故障

(1)热水锅炉超温汽化

热水锅炉正常运行时,向外送出的是热水,锅水汽化是不正常现象。锅水汽化表现为压力突然升高;炉内有水击响声,管道震动;超温警报器发出报警信号,由安全阀排出蒸汽。

锅水一旦发生汽化,会破坏锅炉的正常循环;产生水击,发出声响,若形成共振,引起炉体晃动,使连接的管路遭到破坏;如果汽化不能及时制止,使锅水温度升高,压力增大,锅炉超压,可能引起爆炸事故。

发生锅水汽化的原因有:先点火升温,后启动系统循环泵,造成锅水汽化;循环水泵因停电或故障突然停止运行,系统水停止流动,锅水温度升高而汽化;间歇供暖系统,因炉膛压火不好,引起锅水超温而汽化;供热系统管路因冻结、气塞等原因使系统堵塞,热水送不出去;锅炉缺水及定压装置的压力不足等。

超温汽化的处理方法如下：

①遇有下列情况时应立即紧急停炉：因停电停泵引起锅炉超温汽化，安全阀排汽后，压力表指针仍继续上升时；供热系统因冻塞或气塞等原因热水送不出去，锅水汽化并发出震耳冲击声时；经判断确属锅炉缺水引起超温汽化时。停炉后查明原因，妥善处理后，方可重新启动。

②遇有下列情况应采取减弱燃烧、降低锅水温度的方法：自然循环系统锅水汽化；由汽化引起强烈炉振时；因停泵引起汽化，安全阀排汽后，压力不继续上升时。此时应立即打开炉门，减弱燃烧，并开启锅炉上部的泄放阀和上水阀，关闭出水阀，边排汽边降低锅炉温度，直至消除炉内余热为止。

如果是因定压装置压力不够或失效，而引起经常性汽化时，应停炉修理定压装置。

(2)热水锅炉爆管

直供的供热系统95/70 ℃热水锅炉有时发生爆管事故。其原因是：新建锅炉及热网，投运前未按规定冲洗系统，投运后杂物积存锅内，造成堵塞；运行的锅炉及热网，由于停炉时保养不善，造成大量腐蚀产物，或用户采暖系统的污物，热网除污器使用不当或不清洗，使污物积在锅内，造成堵塞。

因此，竣工时要认真清洗锅炉和热网，加强锅炉保养，减少腐蚀产物的沉积，每年供热前清洗锅炉和热网，改善循环水水质；运行时经常清理除污器，阻截热网中的杂质进入锅炉。

单元二　锅炉的验收与交工

锅炉安装工程是一项要求严格的工作，尤其是散装锅炉的安装，它是锅炉制造的延续。高质量的锅炉是制造厂和安装单位的共同产品。为保证锅炉的安装工程质量达到国家规范标准的要求，保证锅炉安全可靠运行，必须对锅炉进行质量验收。锅炉安装质量的验收就是对新安装的锅炉工程质量进行检查、评估，对工程质量做出相应的结论，是确保锅炉安装质量的重要环节。按照《蒸汽锅炉安全技术监察规程》的规定，锅炉质量的检验分为阶段验收和总体验收。阶段验收是指安装工程进行到某一阶段时进行的定点检验，以便发现问题并及时处理。总体验收是指在锅炉安装工作全部完成后对锅炉安装工程进行的全面质量检查，并做出可否交工的结论。

阶段验收应由建设(监理)单位和安装单位共同进行，而总体验收还应有安全监察机构参加。各地方安全监察机构还将根据工作需要，确定安全监察机构应参加哪个阶段的验收。以施工单位向当地安全监察机构报装时制定的监控点为准。

8.2.1　验收过程、验收机构及验收指导文件

8.2.1.1　分段验收与总体验收

散装锅炉在安装过程中一般为四阶段验收和一次总体验收。

(1)钢架安装前对土建基础进行交接验收；

(2)受热面安装前对钢架进行验收；

(3)筑炉施工前对锅炉进行水压试验验收；

(4)烘煮炉阶段的验收。

总体验收是在以上各项验收合格后由使用单位组织 48 h 运行合格后，由验收机构组织的对锅炉本体及锅炉房系统工程进行总体验收。

8.2.1.2 验收机构

国务院第 373 号令《特种设备安全监察条例》第二十一条明确规定："锅炉、压力容器、压力管道元件…… 的制造过程和锅炉、压力容器…… 的安装、改造、重大维修过程，必须经国务院特种设备安全监督管理部门核准的检验检测机构按照安全技术规范的要求进行监督检验；未经监督检验合格的不得出厂或者交付使用。"

由中华人民共和国劳动部颁发的《蒸汽锅炉安全技术监察规程》第 12 条明确规定："锅炉安装质量的分段验收和水压试验，由锅炉安装单位和使用单位共同进行。总体验收时，除锅炉安装单位和使用单位外，一般还应有安全监察机构人员参加"。

因此，一般情况下锅炉的安装工程分段验收和总体验收，都由锅炉的安装单位、监理单位、使用单位和当地质检部门共同进行。验收合格后各方分别签署检验意见，并存入锅炉安装工程技术档案。

8.2.1.3 分段验收和总体验收的主要指导文件

(1)《特种设备安全监察条例》(国务院令第 373 号)；

(2)《热水锅炉安全技术监察规程》；

(3)《蒸汽锅炉安全技术监察规程》；

(4)《锅炉安装改造单位监督管理规则》(TSGG 3001—2004)；

(5)《锅炉安装监督检验规则》(TSGG 3002—2004)；

(6)《锅炉房设计规范》(GB 50041)；

(7)《工业炉砌筑工程施工及验收规范》(GB 50211)；

(8)《电力工业锅炉压力容器监察规程》(DL 612)；

(9)《工业锅炉安装工程施工及验收规范》(GB 50273)；

(10)《工业金属管道工程施工及验收规范》(GB 50235)。

8.2.2 分段验收

8.2.2.1 锅炉基础验收

土建的基础验收工作由建设(监理)单位和土建工程施工单位联合进行。验收合格后应将土建基础验收的检查报告交给锅炉安装单位。由安装单位进行复验，合格后，方可进行锅炉安装。

土建单位应向安装单位提供以下资料：

(1)锅炉基础验收合格证书；

(2)锅炉基础主要实测数据；

(3)在锅炉基础上做出纵向中心线、横向基准线及±0.00 标高基准点。

安装单位拿到书面资料后应对下面工作进行复检：

(1)检验锅炉基础验收合格证书是否真实、有效；

(2)检查锅炉基础的预埋螺栓及预埋钢件与本体图纸尺寸是否相符；

(3)复验土建在锅炉基础上打出的纵横中心线和坐标线是否准确，如不准确，要求土建做出调整到规范允许误差内；

(4)对锅炉基础标高用水平仪复测，如发现标高误差不在规范允许范围内，不能进行安装。尤其不能有正误差；

(5)填写基础检查记录。

8.2.2.2 **钢架的验收**

钢架组对安装的质量好坏，尤其是钢架几何尺寸的误差，直接影响锅炉砌筑时的内墙和受热面的间隙。外墙的平整度，也是关系到锅炉安装的总体质量的关键环节。

(1)对锅炉厂提供的钢架单件按图进行复测，如超过允许偏差一定要矫正，现场矫正合格方可组对安装，并填写检测记录。

(2)钢架经单检、矫正后进行组装。安装工作完成后，要检查钢架尺寸是否符合图纸要求，检查钢架的地脚螺栓及连接件的强度是否符合要求，检查钢架平台、栏杆是否安全可靠。

(3)对安装完成后的钢架外形几何尺寸进行复检验收，使各立柱间的间距、垂直度及各横梁间的标高、水平度都在允许偏差内。并做好检查记录。

锅炉受热面安装包括锅筒、集箱、水冷壁、对流管束及省煤器、过热器和空气预热器的安装。此部分是锅炉安装的核心部分，受热面又是锅炉的受压部分，安装质量的好坏直接影响锅炉的安全运行和使用寿命，因此安装单位在安装前一定要检验每台锅炉是否有该锅炉厂所在地质监局监检的证书，如没有则不能进行安装。检验合格后进行安装时一定做好以下安装工程记录：

(1)锅筒、管子硬度检测及现场退火记录。

(2)锅筒、集箱、水冷壁等部件就位找正后的平面位置、标高、不水平度、间距的记录，确保在允许偏差内。

(3)水冷壁安装记录。重点查水冷壁的凸凹不平度，必须在允许偏差内。所有现场施焊的焊口质量，应有专门的检验报告。

(4)对流管束交工时，也要做重点验收，因此要有明确的记录，反映施工质量。并应有专门的胀管记录。

(5)省煤器安装时一定加有单独安全阀，安全阀的排放管底部的泄水必须接到安全部位。并做好安装记录。

省煤器管在安装前一定要进行单根水压试验，省煤器整体安装完成后进行整体水压试验，并做记录。

受热面在安装过程中除做好以上的安装记录外，还要对安装组对完成的受热面做外观检查。检查的范围有：

(1)锅炉所有受热面焊口成型应符合图纸及工艺文件的规定，焊肉饱满，焊缝和母材应圆滑过渡，不应有咬肉现象，焊缝及其热影响区内不应有表面裂纹。如果有咬肉现象，咬肉深度不超过0.5 mm，咬肉长度不超过管子周长的1/5，且最长不准超过40 mm。受热面焊口焊完后，要做通球试验，并做通球记录和焊口外观检查记录，并进行无损检测。

(2)受热面安装几何尺寸的验收必须在规范规定的范围内。

(3)检查汽包、集箱的热膨胀方向是否和图纸要求相符，膨胀指示器冷态是否归零，热态指示应明显、准确。

(4)按胀口总数的10%抽检胀管率是否符合要求，并校对是否与胀管记录相符。

(5)查看焊口分布是否合理,弯曲部分不准有焊口,焊口距起弯点的最小距离不小于50 mm。在同一根直管上两条焊缝不准小于300 mm。

(6)铸铁省煤器每根鳍片管上破损鳍片数不应多于鳍片总数的5%,整个省煤器有破损鳍片的根数,不应大于总根数的10%。

(7)如锅炉受热面有特殊材质的部件,应做金相试验,对材质进行复查确认,进行适当标识。

8.2.2.3 锅炉整体水压试验阶段的验收

对受热面外观检查合格后可进行水压试验。水压试验是锅炉本体安装阶段必不可少的一道检查程序。水压试验的结论是锅炉安装质量的重要考核标准之一。锅炉本体安装阶段,若不经水压试验的验收,是不允许进行砌筑施工的。

锅炉进行水压试验时,按《蒸汽锅炉安全技术监察规程》或《热水锅炉安全技术监察规程》的规定:"水压试验由锅炉安装单位和使用单位共同进行。"锅炉安全监察机构、锅炉检验所是否要派员参加,根据各地的情况确定。

1. 水压试验的范围

锅炉水压试验是对锅炉本体受压部件的耐压性能的检查,检查的主要部件:锅筒、集箱、过热器、水冷壁、对流管、下降管、省煤器、主汽阀、给水阀、排污阀、水位计及与它们有关的连接管路。

注意:安全阀不能与锅炉一同进行试压,以防进行水压试验时造成损坏。

2. 水压试验必备的条件及试压步骤

(1)锅炉本体内受压部件的安装工作全部施工完毕。

(2)安装外观质量检查合格,安装记录准确、真实,且符合规定标准。

(3)确认锅筒、集箱、管子内部无杂物,封闭各人孔、手孔,现场清理干净。

(4)将锅炉本体所有受压部件的切断阀打开,保证所有管路都充满水。

(5)锅炉高处的所有放空阀打开,避免造成气囊,充满水,关闭放空阀,将锅炉排污阀总管接到指定的排放地点以备排水。

(6)将试压泵与给水管连接并在异地装两块以上压力表,压力表必须经过计量部门校验合格,且在校验有效周期内,压力表的量程为试验压力的2倍为宜。

3. 水压试验的压力

锅炉的整体水压试验压力,应根据锅炉的类型,分别按《工业锅炉安装工程施工及验收规范》、《蒸汽锅炉安全技术监察规程》、《热水锅炉安全技术监察规程》中,有关水压试验的条文规定执行。

表8.5是工业锅炉的水压试验压力值。

表8.5 水压试验压力(MPa)

名称	锅筒工作压力 P	试验压力
锅炉本体及过热器	<0.8	$1.5P$ 且不小于0.2
	0.8~1.6	$P+0.4$
	>1.6	$1.25P$
可分式省煤器	$1.25P+0.5$	

4. 水压试验应注意的问题

(1)锅炉做水压试验时,一定要在环境温度高于5 ℃ 的情况下进行。低于5 ℃时,要有防冻措施,以免冻坏锅炉部件。

(2)做水压试验的水温一般为20~70 ℃,且要高于周围露点温度,以防锅炉表面结露。

(3)在做水压试验时,升压不宜过快,当压力升到工作压力时,应停泵检查各部件有无漏水及异常情况,确定无误再升至试验压力。在试验压力下保持5 min(注:蒸汽锅炉安全技术监察规程要求保持20 min),在此时间内压力下降不得超过0.05 MPa,然后降至工作压力进行全面检查。

(4)锅炉在作水压试验时,升到水压试验的压力时间不能过长,升压次数也不能过多,避免给锅炉造成损害。

(5)水压试验达到以下条件为合格:

①焊缝及连接件没有水珠和水雾渗出;

②胀口处不滴水珠;水压试验后,没有发现残余变形;

③压力升至试验压力5 min内降压不超过0.05 MPa。

(6)排水时,当最高处的压力表压降到零时,打开放空阀,将锅炉内水全部排出,避免降温时造成锅炉部件冻裂。

(7)填写锅炉水压试验记录

水压试验合格后,施工单位要认真填写水压试验记录。

此记录由施工单位、建设单位和其他参检单位代表签字认可,并签署检验结论。试压合格后,才可进行筑炉施工。

8.2.2.4　烘煮炉阶段的验收

锅炉燃烧时火焰中心的温度很高,要求砌筑好的炉墙密封性良好,有足够的耐热性能和绝热性能。它是保证锅炉能否安全运行,正常使用,和延长使用寿命的关键环节。

1. 技术资料验收

锅炉砌筑完工后资料必须齐全,其中有:

(1)原材料出厂合格证,材料检验试验报告,材料代用单,水泥和不定型耐火材料的配制记录。

(2)筑炉施工记录。

(3)燃烧室炉墙前、后拱等部位的砌筑测量记录。

(4)隐蔽工程砌筑验收记录、分部工程检查记录及工程质量鉴定记录。

(5)施工图纸及设计资料。

2. 实测实查

(1)炉墙外型尺寸符合图纸要求。

(2)砖缝泥浆饱满、均匀,砖灰缝不超标。一定要符合要求,见表8.6。

表 8.6　锅炉各部位砌体砖缝允许厚度(白砖)

序号	部位名称	各类砌体砖缝厚度/mm				序号	部位名称	各类砌体砖缝厚度/mm			
		I	II	III	IV			I	II	III	IV
1	落灰斗			3		6	炉顶			3	
2	无水冷壁燃烧室		2			7	省煤器墙			3	
3	有水冷壁燃烧室			3		8	烟道底和墙			3	
4	前后拱及各类拱门	2				9	烟道拱		2		
5	折焰墙			3							

(3)膨胀缝留设位置应合理,不在受力部位,膨胀缝一定均匀。

(4)折烟墙和炉墙接合部应留膨胀缝,膨胀缝应用石棉绳填塞严密。

(5)砌体内的锅炉部件及各种管子周围必须按图留膨胀缝,并填耐火隔热材料。

(6)炉墙表面与管子外皮间的间隙应在规范允许范围内,见表 8.7。

表 8.7　炉墙表面与管外皮间的允许误差

序号	部位	误差范围/mm
1	水冷壁管,对流管束管与炉墙的间隙	10～20
2	过热器,省煤器管外皮与炉墙表面的间隙	5～20
3	锅筒表面与炉墙表面的间隙	5～10
4	集箱、穿墙管外皮与墙之间的间隙	0～10

(7)检查白红砖间的拉固砖情况是否符合要求。

(8)检查侧密封与炉排间的间隙是否符合要求。

(9)检查耐火混凝土炉墙表面,不应有裂缝、起鼓、蜂窝等缺陷。

(10)外墙红砖在砌筑时应每 2 m^2 之内,布置一个排气孔,供烘炉时排湿用。

(11)测量炉墙的不平整度、不水平度、不垂直度炉墙的厚度是否超差,并做好记录。并整体达到(GB 50211—2004)验收规范。

3. 燃烧器的验收

目前由于天然气和燃料油在工业锅炉的燃料市场占有很大比例,所以锅炉燃烧器的种类在增多。燃烧器验收的主要内容如下:

(1)燃烧器安装位置是否正确。

(2)燃烧器的风口和油、气喷嘴的同心度是否一致,不同心度不能大于 3 mm。

(3)油枪、喷嘴和混合器内部应清洁无堵塞或弯曲变形。

(4)喷嘴的油、气、风调节装置必须灵活。

4. 炉排的验收

炉排的验收,重点是现场组装的炉排。炉排主要分:链带式、鳞片式,统称链条式炉排;也有水平往复式、倾斜往复式,统称往复式炉排。

(1)链条炉排的验收

链条式炉排安装工作完成后应进行不少于 8 h 的冷态连续试运转,试运转的速度应在两级以上,运行期间达到以下条件为合格。

①炉排齿轮箱油温升高不得超过 35 ℃,轴承温升不得超过 40 ℃。

②电动机的电流和温升不得超过额定值。

③炉排平整运行平稳、转动灵活、无杂声、不跑偏、不起拱、不卡、不断裂、无脱落。

④有详细试运行记录，并有建设(监理)单位参检人员签字。

(2)往复式炉排的验收，大多数出厂前就已做完。但现场锅炉安装完成后也要作不少于4h的冷态试运行，达到以下条件为合格。

①炉排齿轮箱油池温升不得超过35 ℃，轴承温升不得超过40 ℃，A声级噪声不应超过85 dB (A)。

②电动机温升不得超过额定值。

③炉排平稳、转动灵活、无杂声、不起拱、没有卡住等现象，炉排跑偏值不得超过炉排片与护板的设计间隙。

④做好试车记录，并有建设(监理)单位检验代表签字。

5. 烘炉

烘炉分为火焰烘炉和蒸汽烘炉。

(1)火焰烘炉应符合下面要求：

①重型炉墙：第一天升温不宜超过50 ℃，以后每天升温不宜超过20 ℃，后期烟温不应超过220 ℃(按过热器后烟温为准)。

②轻型炉墙：温升每天不应超过80 ℃，后期烟温不宜高于160 ℃(按过热器后烟温为准)。

③耐热混凝土炉墙：在正常养护期满后，方可开始烘炉。烘炉每小时升温不应超过10 ℃，后期烟温不宜高于100 ℃，在最高温度范围内恒温持续时间不应少于24 h。

(2)蒸汽烘炉应符合下面要求：

①往炉内加温时，温升不宜太快，水位应保持正常，炉水温度一般应为90 ℃，后期温度可以升高，但不能用过热蒸汽直接烘炉。

②炉门、挡板全部打开，便于排除湿汽，保证炉墙均匀烘干。

③烘炉时间：轻型炉墙一般为4～6天，重型炉墙一般为14～16天，后期可用火焰补烘。

(3)烘炉达到以下条件为合格：

①检查炉墙，无严重裂纹、无脱落、无塌陷。

②检测含水率，在炉墙两侧，燃烧室上方1.5～2 m，或燃烧器上方1～1.5 m处，过热器位置(或相当位置)取耐火砖墙，红砖墙丁字缝处的灰浆各50 g，测其含水量，如含水率小于2.5%即可。

③检测炉墙温度，在炉墙两侧，燃烧室上方1.5～2 m处，或燃烧器上方1～1.5 m的红砖墙表面向内100 mm测温达到50 ℃，并恒温维持48 h即可，或测过热器位置(或相当位置)红砖、白砖，隔热层接合处温度达到100 ℃，并恒温维持48 h。

④按预先设计的烘炉升温曲线控制温升，并将实际升温曲线记录下来进行比较，达到升温曲线控制的最高温度恒温维持48 h即可，并做好记录。

6. 煮炉

煮炉可在烘炉后期，烘炉快结束前两三天内和烘炉同时进行，煮炉时间一般为2～3天，炉水碱度不低于4.5 mol/L，煮炉工作完成后，应缓慢降温，放水，换水，并进行冲洗，随后做以下检查，达到要求为合格。

(1)检查锅筒和各集箱内应无油垢，内壁露金属光泽。

(2)擦去附着物后金属表面无锈斑。

(3)锅筒集箱内的沉积物清理干净,各阀门无堵塞,并做好记录。

(4)锅炉煮炉完成后要组织建设单位、施工单位和其他有关单位一同联检,认可,签字后,才可进行锅筒封闭,并做封闭记录。

7. 蒸汽严密性试验和安全阀调整

烘煮炉合格,锅炉封闭后,应按下列步骤进行蒸汽严密性试验:

(1)加温升压至0.3 ~0.4 MPa,对锅炉范围内的法兰、人孔、手孔和其他连接部件的螺栓进行一次热紧。

(2)热紧后,继续升温加压,到工作压力后,检查各人孔、手孔、阀件、法兰等的密封情况,检查锅筒、集箱、管路的膨胀情况,经检查合格,并填写严密性试验记录。

(3)安全阀在安装前,应逐个用清水进行严密性试验,其试验压力为安全阀工作压力的1.25倍。冷态严密性试验合格后,才可安装,并进行热态调试、整定,确保安全阀起跳灵敏、准确。

安全阀热态调试的始启压力,是以安全阀装设地点的工作压力为基准进行选取的,具体数值按表 8.8 或表 8.9 的规定选用。

①蒸汽锅炉安全阀的始启压力

表 8.8　安全阀的始启压力(一)

锅炉额定蒸汽压力/MPa	安全阀始启压力/MPa
$P<0.8$	工作压力 +0.03 0.05
$0.8<P<5.9$	1.04 1.06 倍工作压力

表 8.9　安全阀的始启压力(二)

安全阀的始启压力/MPa
1.12 倍工作压力,但不小于工作压力 +0.07 MPa
1.14 倍工作压力,但不小于工作压力 +0.10 MPa

锅筒上的安全阀必须有一个按上表的较低值选取;过热器上的安全阀,必须按上表的较低值选取,以保证它先起跳。

②热水锅炉安全阀的始启压力

锅炉上的安全阀,必须有一个按上表的较低数值选取。

省煤器上的安全阀,开启压力变为安装地点工作压力 1. 10 倍,并填写安全阀调试记录。安全阀验收合格后,由安装单位配合建设单位对锅炉进行48 h 或4 ~24 h 带负荷试运转,以运行正常,达到规定的出力要求为合格。

8.2.3　锅炉带负荷试运转

此项工作是在锅炉安装各阶段验收合格后进行。该项工作应由使用单位操作人员上岗、安装单位配合。也可以由建设单位另行委托安装单位进行试车运行。试运行时,所有的电气与热工控制仪表应同锅炉一同进行考核。整体安装的工业锅炉试运时间应为 4 ~24 h,试运行的方法可参照锅炉 48 h 试运行的有关要求进行。有特殊要求的锅炉按有关部门标准进行。

锅炉 48 h 试运行的要求:

(1)成立试运行指挥机构。

(2)锅炉试运行技术方案,应由上级技术负责人签字审批。

(3)运行时应画出锅炉各系统的工艺流程图,图上应注明各段名称,阀门应编号,并挂牌标明管道的介质流向。

(4)各岗操作人员应取得安全监察部门发给的上岗培训合格证。

(5)有足够亮度的照明,场地畅通。

锅炉在48 h试运行期间一定要做到统一指挥,在统一安排下,由持有上岗合格证的人员操作,安装单位配合,负责维护、抢修和保驾工作,安装工人决不允许自行操作。在运行期间,如发现有影响锅炉安全运行的质量缺陷,必须立刻通知停炉,停止试运,进行处理。待质量缺陷处理好以后,正式通知指挥机构,重新进行锅炉试运行。工业锅炉48 h试运行时要做好以下检查:

(1)检查各部位的运行情况,查看油位,轴承温升,运行电流,振动频率,冷却水等是否正常。

(2)检查在全负荷情况下各部位的热膨胀情况,特别注意炉排与侧密封板,炉排与下集箱的间隙。

(3)检查燃烧器及炉排运转是否正常。

(4)运行时,检查各系统是否协调,对暴露出的缺陷应予记录,不影响正常运行的,留待试运行结束后消除、完善。

48 h满负荷试运行是对锅炉本体及锅炉输煤系统、除渣系统、燃烧设备、供水系统、排污系统、除尘消声系统的全面考核,因此在48 h满负荷整体试车合格之后,要填写48 h整体试车记录,进行双方签字确认。

8.2.4　总体验收

总体验收是在各项检验项目完毕,并经过48 h试运行考核合格之后,由建设单位、监理单位、安装单位及质监局锅炉监检单位,联合组织对锅炉、上输煤系统、软水系统、循环系统、除渣系统、除尘消声系统进行综合性检查。首先按分段验收的实测数据看其是否满足要求以及超差的处理情况。同时审查如下安装施工记录:

(1)烘炉升温曲线,煮炉投药及升压记录。

(2)安全阀调试定压记录,严密性试验记录。

(3)48 h试运行考核记录。

(4)建设单位对验收的意见。

对锅炉各系统三大安全部件,主要阀门,控制仪表进行验收,达到以下条件即为总体验收合格。

1.安全阀的验收

每台锅炉在锅筒上方垂直装两只以上安全阀(不含省煤器安全阀),在安全阀出口排放管最低点接泄放管,泄放管应接到安全地点,泄放管路上不允许安装阀门。

2.锅炉系统压力表验收

压力表是测定锅炉及系统压力的仪表,压力表必须满足设计要求,运行时,可视性要好,交工时,锅炉的压力表必须满足以下要求:

(1)蒸汽锅炉,下列部位必须安装压力表

①锅筒蒸汽空间,有直接连接的压力表;

②给水调节阀前、后;

③省煤器出口;

④过热器出口和主汽阀之间；

⑤汽动安全阀控制汽源入口。

(2)热水锅炉应装压力表的部位

①锅炉进水阀出口和出水阀入口；

②循环水的进水管和出水管上。

(3)检查压力表的精度

在锅炉系统上安装的所有压力表必须事先经过计量检验合格，且在检验周期内使用。额定蒸汽压力小于2.4 MPa的锅炉和热水锅炉上的压力表应不低于2.5级，对于额定蒸汽压力≥2.45 MPa的锅炉压力表精度不应低于1.5级。并在压力表刻度盘上用红线划出工作压力。

(4)压力表的合理选用

选用的压力表，其最大量程为锅炉工作压力的1.5～3.0倍，一般选2倍。压力表盘面直径不应小于100 mm，压力表管应有缓冲表弯，表弯管内直径不应小于10 mm，压力表和缓冲弯之间应装有旋塞。锅炉前的压力表，应保证司炉人员能清楚地看到压力表值。

3. 水位表的验收

锅炉上水位表的数量一定应符合要求，每台炉至少装两个彼此独立的水位表。额定蒸发量≤0.5 t/h的锅炉，可以装一个水位表，分段蒸发的锅炉每蒸发段必须装一个水位表。额定蒸发量≥2 t/h的锅炉应装高低水位报警器。

(1)水位表应装在便于观察的地方，水位表距离操作地面高于6 m时，应加装低位水位计，玻璃管式水位计应有防护装置。

(2)水位表上应有最高水位最低水位的明显指示标志。

(3)水位表应有放水阀，便于对玻璃管的冲洗，放水阀下端应将水引到安全地点。

4. 风压表的验收

风压表管路伸入炉墙内的部分应采用钢管，其内径≥12 mm，管路各连接处应严密不漏风。

5. 保护设施的验收

(1)按《蒸汽锅炉安全技术监察规程》的规定，检查锅炉是否装设高低水位报警器，低水位联锁保护装置。对于额定蒸发量≥6 t/h的锅炉应检查是否装有蒸汽超压报警联锁装置。对于出口热水额定温度≥120 ℃的以及额定温度<120 ℃，但额定热功率≥4.2 MW的锅炉，应设超温报警装置。

(2)对用煤粉、油或气为燃料的锅炉应检查如下功能：

①送引风机断电时，自动切断燃料供应；

②引风机断电时，自动切断送风和燃料供应；

③燃油、燃气压力低于规定值时，自动切断燃料供应；

④热水锅炉压力降到会发生汽化或水温升高超过规定值时，自动切断燃料供应；

⑤循环水泵突然停运时，自动切断燃料供应。

(3)检查油或气为燃料的锅炉是否装有点火程序控制和熄火保护设施。

(4)检查煤粉为燃料的锅炉是否有炉膛风压保护设施。

(5)检查几台炉共用一个烟道时，在每台炉的支烟道处是否装有烟道挡板，挡板是否可调，调节架是否固定可靠。

6. 主要阀门及其他设施的验收

(1)锅炉总体验收时一定要检查排污阀能否进行可靠切断并装设合理;排污阀切断不好会造成锅炉缺水。

(2)锅炉循环管道上的阀门及排烟系统的烟气挡板应有明显标志,标明开启方向及管路介质流向;检查阀门操作位置是否合理。

(3)主汽阀应安在靠近锅筒或过热器集箱的出口处,连接锅炉和蒸汽母管的每根蒸汽管上,应装两只蒸汽闸阀或截止阀,两只闸阀之间应装有内径不小于20 mm的疏水管和阀门。

(4)在省煤器通向锅炉的给水管上应装给水截止阀和给水止回阀,截止阀应装在锅筒与止回阀之间。

(5)对于额定蒸发量>4 t/h的锅炉,应装自动给水调节器,并在司炉工便于操作的地点,装设手动控制给水装置。

(6)对于额定蒸汽压力≥3.82 MPa的锅炉,应在锅筒的最低安全水位和正常水位之间接出紧急放水管和阀门。

(7)工作压力不同的锅炉应分别有独立的蒸汽管道和给水管道,如合用一条蒸汽母管时,较高压力的蒸汽管上必须有自动减压装置,以及防止低压侧超压的安全装置。

(8)锅炉给水系统能保证安全可靠的供水。蒸汽锅炉必须有备用停电时的汽动补水设施。

(9)热水锅炉的出水管应设在锅炉最高处,并装出水阀,在出水阀前的出水管上最高处应安装集气罐。

在锅筒、过热器和省煤器等可能聚集空气的地方装设排气阀。

对于以上各系统全部现场检查合格,所有供热管道保温满足设计要求,外壳按规定涂色环,并有明显的介质流向指示,即为总体验收合格。由施工单位填写总体验收证明,并应有建设单位和质监局锅炉监察部门参检代表,监理工程师,施工单位技术负责人签字认可。

锅炉总体验收合格之后,建设单位和使用单位办理工程交接。如果锅炉配有计算机控制的,应在锅炉调试运行正常之后,再将计算机投入运行。运行时应使计算机的设定值和锅炉的设计参数相符。将各系统的最佳设定值锁定之后,计算机便可操作运行。

锅炉总体验收合格,工程交工之后,由建设、使用单位向锅炉安装监检区域劳动局锅检所申请办理锅炉运行许可证,便可正常投入使用。

8.2.5　锅炉资料的移交

在锅炉总体验收合格双方办理验收签字之后两个月内,施工单位应向建设使用单位办理完资料移交。

因为锅炉是一种特殊的承压设备,它工作可靠与否,直接涉及人员、财产安全,国家安全监察部门对其有很严格的管理规定。因此对锅炉的制造和安装的质量要求极其严格,对它的安全运行操作要求很高。为了准确掌握锅炉的设备性能,为运行的日常维护、定期检修、技术改造等提供准确的技术信息,施工单位必须完整、准确地向建设单位移交装订成册的“工业锅炉安装工程质量证明书”。资料移交时,施工单位除交建设单位“工业锅炉安装工程质量证明书”外,还应提交下列安装工程施工记录表。

(1)有关记录

①试胀记录;

②锅炉胀管记录;

③补胀记录;

④焊接质量工艺评定;

⑤焊口 X 光抽查记录;

⑥转动设备单机试运转记录;

⑦设备进货清单;

⑧阀门水压试验记录;

⑨仪表校验记录;

⑩管道/设备保温施工检查记录;

⑪安全附件、排污管道、汽水管道、风道安装检查记录;

⑫附属机械设备安装检查记录;

⑬燃烧器及燃料管道安装检查记录;

⑭供热管道水压试验记录;

⑮供热管道冲洗试验记录;

⑯带负荷 48 h 运行记录。

(2)有关的施工文件

①锅炉安装申请表;

②施工合同或协议;

③施工组织设计(施工方案);

④安全技术交底记录;

⑤中间交工验收证书;

⑥隐蔽工程验收记录;

⑦开工报告;

⑧停工报告(有、无);

⑨工程竣工报告;

⑩分项工程质量评定表;

⑪分部工程质量评定表;

⑫单位工程质量评定表;

⑬工程质量事故报告及处理表(有、无)。

(3)竣工图(份)、设计变更/洽商记录(份)。

(4)锅炉出厂技术文件(份)(册)。

学习项目四　锅炉房工艺设计

【知识目标】

1. 掌握锅炉房热负荷的确定和炉型的选择；

2. 掌握锅炉房工艺设计的原则、程序及所需的原始资料；

3. 掌握锅炉房的布置及对有关专业的技术要求。

【能力目标】

1. 具有锅炉房设计能力。

任务九　锅炉房工艺设计及其实训

单元一　锅炉房工艺设计

锅炉房设计，包括工艺设计、建筑设计、结构设计、电气仪表设计、水暖通风设计等部分。本专业人员主要承担锅炉房的工艺设计，并配合有关专业，共同完成锅炉房的整体设计。

9.1.1　锅炉房设计的原则及程序

锅炉房工艺设计，包括确定设计方案、各系统设计计算、设备类型选择、绘制施工图几个步骤。在锅炉房工艺设计中涉及的有关内容，如各系统、设备及其选择，汽水系统图，在前面几章已作了必要的介绍，本章主要介绍锅炉房设计的原则、程序、锅炉房布置，并给出布置示例，供初学者参考。

9.1.1.1　锅炉房设计的原则

锅炉房设计必须贯彻执行国家的建设方针，体现国家的经济政策和能源政策，应符合《锅炉房设计规范》、《蒸汽锅炉安全监察规程》、《热水锅炉安全监察规程》及有关标准、规范的规定，实行综合利用，节约能源，保护环境，努力改善操作条件，提高机械化、自动化水平，积极采用先进技术和设备，设法降低工程投资和常年运行费用，使设计做到技术先进、安全可靠、经济合理，保证工程的经济效益、社会效益和环境效益。

9.1.1.2　锅炉房设计的内容及程序

锅炉房工艺设计通常按初步设计和施工图设计两个阶段进行。

1. 初步设计

初步设计力求方案合理、文字简练、数据可靠，应能起到确定方案，指导施工图设计；确定设备型号、数量、主要材料和附件的类型、数量的作用，以满足订货需要，并供审批使用。

锅炉房初步设计的内容包括：

(1)设计说明：设计说明可按设计依据、设计范围、原则及存在的问题等各项缩写。包括原始资料、工艺条件及其他要求等。主要说明设计范围、规模、扩建及改建原则；供热方案、供热介质及参数；环保、节能等措施。

(2)热负荷及锅炉设备的选择包括热负荷计算，供热介质和参数的确定，锅炉形式、容量、台数的确定。

(3)各系统及辅助设备的选择包括水处理系统方案的确定和设备的选择；蒸汽、凝结水及给水系统方案的确定和设备选择；热水系统的定压方式；送、引风系统的确定及设备选择；运煤除灰系统简要计算及设备的选择等。

(4)技术经济指标见表9.1。

表9.1 锅炉房设计技术经济指标表

名称	主要设备名称及型号	建筑面积	燃料消耗量	蒸汽消耗量（耗热量）	自来水消耗量	软化水消耗量	还原剂消耗量	灰渣量	润滑油消耗量	耗电量		其他	劳动定员
										安装容量	运行容量		
单位	台	m^2	kg/h (t/a)	kg/h (MW)	kg/h	kg/h	kg/h	kg/h (t/a)	kg/h	kW		人	
设计指标													
备注													

(5)图纸和附表图纸有设备平、剖面布置图，热力系统图，运煤及出灰布置图。当锅炉房为独立工程或当总平面布置图上表示不清楚时，应单独绘制锅炉房区域布置图，附表有设备、主要材料及工程概算表。

2.施工图设计

初步设计经有关主管部门审查批准后即可进行施工图设计。

施工图设计需提交下列文件。

(1)图纸目录

先列新绘制的图纸，后列选用的标准图或重复利用的图纸。

(2)设计说明

主要内容有锅炉房设计容量、锅炉型号、台数、热介质参数；材料及附件选用；管道安装坡度要求；设备和管道防腐保温及涂色要求；设备与管道和土建的配合要求；施工安装质量与设备及管道系统试压要求；设备基础与到货设备尺寸的核对要求；设计所采用的图例符号说明等。

列出热负荷统计表，设备、材料表。

(3)热力系统图

绘出各设备、附件与管道的工艺流程，就地测量仪表装置的位置，标明设备编号、管径及介质流动方向。

(4)设备、管道的平、剖面布置图

绘出建筑物的门、窗、楼梯、平台、地坑等位置;注明房间名称、建筑轴线、尺寸、标高及门的开向;设备定位尺寸及编号;表示汽、水、风、烟等管道系统的平、剖面安装位置尺寸,注明各种管道的直径、坡度、坡向及安装标高;表示各种附件位置及就地一次测量仪表的位置。

(5)锅炉房区域总平面图绘出锅炉房及附属设施,如运煤、除灰、煤场、灰场等总体位置。

(6)其他图纸

如运煤、除灰系统及通风除尘系统的设备布置图、安装大样图、非标设备制作图等,根据工程需要情况进行绘制。

穿墙、楼板或屋顶的孔洞,将资料交土建预留。支、吊架在柱或房架上支撑用的预埋件,也需提供资料交土建预埋。

(7)施工图预算编制

施工图预算,并与已批准的初步概算进行核对,保证施工图预算控制在已批准的初步设计概算内。当施工图预算超过初步设计概算时,应当分析原因,如果是设计造成的,则应修改施工图设计。

施工图预算应包括预算编制说明,总预算书,单位工程预算书,主要材料表,补充单位估价表。

当设计人员接到工业锅炉房设计任务时,一般按下列程序进行设计:

(1)调查了解工厂或企事业单位的性质,对供热介质种类、参数、负荷的要求。

(2)搜集和整理各项与工程有关的原始资料。

(3)制定设计方案、进行多方案的比较,从中选出技术先进、经济合理、满足用户需要的最佳方案。编制初步设计文件,初步设计被批准后进行施工图设计。

9.1.2 设计的原始资料

设计的原始资料是设计的依据,是必不可少的基本资料。因此,设计人员应该深入实际调查了解,详细、准确地搜集与设计有关的原始资料。以下按新建锅炉房和扩建锅炉房两项分述。

9.1.2.1 新建锅炉房

在设计新建锅炉房时,应搜集以下原始资料。

1. 热负荷资料

(1)全厂(或企、事业单位)各生产车间或建筑小区住宅楼、生活服务建筑各栋建筑物的蒸汽热负荷或热水热负荷,包括最大热负荷、平均热负荷以及蒸汽或热水的参数,生产班次和热负荷变化的特点,如使用情况、用热时间等。

(2)生活用热负荷,包括浴室、饮水、炊事等用热的小时热负荷和使用时间;

(3)采暖通风空调用的最大热负荷;

(4)相邻厂矿企业可协作的供热材料:

(5)各项用热的回水量及回水温度;

(6)热负荷变化曲线(有可能时,应尽力获得);

(7)建设单位用热发展情况,包括是否分期扩建和是否有改为热电厂供热的可能。

2. 燃料资料

燃料资料是正确选择锅炉型号,确定燃料输送系统的重要依据。当选用燃煤锅炉时,可向煤炭管理部门索取煤质资料,包括煤矿地点、价格、运输方式、煤的元素分析、工业分析、低位发热量、煤的焦结性、灰的变形温度、软化温度、流动温度、煤的粒度、可磨系数,一般由基建部门提供。中小型锅炉房只需要煤的工业分析资料即可。

当选用燃油锅炉时,可向燃油供应部门索取下列资料:产油地点、价格、运输方式、燃油的元素分析、各项性能指标等。

当选用燃气锅炉时,要搜集下列资料:燃气产地、供应情况及价格、燃气的成分、性质及供气压力。

3. 水质资料

水质资料是设计锅炉房水处理系统必不可少的资料,包括水源种类、供水压力及水质全分析资料。

4. 气象资料

气象资料包括海拔高度、室外计算温度(冬季采暖、冬季通风、夏季通风)、采暖期室外平均温度、采暖天数、冬季和夏季的主导风向及频率、冬季和夏季的大气压力、最大的冻土深度等。

5. 地质资料

有关地质情况,如土壤的地耐力、湿陷性黄土等级、地下水位等,供考虑地下室、地沟和地下管道时用,当所在地区的地震烈度达到7级以上时,要有地震等级资料,供考虑房屋结构设置锅炉钢架防震之用。

6. 设备和材料资料

(1)锅炉机组资料进行初步设计时,应掌握锅炉及辅机的主要参数、型号、规格、外形图及价格资料;进行施工图设计时,应取得锅炉安装图纸,以便了解设备基础、配管、风烟道接管、平台扶梯操作位置等情况。

(2)辅助设备的资料包括风机、水泵、水处理、运煤除灰等各种标准设备及非标准设备的图纸、技术参数、价格等。

7. 其他有关资料

施工地点的交通、供电、供水及排水情况;上级批文,有关协议文件;当地卫生环保要求等。

9.1.2.2　改建、扩建锅炉房

原有锅炉房的改建、扩建设计,往往比设计新建锅炉房要复杂,设计人员除了搜集上述有关资料外,还要深入现场,搜集下列有关资料:

(1)原有锅炉房的施工图包括工艺布置图,热力系统图,区域布置图,对重要的或改动部分的尺寸,要进行实测校对。

(2)原锅炉房的设备及库存设备的详细规格、型号、数量、制造厂、使用年限、主要尺寸、运行情况及存在问题等。

(3)原有锅炉房的建筑结构资料。

(4)原锅炉房的运行记录、存在的问题、事故分析等资料。

(5)原锅炉房的人员组织、技术经济定额等。

9.1.3　锅炉房在总图上的位置

锅炉房是散发煤灰、烟尘、噪声的污染源。如果锅炉房在总平面图上的位置选择不当，会直接影响周围工厂或居民的正常生产和生活环境。锅炉房在总平面上的位置，应综合考虑以下几个方面的因素，配合建筑总图专业在总体规划中合理安排。

(1)锅炉房应靠近热负荷比较集中的地区，以便缩短供热管道的长度，减少热损失及材料消耗。

(2)锅炉房宜建于供热区地势较低的区域，以便于凝结水的自流回收，但锅炉房的地面标高至少高出防洪水位500 mm以上。

(3)锅炉房的位置要便于燃料和灰渣的运输和存放，并宜使人流和煤、灰车流道路分开。锅炉房附近要有足够的空地以贮存燃料和堆放灰渣，而且应靠近河道、铁路或公路，使运输方便，运输距离最短，搬运次数少。

(4)锅炉房的位置应符合《工业企业设计卫生标准》、《建筑设计防火规范》、《高层民用建筑设计防火规范》及其他安全规程中的有关规定。为了减少烟、煤、灰、噪声等对周围环境的污染，全年运行的锅炉房宜位于居住区和主要环境保护区的全年最小频率风向的上风侧，季节性运行的锅炉房宜位于该季节盛行风向的下风侧。

(5)锅炉房应有较好的朝向，利于自然通风和采光，同时，炉前操作处尽量避免西晒。

(6)根据建筑设计规划，锅炉房宜留有扩建余地，锅炉房扩建端不设置永久性或体型大的设备或构筑物。

(7)锅炉房一般应设在地上独立的建筑内，在条件不允许时，才考虑与其他建筑物相连或设置在地下室及底层内。此时严禁设在人员密集场所和重要部门的下面、上面、贴邻和主要通道两旁。还应符合现行《蒸汽锅炉安全技术监察规程》、《热水锅炉安全技术监察规程》、《建筑设计防火规范》和《高层建筑设计防火规范》的有关规定。

(8)使用密度大于空气的气体燃料的锅炉房，不得布置在低于室外地面的地下室或半地下室。

锅炉房位置的选择要同时满足上述各条往往是困难的，必须根据具体情况，分清主次，权衡利弊，进行全面考虑。通常首先考虑满足国家各项有关政策和安全防火等有关规定。锅炉对环境的影响，距热负荷中心的远近，通常作为重点来考虑。

9.1.4　锅炉房的布置

锅炉房的布置，包括锅炉房所在区域内的布置，锅炉房的建筑形式，内部房间的布局以及锅炉房设备及管道的工艺布置等内容。锅炉房布置得合理与否，直接影响锅炉房占地面积、基建投资、能源消耗以及锅炉经常运行的安全性和经济性。因此，在设计时应尽可能周密地综合考虑各方面问题，提出合理、经济的方案。

9.1.4.1　锅炉房的区域布置

在锅炉房所在的区域内，除了锅炉房本身的建筑外，还有其他为锅炉房服务的建筑物、构筑物，如烟囱、烟道、排污降温池、煤场、灰场、运煤廊等。对燃油锅炉房，则有贮油罐、油泵房等。对燃气锅炉房，则有燃气调压站等。这些设施的布置必须满足有关规范的要求，使总占地面积较小，工艺流程合理，便于管理，运输方便，外形美观，一般应考虑以下要求。

(1)锅炉房的正面,即炉前司炉操作的一面或辅助间的一面,应面临主要道路,这样出入方便,显得美观。

(2)烟囱、烟道、排污降温池要布置在锅炉房的后面,使其不面临主要道路,一则是为减少对主要道路的污染,二则使外观显得整齐。

(3)煤场和灰场往往位于运输设备进入锅炉房的一侧,较大的锅炉房一般位于固定端侧或锅炉房后面,小型锅炉房的煤场、灰场一般设在扩建端一侧。煤堆和锅炉房的距离应按防火要求规定。灰堆和煤堆及锅炉房的间距,一般大于10 m。与锅炉房配套的油库区、燃气调压站应布置在远离交通要道、民用建筑、可燃或高温车间,同时要考虑与锅炉房联系方便。

(4)非严寒地区设在室外的凝结水回收池,多布置在锅炉房辅助间一侧,以便就近把凝结水送入水箱。

(5)贮油罐、燃气调压站与锅炉房的距离应按照防火要求规定。如装设容量小的日用油罐,可设于锅炉房内部,并在油罐上部安设通气管通至室外。

以下列出几个锅炉房区域布置图,来说明锅炉房主建筑和其他有关辅助设施间的关系。

图9.1所示是简单的锅炉房区域布置图,该锅炉房装设三台快装蒸汽锅炉,每台锅炉烟囱从顶部穿出,用胶轮小车人工运煤除灰。锅炉辅助间面临主要干道,煤场和灰场位于锅炉房扩建端一侧,排污降温池设在锅炉房后面。

图9.2所示是人工运煤除灰的锅炉房区域布置的另一种形式。锅炉房的正面和辅助间都面临主要干道,烟囱、排污降温池设在锅炉后面,灰堆、煤场位于锅炉房后面。设有环形轻便铁轨,利用手推铁轨小车推煤。

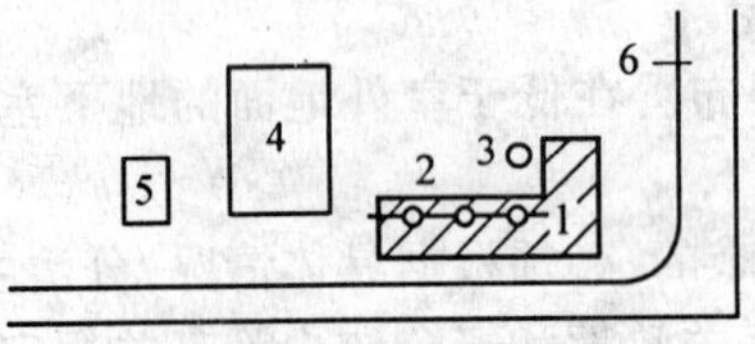

图9.1　人工运煤除灰的锅炉房区域布置图
1—锅炉房;2—烟囱;3—排污降温池;
4—煤堆;5—灰堆;6—主要干道

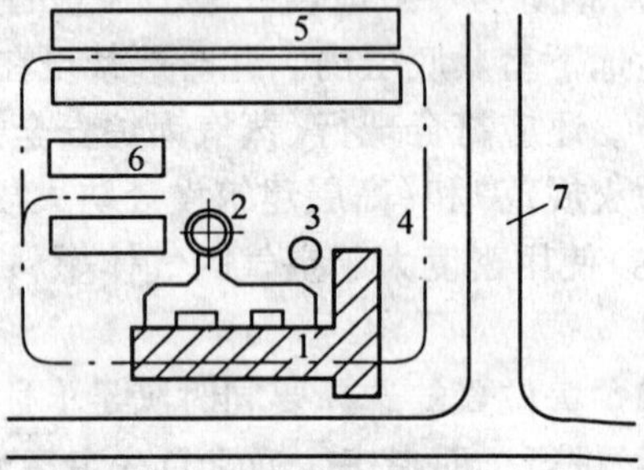

图9.2　用轻便轨道运煤除灰的锅炉房区域布置图
1—锅炉房;2—烟囱;3—排污降温池;4—轻便铁轨;
5—煤堆;6—灰堆;7—主要干道

图9.3为有皮带运煤、水力除灰的中等锅炉房区域布置图,锅炉房正面面临主要道路,排污降温池和烟囱设在锅炉房后面,锅炉房右侧为扩建端,预留扩建场地。灰渣被水冲至沉渣池。煤由运煤廊中皮带运输机倾斜输送到锅炉房中,煤灰场地共用抓斗起重机。

9.1.4.2　锅炉房的建筑形式

锅炉房一般为独立建筑,锅炉房与相邻建筑物、燃料场(或库)之间距必须满足建筑防火要求。

锅炉房的柱距、跨度等尺寸应尽量符合建筑模数的要求。

容量较大的锅炉房一般由下列几部分组成:

(1)锅炉间,包括仪表控制室;

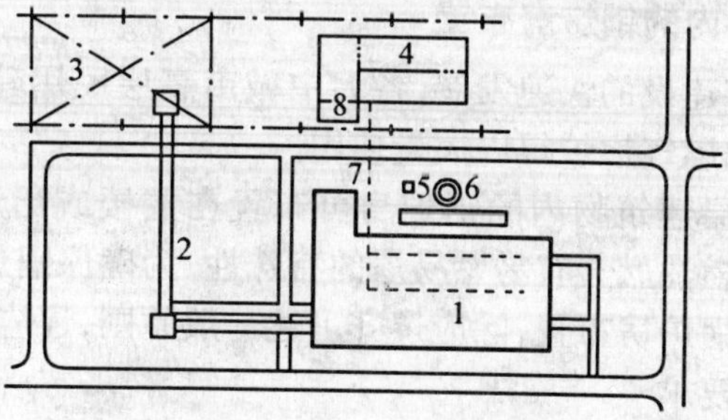

图 9.3　皮带运煤、水力除灰的锅炉房区域布置图

1—锅炉房；2—运煤廊；3—煤场；4—沉渣池；5—排污降温池；6—烟囱；7—灰渣沟；6—灰渣泵房

（2）辅助间，包括风机间、运煤廊、煤仓间、水处理间、修理间、化验间、日用油箱油泵间、燃气调压间、器材库、贮藏间等；

（3）生活间，包括办公室、更衣室、休息室、浴室、厕所等。一个锅炉房具体应设哪些部分，应根据锅炉的形式、容量、辅助设备等情况来决定。以采暖为主的季节性锅炉房应尽量简化。

锅炉房的房间安排应确保安全，方便操作、检修和安装，还应使蒸汽、给水、空气、烟气等介质的流程简短流畅。

锅炉操作间通常布置在中间，前上方为运煤廊，后部为风机、除尘设备及烟囱等，其他辅助房间一般布置在锅炉房的固定端。

化验室应布置在采光较好，噪声和振动影响较小处，并使取样操作方便。

扩建发展端的端墙，在拆除时，应不影响房屋的整体结构。锅炉房建筑可采用单层布置或多层布置。单层建筑造价低，一般小容量的锅炉和燃油、燃气锅炉均采用单层布置。

在满足操作、检修和清除灰渣方便的条件下，蒸发量稍大些的燃煤锅炉也可采用带运煤廊的单层建筑。

单台容量大、有省煤器、空气预热器等尾部受热面，且采用机械化运煤除渣的锅炉，可采用双层建筑，辅助间分两层或三层布置。当采用大气式热力除氧时，除氧器应布置在三层。

图 9.4 所示为目前我国常见的几种锅炉房建筑形式。

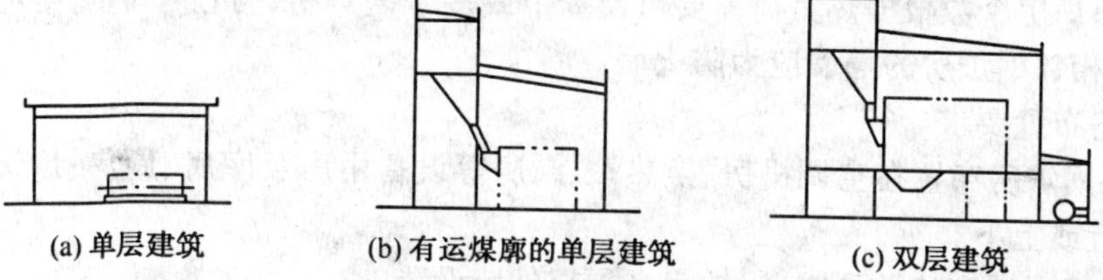

(a) 单层建筑　(b) 有运煤廊的单层建筑　(c) 双层建筑

图 9.4　锅炉房建筑形式示意图

蒸汽锅炉额定蒸发量为 1～20 t/h，热水锅炉额定出力为 0.7～14 MW 的锅炉房，其辅助间和生活间宜贴邻锅炉间的一侧。蒸汽锅炉额定蒸发量为 35～65 t/h，热水锅炉额定出力为 29～58 MW 的锅炉房，其辅助间和生活间可单独布置。

气候炎热地区的锅炉房，也可以设计成露天布置或半露天布置，即将上半截外墙取消，以便自然通风，另设雨篷遮雨。并应考虑设备、仪表、附件的防雨、防风、防冻、防腐蚀和减少热损失等措施，还应设司炉操作室，将测量仪表集中设于操作室。

9.1.4.3　高层建筑物内的锅炉房布置

近年来，随着全国城市建设的快速发展，各大中城市高层民用建筑迅速崛起，为适应节约用地和环境保护要求，燃油燃气锅炉得以大量使用。

设在高层建筑物或多层建筑物内的锅炉房可布置在主楼或裙房的地下室、半地下室、底层、技术夹层或顶层，因为燃油燃气有易燃易爆的特殊性，为确保锅炉房运行安全可靠，对于设在高层或多层建筑物内的锅炉房布置，除应遵守上述一般原则，还应重点考虑下列要求。

1. 锅炉房容量和台数要求

(1)蒸汽锅炉容量：设在多层或高层建筑的半地下室或底层的锅炉，单台 $D \ngtr 10$ t/h，$P \ngtr$ 1.6 MPa。

当受条件限制，锅炉房需设在多层或高层建筑地下室、楼层中间技术夹层或顶层时，单台锅炉 $D \ngtr 2$ t/h，$P \ngtr 1.6$ MPa，锅炉房总容量 $D \ngtr 6$ t/h。

(2)热水锅炉容量：热水锅炉设置在多层或高层建筑的地下室、半地下室、底层、楼层中间技术夹层和顶层时，单台锅炉的额定热功率 $Q \leqslant 7$ MW，锅炉额定出口热水温度小于等于 95 ℃。

(3)锅炉台数一般不宜超过 4 台。台数越多，发生危险的可能性就越大，并且占用的建筑面积也越大，经济性差，因此不宜多设。

(4)设在多层或高层建筑物内的锅炉房，其单台容量及锅炉房总容量大小的确定，应征得当地安全监察机构和消防部门的认可同意，有正式申报、审批文件。

(5)我国现行的有关规定，对高层建筑内设置的蒸汽锅炉单台容量及总容量有严格限制，以致难以满足高层建筑用热的需要。为此，有关地方当局已制定地方规定，在着重加强安全与消防措施的前提下，适当放宽高层建筑内设置锅炉的容量和锅炉房位置的要求，以解决这一矛盾，如上海市标准 DBJ08-73-98(民用建筑锅炉设置规定)；又鉴于现行有关规定对高层建筑内设置热水锅炉的总功率无具体规定，因此，当锅炉房设计容量较大时，既要考虑符合规定又要满足供热需要，则可采用下列两种方法：

①采用不同热媒合理地分配负荷，除厨房、洗衣房等必须使用蒸汽的采用蒸汽供热外，采暖、新风、热风幕、热水供应等负荷则采用热水为热媒。

②增加锅炉房个数根据热负荷需要可设 2 个或多个锅炉房，可设于不同楼层或同一楼层的不同位置，相邻锅炉房的隔墙应为防火墙。

2. 锅炉房布置要求

(1)应将锅炉房布置在空调机房、换热站、泵房等设备用房及库房、厨房、垃圾房等人员较少的房间附近或上下。

(2)为满足泄爆和疏散要求，锅炉房必须靠外墙设置。

3. 锅炉的自动保护设施要求

(1)蒸汽锅炉必须有可靠的超压联锁保护装置和低水位联锁保护装置。

(2)热水锅炉必须有超温报警装置。

(3)引风机断电时，自动切断送风和燃料供应。

(4)送风机断电时，自动切断燃料供应。

(5)燃油、燃气压力低于或高于规定范围值时，自动切断燃油或燃气的供应。

(6)每台锅炉必须装设可靠的点火程序控制和熄火保护装置。在点火程序控制中，点火前的总通风量应不小于3倍的从炉膛到烟囱入口烟道的总容积，且保持一定的通风时间。

4. 锅炉房的抗爆和泄压要求

锅炉间应做成抗爆体，在抗爆体上开设足够面积的泄压口（如玻璃窗、天窗、轻型屋面、轻质墙体等），使锅炉爆炸释放出的瞬间能量及时排泄，降低其破坏力。泄压口宜设在靠近易发生爆炸的部位，应避开人员集中的场所和主要通道。

5. 锅炉房的防火和通风要求

(1) 设在高层建筑或裙房内的锅炉房，应设直接对外的安全出口，外墙开口部位的上方应设置宽度不小于1.0 m的不燃烧的防火挑檐。锅炉房与建筑物的其他部位应用耐火极限不低于2.0 h的隔墙和1.5 h的楼板隔开，当锅炉房设在建筑物顶层时，建筑物的顶板应做成双浇混凝土加厚处理，提高耐火极限。

(2) 高层建筑内的输油、输气管道，应单独设管道井。燃油燃气锅炉房内应设固定灭火装置，对于设置在建筑物地下、首层及顶层的燃油、燃气锅炉房，除灭火器外还应设置火灾自动报警设施和自动灭火设施。

(3) 燃油锅炉房的油箱间、油泵间、油加热间应用防火墙与锅炉间及其他房间隔开。煤气和天然气的调压间、仪表计量间亦应设防火墙与其他房间隔开，门窗应直接对外开启，不得与锅炉间相连通，地面采用不发生火花的地坪，室内的电气设备应为防爆型。

(4) 燃气锅炉的总进气干管上必须有手动和自动切断装置。

(5) 燃油锅炉房的日用油箱容量不应大于10 mL，油箱上应设将油排放至室外的紧急排空管。排空管上的阀门应装在安全和便于操作的地点，室外应设置相应的事故油箱，油箱上装设通气管，通气管上设置防火器和防雨设施，其高度不应低于4 m。

9.1.4.4 锅炉房的工艺布置

锅炉房的工艺布置应保证设备安装、运行检修安全和方便，使工艺流程短，锅炉房面积和体积紧凑。布置时应满足以下要求：

(1) 应尽量按工艺流程来布置设备，使汽、水、烟、风、燃料、灰渣等系统流程简短流畅，使阀门附件少，以减少流动阻力和动力消耗，便于操作、维护和运输。

(2) 锅炉房尽量单层布置，如采用多层布置，应将锅炉间分为运转层和出灰层。

(3) 如果辅助间为三层，则水处理设备、水泵、定期排污膨胀器、机修间、库房、厕所、更衣室、浴室等应设在锅炉房的底层。连续排污膨胀器、化验冷却器、化验室、办公室、休息室可设在二层。如果辅助间单层布置，则各设备应根据具体情况布置。

1. 尺寸要求

锅炉与建筑物之间的净距，应满足操作、检修和布置辅助设施的需要，并应符合下列规定。

(1) 炉前净距

蒸汽锅炉1～4 t/h，热水锅炉0.7～2.8 MW，不宜小于3.0 m；

蒸汽锅炉6～20 t/h，热水锅炉4.2～14 MW，不宜小于4.0 m；

蒸汽锅炉35～65 t/h，热水锅炉29～58 MW，不宜小于5.0 m。

当需要在炉前进行拨火、清炉操作时，炉前净距应能满足操作要求。链条炉前要留有检修炉排的场地；快装锅炉要为清扫烟箱、火管留有足够空间。对6 t/h以上的锅炉，当炉前设置仪表控制室时，锅炉前端到仪表控制室的净距可为3 m。

(2) 锅炉侧面和后面的通道净距

蒸汽锅炉 1 ~4 t/h,热水锅炉 0.7 ~2.8 MW,不宜小于 0.8 m;

蒸汽锅炉 6 ~20 t/h,热水锅炉 4.2 ~14 MW,不宜小于 1.5 m;

蒸汽锅炉 35 ~65 t/h,热水锅炉 29 ~58 MW,不宜小于 1.8 m。

当需吹灰、拨火、除渣、安装或检修螺旋除渣机时,通道净距应能满足操作的要求。

锅炉操作地点和通道的净空高度不应小于 2 m,并应满足起吊设备操作高度的要求:当锅筒、省煤器等发热部位上方不需要操作和通行时,其净空高度可为 0.7 m。快装锅炉及本体较矮的锅炉,为满足通风要求,除应符合上述条件外,锅炉房屋架下弦标高,建议不小于 5 m,如采取措施,可小于此数。

灰渣斗下部的净空,当人工除渣时,不应小于 1.9 m;机械除渣时,要根据所采用的除渣机外形尺寸确定。灰渣斗的内壁倾角不宜小于 60°。除灰室宽度,每边应比灰车宽 0.7 m。

煤斗的下底标高除了要保证内壁及溜煤管倾角不小于 60°,还应考虑炉前采光和检修所要求的高度。一般高于运行层地面 3.5 ~4 m。

锅炉之间的操作平台可根据需要加以连通。

2. 辅助设备布置的要求

送、引风机和水泵等设备间的通道尺寸应满足设备操作和检修的需要,并且不应小于 0.8 m;如果上述设备布置在锅炉房的偏屋时,从偏屋地坪到屋面凸出部分之间的净空,应满足设备操作和检修的需要,并且不应小于 2.5 m;水处理间主要操作通道的净距不应小于 1.5 m。

机械过滤器、离子交换器、连续排污膨胀器、除氧水箱等设备的突出部位间的净距,一般不应小于 1.5 m。离子交换器后面与墙间距一般为 0.5 ~0.7 m。

分汽器、分水器、集水器等设备前应考虑有供操作、检修的空间,其通道宽度不应小于 1.2 m。

给水箱的安装高度应使锅炉给水泵有足够的灌注水头。

除尘器设于锅炉后部的风机间内,其位置应有利于灰尘的运输和设备的检修。

3. 锅炉房内质量较大的设备顶部,应考虑安装检修时架起吊设备的位置和起吊所需要的高度。

4. 连接设备的各种管道布置,主要取决于设备的位置。布置时尽量使管道沿墙和柱子敷设,且大管在内,小管在外;保温管在内,非保温管在外,这样既便于安装、支撑和检修,又比较整齐美观;管道之间,管道与梁、柱、墙和设备之间要留有一定距离,以满足焊接、装置仪表、附件和保温等的施工安装、运行、检修的需要。管道布置不应妨碍门、窗的启闭与影响室内采光。

9.1.5 对有关专业的技术要求

锅炉房设计除了工艺人员考虑整体设计外,还需要有总图、土建、电气仪表、给排水及采暖通风等专业相互配合,协作完成。本专业向各专业提出技术要求,并提供有关的资料。各专业设计应满足工艺要求且符合其专业的设计规范、规程和规定。

9.1.5.1 总图专业

1. 对总图的技术要求。

2. 本专业应提供给总图专业的资料。

(1) 锅炉房平面图和锅炉房区域布置图。

(2)锅炉房燃料名称、有关性能及燃料供应设施情况。

(3)燃料年、月、日消耗量。

(4)灰渣量、灰渣场面积及运灰渣设施情况。

(5)锅炉房人员编制资料,见表9.2。

表9.2　锅炉房人员编制

序号	职务	班制	最大班人数	总人数	备注
1	主任	1			小锅炉房可不设
2	技术员	1			小锅炉房可不设
3	化验员	1			可由水处理工兼
4	统计员	1			小锅炉房可不设
5	司炉	3			兼管鼓、引风机
6	水处理工	3			兼管水泵
7	运煤工	1~2			
8	除灰渣工	1~2			
9	检修工	1			
10	电工、仪表工	1			
11	杂工	1			
12	合计				

9.1.5.2　土建(建筑、结构)专业

1. 技术要求

(1)锅炉间属于丁类厂房,蒸汽锅炉的额定蒸发量大于4 t/h、热水锅炉大于2.8 MW时,锅炉间建筑的耐火等级应不低于2级;蒸汽锅炉额定蒸发量≤4 t/h时,该建筑可采用3级耐火等级。油箱间、油泵间和油加热间均属于丙类生产厂房,其建筑不应低于二级耐火等级。燃气调压间属于甲类生产厂房,其建筑不应低于二级耐火等级。

(2)锅炉房一般每层至少有两个出入口,分别设在相对的两侧,如有通向附近消防梯的太平门时,可只设一个出入口,锅炉房炉前总宽度不超过12 m、面积不超过200 m^2 的单层锅炉房,可只设一个出入口。

(3)锅炉间通向室外的门、窗应向外开启,锅炉间与辅助间隔墙上的门、窗应向锅炉间开。

(4)锅炉房应采用轻质屋面,屋顶自重超过120 kg/m^2 时,应开设天窗或高倒窗,开窗面积至少应为锅炉间占地面积的10%。

(5)燃气锅炉房,锅炉间应有一定的泄压面积,泄压面积与锅炉间厂房体积的比值(m^2/m^3)宜采用0.05~0.22。锅炉间体积超过1 000 m^3 时,可取较小值。

泄压设施宜采用轻质屋盖、易于泄压的门、窗、轻质墙体作为泄压面积。轻质屋盖和轻质墙体的自重不大于120 kg/m^2。

当锅炉房设在高层建筑内时,还要符合《高层民用建筑设计防火规范》中的有关规定要求。

(6)锅炉房应预留通过设备最大搬运件的安装孔洞,安装孔洞可与门窗洞或非承重墙结合考虑。

(7)在楼层布置锅炉房时,锅炉基础与楼板地面接缝处,应设置沉降缝。烟囱与烟道连接处应设置沉降缝。

(8)锅炉房的地下室或地下构筑物(如烟道)应有可靠的防止地面水和地下水渗入的措施。地下室的地面要有向集水坑倾斜的坡度,以便使地面积水顺利地汇入坑内排出。锅炉房的地面,至少应高出室外地面约 5 mm,以免积水和便于泄水,外门台阶应做成坡道以利运输。

(9)砖砌或钢筋混凝土烟囱一般设置在锅炉房的后面,烟囱中心与锅炉房后墙的距离应满足烟囱基础不碰到锅炉房地基的要求,如果此间不设风机等设备,其距离一般为 6 ~ 8 m。

2. 提供给土建专业的资料

(1)锅炉房设备布置、油泵间或调压站平、剖面图及设备明细表。

(2)主辅机设备基础尺寸图。

(3)支承结构及楼板的预埋件和预留孔洞的具体尺寸图。

(4)各部位的标准载荷及集中载荷表。

(5)人员编制资料。

(6)燃油的闪点大于等于 60 ℃,属丙类液体;燃气属甲类气体,燃气爆炸下限小于 10%。

9.1.5.3　电气专业

1. 技术要求

(1)当生产不允许中断供汽时,锅炉房应由两个回路的电源供电。

(2)锅炉机组采用集中控制时,在远离操作屏的电动机旁,宜设置事故停机按钮。运煤胶带宜每隔 20 m 设置 1 个事故停机按钮。

(3)电气线路采用穿金属管或电缆布线,不宜沿热风道、烟道、热水箱和其他热表面敷设,否则应采取隔热措施。

(4)控制室、变压器室和高、低压配电室,不应设在潮湿的生产房间、淋浴间、卫生间、用热水加热空气的通风室和输送有腐蚀性介质的管道下面。

(5)锅炉压力表、仪表屏、水位计等处应设置局部照明;煤场和灰渣场应设置照明;化验室宜用日光灯照明。

(6)锅炉房在下列地点应设置保证继续工作用的事故照明:锅炉水位表、压力表、给水泵及其他主要操作地点和通道。小型锅炉可不设事故照明而用行灯或手电筒代替。

(7)砖砌或钢筋混凝土烟囱应设置避雷针或避雷带,可利用烟囱爬梯作为其引下线,但必须有可靠的连接和接地。钢板烟囱可利用烟囱本身作为接闪器和引下线。但在用非金属垫圈分开的两筒体间应焊钢筋作引桥导电。

(8)爆炸危险场所应设可燃气体浓度检测器,报警器应设在值班室等有人值班的场所。

(9)气体和液体燃料管道应有静电接地装置,当其管道为金属材料时,可与防雷或电气系统接地保护线相连,不另设静电接地装置。

2. 应提供给电气专业的资料

(1)锅炉房设备、贮罐区、油泵房或调压站的平、剖面布置图(附设备表)。

(2)锅炉房热力系统图,在图上应注明热工仪表的测点位置及测量参数的要求。

(3)用电设备表,包括电机型号、功率、台数及是否备用或经常使用情况及联锁要求等。

(4)照明、自动控制、信号、通信联系等具体要求。

9.1.5.4　给水排水专业

1. 技术要求

(1)锅炉房给水宜采用1根进水管,对中断给水会停炉造成重大损失的锅炉房,应采用两根进水管,两根进水管应接自不同水源或室外环形给水管网的不同管段。

当采用1根进水管时,为保证排除故障期间用水,水箱或水池的总容量不应小于2 h锅炉房计算用水量。

(2)锅炉间建筑为一、二级耐火等级时,可不设置室内消防给水。

锅炉房的运煤层、输煤栈桥宜设置室内消防给水。

锅炉房内燃油及燃气的丙类及甲类生产房间,应设置泡沫、蒸汽等灭火装置,并宜设置室内消防给水。

煤场应设有洒水和消除煤堆自燃时熄火用的供水点。

(3)锅炉及辅机冷却水,可作为除渣机用水及冲灰渣补充水。

锅炉房冷却水量大于或等于8 t/h时,宜循环使用。

化学水处理贮存酸碱设备处,应有人身和地面沾溅后简易的冲洗措施。

(5)锅炉高温排污水应排至排污降温池。经降温冷却到40 ℃以下,方可排入室外排水系统。

(6)锅炉房进水水压应满足水处理的需要,一般不应低于0.2~0.3 MPa,否则应设生水加压泵。

(7)对湿法除尘、水力除灰渣及水处理间等处排除的酸碱废水,应进行处理,使其符合《工业“三废”排放标准》的要求。

(8)锅炉房操作层、出灰层和水泵间等地面应有排水措施。

(9)锅炉房冷却用水量大于等于8 t/h时,宜循环使用。

2. 应提供给给水排水专业的资料

(1)锅炉房贮罐区或调压站平、剖面布置图。

(2)给水、排水流量(小时最大、平均流量、昼夜用水量):

蒸汽锅炉补给水量可根据生产用汽凝结水损失量、室外管网凝结水损失量(可按锅炉房蒸发量的5%考虑)、锅炉房内部汽水损失量(可按锅炉房蒸发量的0.2%~0.5%考虑)、锅炉排污量(可按锅炉房蒸发量的5%~10%考虑)之和确定,热水锅炉的补给水量可按热水系统水容量的4%~5%计算。

引风机轴承冷却水量可按每台引风机0.5 m^3/h计算;抛煤机或炉排轴承冷却水量按每台运行锅炉0.5 m^3/h;浇灰用水量按每吨灰0.3~0.5 m^3/h;定期排污冷却水量,按锅炉定期排污量的3~4倍。化验冷却水量按0.3~0.5 m^3/h计算。水处理系统耗水量由水处理系统计算得出。

9.1.5.5　采暖通风专业

1. 技术要求

(1)锅炉房各房间工作时间的冬季室内计算温度,应按表9.3选用。非工作时间的冬季室内计算温度应为5 ℃。

表 9.3 各生产房间的冬季室内计算温度

房间名称	温度/℃
锅炉间:经常有人操作时	12
设有控制室,经常无操作人员时	5
控制室、化验室、办公室	16 ~ 18
燃气调压间、油泵房、化学品库、出渣间、风机间、水箱间、过煤走廊	5
水泵间:经常有人操作时	15
经常无人操作时	5
碎煤间及单独的煤粉制备间	12
更衣室	23
浴室	25

(2)锅炉房内工作地点的夏季空气温度的确定,应根据设备的散热量,按有关现行国家标准、企业设计卫生标准中有关规定执行。

(3)锅炉间、凝结水箱间、水泵间和油泵间等房间的余热,宜采用有组织的自然通风排除。当自然通风不能满足要求时,应设置机械通风。

(4)设在其他建筑物内的燃气锅炉间,换气量按每小时不少于 3 次,安装在有爆炸危险房间内的通风装置应防爆。

(5)在寒冷地区,用人工手推车运煤和除灰渣时,在小车出入口处宜设门斗。

(6)运煤系统的转运处、破碎筛选和锅炉干式机械出灰渣处等产生粉尘的设备和地点,应有防止粉尘扩散的封闭措施和设置局部通风除尘装置。

(7)燃气调压间等有爆炸危险的房间,应有每小时不少于 3 次的换气量。当自然通风不能满足要求时,应设置机械通风装置,并应用每小时换气不少于 8 次的事故通风装置,通风装置应防爆。

2. 本专业应向暖通专业提供的资料

(1)锅炉房、油泵房或调压站的平、剖面布置图及设备表。

(2)锅炉房设备表面散热量以及冬夏季锅炉运行台数。

(3)电动机台数、功率、备用和常用情况。

(4)一、二次风机总吸风量,如采用室外吸风时可不提供此项内容。

9.1.6 锅炉房设计布置示例

列举一些工业锅炉房设计布置简图,以及选用的主要设备,仅供初学者在制定工艺系统和布置方案时参考。随着技术的不断发展,产品不断更新换代,产品种类增多,设计者在选定较好方案的同时,还必须根据暖通设备的发展情况,选择最合适的工艺性能好、效率高的新产品、新设备,不要被示例所局限。

本锅炉房装设两台 SHL6-1.25-AⅡ型锅炉,每台锅炉均配有送、引风机,送风机、引风机均设于锅炉房后部的风机间,除尘装置采用 XID-6 型多管旋风除尘器两台,见图 9.5、9.6、9.7。

本锅炉房采用固定床逆流再生钠离交换器两台,软化水进入凝结水箱。待除氧的水经两台凝结水泵进入大气式热力除氧器。选用两台电动给水泵向锅炉给水,一台汽动给水泵作为备用。

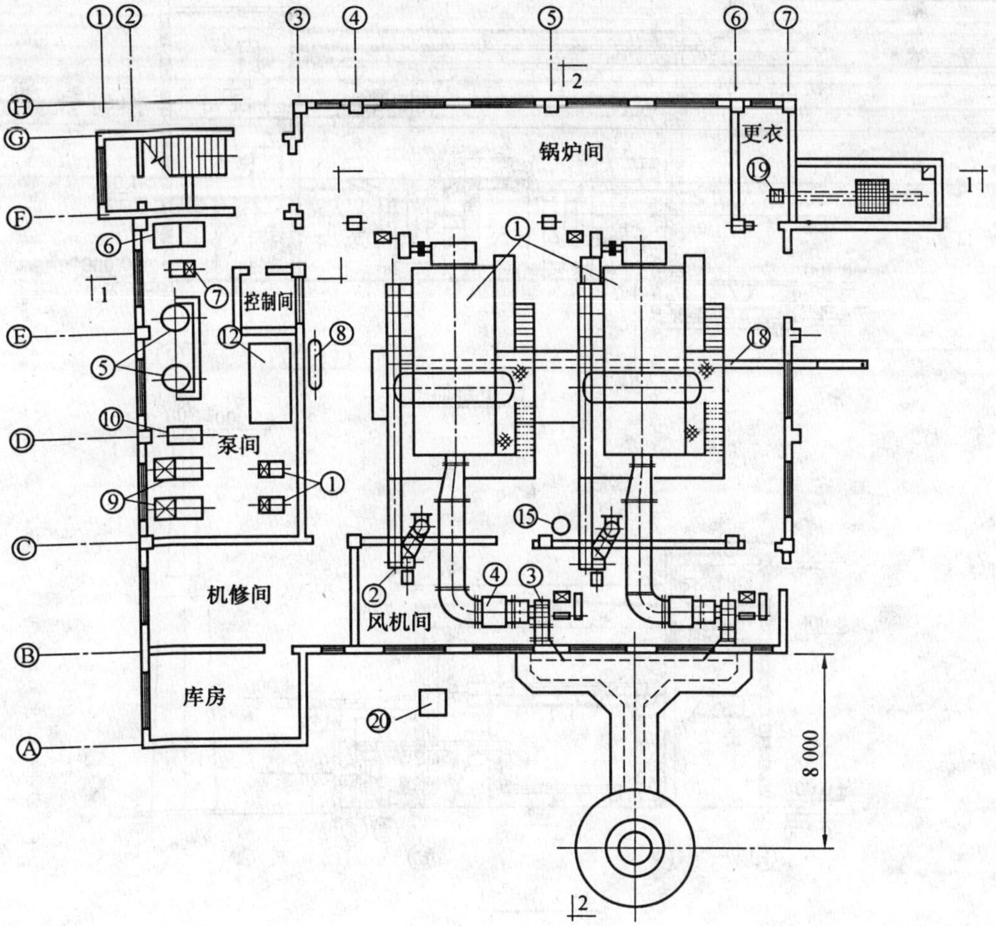

图 9.5　两台 SHL6-1.25-A 型 0.0 m 锅炉房平面图

±0.000 层平面图

图 9.6　两台 SHL6-1.25-A 型锅炉房 4.0 及 8.0m 层平面图

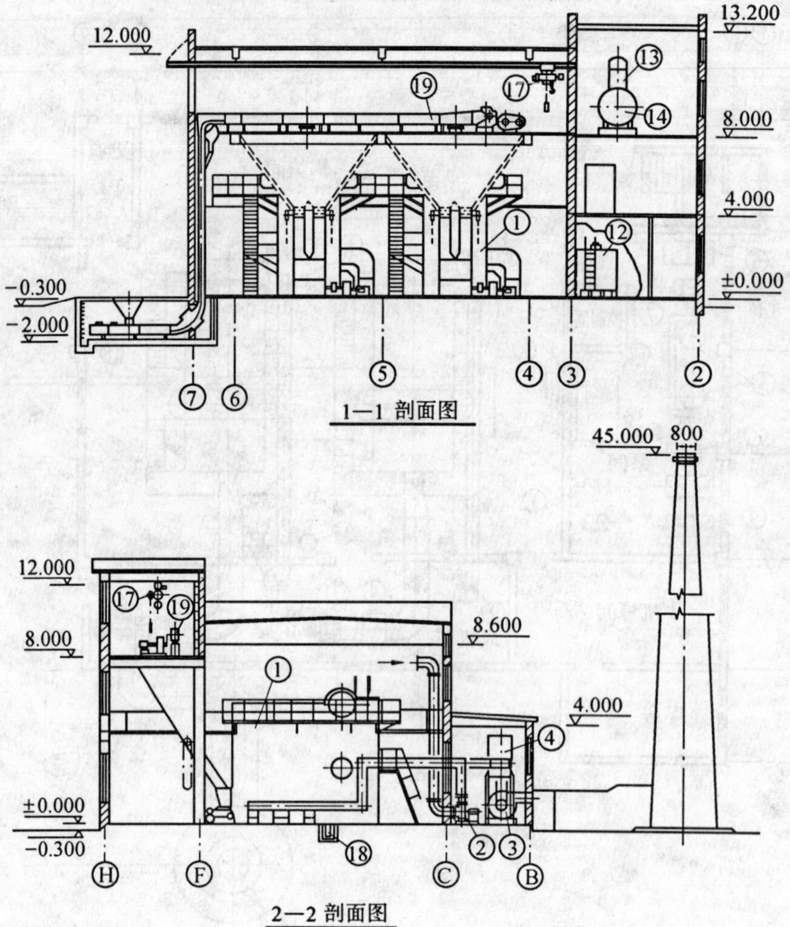

图 9.7 两台 SHL6-1.25-A 型锅炉房剖面图

本锅炉房采用埋刮板输送机运煤,电动葫芦吊煤罐备用,刮板除渣机除渣。

为了回收排污水的热能,设有 $\phi550$ 的连续排污扩容器,二次蒸发汽引入除氧器除氧。

本锅炉房选用的主要设备列于表 9.4。

表9.4　两台 SHL6-1.25 型锅炉房主要设备表

序号	设备名称	型号及规格		数量	备注
1	蒸汽锅炉	SHL6-1.25-AⅡ		2	
2	送风机	4-72-11No4.5A	$Q=8\ 500\ m^3/h$ $H=2\ 176\ Pa$	2	$N=7.5\ kW$
3	引风机	Y5-47No8C	$Q=20\ 400\ m^3/h$ $H=2\ 283\ Pa$	2	$N=22\ kW$
4	多管旋风除尘器	XLD-6		2	
5	钠离子交换器	$\phi750$		2	
6	盐溶液池	$V_{浓}=0.63\ m^3, V_{稀}=1.21\ m^3$		2	
7	盐溶液泵	103 塑料泵	$Q=4\sim10\ m^3/h$ $H=0.11\sim0.04\ MPa$	1	$N=0.75\ kW$
8	分汽缸	$\phi400$		1	
9	电动给水泵	DG8-35×4	$Q=8.0\ m^3/h$ $H=1.4\ MPa$	2	$N=11\ kW$
10	往复式蒸汽泵	2QS-15/17	$Q=7\sim15\ m^3/h$ $H=1.75\ MPa$	1	
11	除氧水泵	IS-50-32-160	$Q=10.5\ m^3/h$ $H=0.32\ MPa$	2	$N=3\ kW$
12	软化水箱	$V=24\ m^3$		1	
13	除氧器	大气式热力除氧器出力 20 t/h		1	
14	除氧水箱	$V=10^3$		1	
15	连续排污扩容器	$\phi550$		1	
16	取样冷却器	$\phi254$		2	
17	电动葫芦吊煤罐	起重量 1 t		1	$N=1.5\ kW$
18	除渣机	刮板除渣机		1	
19	埋刮板上煤机	MZ 20		1	
20	排污降温池	$V=1.43\ m^3$		1	

单元二　工艺设计实训

9.2.1　实训项目

9.2.1.1　实训题目:哈市某供热锅炉房工程

9.2.1.2　实训原始资料

(1)地点:哈尔滨。

(2)用热要求及热负荷:

总建筑面积为 30 000 m^2;

热媒为温水。

(3)气象资料:哈尔滨市。

(4)水源及水质:

资料:深井水 由高位水箱供水;

水质:总硬度 $H=15.6G$;

含氧量 1.2 mg/L；

氯化物 23 mg/L；

碱度 42 mmol/L；

总铁量 0.5 mg/L。

(5)煤质资料：

煤的元素成分：C=55%　H=4%

S=1%　O=10.5%

N=1%　W=10.5%

A=10%

(6)附图：

锅炉房土建部分平面图、剖面图计两张。

9.2.2 实训内容及要求

(1)热负荷计算。

(2)锅炉型号及台数的确定。

(3)送引风系统的设计。

①风道的断面尺寸；

②烟囱高度的确定；

③送引风机的校核。

(4)水处理设备的选择。

①确定水处理设备的生产能力；

②决定水的软化方法；

③软化设备的选择；

④是否除氧决定除氧方法。

(5)水泵、水箱的选择及各管径的确定。

(6)绘制锅炉及附属设备平面布置图。

(7)绘制锅炉房设备管道平面图。

(8)绘制锅炉房汽水系统图。

(9)编制工程量清单计价。

9.2.3 组成

本实训包括三部分内容:设计说明书、计算书及图纸、预算编制书。

1. 设计说明书

内容:工程情况简介、用热要求、设计方案的选择、设计依据、设计原则、设计范围、对工艺建筑、水暖、电等要求。

2. 计算、说明书

(1)热负荷计算；

(2)设备选择计算；

(3)管径的计算；

(4)说明部分。

图纸:2# 图 3 张(设备布置平面图、设备管道布置平面图、热力系统图)

3. 预算编制书

9.2.4　设计参考资料

(1)锅炉房设计规范;
(2)工业锅炉房设计手册;
(3)实用供热空调设计手册;
(4)工业锅炉房实用设计手册;
(5)工业锅炉房设备选用手册;
(6)供热通风设计手册;
(7)吉林暖卫现场设计手册;
(8)锅炉本体参考图;
(9)锅炉房参考图;
(10)国家动力标准图集;
(11)供热、锅炉房及其环保设计技术措施;
(12)风机、水泵等设备产品样本;
(13)编制依据。

参考文献

[1]刘弘睿.工业锅炉技术标准规范应用大全[M].北京:中国建筑工业出版社,2005.
[2]奚士光,吴味隆,蒋君衍.锅炉及锅炉房设备[M].北京:中国建筑工业出版社,1994.
[3]夏喜英.锅炉及锅炉房设备[M].哈尔滨:哈尔滨工业大学出版社,2002.
[4]刘树礼,刘宇航.工业锅炉安装、运行、维修禁忌手册[M].北京:机械工业出版社,2008.